과학은 어떻게
세상을 구했는가

과학은 어떻게
세상을 구했는가

—

2022년 7월 27일 초판 1쇄 발행
2023년 8월 28일 초판 4쇄 발행

—

지은이 그레고리 주커만
옮긴이 제효영
펴낸이 강준규
책임편집 유형일
마케팅지원 배진경, 임혜솔, 송지유, 이원선

펴낸곳 (주)로크미디어
출판등록 2003년 3월 24일
주소 서울시 마포구 마포대로 45 일진빌딩 6층
전화 02-3273-5135
팩스 02-3273-5134
편집 02-6356-5188
홈페이지 http://rokmedia.com
이메일 rokmedia@empas.com

—

ISBN 979-11-354-8018-8 (03400)
책값은 표지 뒷면에 적혀 있습니다.

브론스테인은 로크미디어의 과학, 건강 도서 브랜드입니다.
잘못 만들어진 책은 구입하신 서점에서 교환해 드립니다.

과학은 어떻게 세상을 구했는가

세상을 구한 백신 그리고 그 뒷이야기

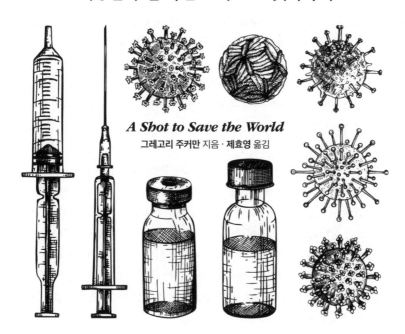

A Shot to Save the World

그레고리 주커만 지음 · 제효영 옮김

BRONSTEIN

저자 그레고리 주커만Gregory Zuckerman

그레고리 주커만은 〈월스트리트저널〉의 특별 기고가로, 투자 분야와 비즈니스 분야에서 다양한 주제를 취재해 왔다. 그레고리는 1988년 미국 브랜다이스 대학교를 준최우등 성적으로 졸업했으며, 1996년 〈뉴욕포스트〉와 관련된 미디어 업체들에 관한 기사를 시작으로 저널리즘 분야에 첫발을 디뎠다. 그는 경제 금융 전문 언론인에게 최고의 영예라 불리는 제럴드 롭상Gerald Loeb Awards을 2003년, 2007년, 2015년 세 차례 수상했고, 전미 저널리스트 협회 역할을 맡고 있는 뉴욕 프레스 클럽의 저널리즘 어워드를 2008년, 2011년 두 차례 수상한 뛰어난 저널리스트이다. 2003년 분식회계의 대명사 월드컴의 붕괴와, 2007 헤지펀드 아마란스 어드바이저의 붕괴 그리고 2015년 채권투자회사 핌코의 창립자 '채권왕' 빌 그로스와 당시 CEO였던 모하메드 엘 에리언을 포함한 임직원 사이의 불화를 폭로한 기사로 제럴드 롭상을 수상했고, 2008년 서브프라임 모기지 사태에 관한 기사와 2011년 월스트리트에 만연했던 내부자 거래 스캔들에 관한 연재 기사로 제럴드 롭상 최종 후보에 두 차례 선정되기도 했다. 또한 그는 2012년에 J.P. 모건에서 '런던 고래'라는 닉네임으로 활동하던 트레이더 브루노 익실이 거래한 62억 달러에 달하는 손실을 일으킨 무모한 거래에 관한 기사를 쓰기도 했다. 주요 저서로는 〈뉴욕타임스〉, 〈월스트리트저널〉 베스트셀러 《시장을 풀어낸 수학자》가 있다. 이 책은 17개 언어로 번역되었으며 파이낸셜타임스/맥킨지와 전미 경제기자협회로부터 2019년 비즈니스 분야 최우수 도서 최종 후보로 선정됐다. 또 석유수출국기구OPEC마저 굽히게 만들며 미국의 에너지 르네상스를 일으킨 비범한 사람들의 이야기를 담은 《시추자The Frackers》는 내셔널 베스트셀러가 되었고 2014년 〈파이낸셜타임스〉와 〈포브스〉에서 최우수 도서로 선정했다. 또 다른 주요 저서로 〈뉴욕타임스〉, 〈월스트리트저널〉 베스트셀러 《가장 위대한 무역The Greatest Trade Ever》과 각각 2016년, 2017년에 〈스콜라스틱 티처Scholastic Teacher〉에서 최우수 도서로 선정됐으며, 여러 문제를 극복한 다양한 스포츠 스타의 이야기를 통해 사람들에게 영감을 주고자 쓴 두 권의 책 《높이 날아라: 유년기에 겪은 문제를 이겨내고 스타가 된 운동선수 11명의 이야기Rising Above: How 11 Athletes Overcame Challenges in their Youth to Become Stars》와 《높이 날아라: 놀라운 여성 스포츠 선수들 이야기Rising Above: Inspiring Women in Sports》가 있다. 이번에 쓴 《과학은 어떻게 세상을 구했는가》는 파이낸셜타임스/맥킨지 선정 2021년 비즈니스 분야 최우수 도서 후보로 선정됐다. 화이자, 모더나, 얀센, 노바백스, 아스트라제네카 등 코로나19 대유행병으로부터 세상을 구한 백신이 개발되기까지 벌어진 치열한 사투와 숨겨져 있던 의·과학 산업계의 뒷이야기를 생생하게 담아낸 이 책은 우리에게 세상을 구한 과학적 혁신이 어떻게 일어나는지, 또한 혁신을 일으키기 위해 얼마나 많은 노력이 필요한지 알려주면서 동시에 의·과학계에 관한 놀라운 통찰을 제공하고 있다.

역자 제효영

성균관대학교 유전공학과를 졸업하였으며, 성균관대학교 번역대학원을 졸업하였다. 현재 번역 에이전시 엔터스코리아에서 출판기획 및 전문 번역가로 활동하고 있다. 옮긴 책으로는 《유전자 임팩트》, 《대유행병의 시대》, 《피부는 인생이다》, 《신종 플루의 진실》, 《메스를 잡다》, 《몸은 기억한다》 등이 있다.

저자·역자소개

타인을 위해 자발적으로 나선
모든 분들께 바칩니다.

모더나

- 스테판 방셀Stéphane Bancel · 최고경영자, 자금 조성의 달인.
- 스티븐 호지Stephen Hoge · 이사회 의장. 맥킨지 앤드 컴퍼니 컨설턴트 출신.
- 에릭 황Eric Huang · 모더나가 백신 사업에 주력해야 한다고 확신한 직원.
- 케리 베네나토Kerry Benenato · mRNA 기술의 핵심 문제를 해결한 유기화학자.
- 후안 안드레스Juan Andres · 2020년 초 미국 국내에 공급할 백신을 비축한 백신 생산 책임자.
- 로버트 랭거Robert Langer · 모더나 창립을 도운 화학공학자.
- 누바 아페얀Noubar Afeyan · 방셀을 채용한 레바논 출신 벤처 투자자.

바이오엔텍

- 우구르 사힌Uğur Şahin · 공동 창업자. 암 면역요법 개발을 꿈꾸던 연구자.
- 외즐렘 튀레지Özlem türeci · 공동 창업자. 암 연구자.
- 토마스 슈트륑만Thomas Strüngmann · 사힌과 튀레지, 바이오엔텍을 지원한 억만 장자.

화이자

- 앨버트 불라Albert Bourla · CEO. 코로나19 백신의 신속한 개발을 추진한 사람.
- 미카엘 돌스텐Mikael Dolsten · 회사가 백신 후보를 잘못 선택했을 가능성을 우려했던 최고 과학자.
- 카트린 얀센Kathrin Jansen · 백신 연구개발사업부 총괄 책임자.

베스 이스라엘 디코니스 메디컬센터

- 댄 바로치Dan Barouch · 에이즈 연구자. 존슨앤존슨과 함께 아데노바이러스 혈청형 26을 백신에 활용하는 기술을 개발한 사람.

옥스퍼드대학교

- 에이드리언 힐Adrian Hill · 주변 사람들의 평판이 극명히 갈린 백신학자. 말라리아 퇴치에 커리어를 바쳤고 동료들과 큰 갈등을 빚었다.
- 사라 길버트Sarah Gilbert · 코로나19 백신을 설계한 침팬지 바이러스 전문가.

노바백스

- 게일 스미스Gale Smith · 곤충 바이러스를 활용한 백신 기술을 개발한 사람. 마이크로제네시스에서 에이즈 백신을 개발했다.
- 스탠리 어크Stanley Erck · CEO. 베트남전쟁 참전.
- 그레고리 글렌Gregory Glenn · 연구개발 부문 사장. 의사 출신, 취미로 닭을 키운다.

학계 연구자

- 존 울프Jon Wolff · mRNA 연구를 선도한 위스콘신대학교의 연구자.
- 엘리 길보아Eli Gilboa · 듀크대학교에서 초기 mRNA 기술을 발전시킨 학자.
- 카탈린 카리코Katalin Karikó · 헝가리 출신 연구자. mRNA 기술의 확고한 지지자.
- 드류 와이즈먼Drew Weissman · 카리코와 함께 mRNA 기술의 혁신을 이룩한 학자. 고양이를 사랑하는 사람.
- 루이기 워런Luigi Warren · 소프트웨어 엔지니어로 일하다 생물학자가 되어 mRNA 기술 발전에 중대한 공헌을 한 사람.
- 데릭 로시Derrick Rossi · mRNA 기술의 혁신을 일으킨 사람. 모더나 창립에 힘을 보탰다.
- 제이슨 맥렐란Jason McLellan · 스파이크 단백질을 가장 이상적인 형태로 유지하는 방법을 발견한 구조생물학자.

- 니안슈앙 왕Nianshuang Wang · 코로나바이러스 연구를 크게 발전시킨 중국인 학자.

정부 기관 과학자
- 앤서니 파우치Anthony Fauci · 미국 최고의 감염질환 전문가.
- 바니 그레이엄Barney Graham · 백신 연구센터 부소장. 호흡기세포융합바이러스 RSV 백신 개발에 참여했고 모더나의 코로나19 백신 개발 사업에 협력했다.
- 존 마스콜라John Mascola · 미국 국립보건원 알레르기·감염질환 연구소NIAID 산하 백신 연구센터장.
- 키즈메키아 코벳Kizzmekia Corbett · 그레이엄의 연구실 소속 바이러스 면역학자.

마이크로제네시스
- 프랭크 볼보비츠Frank Volvovitz · 창립자. 에이즈 백신을 개발하던 사업가.

2020년 1월 말에 나는 두 아들과 함께 유럽과 중동을 여행했다. 그때 중국 중앙지역에서 바이러스가 퍼져 우려되는 상황이며 더 넓은 지역으로 감염이 확산될 가능성이 크다는 기사를 읽었지만 당장 조치가 필요한 위협이나 크게 걱정할 일이라고는 생각하지 않았다. 런던 히드로 공항에 도착했을 때 두 아이들은 임시로 마련한 마스크를 계속 쓰고 있었지만 나는 그냥 벗고 다녔다. 당시에 보건 당국은 마스크가 쓸모없을 뿐만 아니라 오히려 더 위험할 수 있다고 권고했다. 새로운 바이러스나 다른 위협이 나타나는 건 몇 년 주기로 생기던 일이고, 그런 병원체가 광범위한 영향을 발휘할 가능성은 희박하다고 여겨졌다. 마스크를 쓰고 다니면 주변의 다른 여행객들이 놀라서 쳐다보는 시선이 불편하게 느껴졌다.

그로부터 몇 주 만에 전 세계가 치명적인 바이러스의 인질이 되고 지난 수십 년을 통틀어 가장 심각한 보건 위기가 찾아왔다. 이토록 많은 인류가 동시에 앞으로 자신의 건강과 행복이 어떻게 될지 두려워한 건 1980년대 에이즈가 유행했을 때와는 비교할 수 없고, 아마도 1918년 독감 대유행 이후 처음일 것이다. 그런 사태가 일어나면 초기에 늘 그랬듯이 이번에도 혼란과 불확실성이 두려움을 더 크게 키웠다. 처음에는 이 새로운 바이러스가 어디에서 왔는지 아무도 알지 못했고 나중에야 코로나바이러스 계통으로 밝혀진 후 제2형 중

중급성호흡기증후군 코로나바이러스SARS-CoV-2로 명명됐다. 이 바이러스가 어떻게 그만큼 빠르고 효과적으로 확산될 수 있었는지, 감염을 피하거나 막으려면 어떻게 해야 하는지 아직 밝혀지지 않았던 그때 분명했던 한 가지는 누구나 희생자가 될 수 있다는 사실이었다.

2021년 여름이 끝나갈 무렵에 전 세계에서 450만여 명이 코로나19로 불리게 된 신종 코로나바이러스 감염증으로 목숨을 잃었다. 감염자 수는 2억 1000만 명을 넘어섰다.[1] 미국에서 발생한 사망자만 60만 명을 넘었다. 제1차 세계대전과 제2차 세계대전, 베트남전쟁으로 발생한 사망자를 모두 합한 것보다 큰 규모다.[2] 미국에서는 코로나19로 세상을 떠나는 사람이 매일 3000명 이상 발생하는 날도 많았다. 2001년 9월 11일 하루 동안 잃어버린 생명을 같은 규모로 매일 계속 잃는 것과 같은 상황이었다.[3]

사실상 거의 모든 가정이 어떤 식으로든 영향을 받았다. 우리 집도 마찬가지다. 우리 두 아들 중 하나도 신종 코로나바이러스에 감염됐고, 친한 친구들과 친척들 중에도 감염자가 나왔다. 삼촌 한 분 그리고 이웃 한 분은 코로나19로 세상을 떠났다. 지름이 100나노미터도 안 되는 바이러스, 바이러스 입자 1000개가 모여도 머리카락 한 올 '너비'밖에 안 된다. 이렇게 작디작은 이 바이러스의 거품 같은 지방질 외피 속의 유전자는 우리에게 너무나 큰 고통과 손실, 대혼란을 주었다.[4]

정치인, 정부 관료, 산업계 리더, 공중보건 전문가 모두 이번 세기에 가장 큰 파괴력을 보인 이 대유행병에 대비가 되어 있지 않았다. 2020년 1월에 중국 우한에서 알 수 없는 호흡기 질환이 처음 발생한 시점부터 줄줄이 이어진 실수와 착오, 혼동만 정리해도 책 한두 권은 충분히 나올 정도다. 하지만 이 책을 그런 내용으로 채우지는 않을 생각이다. 이 책에는 과학이 현대에 일어난 전염병으로부터 인류를 어떻게 보호했는지, 그 이야기를 담으려고 한다.

2020년 초봄에 전 세계가 봉쇄 조치에 들어갔고 나 역시 맨해튼 중간 지구에 있는 월스트리트저널 건물로 출근을 못 하게 되면서 집 지하실에 마련한 사무실에 처박혀 지내야 했다. 그때부터 코로나19 백신의 개발 상황을 추적하기 시작했다. 조사를 시작하고 얼마 지나지 않아 이 대유행병을 뿌리 뽑을 방법을 개발하러 나선 과학자, 회사 경영진, 정부 연구자 들과 이야기를 나눌 수 있었다. 모두 비상한 사람들이었고, 정말 용감하다고 느낀 때도 많았다. 이들의 노력과 위업을 하나하나 따라간 시간은 내게 온 사방에 만연한 우울과 절망에서 벗어날 수 있었던 반가운 기회였다.

백신 개발에 나선 사람들이 맞닥뜨린 장애물은 실로 엄청났다. 코로나19 대유행 초기에는 수많은 의료보건 전문가들이 안전하고 효과적인 백신이 나올 가능성은 희박하다고 보았다. 적어도 가까운 시일 내에 그런 일은 없을 거라고 전망했다. 2020년을 기준으로 개발 기간이 가장 짧았던 백신이 유행성 이하선염 백신이었는데 그게 4년이 걸렸으니 그럴 만도 했다. 백신 생산까지 소요되는 기간은 평균 10년이었다. 하지만 과학자들은 생명을 구할 방법이 분명히 있다고 고집스레 확신했다. 그리고 이들이 그 방법을 찾는 내내 예기치 못한 극적인 일들이 벌어졌다.

나는 이들의 이야기를 전하기로 마음먹었다. 안전하고 효과적인 백신을 개발하고, 시험하고, 생산해서 제공하는 모든 과정을 단 1년 만에 해낸 것은 무엇과도 비교할 수 없는 현대 과학의 쾌거이며 인류의 가장 자랑스러운 성취 중 하나가 되리라 확신한다. 2021년 여름을 기준으로 코로나19 백신이 27만 9000건의 사망을 예방하고 입원 치료가 필요한 환자를 최대 125만 명 줄였다는 통계도 있다.[5]

"인류 역사를 통틀어 이런 일은 찾아볼 수 없습니다." 미국 샌디에이고 스크립스 연구소의 창립자이자 소장 에릭 토폴Eric Topol은 이렇게 설명했다. "과학과 의학 연구의 가장 위대한 성과 중 하나로 기억될 겁니다. 가장 감명 깊은 일이기도 하고요."

원래 성공하고 나면 다 자신이 한 일이라고 주장하는 사람들이 많은 법이다. 코로나19 백신 개발도 가능성 없다고 여겨졌지만 사람의 목숨을 살려낸 역사적인 성취인 만큼 그 결실이 자기 손에서 나왔다고 말하는 사람이 많다. 이들 중 상당수는 충분히 그렇게 주장할 자격이 있다. 언뜻 보면 하룻밤 새 뚝딱 일어난 혁신처럼 보이지만 실제로는 전부 오랜 헌신과 창의력, 좌절이 빚어낸 결과다. 백신의 기초를 앞장서서 다진 학자들은 극히 회의적인 시선을 견뎌야 했던 경우가 많았고, 심지어 경멸을 당한 사람들도 있다. 수년 동안 실패만 거듭했던 독창적인 과학자들, 기존에 없던 새로운 기술을 지원하다가 커리어와 명성을 해칠 수 있는 상황에 처한 창의적인 기업가들도 빼놓을 수 없다.

이 이야기에서 가장 흥미로운 부분은 백신 개발 경쟁에서 성공하려면 보통 꼭 필요하리라 여겨지는 조건과는 전혀 '맞지 않았던' 사람들의 역할일 것이다. 세계 최대 제약사, 백신 개발사 중 다수가 코로나19 대유행에 너무 늦게 반응했고 가진 자원을 총동원해 효과적인 대응에 나설 생각을 하지 못했다. 그때 가장 가능성 없고 검증도 안 된 사람들이 인류를 구해보겠다고 나섰다. 걸핏하면 이야기를 지어 낸다며 무시당하던 프랑스의 회사 간부, 바이러스는 거의 다뤄 본 적 없는 터키 출신 이민자, 곤충 세포에 심취한 미국 중서부 지역 출신 괴짜, 미심쩍고 어쩌면 위험할 수도 있는 기술을 선택한 보스턴의 과학자, 동료들로부터 미움을 받던 영국의 과학자들이 그 주인공이다.

이들은 세상의 관심과는 동떨어진 곳에서 제각기 수년간 혁신적인 백신 기술을 발전시켰다. 2020년까지도 그 노력이 진전될 기미는 별로 보이지 않았다. 그런데도 이들은 동료들과 손을 잡고 세상을 인질로 삼아 맹렬히 기세를 떨치던 바이러스를 저지시켜 보기로 결심했다. 평생을 바친 연구를 토대로 단 몇 달 만에 백신을 개발한다는 목표에 뛰어든 이들은 큰 혁신을 일으키기 위해, 검증된 백신을 만들어 내는 영광을 누구보다 먼저 차지하기 위해 속도를 냈다.

이러한 노력에서 나온 성취를 보면 중요한 질문이 떠오른다. 누구도 예상치 못했던 과학자가 어떻게 인류를 구할 수 있었을까? 그렇게 성공적인 기술이라면 왜 그토록 오랫동안 주목받지 못했을까? 코로나19 백신 개발로 이루어진 발전과 기술을 향후 또다시 발생할 수 있는 대유행에 어떻게 활용할 수 있을까? 인류를 오랫동안 괴롭혀 온 질병 중에 이번 혁신을 일으킨 연구자들이 앞으로 물리칠 것으로 예상되는 것은 무엇인가?

이 책은 코로나19 백신을 성공적으로 만들고 이 성취의 초석을 마련하는 데 중요한 역할을 한 300명 이상의 과학자, 학계 인사, 기

과학은 어떻게 세상을 구했는가

업 경영진, 정부기관 사람들, 투자자, 그 밖의 인물들과 나눈 인터뷰를 바탕으로 그 질문과 함께 더 많은 질문의 답을 찾아보려고 한다. 나는 모더나와 바이오엔텍, 화이자, 존슨앤존슨, 옥스퍼드대학교, 노바백스, 그 외에도 백신 개발에 중추적인 공헌을 했지만 세간의 관심이 덜 주어진 회사와 기관의 여러 관계자, 연구자, 구성원 들과 이야기를 나누었다. 내가 이 책에서 소개하는 모든 사건은 당사자가 들려준 이야기이거나 직접 목격한 사람, 또는 그 사건을 알고 있는 사람이 기억을 떠올려 들려준 것이며 그러한 이야기가 토대가 되었다. 책에서 소개하는 사실, 사건, 인용구는 최대한 점검하고 진위를 확인했다. 소중한 시간을 내어 관찰한 것과 기억, 통찰을 나와 공유해준 고마운 분들 덕분에 이 책을 쓸 수 있었다.

이것은 용기와 결단력, 죽음을 막아 낸 독창성에 관한 이야기다. 동시에 뜨거운 경쟁과 극도로 불확실한 일, 무한한 야망에 관한 이야기다. 나는 이 이야기를 일반 독자들과 과학계에 속한 사람들 모두가 흥미를 느낄 수 있도록 전하기 위해 노력했다. 책에는 변형된 뉴클레오시드와 구조 생물학, 지질나노입자에 관한 설명과 잔인한 경쟁, 기업의 음모, 엄청난 야망에 관한 내용이 공존한다. 하지만 코로나19 백신에 관한 이야기는 무엇보다 영웅적인 도전과 헌신, 놀라운 끈기에 관한 이야기다.

우리는 병을 촉진하는 시대에 살고 있다. 인류는 해마다 자연을 더 깊은 곳까지 침범하고, 그만큼 동물에서 생겨난 병이 종의 경계를 넘어 인류를 위협할 확률이 높아진다. 코로나19 백신 개발을 위한 경쟁에서 얻은 교훈은 과학계, 정치계, 그 외 여러 사람들이 또다시 치

명적인 병원체가 등장할 가능성을 생각하고 실제로 그런 일이 일어
났을 때 대비하는 정보가 될 것이다.

지금부터 여러분에게 들려줄 이야기는 일이 잘 풀렸을 때의 이야
기임을 명심해야 한다.

과학은 어떻게 세상을 구했는가

차례

우구르 사힌Uğur Şahin은 땀을 뻘뻘 흘리고 있었다.

2019년 10월 초, 그는 한낮의 뜨거운 햇볕이 내리쬐던 미국 미주리 주 캔자스시티의 어느 주차장에 서 있었다. 사힌과 동료 몇 명은 그가 설립한 독일의 생명공학 회사 바이오엔텍BioNTech에 투자자들이 관심을 갖도록 설득하려고 몇 주째 미국과 유럽을 횡단 중이었다.

여정은 그리 순탄하지 않았다. 사힌은 투자자들에게 바이오엔텍이 여러 암과 감염질환을 해결할 수 있는 백신과 치료법을 개발 중이라고 설명했다. 바이오엔텍이 선택한 기술 중 하나는 메신저RNA, 줄여서 mRNA라 불리는 분자에 지시문을 실어 인체로 전달해 병을 물리치는 방식이었다. 이 연구를 계속하려면 회사의 첫 주식 공모에서 돈을 확보해야 했다.

투자자들은 사힌을 좋아했다. 그는 사람들 앞에서 놀라울 만큼 방대한 지식을 드러내며 데이터를 제시하고 어려운 연구논문의 내용도 인용했다. 그가 바이오엔텍에 큰 열정을 갖고 있다는 점이나 수십 가지 다양한 질환을 잠재울 수 있다는 백신 개발 계획은 투자자의 마음을 끌었다. 사힌은 인체 면역계가 질병과 맞서도록 훈련시킬 수 있다고 믿었다. 지난 연구 인생의 20년 이상을 그 방법을 찾는 데 매진했다.

사힌은 평소 즐겨 입는 티셔츠 대신 말쑥한 정장 차림으로 투자자들과 만나 조곤조곤하면서도 진지한 언변으로 설명했다. 잠그지 않은 와이셔츠 목단추 뒤로 터키인들이 부적처럼 여기는 목걸이가 드러났다. 짧게 깎은 머리에 두툼한 눈썹, 큰 귀와 큼직한 갈색 눈을 가진 사힌과 만나기 전에 미리 검색을 해 본 일부 투자자는 그가 어느 생명공학 회사 경영진과는 다른 특색이 있다는 사실을 알았을 것이다. 그해에 쉰세 살이던 사힌은 터키 출신 이민자로, 독일 마인츠시에 있는 검소한 아파트에 살았다. 같은 암 연구자인 아내 외즐렘 튀레지Özlem Türeci와 함께 운영 중인 바이오엔텍에는 아침마다 자전거로 출근했다.

하지만 사힌에게 좋은 인상을 받은 것과 별개로, 투자자들은 바이오엔텍과 그 회사가 추구하는 기술이 불안하다고 느꼈다. 설립된 지 11년이 된 바이오엔텍이 최종 승인까지 받은 백신은 하나도 없고 신약 개발의 중간 단계인 2상 시험이 진행 중인 의약품이 딱 하나 있을 뿐이었다. 바이오엔텍의 백신을 투여 받은 환자는 모두 합쳐 겨우 250명에 불과했다. 세계 곳곳에서 여러 연구진이 mRNA를 치료에 활용해 보려고 수십 년간 노력했지만 큰 진전은 없었다. 의료보건 분야 전문가 중에는 mRNA를 쓰려는 것 자체를 어리석은 일이라고 보는 사람들도 있었다. 바이오엔텍이 시간을 허비하고 있다는 의미였다. 게다가 주식 공모를 하기에는 너무나 상황이 좋지 않았다. 주식 시장 전체가 하락세인 데다 생명공학 분야 주식은 더더욱 시들했다. 성공 가망성이 살짝 엿보이는 이 독일 회사에 큰돈을 덜컥 내놓으려는 투자자는 별로 없었다.

사힌은 주차장에 서서 휴대전화를 귀에 대고 수화기 너머의 또 다른 투자자가 바이오엔텍에 흥미를 느끼게끔 열심히 설득했다. 피곤하고 긴장한 모습이 역력했다. 통화를 마친 그는 바이오엔텍 주식을 처음 제안한 가격보다 낮추면 구입하겠다는 투자자의 의사를 팀원들에게 전했다.

선택을 해야 했다. 사힌과 동료들이 신규상장으로 얼마 안 되는 돈이나마 긁어모으거나 투자자들이 더 관심을 갖도록 주가를 크게 낮춰야 하는, 이 난처한 선택지 중 하나를 택해야 했다. 그날 주차장에 함께 있던 회사 간부 중 일부는 사힌 가까이에 서 있었고 나머지는 문을 활짝 열어 둔 까만색 밴에 앉아 따가운 햇살을 피하고 있었다. 이제 긴 출장을 끝내고 집으로 돌아갈 때가 됐다.

"결정을 해야 합니다." 사힌은 팀원들에게 말했다.

그리 어려운 결정은 아니었다. 바이오엔텍은 돈이 필요했고, 가격과 상관없이 일단 주식을 파는 것이 중요했다. 며칠 후 사힌은 활짝 웃는 얼굴로 뉴욕 증권거래소의 종을 울렸다. 바이오엔텍은 신규상장으로 1억 5000만 달러를 모았다. 목표액의 절반 정도에 그친 금액이었다. 주식 가격을 낮추고도 거래 첫날 바이오엔텍의 주가는 5퍼센트 넘게 떨어졌다.

사힌은 투자자들의 반응에 크게 개의치 않았다. 언젠가는 그와 회사가 해 온 노력이 확실히 인정받을 날이 올 것이다.

분명 그러리라 확신했다.

◇♮◇

2019년 말, 스테판 방셀Stéphane Bancel은 그보다 훨씬 심각한 의혹과 직면했다.

두툼한 입술, 가운데가 푹 들어간 턱에 스티브 잡스처럼 터틀넥을 즐겨 입는 마흔일곱의 이 프랑스인은 8년째 미국 보스턴에서 모더나라는 생명공학 회사를 운영 중이었다. 그 즈음에 방셀은 과학적인 성취보다는 설득력이 뛰어난 사람으로 더 많이 알려져 있었다. 그는 이런 특별한 능력을 발휘해 모더나가 mRNA를 활용하여 안전하고 효과적인 백신과 치료제를 성공적으로 개발할 것임을 투자자들도 확신하도록 만들었다. 하지만 과학계에서는 많은 사람이 비웃었다. 다들 mRNA처럼 불안정한 분자로 체내에서 단백질을 만들 수 없다고 보았다. 가능하다 해도 단백질이 안정적으로 확실하게 만들어지기는 불가능하다는 것이 대다수의 생각이었다.

또한 사람들은 mRNA 기술을 활용할 방법을 누군가 찾더라도 방셀이 그 주인공은 아니라고 말했다. 이런 말은 모더나 설립 초기에 그가 얼마나 수시로 직원들을 매몰차게 대하고 불안에 떨도록 만들었는지 아는 사람들에게서 나왔다.

"여러분 중에 절반은 1년 내로 여기에 없을 겁니다." 방셀은 잔뜩 긴장한 직원들에게 이런 말을 덤덤히 뱉기도 했다.

하지만 2019년이 되자 회사는 한층 안정됐다. 방셀은 충실한 직원들로 구성된 한 팀을 꾸려서 mRNA로 할 수 있는 여러 가지 일들에 관한 밝은 전망을 제시하며 의욕을 북돋았다. 한번은 팀원들에게 모더나의 기술이 사람의 목숨을 구할 것이라고 말했다.

"모더나는 위기에 대응할 수 있는 회사가 될 것입니다." 그가 직원들에게 했던 말이다.

하지만 외부에서 회사를 보는 과학자, 투자자, 일부 기자 들은 방셀이 회사의 잠재력을 과장한다고 확신했다. 몇 년 전에는 과학계의 저명한 간행물에 방셀과 엘리자베스 홈스Elizabeth Holmes를 비교한 글까지 실렸다. 혈액 검사 기술을 내세운 스타트업 테라노스Theranos의 최고경영자였던 홈스도 명예가 추락하기 전까지 투자자를 설득하는 솜씨가 뛰어난 인물로 유명했고 검은색 터틀넥을 즐겨 입었다.

이런 비난은 2019년 말에 회사의 큰 피해로 이어졌다. 모더나의 주가가 1년 전 신규 상장 당시의 금액보다 15퍼센트 하락한 것이다. 새로운 투자를 얻기도 더 어려워졌다. 투자자 중 일부는 모더나가 그렇지 않아도 뛰어든 업체가 많고 워낙 까다로운 분야라 수익성이 제한적인 백신 개발로 눈을 돌렸다는 사실에 당혹감을 보였다. 결국 회사 지출을 강제로 줄여야 했다. 모더나의 연구자들은 mRNA 기술 발전에 진전이 있다고 보았고 이를 자랑스럽게 여겼으므로 그런 비난은 부당하다고 생각했다. 이들은 유전학적 지시가 담긴 mRNA 분자를 체내로 공급하고 그 분자를 통해 몸에서 만들어진 단백질이 면역계를 훈련시켜서 질병으로부터 인체를 보호하는 기술을 계속 연구했다. 미국 최고의 감염질환 전문 기관에서 일하는 앤서니 파우치Anthony Fauci와 그의 동료들도 모더나의 mRNA 기술에 매료되어 힘을 보태기로 했다.

문제는 아직 모더나의 백신을 충분히 많은 사람에게 시험해 보지 않았다는 점이었다. 사힌과 그의 회사인 바이오엔텍처럼 방셀과 모더나 역시 최종 승인된 백신까지는 근접하지도 못했다. 처음으로 2

과학은 어떻게 세상을 구했는가

상 시험이 예정된 백신이 하나 있을 뿐, 모더나 제품 중에 임상시험 최종 단계까지 마친 의약품은 없었다. 2023년까지 mRNA 백신을 시장에 내놓는 것이 모더나의 '소망'이었지만, 이것도 너무 야심 찬 목표로 여겨졌다.

✦¤✦

2019년 말, 방셀은 아내와 딸들과 함께 유럽행 비행기에 올랐다. 파리에 계신 어머니를 만나고 남은 연휴는 프랑스 남부에 있는 집에서 보낼 계획이었다. 회사를 꾸려 나가야 하는 압박감과 의혹의 눈초리에 대처해야 하는 부담감에서 벗어날 수 있는 기회였다.

새해가 지난 어느 날 아침 일찍 일어난 방셀은 아직 꿈나라에 있는 딸들을 깨우지 않으려고 조심하며 부엌으로 향했다. 얼그레이티를 우린 찻잔을 들고 식탁에 앉아 낡은 아이패드로 이메일을 확인한 후 최신 뉴스를 살펴보았다. 그러다 기사 하나를 발견하고 그대로 얼어붙었다. 중국 남부에서 폐 질환이 확산되고 있다는 내용이었다.

그는 정부기관에서 일하는 한 선임 과학자에게 이메일을 보냈다.

"이게 무슨 일인지 혹시 아십니까?" 방셀은 물었다.

메일을 받은 연구자도 중국의 상황은 알고 있었지만 원인을 아는 사람은 없었다.

병이 확산되고 있다는 사실이 머릿속을 떠나지 않았다. 어쩌면 모더나에서 뭔가 할 수 있을지도 모른다는 생각이 들었다. mRNA가 방법이라는 사실을 드디어 증명할 수 있을지도 모른다. 그는 처음 메일을 보냈던 과학자와 계속 연락했다. 연락을 주고받을 때마다 방셸의 다급한 마음이 글에 묻어났다.

"최근 상황은 어떤가요?"

"아직도 밝혀지지 않았습니까?"

"바이러스인가요?"

상대방은 원인이 밝혀지는 대로 즉시 알려주겠다고 약속했다. 며칠 뒤 가족들과 보스턴으로 돌아온 후에도 방셸은 우한의 상황을 계속 생각했다. 그의 연구 팀은 수년 동안 바이러스를 무찌를 방법을 연구했지만 어느 한 가지도 확실하게 막지 못했다. 방셸은 중국에서 시작된 이 질병이 엄청난 사태로 번질 가능성이 있다고 보았다.

만약 우려가 현실이 된다면?

1 장

1979-1987

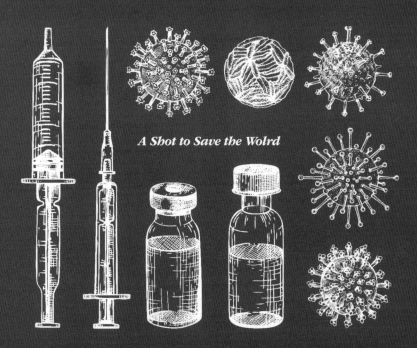

A Shot to Save the Wolrd

．
．
．

전과 후. 사회 전체를 정의하는 공통의 기준점으로
여겨지는 큰 전쟁이나 대공황처럼,
그 유행병은 사람들의 삶을 두 개로 쪼갰다.

랜디 쉴츠Randy Shilts, 《그리고 밴드의 연주는 계속된다And the Band Palyed On》[1]

．
．
．

헨리 마수어Henry Masure는 필사적으로 매달렸다.

눈앞에 호흡곤란 증상과 함께 열이 나고 기침이 멎지 않는 젊은 남성이 있었다. 맨해튼 어퍼이스트사이드에 있는 뉴욕 병원에서 주치의로 일한 지 이제 일주일째인 이 서른세 살의 의사는 각종 검사를 진행했지만 이런 증상이 나타나는 원인을 찾을 수 없었다. 환자는 맨해튼에 있는 다른 병원에서 경비원으로 일하는 사람으로 기저질환은 없어 보였다. 환자는 숨을 헐떡이며 뉴욕의 다른 병원을 몇 군데 찾아가서 진료를 받았다고 간신히 말했다. 아무 소용이 없었다는 소리다.

심장박동이 빨라지고 산소포화도가 급격히 떨어졌다. 95퍼센트…… 94퍼센트…… 93퍼센트, 여기서 더 떨어지면 사망 위험이 있다. 마수어는 무엇이 문제인지 알 수 없었다. 극심한 결핵인가? 새로운 진균 감염? 아니면 더 위험한 것? 동료들과 의논하고, 의학논문도 뒤졌지만 답은 나오지 않았다.

시간이 얼마 남지 않았다. 하지만 더 많은 정보가 필요했다. 결국 마수어는 수술을 하기로 했다. 약해질 대로 약해진 환자의 상태를 감안하면 굉장히 위험한 선택이었다.

'폐 조직을 떼어내야 해.'

몇 시간 뒤, 병원 병리학자가 현미경으로 관찰한 결과를 전했다.

이 젊은 환자가 앓고 있는 병은 주폐포자충 감염으로 생긴 폐렴이었다.

마수어는 기겁했다.

'어떻게 이런 일이?'

우연히 마수어는 주폐포자충 폐렴을 잘 아는 몇 안 되는 전문가 중 한 사람이었다. 몇 년 전 감염질환과 열대의학 연구를 시작했을 때 그는 소속 실험실에서 가장 어린 연구생이었고 어떤 미생물을 연구할지 마음대로 선택할 수 없었다. 말라리아를 비롯해 헤드라인에 자주 등장하는 유명한 감염질환과 미생물, 유행병과 관련된 주제는 이미 다른 사람들이 차지했다. 그에게 남은 건 주폐포자충 폐렴이었고 동료들은 터져 나오는 웃음을 꾹 참았다. 동유럽과 다른 지역에서 매년 영양을 제대로 공급 받지 못한 어린이 수백 명이 주폐포자충 폐렴으로 목숨을 잃던 때도 있다. 그러나 1970년대에 이르자 미국에서 발생하는 환자는 전체 인구를 통틀어 겨우 70여 명으로 줄었고 그나마도 암 환자 등 면역계가 약화된 사람이 대부분이었다. 당시에 실험실 대표는 이 감염질환도 연구해 두면 쓸모 있을 거라고 말했지만 마수어는 주폐포자충 폐렴 환자를 실제로 만날 일은 거의 없다는 걸 잘 알았다.

그런데 1979년 가을, 주치의로 일한 지 일주일째 된 그날 그 폐렴 환자가 눈앞에 나타난 것이다. 게다가 환자는 건강한 성인이었다. 도저히 이해가 안 되는 일이었다.

마수어는 주폐포자충 폐렴에 걸린 아동 백혈병 환자들을 대상으로 임상시험이 진행 중이던 약을 투여하기로 했다. 다행히 환자 상태는 퇴원을 해도 될 만큼 크게 안정됐다. 그런데 한숨 돌리기도 전에 이 희귀한 폐렴 환자가 추가로 발생했다. 뉴욕의 다른 병원은 물론이고 시카고, 애틀랜타, 로스앤젤레스, 샌프란시스코에서도 환자가 나왔다.

키 185센티미터에 깡마른 체구, 높다란 이마에 새카만 머리카락을 가진 마수어는 평소에도 곰곰이 생각하는 시간이 많았지만 중요한 결정을 내려야 하거나 오도 가도 못 하는 상황에 처하면 더 골똘히 고민하는 시간이 길어지는 사람이었다. 문제가 생기면 해결 방법을 찾을 때까지 집중하는 경향도 있었다. 긴 하루를 마치고 병원 소유의 방 한 칸짜리 아파트로 걸어가면서도 발걸음을 천천히 늦추고 희귀 감염질환으로 분류된 이 병을 앓는 환자가 왜 갑자기 늘어났을까 생각했다. 밤에는 같은 병원에서 간호사로 일하는 아내와 함께 감염 사례를 살펴보며 답을 찾아보려고 노력했다.

마수어가 맨 처음 만난 주폐포자충 폐렴 환자는 결국 몇 달 만에 사망했다. 마수어뿐만 아니라 세계 곳곳의 의사들 앞에 같은 병으로 괴로워하는 젊은 환자들이 계속 나타났다. 100여 년의 역사를 가진 런던 첼시의 세인트 스테판 병원 의료진은 주폐포자충 폐렴과 다른 알 수 없는 감염질환, 종양이 생긴 환자들이 남성 동성애자이거나 정맥 투여 약물을 이용하는 사람일 가능성이 높다는 사실을 알아냈지만 이런 특징으로는 문제의 근본 원인이나 해결 방법을 찾을 수 없었다. 희귀질환에 유독 취약해진 이유가 있을 것이란 사실은 분명했지만 그게 무엇인지는 알 수 없었다.

불과 몇 달 전까지만 해도 자신감이 넘치고 낙관적인 분위기였던 의학계는 동요했다. 지난 10여 년간 이루어진 엄청난 발전으로 이제는 심장 질환과 당뇨, 일부 암까지 예방하고 치료할 수 있는 시대가 열렸다. 강력한 항생제와 정확한 진단 검사도 도입되어 현대의학이 감염질환을 대부분 확실히 없앨 수 있으리라는 기대감이 가득했다.

하지만 근본적 해결책이나 치료는커녕 제대로 이해할 수도 없는 병이 나타난 것이다. 의사들은 두려움과 좌절감에 휩싸였다.

"안타까운 마음에 환자의 통증을 조금 완화해 주는 것 외에는 우리가 할 수 있는 일이 아무것도 없었습니다." 당시에 런던 세인트 스테판 병원의 젊은 의사였던 제러미 파라Jeremy Farrar는 이렇게 회상했다. "그 일은 평생 지워지지 않는 상처로 남았어요."

감염질환 전문가들은 더 큰 무력감을 느꼈다. 암이나 심혈관 질환, 다른 질병은 의사가 할 수 있는 일이 대부분 환자의 상태를 개선하거나 병이 생기지 않도록 예방하는 것이지만, 감염질환 분야에 뛰어든 전문가들은 병든 환자를 치료하고 싶어서 그 길을 택한 경우가 많았다.

"저는 환자와 만나고, 진단을 내리고, 치료법을 제시하고, 나아지는 모습을 직접 보는 것을 좋아합니다." 미국 국립보건원 산하 알레르기·감염질환 연구소NIAID의 실험실에서 일한 적 있는 H. 클리퍼드 레인H. Clifford Lane의 말이다. "그런데 난데없이 같은 병을 앓는 비슷한 나이대의 환자들이 나타나고, 치료를 해 줄 수도 없는 데다 대체 뭐가 문제인지도 모르는 상황이 된 겁니다."

학계는 환자 대부분이 생식기와 직장, 그 밖에 몸의 다른 구멍 내부에 형성된 점막을 관통하는 바이러스에 감염되었고 이 알 수 없는 병이 성행위를 통해 전파된다는 결론을 내렸다. 주삿바늘을 공유하다가 혈류를 통해 감염된 사람도 있는 것으로 파악됐다. 1982년 미국 애틀랜타의 질병통제예방센터CDC는 이 질병에 후천성면역결핍증후군AIDS(에이즈)이라는 병명을 붙였다. 이어 프랑스 파리의 파스퇴르 연구소와 미국 워싱턴 D.C. 국립 암연구소 연구진은 마침내 에이즈를 일으키는 새로운 바이러스를 찾아냈다. 인체에 감염되는 이 신종 레트로바이러스에는 인체면역결핍바이러스HIV라는 이름이 붙었다.

감염은 빠르게 확산됐다. 뉴욕 알베르트 아인슈타인 의과대학에는 극심한 면역결핍 증상이 나타난 흑인 아기 다섯 명이 입원했다. 사람들이 느끼는 불안감은 갈수록 높아졌다. 병과 죽음에 익숙한 전문가들도 예외가 아니었다. 부검 중에 이 신종 질환에 감염될까 봐 부검을 거부하는 병리학자들도 있었다. 사회 전체로 공포감이 급속히 퍼졌다. 인디애나에서 혈우병을 앓던 라이언 화이트Ryan White라는 십대 환자가 치료를 위해 사용한 혈액 제품이 HIV에 오염되는 바람에 에이즈에 걸렸다는 사실이 알려지자 불안에 떨던 부모들은 학교에 항의해 라이언을 학교에 오지 못하게 만들었다.

정부 기관에서도 에이즈를 자세히 파악하고 어떻게 해야 전파를 막을 수 있는지 알아내려고 노력했지만 철저히 외면하는 사람들도 나타나기 시작했다. 1983년에 당시 미국 보건복지부 장관이던 마거릿 헤클러Margaret Heckler는 직원들과 보건부 관리들로부터 에이즈 상황에 관한 보고를 듣는 자리에서 이 병이 전파되는 경로 중 하나에 의문을 제기했다.

"항문 성교라고요?" 헤클러는 동성연애자인 한 보좌관을 향해 물었다. "당신도 '그걸' 합니까?"

"나중에 다시 이야기하는 것이 좋을 것 같습니다." 다른 직원이 헤클러를 막았다.[2]

과학계가 에이즈에 관해 더 많은 사실을 밝혀내자 백신 개발이 가능할 것이고 어쩌면 빠른 시일 내로 그렇게 될 것이라는 낙관적인 전망이 나왔다. 장티푸스, 소아마비, 홍역의 경우 원인이 밝혀지고 백신이 나오기까지 50년 정도 걸렸지만 의과학은 빠르게 발전하고 있었다. 1984년 4월 23일에 열린 기자회견에서 헤클러 장관은 곧 해결책이 나올 것이라고 자신 있게 말했다.

"백신이 개발되고 약 2년 내로 시험이 시작되기를 바라고 있습니다." 장관은 기자들에게 이렇게 전했다.

헤클러와 함께 연단에 나온 정부 기관 과학자들도 자신만만한 모습이었다. 무엇보다 과거에 백신으로 유행병이 대부분 일단락된 역사가 있었다. 전염병과 질병을 싹 해결한 백신을 개발해서 숭배의 대상이 된 인물들도 있다. 사실 업적이 다소 과장된 부분도 없지 않지만 그러한 과학자들은 살아 있는 전설과도 같은 대우를 받는 경우가 많았다.

❖✕❖

1774년 여름, 영국 남부에 살던 벤저민 제스티Benjamin Jesty는 자신의 농장에서 소 젖 짜는 일을 하는 하녀 한 명이 희한하게도 천연두에 걸리지 않는다는 사실을 알아챘다. 천연두는 환자 열 명 중 세 명이 목숨을 잃고, 살아남아도 시력을 잃거나 다른 합병증이 남는 병이었다. 그해 초에 앤 노틀리Anne Notley라는 이 하녀의 가족도 천연두에 걸려 노틀리가 아픈 가족들을 돌보았지만 정작 노틀리는 몸에 전혀 이상이 없었다. 제스티는 노틀리도 다른 젖 짜는 하녀들처럼 소의 젖에 감염되어 확산되는 천연두 비슷한 병에 걸린 적이 있음을 알고 있었다. 우두라 불리는 이 질병은 천연두만큼 심각한 병이 아니었다.

그래서 제스티는 한 가지 아이디어를 떠올렸다. 아내가 바느질할 때 쓰는 바늘 중 하나를 가지고 우두 증상이 나타나는 소에게 가서 고름을 긁어낸 후 가족들을 일부러 우두에 감염시킨 것이다. 시간이 흘러 이 지역에 천연두가 확산됐지만 제스티의 가족들은 무사했다. 행운을 조금 더 시험해 보기로 한 제스티는 이번에는 천연두에 아이들을 감염시켰다. 감염 징후는 나타나지 않았다. (염증은 발생했지만 이건 제스티의 아내가 쓰던 바늘이 지저분해서 생긴 결과로 보인다.) 하지만 마을 사람들은 감탄하기는커녕 겁을 먹었다. 제스티가 바늘로 그런 이상한 짓을 하다가 그의 가족들이 "뿔 달린 짐승"으로 변했다고 생각하며 불안에 떠는 사람들도 있었다. 결국 제스티의 가족은 영국해협에 있는 퍼벡 섬으로 쫓기듯 떠나야 했다.[3]

제스티가 바늘로 했던 일(그리고 그의 가족이 병에 걸리지 않았다는 사실)에 관한 소문이 퍼지자 영국의 여러 의사가 비슷한 방법을 써 보았다. 1796년에는 에드워드 제너Edward Jenner라는 의사가 여덟 살 소년을 우두에 노출시킨 다음 천연두에 감염시켰다. 이 소년에게는 국소 염증이나 감염 징후가 나타나지 않았고, 이로써 우두가 천연두를 막았다는 사실을 알 수 있었다. 제너는 같은 방법으로 다른 사람들에게도 접종을 실시했다. 제스티와 차이점은 제너의 경우 과학적인 적절한 방법으로 우두를 접종한 사람들의 상태를 확인하고 결과를 분석해서 발표했다는 것이다. 얼마 지나지 않아 영국을 시작으로 나중에는 세계 전체가 천연두를 막기 위해 같은 방법을 활용했다. 제너의 전기 작가는 제스티가 맨 처음 떠올린 독창적인 아이디어를 간과한 채 마을에 젖 짜는 일을 하는 어느 아름다운 하녀가 천연두에 걸리지 않는다는 사실을 제너가 발견했고, 이것이 인류 최초의 백신이 탄생한 계기가 되었다고 썼다. 사람들의 머릿속에는 제스티가 사용한 지저분한 바늘보다 젖 짜는 하녀의 이미지가 더 강렬하게 남았다.

백신 개발을 선도한 다른 사람들도 제각기 나름의 독창성을 보였고 새로운 논란을 일으켰다. 1940년대에 조너스 소크Jonas Salk라는 젊은 바이러스 학자가 뛰어난 상상력으로 결론을 도출한 학술논문도 근거 데이터가 부족하다는 비난을 샀다.

"나는 항상 추론이 과학적인 사고와 논의를 이끌어 내는 합당한 수단이라고 생각하므로 추론을 활용했다." 나중에 소크는 이렇게 밝혔다. "또한 예측이 과학적 사고의 '핵심'이라 생각하므로 예측을 활용했다. 바이러스학에 추론과 예측이 적극 활용되지 않는다는 것은 부끄러운 일이다."[4]

소크는 소아마비 백신 개발에 오랜 시간을 투자했다. 감염질환인 소아마비로 해마다 수천 명이 목숨을 잃고 수만 명이 몸이 마비되는 고통을 겪었고 환자 대다수는 어린아이들이었다. 당시 대부분 과학자는 제스티가 천연두를 해결하기 위해 고안했던 방법과 비슷하게, 살아 있지만 활성이 약화된 바이러스로 백신을 만들려고 했다. 그러나 소크는 다른 시도를 했다. 피츠버그대학교에 있는 자신의 실험실에서 소아마비 바이러스를 배양한 후 포름알데히드를 첨가해서 사멸, 즉 바이러스의 활성을 없애는 방법이었다. 그는 광견병과 콜레라 백신에서 효과가 확인된 이 방법으로 백신을 만들고 어린이 수천 명을 대상으로 시험했다. 시험 대상에는 소크의 가족도 포함되어 있었다. 1953년에 이 백신은 60퍼센트 이상 효과가 있는 것으로 확인됐다. 미국 전역에서 이 성과를 기념하는 각종 떠들썩한 행사가 열렸고 소크는 전 국민의 영웅이 되었다. 그의 사진이 신문 1면과 반지르르한 잡지 표지를 장식했고, 텔레비전 뉴스에도 등장했다. 나중에 소크의 막강한 라이벌이던 앨버트 사빈Albert Sabin이 활성이 약화된(순화된) 바이러스로 만든 경구용 소아마비 백신도 효과가 있는 것으로 입증됐다. 이 두 가지 백신 덕분에 전 세계 대부분 지역에서 큰 골칫거리였던 소아마비가 사라졌다.

모든 백신은 거의 비슷한 방식으로 작용한다. 즉 백신은 인체의 복잡한 면역계가 병원체와 맞서 싸우도록 가르친다. 인체 면역계가 구축하는 방어선은 두 종류다. 최전선에서 신속히 작용하는 '선천성' 면역 기능은 대식세포와 수지상세포, 자연살해세포natural killer cell(NK세포) 등 다양한 백혈구에서 발휘된다. 이러한 백혈구는 피부, 코, 목 등 우리 몸의 관문을 지키고 있다가 바이러스와 그 밖의 외부에서 유입된 다른 침입자를 탐지해서 물리치는 일을 수행한다.

선천성 면역 기능은 병원체에 미리 노출시켜 기능을 활성화할 필요가 없다는 장점이 있지만 강력하고 영리한 병원체는 제대로 막지 못할 수 있다. 그런 힘든 싸움에는 인체의 '적응' 면역 기능이 동원된다. 적응 면역계가 위험을 감지하면 특정 병원체를 인식하는 T세포와 병원체에 맞설 강력한 항체를 생산하는 B세포 등 선천성 면역계와는 다른 백혈구가 기능을 발휘한다.

적응 면역은 선천성 면역 기능보다 훨씬 효율적으로 임무를 수행한다. T세포는 공격을 막는 데 중요한 역할을 하고 B세포는 침입자를 공격하도록 특별히 훈련된 항체 부대를 만든다. 효과가 강력하지만 반응 속도가 다소 느린 것이 적응 면역 기능의 단점이다. T세포와 B세포를 보내서 싸워야 할 만큼 정말로 위험한 적인지 판단하려면 어느 정도 시간이 걸리기 때문이다. 그 사이 바이러스가 기세를 잡고 세포에 감염될 수 있다.

백신은 바로 이런 특징을 활용한다. 전통적인 백신은 강력한 병원체를 약화시키거나 사멸시켜서 만든다. 이를 혈류로 투여하면 체내로 들어온 침입 물질이 인체의 적응 면역 기능을 자극해서 공격을 유도하고, 면역 기능이 활성화되어 침입자는 무력해진다. 백신에 사용되는 병원체는 무해하지만 인체는 힘이 약한 적이라 판단하고 위험한 적을 공격할 때처럼 맞서 싸운다. 적응 면역계는 이 가상의 싸움을 기억해 두었다가 같은 병원체의 징후가 없는지 꾸준히 항체를 보내 순찰을 돌고 만약 백신으로 접했던 것과 비슷한 적이 침입하면 공격 모드로 전환하도록 훈련한다.

일반적으로 백신에는 약화된 바이러스나 활성을 없앤 바이러스, 또는 진짜 바이러스의 다른 복제물이 포함된다. 백신에 사용되는 이러한 물질이 백신으로 막으려는 병을 일으키는 경우는 드물다. 소크와 사빈의 혁신적인 성과가 나온 후 오랫동안 과학계는 다른 방법으로 백신을 만드는 방법도 연구했지만 목표는 항상 동일했다. 면역계가 향후 침입할 수 있는 적을 물리칠 수 있도록 미리 활성화시키고 가르치는 것이다.

✧ ꝋ ✧

1980년대의 상당 기간 동안 과학계는 전통적인 방법 중 한 가지로 효과적인 HIV 백신을 개발할 수 있다고 자신했다. HIV가 어떤 바이러스인지 빠른 속도로 밝혀진 것도 어느 정도는 그러한 자신감의 바탕이 되었다. 분자생물학자 플로시 웡스탈Flossie Wong-Staal은 저명한 연구자인 로버트 갈로Robert Gallo의 실험실에서 HIV가 에이즈의 원인이라는 사실을 밝히는 데 일조했다. 또한 HIV의 유전체를 복제해서 이 바이러스의 작용 방식을 알아내고 인체 면역계를 어떻게 침범하는지 증명했다. (웡스탈과 갈로는 이 연구를 함께 하다가 연인 관계로 발전했고 아이도 낳았다.)[5]

그러나 낙관적인 분위기를 가라앉게 만든 문제가 나타났다. HIV는 돌연변이 발생률이 이례적으로 높고 면역계를 몰래 빠져나갈 수 있다는 사실이 드러난 것이다. 과학계는 이 치명적인 바이러스의 활성을 없애거나 희석하는 방식으로 만든 백신이 너무 위험하다는 결론을 내렸다. HIV가 포함된 백신을 투여했다가 통제 불가능한 수준으로 증식하거나 돌연변이가 일어나 병독성이 훨씬 강한 버전이 나올 우려가 있다고 본 것이다. HIV에 감염된 환자는 이미 대부분이 면역 기능이 약화된 상태라는 점에서 그러한 두려움은 더욱 깊어졌다.

머크Merck, 업존Upjohn 같은 유명 제약회사들이 백신 개발에 큰 관심을 기울이지 않은 것도 이렇듯 넘어야 할 산이 너무 높았기 때문이다.

이미 감염된 HIV를 체내에서 제거하는 약은 물론 바이러스의 위세를 꺾는 약마저도 개발이 쉽지 않다는 사실도 밝혀졌다. 가장 큰 걸림돌은 HIV가 체내에서 증식하지 못하게 막는 방법을 과학계가 찾지 못했다는 것이다. 에이즈의 원인이 밝혀지고 3년이 지난 1987년 3월, 미국 식품의약국FDA은 아지도티미딘azidothymidine, AZT을 에이즈 치료제로 처음 승인했다. 이 소식이 전해지자 희망과 기대감이 널리 확산됐지만 분위기는 끔찍한 실망으로 바뀌었다. 처음에 암 치료제로 개발되다 실패한 약인 AZT를 에이즈 환자에게 사용한 결과, 몇 달 만에 치료 효과가 사라진 환자가 많았다. HIV의 약제 내성이 놀랍도록 뛰어나다는 의미였다. 약값도 비싸고, 고용량을 처방할 경우 환자가 감수해야 하는 부작용의 위험성도 너무 컸다.

✧�✧

1980년대 말 에이즈 유행 상황이 더 심각해지자 젊고 성생활이 활발한 남성들로 구성된 미국 군대도 큰 타격을 입었다. 면역계의 반격은 '도움 T세포helper T cell'로도 불리는 CD4+ 세포가 주도하는데, 군의관들은 HIV에 감염된 병사의 체내 CD4+ 세포 수치가 곤두박질치는 상황을 무기력하게 지켜봐야 했다. 면역 기능이 크게 약화됐다는 징후였다. 군대 내에 감염된 병사가 급증하여 미국 워싱턴 D.C.의 월터 리드 국립 군 의료센터는 에이즈 환자를 치료하기 위한 새로운 병동을 마련해야 했다.

"건강한 사람에게서는 보기 드문 감염 양상이 나타났습니다. AZT는 아무 쓸모가 없었어요." 1980년대 중반 월터 리드 의료센터에서 선임 의사로 근무한 에드먼드 트래몬트Edmund Tramont는 이렇게 전했다. "눈앞에서 젊은이들이 죽어 가는데 우리는 일반적인 지원 외에는 아무것도 해 줄 수가 없었습니다."

트래몬트의 병원 사무실로 새벽 4시에 3성 장군이 찾아온 적도 있다. 장군은 그에게 아무래도 몸에 문제가 있는 것 같다고 말했다. 군에서는 동성애를 '부적절한' 행위로 보고 이 때문에 불명예 퇴역을 당할 수 있으므로 장군은 제발 아무도 마주치지 않기를 바라며 꼭두새벽에 의사를 찾아온 것이다.

어색한 인사를 몇 마디 건넨 후 트래몬트는 어려운 이야기를 꺼냈다.

"장군님, 제가 도와드리려면 정보가 있어야 합니다."

장군은 동성 간 성교 경험이 있다고 인정했다. 의사가 어떤 진단을 내릴지 이미 마음을 단단히 먹고 어떤 결과가 나올지도 확신했다.

"관계를 맺은 사람들에게도 알려야 합니다." 트래몬트는 에이즈라는 진단을 전하면서 이렇게 당부했다.

"의사 선생, 이미 그렇게 했소." 장군은 슬픈 눈빛으로 대답했다.

트래몬트는 여성 에이즈 환자도 치료했다. 스물한 살이던 이 환자는 남편이 복무 중인 군인이었고 베를린에 주둔하던 기간에 유럽에서 발생한 수백 명의 HIV 감염자 중 한 명이 되어 아내에게도 전염시킨 것이다. 트래몬트를 비롯한 의사들은 왜 이렇게 군대에서 감염자가 많이 나오는지, 특히 베를린에 주둔한 군인들이 왜 유독 큰 비중을 차지하는지 조사를 시작했다. 그 결과 독일에서 매춘을 하려던 남성들이 경제적 부담감에 일찍이 HIV의 진원지였던 콩고 출신 여성들과 성매매를 한 경우가 허다했던 것으로 드러났다. 과학자들은 베를린에 복무한 미군 중 HIV 감염자가 최대 20퍼센트에 이른다고 추정했다.

트래몬트가 치료하던 그 젊은 여성 환자는 상태가 급격히 악화됐다. 환자의 고통을 덜어 주는 것 외에 달리 도울 방법이 없다는 사실에 트래몬트는 크게 절망했다.

"이 불쌍한 여성은 하필 베를린에서 주둔한 군인 남편을 둔 바람에 병에 걸린 겁니다. 그 일이 저에게는 정말 큰 충격으로 남았습니다." 트래몬트는 말했다.

그와 다른 의료진은 에이즈 환자를 도울 방법을 뭐라도 찾아내려고 애썼다. 얼마 후 기쁜 소식이 전해졌다. 노스다코타 주 농장 출신의 한 괴짜와 동부 해안 지역에서 활동하던 말솜씨 좋은 사업가가 HIV 백신을 개발했고 전망이 꽤 밝다는 소식이었다. 한동안은 엉뚱한 조합의 이 두 사람 덕분에 정말로 에이즈 유행이 끝날 것만 같았다.

과학은 어떻게 세상을 구했는가

2 장

1985-1994

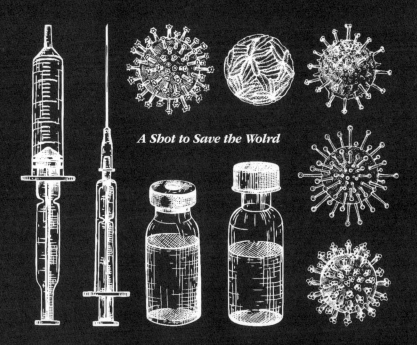

A Shot to Save the Wolrd

게일 스미스Gale Smith는 미국 노스다코타 주 마이넛에 형성된 4000
만 제곱미터가 넘는 알팔파 농장에서 자랐다. 그러다 석유 산업으로
호황과 불황이 오락가락하던 몬태나 주 경계와 가까운 지역으로 온
가족이 이사를 갔다. 어린 소년이었던 1950년대와 1960년대 내내 스
미스는 지하실에서 화학실험 세트를 갖고 놀거나 로켓을 만들며 지
냈다. 가끔 쌍둥이 여동생 게일Gayle도 함께했다. 학교 성적은 월반할
정도로 우수했지만 친구들 사이에서 특별히 인기 많은 아이는 아니
었다.

"성적 좋은 친구를 모두가 좋아하는 건 아니니까요." 스미스의 말
이다.

7학년이던 어느 날, 게일은 학교 도서관에 갔다가 벽 한 면을 가
득 채운 과학 분야 책들을 발견했다. 차분하고 조용한 성격인 그에게
도서관은 오아시스 같은 곳이 되었고, 하루에도 몇 시간씩 도서관에
살던 그 시절에 앞으로 나아가야 할 길도 형태가 잡히기 시작했다.

가족 모두가 감리교도였지만 게일은 어릴 때부터 기독교의 기본
원칙에 의문을 품었다. 존 F. 케네디를 우상으로 여기고 보수적인 사
고방식을 드러내던 이웃들에게 반기를 들기도 했다. 그런 이웃 중에
는 극우 단체인 '존 버치 소사이어티John Birch Society' 회원도 있었다.

"그게 인종 차별이라는 건 몰랐지만 나쁘다는 건 알았어요." 스미

스는 말했다. "편향되지 않은 시각으로 진실을 찾아야겠다는 결심을 했습니다."

고등학교 생활은 지루하기만 할 뿐 별 의미가 없다고 생각한 스미스는 졸업반 때 자퇴하고 지역 칼리지에서 수업을 들었다. 성적이 가장 우수한 학생이었고 과학 과제를 내라고 했더니 지역 의사 두 명과 함께 뇌하수체를 연구한 결과를 제출하는 등 매번 놀라운 성과를 내는 학생이었던 터라, 스미스는 자퇴를 하고도 그해 여름 로드아일랜드 프로비던스의 브라운대학교에서 개최한 고등학생 과학 프로그램 참가자로 선발됐다. 노스다코타 주를 한 번도 벗어난 적이 없던 열다섯 살 소년은 이 유명한 프로그램에 참가하기 위해 잔뜩 긴장한 채 이틀에 걸쳐 기차를 갈아타며 동쪽으로 향했다. 주변 승객들을 믿을 수가 없어서 여행 내내 잠도 거의 자지 않고 경계를 풀지 않았다.

"정말 긴 이틀이었습니다." 그가 말했다.

마침내 분자생물학과 유전공학의 급격한 발전으로 활기가 넘치던 브라운대학교 캠퍼스에 도착한 게일은 다른 학생들과 함께 DNA 분자가 이중나선 구조라는 사실을 처음으로 밝힌 프랜시스 크릭Francis Crick과 제임스 왓슨James Watson의 강연을 들었다. 아직 인쇄되지도 않은 왓슨의 교과서《왓슨 분자생물학Molecular Biology of the Gene》을 스테이플러로 고정한 인쇄물로 받아서 공부하고, 제임스 크로James Crow의《유전학 노트Genetic Notes》도 읽었다. 모두 유전학에 혁신을 일으킨 책이다.

스미스는 완전히 매료됐다.

"생물계가 얼마나 복잡한지, 모든 것이 서로 어떻게 연관되어 있는지 알게 됐죠."

브라운대학교에 입학하고 싶었지만 1년에 2000달러나 하는 등록금을 감당할 수 없어서 그 대신 노스다코타대학교에 진학했다. 그곳에서 생물학과 화학을 공부하며 실험 수업은 하나도 빼놓지 않고 들었다. 다른 수업은 거의 출석하지 않고 혼자 수업 자료만 읽었다. 마르고 큰 키에 내성적인 학생이던 스미스는 시간이 나면 사진을 찍거나 방에서 클래식 음악을 듣고 새로 사귄 친구들과 체스를 두면서 지냈다.

1981년에는 텍사스 주 칼리지 스테이션에 있는 A&M 대학교에서 분자생물학 박사 과정 공부를 시작했다. 동시에 그곳에서 160킬로미터 정도 떨어진 휴스턴 베일러 의과대학의 바이러스학 석사 과정도 밟기로 했다. 주변 친구들이 파티와 축구, 연애에 푹 빠져 있을 때 게일 스미스는 전혀 다른 꿈을 꾸었다.

텍사스답지 않게 몹시 추웠던 어느 겨울 아침, 스미스는 베일러 의과대학에서 인체 인터페론베타 유전자를 인위적으로 복제하는(클로닝) 기술에 관한 수업을 들었다. 인터페론베타는 점성이 있는 단백질로, 세포가 외부 침입자의 공격을 막는 데 유용하게 쓰인다. 그 당시에는 학계나 제약업계에서 의약품이나 다른 용도로 인터페론(바이러스에 감염된 동물의 세포에서 생산되는 항바이러스성 단백질—옮긴이)이나 다른 여러 단백질을 만들어야 하는 경우 효모나 세균이 활용됐다. 즉 효모나 세균이 담긴 튜브에 만들고 싶은 단백질의 정보가 담긴 DNA를 함께 집어넣고 특수한 용액을 섞어서 DNA가 효모나 세균 세포 내부로 흡수되도록 만든다. 작은 튜브 정도의 분량으로 먼저 이 단계를 진행한 다음 용량을 크게 늘려서 세포에서 DNA에 담긴 지시대로 단백질이 만들어지도록 하면 공장에서 상품을 대량생산하듯 원하는 단백질을 다량 얻을 수 있다.

보통은 이런 방식으로 단백질을 만들 수 있지만 인터페론이나 항체 등 의약품에 꼭 필요한 복잡한 단백질은 결과가 영 좋지 않았다. 단백질은 여러 겹으로 접힌 3차원 구조로 되어 있고, 세포 내에서 만들어지고 나면 탄수화물이 추가되는 '당화' 반응도 거치는데 효모와 세균 세포는 이러한 복잡한 구조의 상당 부분을 똑같이 만들어 내지 못한다. 1980년대에는 중국 햄스터의 난소 세포 등 포유동물 세포가 이러한 단백질 생산에 사용됐다. 하지만 이 방법에도 문제점이 있었고, 당시에는 이렇게 단백질을 만드는 것이 상업적 가치가 있는지 판단할 만한 근거도 별로 없었다.

그날 강의를 듣는 동안, 스미스는 인터페론 같은 단백질을 만들 수 있는 더 좋은 방법을 떠올렸다. 바로 곤충 세포를 활용하는 것이다. 대다수가 생각하는 것보다 곤충과 사람은 비슷한 점이 많다. 사람과 곤충 모두 산소가 있어야 살 수 있고 뇌, 심장, 생식기관을 비롯해 해부학적으로도 유사한 부분이 있다. 무엇보다 세포 구조가 비슷하고 세포에서 접힌 모양의 복잡한 단백질이 만들어진다는 것이 중요한 공통점이다. 스미스는 바큘로바이러스baculovirus로 불리는, 곤충에 감염되는 바이러스를 활용하면 필요한 DNA를 곤충 세포에 전달해서 인터페론 같은 단백질을 만드는 훌륭한 방법이 될지도 모른다고 생각했다.

언뜻 보기에는 곤충 바이러스로 사람에게 쓸 의약품을 만든다는

과학은 어떻게 세상을 구했는가

생각이 이상하고 심지어 위험해 보일 수도 있다. 하지만 곤충 바이러스를 쭉 연구해 온 스미스는 수백년 전부터 이 바이러스가 살충제에 사용되었고 사람에게 안전하다는 사실을 잘 알았다. 바큘로바이러스에는 '여유 공간이 많다'는 것도 장점이었다. 즉 염색체가 비교적 큰 편이라 생물학자가 큼직한 유전정보도 끼워 넣을 수 있다.

스미스는 곤충 바이러스를 곤충 세포에 감염시키고 이 바이러스를 통해 전달한 DNA 지시문대로 특정 단백질이 만들어지도록 하려면 완전히 새로운 '단백질 발현 시스템'이 필요하다고 판단했다. 과학자들이 신약과 백신 개발에 활용할 수천 수만 종의 복잡한 단백질을 생산할 수 있는 시스템이 필요했다.

강의가 끝나고, 스미스는 이런 상상의 토대가 된 그 강의를 맡은 존 콜린스John Collins 교수에게 달려가 수업 시간에 떠올린 아이디어를 설명했다.

"자네, 나만큼 제정신이 아니구먼." 콜린스가 말했다.

하지만 스미스는 물러서지 않았다. 서둘러 텍사스 A&M 대학교로 돌아간 스미스는 캠퍼스 근처에 있던 '치킨 오일 컴퍼니Chicken Oil Co.'라는 술집으로 향했다. 대학원생들이 모여서 술도 마시고, 당구도 치고, 과학 이야기도 하는 곳이었다. 스미스는 그곳에서 귀 기울이는 사람이라면 누구든 붙잡고 곤충 세포를 활용하는 것에 관해 이야기했다. 보통 사회적인 교류는 거의 하지 않는 편이었지만 이번만큼은 말을 멈출 수 없었다. 무스헤드Moosehead 맥주 몇 잔에 힘입어, 그는 이 기술이 신약 개발에 혁신을 몰고 올 가능성이 있다고 확신했다.

"헛된 공상이라고 생각해?" 스미스는 같은 실험실 동료였던 피터 크렐Peter Krell에게 물었다.

크렐은 가능성이 있을지 모른다고 답했다. HIV 감염의 유행 속도가 점점 빨라지고 생물학자, 면역학자 대부분이 새로 등장한 이 바이러스에 몰두하고 있을 때도 스미스와 크렐은 아무도 관심 없는 곤충 바이러스를 연구해 왔다. 크렐은 친구에게 그동안 쌓은 지식을 활용할 때가 된 것 같다고 말했다.

"그래, 한번 해 봐." 그가 스미스에게 말했다.

다시 베일러로 온 스미스는 전설적인 소아마비 연구자이자 바이러스학과와 역학과 과장이던 조셉 멜닉Joseph Melnick을 찾아갔다. 이 연구를 박사학위 논문 주제로 삼기로 마음먹은 스미스는 멜닉에게 자신의 아이디어를 열심히 쏟아냈다.

멜닉은 어리둥절한 반응이었다.

"왜 곤충 세포로 단백질을 만들려고 하나?" 그는 스미스에게 되물었다.

결국 스미스는 이 분야의 스타 연구자였던 텍사스 A&M 대학교의 맥스 서머스Max Summers 교수 연구실에서 박사 과정 연구를 하기로 했다. 서머스는 스미스에게 연구실에서 일하면서 그 아이디어를 발전시켜 보라고 했다. 이곳에서 스미스는 1년 넘게 서머스 교수와 맬컴 프레이저Malcolm Fraser라는 박사후 연구원과 특별한 단백질 생산 기술을 개발했다. 뛰어난 과학자로 알려진 루이스 밀러Lois Miller가 곤충 세포를 활용하는 비슷한 시스템을 연구 중이라는 소문을 접한 후에는 세 사람 모두 큰 압박감에 시달렸다. 스미스와 프레이저, 그리고 밤늦은 시간까지 연구에 매달리던 다른 연구자들은 맥주캔을 따고 베토벤과 모차르트의 음악을 들으며 긴장을 덜어내려고 노력했다. 스미스가 단백질 개발에 활용하기로 정한 세포는 나비와 나방의 세포였다. 모기처럼 사람을 무는 곤충은 알레르기 유발물질에 오염됐을 가능성이 있으므로 그런 세포보다 안전하다고 판단했다.

1982년, 스미스의 팀은 마침내 성과를 얻었다. 스미스가 곤충 세포의 활용 가능성을 처음 떠올린 강의에서 교수가 언급했던 사람의 인터페론베타 단백질을 복제하는 데 성공한 것이다. 게다가 생산된 단백질의 양도 놀라울 만큼 많아서, 스미스는 치료 목적으로 인체에 투여할 수 있는 양이라고 확신했다. 세 사람은 연구 결과를 논문으로 상세히 정리해서 여러 학술지에 보냈다. 하지만 어디에서도 관심을 보이지 않았다. '곤충 세포로 약을 만든다고? 진심이야?' 이런 반응이었다. 1983년 말, 스미스가 서른네 살에 박사 학위를 받은 그해에 마침내 〈분자·세포생물학_Molecular and Cellular Biology_〉에 논문이 처음 게재됐다.

"거긴 새로 생긴 학술지라 게재할 만한 논문이 필요했어요." 스미스는 논문이 실린 배경을 말했다.

곤충 바이러스를 활용하는 스미스의 시스템은 서서히 인정받기 시작했다. 처음에는 농업 분야에서 관심을 보였고 나중에는 의학 연구에 적용하려는 업체들도 나타났다. 시간이 더 많이 흐른 뒤에는 대상포진, 독감, 인간유두종바이러스HPV 감염을 막기 위한 백신과 의약품 개발 사업 같은 유망 분야에서도 스미스가 개발한 '바큘로바이러스 발현 벡터 시스템'을 선택했다. 스미스와 서머스는 텍사스 A&M 대학교와 공동으로 이 기술의 특허를 취득했고 로열티로 수백만 달러를 벌었다.

하지만 이는 오랜 시간이 흐른 후의 일이다. 획기적인 기술을 개발한 직후에 스미스가 바란 건 동료 학자들로부터 인정을 받는 것이 전부였고 제약회사 한 곳 정도는 이 기술의 잠재력을 알아봐 주지 않을까 하고 기대했다. 1982년 8월에 스미스와 서머스는 뉴욕 주 북부에 있는 코넬대학교에서 처음으로 연구 성과를 발표했다. 강연장은 사람들로 꽉 찼고, 스미스는 그중에 이 시스템으로 의약품 개발을 해보겠다는 사람이 나타나리라 생각했지만 강연을 마친 스미스에게 찾아온 사람은 딱 한 명이었다. 활기 넘치던 서른두 살의 그 남자는 프랭크 볼보비츠Frank Volvovitz였다.

일찍이 스미스와 서머스의 연구를 접하고 매료된 볼보비츠는 두 사람이 강연을 한다는 소식을 듣고 코네티컷 주 웨스트 하트포드에서 다섯 시간을 운전해 그곳까지 찾아왔다. 맛있는 베이글을 팔던 이타카의 한 가게로 자리를 옮긴 세 사람이 들뜬 분위기 속에서 본격적인 대화를 나누기 전, 볼보비츠는 스미스에게 자신이 찾아온 목적을 곧장 밝혔다. 얼마 전에 아주 작은 회사를 하나 차렸는데, 스미스와 꼭 함께 일하고 싶다는 이야기였다.

소년 같은 앳된 얼굴에 곱슬곱슬한 짙은 색 머리카락과 큼직한 철테 안경 너머로 말을 할 때마다 눈을 가늘게 뜨는 볼보비츠가 처음 만났을 때부터 스미스는 마음에 들었다. 과학 공부를 마치고 사업을 시작한 볼보비츠는 인터페론에 관심이 많았다. 야망이 넘치고 똑똑한 사람 같았고, 무엇보다 스미스의 곤충 바이러스 이야기만 나오면 안색이 환해졌다.

과학은 어떻게 세상을 구했는가

"훌륭한 사업이 될 것입니다!" 볼보비츠는 스미스에게 확신했다.

그 당시에 볼보비츠는 이미 생명공학 회사를 한 번 차렸다가 문을 닫은 경험이 있었다. 새 회사는 부모님 집 지하실에서 시작했다. 크리스마스트리로 쓰이는 나무를 공격하는 흔한 해충을 없앨 살충제를 만드는 것이 그의 사업 목표였는데 사실 최첨단 기술이 필요한 일은 아니었다.

스미스는 볼보비츠가 하려는 사업에 관해서는 전혀 아는 것이 없었다. 알았다고 해도 중요하지 않았다. 볼보비츠는 자신이 발명한 기술의 가치를 알아보았다. 그거면 충분했다. 스미스가 정말로 바란 건 그것이었다.

"제 기술에 관심을 갖는 분이 있다니 정말 기쁩니다." 스미스는 말했다.

1985년, 스미스는 당시 직원이 10명이던 볼보비츠의 회사에 합류했고 그가 추진하는 과학 사업에 힘을 보태고자 코네티컷으로 거처를 옮겼다. 볼보비츠가 '마이크로제네시스MycroGeneSys'라 이름 붙인 회사의 소재지는 곧 가정집 지하실에서 웨스트 헤이븐으로 바뀌었다. 한 팀이 되고 얼마 지나지 않아, 스미스와 볼보비츠는 에이즈 백신 개발을 주도하는 뜻밖의 선두주자가 되었다.

⟡⋈⟡

첫 출근 날, 스미스는 마이크로제네시스가 새로 둥지를 튼 건물에 가구 창고와 헬리콥터 부품 공급업체가 입점했고, 주변 환경은 의학의 혁명이 일어날 법한 분위기와는 거리가 먼 시시한 곳이라는 사실을 알게 됐다.[1] 하지만 회사는 과학계를 뒤흔들고 말겠다는 볼보비츠의 포부로 가득했다. 갓 출발한 이 작은 스타트업을 미국에서 가장 유명한 업체로 바꿔 놓을 결단도 이미 내려진 상황이었다.

에이즈의 유행 상황은 악화일로였다. 미국에서 HIV 감염자는 100만 명이 넘었고, 감염이 에이즈로 발전한 환자는 4만 명을 넘어섰다. 1만 6000명 이상이 에이즈로 목숨을 잃었다. 이 위기를 뿌리 뽑을 수 있는 연구에 경제적 지원이 제공되기 시작했다. 마침내 기회가 왔음을 감지한 볼보비츠는 마이크로제네시스도 에이즈 백신 개발에 나서기로 결정했다.

그 시기에 과학계에서는 백신을 만드는 가장 효과적인 방법이 무엇인지에 관한 뜨거운 논쟁이 벌어졌다. 바이러스를 실제로 사용하는 구식 접근법 대신 HIV 바이러스의 일부를 유전공학 기술로 제작해 인체 면역계의 활성을 자극하는 핵심 물질인 항원으로 활용해야 한다고 주장하는 에이즈 연구자들이 계속 늘어났다. 이렇게 만든 새로운 백신으로 면역계가 바이러스의 고유한 단백질이나 그 단백질의 일부분을 인식하도록 훈련시키면 나중에 실제 바이러스 단백질과 맞닥뜨렸을 때 HIV와 맞서 싸울 태세를 갖출 수 있다는 것이 이들의 설명이었다. 이 기술을 옹호하는 사람들은 효과가 없을 수 있다는 사실을 인정하면서도 위험천만한 바이러스를 체내에 주사하는 전통적인 백신보다는 HIV 단백질을 합성하거나 재조합해서 만든 백신이 더 안전하다고 보았다.

볼보비츠는 새롭게 등장한 이 방식이 스미스가 고안한 곤충 세포 시스템과 완벽히 들어맞는다는 사실에 주목했다. 스미스와 볼보비츠는 계속 연구진을 확장시키면서 HIV의 DNA를 바큘로바이러스에 집어넣고 이 바이러스를 곤충 세포에 감염시켜 백신 항원으로 활용할 수 있는 단백질을 만들기로 했다. 1980년대 말에는 '외피'로 알려진 HIV 표면의 중요한 단백질이 바이러스가 인체 세포와 결합하는 부위라는 사실이 연구로 밝혀졌다. 당시에는 범위가 상당히 넓은 코로나바이러스 계통 바이러스에 거의 아무도 관심을 갖지 않았지만, 표면에 가시처럼 돌출된 HIV의 외피 단백질은 코로나바이러스의 특징인 스파이크 단백질과 형태가 매우 비슷하다. HIV는 이 외피를 통해 인체 세포 표면에 있는 수용체와 결합해야 공격을 감행할 수 있다. 마이크로제네시스의 스미스 연구진은 gp160이라고 이름 붙인 이 외피 단백질을 활용한 백신 개발에 집중했다.

스미스와 볼보비츠가 시작한 연구에 관한 소식은 정부 연구자들의 귀에도 전해졌다. 스미스가 특정 유전자를 잘라서 붙이는 기술에 탁월한 재능을 가진 연구자라는 사실을 확인한 정부 관계자들은 마이크로제네시스가 선택한 방법이 치명적인 바이러스를 사용하는 것보다 안전하다고 보았다. 그리하여 1986년, 스미스는 회의가 있으니 참석하라는 호출을 받고 메릴랜드 주 베데스다의 국립보건원NIH으로 향했다. 사람들로 꽉 찬 회의실에 들어선 스미스는 그곳에 모여 있는 사람들을 보고 깜짝 놀랐다. 미국 정부의 HIV 연구를 이끌던 NIAID 소장 앤서니 파우치를 비롯해 살아 있는 전설로 불리던 세 사람, 조너스 소크와 앨버트 사빈, 저명한 백신학자 모리스 힐먼Maurice Hilleman도 보았다.

"우리가 뭘 할 수 있을까요?" 파우치는 침울한 말투로 스미스와 다른 과학자들에게 물었다. "HIV 백신을 만들려면 어떻게 해야 할까요?"

불과 3년 전에 텍사스 주의 술집 '치킨 오일 컴퍼니'에서 무스헤드 맥주를 마시고 있던 스미스가 역사적으로 길이 남을 업적을 남긴 과학자들과 같은 공간에서 토론을 벌이게 된 것이다. 심지어 그들이 '먼저' 그에게 어떤 아이디어가 있는지 물었다. 케빈 듀란트Kevin Durant, 카이리 어빙Kyrie Irving, 제임스 하든James Harden 같은 최상급 선수들이 포진한 농구팀에 발탁된 걸로도 모자라 팀의 승패를 좌우할 숏을 어서 던져 달라는 부탁을 받은 기분이었다.

스미스가 이 회의에 초청된 것을 보면, HIV 외피의 바깥 표면을 형성한 단백질과 같은 당화된 복합 단백질의 복제 기술을 잘 아는 사람이 당시에 얼마나 드물었는지 알 수 있다. 파우치를 비롯한 여러 학자들이 HIV의 이 외피 단백질이 백신 항원으로 활용되기를 바라고 있었다. 이와 함께 스미스의 참석은 과학계가 에이즈를 물리칠 수 있는 참신한 아이디어를 얼마나 절박하게 찾고 있었는지도 보여준다.

스미스는 국립보건원의 맬컴 마틴Malcolm Martin이라는 연구자로부터 gp160 단백질 유전자를 제공 받았다. 그리고 이 유전자를 변형시켜 바큘로바이러스 시스템에 삽입했다. 동료 연구자들과 함께 서둘러 완성한 백신에는 '백신VaxSyn'이라는 이름을 붙였다. 마이크로제네시스에서 개발한 이 백신을 동물에 투여한 초기 실험 결과 항체가 고농도로 형성될 만큼 강력한 면역 반응이 일어난 것으로 나타나 긍정적 전망이 나왔다. NIAID의 클리퍼드 레인과 월터 리드 군 의료센터의 에드먼드 트래몬트, 그 밖에 여러 과학자들이 이 결과를 듣고 직접 시험해 보고 싶다는 뜻을 밝혔다.

"발 빠른 대응이었고, 저도 함께하고 싶었습니다." 레인의 말이다. "에이즈 상황이 굉장히 좋지 않았습니다. 이 백신은 면역원성이 있는 것으로 나타났으니 자원자를 모집해서 확인해 보자는 생각이 들었어요." 면역원성이란 면역계를 활성화시키는 백신의 기능을 의미한다.

1987년 8월, 마이크로제네시스는 업계 최초로 미국 식품의약국 FDA으로부터 인체 에이즈 백신 시험을 해도 좋다는 승인을 받았다. NIAID가 이 시험을 위해 동성애자 남성 81명을 모집한다는 소식이 전해지자 제약업계는 충격에 빠졌다. 볼보비츠, 스미스, 마이크로제네시스 같은 듣도 보도 못한 이름들이 이 시험의 중심에 있다는 사실이 이들에게는 가장 놀라운 일이었다.

"어떻게 이런 회사가 난데없이 나타났는지 알 수가 없군요." 금융 분석 전문가 게리 해튼Gary Hatton은 어리둥절한 반응을 보였다.[2]

볼보비츠는 회의적인 견해를 그대로 받아들였다. 워싱턴 D.C.에서 수많은 기자들 앞에 섰을 때는 유망한 백신이 또 나올 예정이니 눈 크게 뜨고 지켜봐야 할 것이라는 말로 자신감을 보였다.

"시장 잠재력이 엄청난 백신입니다." 그는 기자들에게 말했다. "회사 하나가 이런 백신을 한두 가지만 성공적으로 개발해도 큰 성과가 될 것입니다. 위험성도 아주 큽니다."[3]

볼보비츠는 인류의 가장 심각한 난제를 직접 해결해 보기로 했다. 까다로운 일을 해내는 것, 의혹을 가졌던 사람들의 생각이 틀렸음을 증명하는 것, 이 두 가지는 그가 가장 좋아하는 일이기도 했다. 고등학생 시절에는 취미로 열대어를 기르는 사람들이 아마존강에서 발견되는 디스커스라는 관상어를 많이 키우는데 이 물고기의 번식이 쉽지 않아 골머리를 앓는다는 글을 읽고 부모님 집 지하실에 수조를 하나 설치하고 아마존강의 환경을 똑같이 재현해서 한 무리의 디스커스를 구해다 알을 부화시킨 적도 있다.[4] 몇 년 뒤에는 뉴욕대학교 미생물학과에서 박사 과정을 밟던 중 스타트업을 차리겠다는 그의 계획을 교수 한 명이 저지하자 공부를 그만두고 첫 생명공학 업체를 설립했다.

이제 볼보비츠의 백신에 전 세계의 관심이 쏠렸지만, 규제 기관의 승인을 받으려면 몇 년을 기다려야 했다. 다른 모든 의약품이나 백신과 마찬가지로 1상 시험으로 안전성을 확인한 후 2상 시험으로 백신이 효과가 있는지 확인하고 3상 시험에서 백신이 실제로 효과를 발휘하는지 다시 확인해야 한다.

볼보비츠는 자신이 있었지만 곧 큰 부담감을 느꼈다. 백신을 생산하고, 임상시험을 진행하면서 각종 분석 검사를 의뢰하고, 백신이 최종 판매될 때까지 마이크로제네시스를 유지하려면 수백만 달러가 필요했다. 우선 자금 모금에 나선 그는 개인 투자자들과 코네티컷주, 대형 제약업체 아메리칸 홈 프로덕츠American Home Products로부터 투자를 받았다. 필요한 돈은 얻었지만 그 대신 회사 지분과 백신 판매 권리 등 포기해야 하는 것들이 늘어난다는 건 굉장히 고통스러운 일이었다.[5]

볼보비츠는 에이즈 백신 사업에 완전히 사로잡혔다. 친구도 거의 만나지 않고 다른 일에는 관심을 잃었다. 마이크로제네시스의 직원과 커플이 되어 한 아이의 아버지가 되자 아이와 지내면서 계속 일하기 위해 사무실 밖에 아이가 놀 수 있는 공간을 마련했다.

에이즈 백신 개발에 뛰어든 다른 생명공학 회사들이 성과를 내고 있으며 곧 마이크로제네시스를 앞지를 것이라는 이야기가 들려왔다. 게다가 회사를 어떻게든 유지하려면 현금을 더 모아야 하는 상황이었다. 초조해진 볼보비츠는 좋은 소식이 들리기를 바라며 전화를 돌리기 시작했다.

먼저 정부 기관 과학자들에게 전화를 걸어 마이크로제네시스 백신의 초기 시험에 새로운 결과가 나왔는지 물었다. FDA 관계자들에게는 마이크로제네시스 백신이 에이즈 확산을 늦출 수 있다는 조짐이 확인되면 바로 승인해 달라고 요청했다. 심지어 정부 과학자들에게 다른 기관에서 처리해야 하는 일들은 어떻게 진행되고 있는지도 물어보았다.

"FDA는 어디까지 진행했나요?!" 어느 날 국립보건원 연구자에게 이렇게 물었다.

전화를 끊자마자 다시 전화를 걸어 상대방이 알아듣기도 힘들 만큼 빠르게 용건을 전하기도 했다.

"연구는 어떻게 되고 있습니까?!"

레인이나 트래몬트 같은 정부 기관의 선임 연구자들은 볼보비츠의 그런 위협적인 태도를 이해했다. 그가 끈질기게 노력하고 있다는 점 그리고 백신을 성공적으로 만들기 위해 그만큼 헌신한다는 점을 높이 샀다. 다른 회사들은 정부 기관에 심한 욕설을 하거나 거짓말을 하기도 하고 꼭 필요한 절차를 생략해 달라고 요구하는 경우도 있었지만 볼보비츠는 그러지 않았다. 그저 자신이 개발한 백신이 꼭 승인받기를, 그 일이 서둘러 진행되기를 바랄 뿐이었다.

"극도로 괴로워했습니다. 하지만 선을 넘지는 않았어요." 트래몬트의 이야기다. "저는 별로 개의치 않았습니다. 그쪽 일이 어떤지 저도 잘 알고 있었으니까요."

가끔은 시험 소식이나 진행 상황이 어떤지 새로운 정보를 어떻게든 빨리 들으려고 친근한 태도를 보이기도 했다.

"어떻게 되고 있습니까?" 여느 때보다 훨씬 친근한 말투로 물은 날도 있다. "가만, 그런데 연구에 참여한 환자 수는 더 늘었나요?"

그가 없는 곳에서 몇몇 정부 연구자들은 "그 중고차 영업사원"이 오늘도 전화했냐고 농담 삼아 말하고는 했다.

"볼보비츠에게는 다소 익살스러운 면이 있었어요." 마이크로제네시스 백신의 핵심 물질인 HIV 재조합 단백질을 만든 국립보건원 선임 연구자 맬컴 마틴의 말이다. "그는 사업하는 사람이지 과학자는 아니었습니다."

볼보비츠는 마음이 점점 초조해졌다. 월터 리드 군 연구소의 로버트 레드필드Robert Redfield 박사가 에이즈 초기 단계 환자 30명을 대상으로 마이크로제네시스 백신의 2상 시험을 실시한 결과 백신의 효과가 확인됐다는 결과가 나왔지만, 레드필드는 백신의 치료 효과를 과장해서 언급했다는 호된 비난을 들었다. 마이크로제네시스가 직접 임상시험을 진행하는 방법도 있었지만 자금 사정상 불가능했다.

과학은 어떻게 세상을 구했는가

볼보비츠는 국립보건원에 지원을 요청했고 일단 대기자 명단에 이름을 올려놓고 기다리라는 답변을 받았다. 말라리아, 뎅기열, 그 밖에 해결이 시급한 여러 질환 연구가 줄줄이 기다리고 있었다.

마이크로제네시스보다 훨씬 큰 생명공학 회사 제넨텍Genentech도 HIV 백신 개발 사업을 시작했고 정부에 지원을 요청하고 있다는 소식은 볼보비츠에게 새로운 걱정거리가 되었다. 백신의 효능을 확실히 증명할 수 있는 시험 결과를 즉시 확보해야 했다.

그는 이전보다 더 다급히 전화를 돌렸다.

"이걸 끝내야 합니다! 어떻게 해야 마칠 수 있죠?!" NIAID 직원에게 큰 소리로 묻기도 했다.

이 지점에서 볼보비츠는 선을 넘고 말았다. 1920년대와 1930년대에 포퓰리즘을 앞세운 정치로 논란이 된 정치인 휴이 롱Huey Long의 아들이자 루이지애나 주지사를 지낸 러셀 롱Russell Long을 마이크로제네시스의 로비스트로 고용한 것이다. 처음에는 효과가 있었다. 1992년에 롱은 의회를 설득해서 미군이 마이크로제네시스 백신 시험에 2000만 달러를 제공하도록 만들었다. 2530억 달러에 달하는 미군의 한 해 예산에 비하면 극히 적은 금액이지만 볼보비츠에게는 에이즈로 고통 받는 사람들에게 도움이 될 가능성이 있는 백신의 효능을 입증하기 위한 시험을 진행하는 데 꼭 필요한 돈이었다. 국립보건원 내에서도 볼보비츠의 힘든 상황을 안쓰러워하며 대규모 임상시험에서 어떤 결과가 나올지 관심을 갖는 사람들이 있었다.

하지만 이 선택은 볼보비츠에게 큰 타격이 되었다. 유수의 에이즈 연구자들을 비롯해 파우치와 당시 FDA 국장이던 데이비드 케슬러David Kessler 등 국립보건원과 FDA의 여러 관료들이 마이크로제네시스가 돈을 벌기 위해 과학계의 정해진 절차를 엉망으로 만들었다고 비난했다. 미군 예산을 이 회사에 지급해도 되는지를 놓고 미군과 의회는 FDA, 국립보건원과 1년 넘게 설전을 벌였다. 스미스는 코네티컷의 실험실에서 볼보비츠가 빚어낸 이 민망한 상황을 지켜보았다.

당장 돈이 필요했던 볼보비츠는 임상시험에 필요한 2000만 달러를 모으기 위해 로스앤젤레스로 향했다. 도착 후 차를 몰고 산타모니카 만이 내려다보이는 언덕으로 간 그는 배우 엘리자베스 테일러를 치료한 의사로 유명한 마이클 로스Michael Roth의 널찍한 집을 찾아갔다. 배우 리처드 기어와 그의 아내 신디 크로포드 등 주머니가 두둑한 잠재적 투자자들이 참석한 그날 모임에서 볼보비츠는 마이크로제네시스 백신의 전망에 관해 설명했다. 볼보비츠는 다들 에이즈 유행이 제발 끝나기를 간절히 바라고 있었고, 모인 사람 중에는 에이즈에 걸린 사람들도 있었으니 큰 관심을 모을 수 있으리라 예상했다.

하지만 그가 잘못 짚은 것으로 드러났다. 참석자들은 볼보비츠가 에이즈 백신을 만들어서 돈을 벌려고 한다며 화를 냈고 모임의 분위기는 순식간에 살얼음판이 되었다. 결국 볼보비츠는 빈손으로 돌아왔다.[6] 나중에 워싱턴 D.C.와 다른 곳에서 볼보비츠는 그저 마이크로제네시스 백신의 효능을 입증하려고 했을 뿐이라며 로비 활동을 방어했다. 언젠가는 회사 주식을 상장하고 큰 수익을 얻을 수도 있지만, 그건 훨씬 더 나중에 일어날 일이며 일차 목표는 점점 악화되고 있는 에이즈 대유행을 끝내는 것이라고 설명했다.

"임상시험 절차를 건너뛰려 한다는 소리도 들었습니다. 하지만

과학은 어떻게 세상을 구했는가

워싱턴에서 로비 활동은 하나의 생존 방식입니다. 미군이 제공하는 돈은 임상시험에 쓰려고 했을 뿐 우리 주머니에 넣을 계획은 없었습니다." 볼보비츠는 설명했다.

하지만 그가 중요한 선을 넘은 건 명확한 사실이었다. 마이크로제네시스가 미군의 경제적 지원을 받는 선례를 남기면, 앞으로 다른 제약회사들도 여러 정부 기관에 돈을 달라고 조르는 상황이 벌어질 것이다. 국민의 투표로 선출된 정부 관료들이 정부 과학자들에게 임상시험을 해 볼 필요가 있는 치료법이나 지원할 가치가 있는 치료법에 관해 훈수를 두기 시작하면 신약 개발 절차는 그야말로 엉망진창이 되고 믿을 만한 치료제가 승인 받기까지 소요되는 시간은 더 늘어날 수 있다.

1994년, 미국 국방부는 의회가 승인한 마이크로제네시스 백신의 임상시험을 공식 철회했다. 볼보비츠와 스미스, 마이크로제네시스의 에이즈 백신에는 치명타였다. 그해에 볼보비츠는 회사에서 경질됐다. 직원들은 그가 백신 사업에 너무 골몰한 나머지 회사의 다른 일에는 중심을 잃었다고 이야기했다.

볼보비츠는 나중에 한 친구에게, 자신이 세운 회사에서 모든 것을 바쳐 백신을 완성하려고 애를 썼지만 돌아온 건 배신감뿐이었다고 말했다. 회사 이사 중 한 사람은 짐을 싸서 나가는 그에게 마지막 한 방을 먹였다.

"당신이 만든 아이 놀이방도 다 치우고 가요."

이후 볼보비츠는 여러 생명공학 벤처 사업을 시도했다. 조현병 치료제나 세계 곳곳에서 빈곤층에 병을 일으키고 죽음으로 몰고 가던 십이지장충 백신을 개발하려던 시도는 얼마 못 가 접어야 했다.[7] 몇 년이 흘러 마이크로제네시스가 개발한 에이즈 백신은 효과가 제한적이라는 결과가 나왔다. 스웨덴에서 실시한 연구에서는 어느 정도 희망이 보였지만 극히 저조한 수준에 그쳤다. 게다가 중요한 시기가 다 지난 후에 나온 결과였다.

마이크로제네시스는 에이즈 백신 사업이 남긴 오명을 씻기 위해 '프로틴 사이언스 코퍼레이션Protein Sciences Corporation'으로 이름을 바꾸었다. 10년 뒤인 2013년에 프로틴 사이언스는 스미스가 개발한 곤충 세포 시스템을 토대로 독감 백신을 만들어 널리 알려졌고 프랑스 대형 제약회사 사노피가 6억 5000만 달러에 회사를 매입했다.

스미스는 프로틴 사이언스에 몇 년 더 머물다가 노바백스라는 작은 생명공학 회사로 자리를 옮겼다. 그곳에서 곤충 세포 시스템으로 다른 백신의 개발에 나선 그는 시간이 흘러 기존에 다루던 것과는 전혀 다른 병원체, 신종 코로나바이러스와 만났다.

과학은 어떻게 세상을 구했는가

3 _장

1996-2008

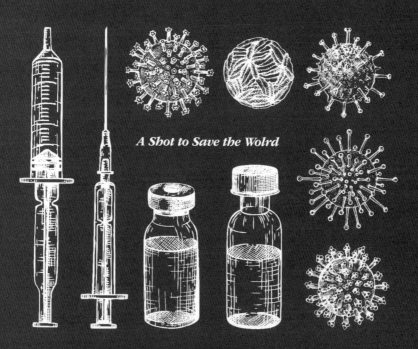

A Shot to Save the Wolrd

．
．
．

마우스 실험에서는 틀린 결과가 나오고,
원숭이 실험에서는 오해할 만한 결과가 나오고,
페럿 실험에서는 애매한 결과가 나온다.

과학자들 사이에서 잘 알려진 말

．
．
．

젊은 화학자 존 샤이버John Shiver는 사무실을 울리는 전화벨 소리에 화들짝 놀랐다. 수화기를 들자 낮게 그르렁대는 음성이 들렸다.

"스콜닉입니다, 샤이버 씨입니까?"

샤이버는 장난 전화가 분명하다고 생각했다. 에드 스콜닉Ed Scolnick은 머크Merck 사 연구개발 부서장으로, 어떤 면에서는 회사 최고경영자보다 많은 권력을 가진 인물이었다. 젊은 시절에는 종양 세포의 기능에 중요한 역할을 하는 유전자를 발견해서 몇 가지 암 치료제가 탄생한 기반을 만든 주인공이기도 했다. 그런 사람이 과학자들과 수다나 떨자고 전화를 걸었을 리는 없고, 더욱이 겨우 몇 년 전에 박사 학위를 따고 아직 머크의 신입 직원인 사람에게 용건이 있을 리도 없었다.

샤이버는 분명 누가 장난치는 거라고 생각하면서도, 동료 과학자들이 진행 중인 HIV 연구의 진척 상황을 묻는 수화기 너머에서 쏟아지는 질문 세례에 고분고분 답했다. 질문이 계속 쏟아지자, 샤이버는 장난이 아님을 깨달았다. HIV에 맞서보고 싶다는 스콜닉의 말은 더없이 단호했고 희망도 엿보였다. 1996년 가을이던 그때 스콜닉은 상황을 낙관적으로 전망한 몇 안 되는 사람 중 한 명이었다.

한 해 전까지 에이즈 사망자는 4만 2000명에 이르렀고 미국에서 에이즈 진단을 받은 환자 수는 50만 명에 육박했다. 전 세계에서 에이즈로 사라진 생명은 91만 3000명을 넘어섰다. 과학계가 여태 맞선 그 어떤 병원체보다 교활하고 복잡한 적이라는 고통스러운 진실이 명확히 드러났다. 대형 제약회사 대다수가 에이즈 백신 개발을 꺼리는 주된 이유였다. 지금까지 알려진 다른 대부분의 바이러스와 달리 HIV는 감염자마다 바이러스의 유전자 염기서열이 전부 다르고 심지어 같은 감염자에서 발견된 HIV에도 그런 차이가 나타났다. 게다가 숙주 DNA에 끼어들어 자신의 존재를 감추는 능력까지 보유하고 있어서 제거가 더더욱 힘들다. 또한 HIV는 위험한 병원체가 나타났을 때 맞서 싸우는 인체 면역계 세포를 공격한다. 면역계에 자신의 존재가 들통나면 겉모습을 바꾸고 새로운 외피를 갖춰서 거의 한 시간 내로 공격을 재개한다. AZT 같은 약으로 치료하면 기세가 수그러드는 경우도 있지만 절대 완전히 해결되지 않고 몸 어딘가에 남아 숨어 있다.

마이크로제네시스, 제넨텍, 카이론Chiron 등 HIV 백신 개발에 몰두한 회사들은 이 바이러스의 외피 단백질이 백신의 완벽한 표적 물질이라고 보았다. 이 뾰족뾰족한 부분을 인체가 공격 대상으로 여기도록 훈련시키면 다음에 바이러스와 마주쳤을 때 면역계가 빨리 알아보고 표적으로 삼아 공격할 것이다. 하지만 HIV의 스파이크 단백질은 형태가 계속 변하고 돌연변이가 생긴다는 큰 문제가 있었다. 인체 방어 군단에게는 너무나 어려운 적인 셈이다.

1990년대 중반에 대형 제약회사들이 HIV 백신 개발에 선뜻 나서지 않은 다른 중요한 이유도 몇 가지가 있다. 업계의 공공연한 비밀이던 그 이유 중 하나는 백신이 대체로 수익성이 떨어진다는 점이다. 심각한 질환이나 바이러스에 맞서는 백신을 최초로 개발하면 명성과 수익을 모두 얻을 수 있지만, 규제 기관의 승인을 얻기까지 넘어야 할 산이 너무 많고 정부 지원은 부족한 상황에서 생산 비용을 비롯한 엄청난 비용을 감당해야 한다. 또한 백신에 문제가 생기면 제조업체가 엄청난 책임 부담을 안는다.

보호 효과가 있는 백신이 개발된다고 해도 수익은 빈약한 수준에 그칠 수 있다. 치료제는 일상의 한 부분이 되기도 한다. 스타틴만 해도 평생 복용하는 사람들이 많고, 그런 약을 개발하면 제약회사의 판매 수익도 높아진다. 하지만 백신은 한 번 맞아서 생기는 면역력이 평생 유지되기도 한다. 사람들에게는 장점이지만 수익 면에서는 결코 장점이 될 수 없다. 대중의 큰 반발을 사지 않으려면 가난한 나라에는 백신을 더 저렴하게 팔아야 한다는 점도 제약회사가 백신 개발을 망설이는 또 다른 이유다. 결과적으로 에이즈 백신 개발에도 잃을 것이 별로 없는 작은 회사들이 주로 뛰어들었다. 개발에 성공하면 큰 명성과 새로운 투자자를 얻고 수익성이 더 좋은 과학 사업을 시작할 기회를 잡을 수 있으므로 비용이 엄청나게 들더라도 나중에 얻을 수 있는 이점이 더 크다.

1990년대 중반에 이르자 HIV 백신 개발에 몰두하던 일부 회사와 학계 기관들이 암과 신경학, 그 밖의 다른 유망한 의학 분야로 눈길을 돌렸다. 그래도 핵심 그룹으로 남아 언젠가는 큰 성과가 나올지 모른다는 희망으로 조용히 HIV와 계속 싸워 온 과학자들이 있었다. 이들의 노력은 면역계의 복잡한 작용 방식, 인체에 침입한 병원체와 면역계가 상호작용하는 방식을 더 상세히 밝히는 등 몇 가지 성취로 이어졌다. 하지만 당연한 소리라든가 심지어 시시하다는 반응으로 끝나기도 했다. 과거에는 이런 기초적인 지식이 백신 개발의 필수 요소가 아니었다. 백신 분야의 선구자들이 거둔 역사적인 성공 사례는 전부 일단 덤벼 보는 무모한 도전에서 나왔다. 물리쳐야 할 병원체 하나를 정하고, 이 병원체를 약화시키거나 사멸시켜서 만든 백신으로 여러 번 반복해 실험하면서 적정 투여량을 찾는 방식이었다. 조너스 소크, 앨버트 사빈 같은 백신 분야의 영웅으로 여겨지는 사람들도 정작 자신들이 해결하려는 질병에 관한 전문적 지식이 부족한 경우가 많았고, 심지어 자신이 개발한 백신이 '왜' 효과가 있는지 완전히 이해하지 못한 경우도 있다. 자신이 거둔 성취에 우연한 발견 혹은 뜻밖의 행운이 따라 준 덕분에 발견한 무언가가 엄청난 비중을 차지한다는 사실을 별로 부끄러워하지도 않았다.

미국 국립보건원 산하 백신 연구센터의 선임 과학자 대니 듀크 Danny Douek는 학생들에게 이런 상황을 다음과 같이 설명하곤 했다. "이유를 찾는 것은 랍비의 일이고, '어떻게'의 답을 찾는 것은 과학자의 일이다."

하지만 연구자들은 HIV가 기존과는 다른 바이러스라는 사실을 깨달았다. 이 강력한 적을 물리치려면, 이 적에 관해 훨씬 더 많은 것들을 알아내야 했다. HIV가 세포를 어떻게 공격해서 증식하는지 상세히 밝힌 연구 결과가 나오기 시작했고, 이를 토대로 치료의 표적으로 삼을 만한 약점을 찾는 노력이 이어졌다. 엑스선 결정학, 전자현미경, 최신 컴퓨터 모델링을 활용하여 HIV 바이러스 단백질의 구체적인 3차원 이미지도 볼 수 있게 되었다. 바이러스의 형태가 전부 밝

과학은 어떻게 세상을 구했는가

혀진 만큼 과학계가 이 적을 무찌를 수 있는 백신이나 치료제가 나올 확률도 높아졌다.

에이즈에 관한 정보가 더 많이 밝혀질수록 스콜닉의 낙관적인 전망도 더욱 굳어졌다. 200여 명에 이르는 연구자를 한 팀으로 모아서 시작한 에이즈 치료제 개발 사업도 연이어 성공을 거두었다. 머크를 비롯한 여러 회사가 바이러스 생애 중 다양한 단계를 공격하는 치료제를 내놓았다. 머크가 개발한 크릭시반Crixivan이라는 약은 '단백질 분해효소 저해제'로, HIV에 중요한 역할을 하는 단백질 분해효소가 정상적으로 기능하지 못하도록 만들고 다른 항바이러스제와 함께 작용하여 바이러스의 증식을 억제한다. 다른 치료제들도 AZT와 함께 쓰거나 다른 치료제와 병용하면 충분히 좋은 결과가 나오는 것으로 입증됐다.

이로써 에이즈의 확산을 억제할 수 있게 되었지만, 이 효과가 얼마나 갈 것인지는 확실치 않았다. 치료제는 생겼지만 가격이 비쌌고 국가마다, 특히 빈곤국에서는 구하기가 쉽지 않았다. 또한 단백질 분해효소 저해제는 부작용이 생길 수 있고, 장기적으로는 심혈관계에 위험한 결과가 초래될 수 있다. 치료제가 개발된 후에도 제대로 치료받지 못해 사망하는 에이즈 환자는 계속 나왔다.

스콜닉이 샤이버에게 전화를 건 이유는 에이즈 백신 개발에 박차를 가하고 싶었기 때문이다. 머크의 과학자들은 이제 HIV에 관해서는 충분히 파악했고, 스콜닉은 백신 개발에 총력을 기울여도 될 때가 되었다고 판단했다. 이 사업으로 큰 수익을 올릴 가능성은 없다는 사실도 잘 알고 있었다. 하지만 그는 직원들에게 에이즈는 공공의 적이고 머크는 이 전 세계적 유행병을 뿌리 뽑을 수 있도록 힘을 보탤 책임이 있다고 설명했다.

샤이버와 동료 연구자들에게 스콜닉의 독려가 굳이 필요한 건 아니었다. 다들 백신을 만들고 싶어 몸이 근질근질한 상태였다. 애초에 이들이 의학계로 발을 들인 이유가 이런 일을 하기 위해서였다. 질병을 없앨 수 있다면 그 병에 걸린 환자를 치료하는 것보다 훨씬 큰 보람을 느낄 수 있다. 그 외에도 이들이 백신 개발에 몰두해야 한다고 느낀 중요한 이유가 또 있다. 머크 직원이라면 모르는 사람이 없는, 성질이 아주 고약한 70대 노인이 한 명 있었다. 이 노인은 늘 회사 복도를 어슬렁거리면서 과학자들에게 얼른 에이즈 백신을 개발하라고 계속 독촉했다. 백신이 생기면 수천 명, 어쩌면 수백만 명의 목숨을 구할 수 있다고 확신했던 그는 과거에 그런 혁신적 성과를 낸 적이 있는 사람이다.

❖❉❖

모리스 힐먼Maurice Hilleman은 대공황기에 몬태나 주 동남부에 있는 큰 농장에서 자랐다. 200명 넘는 병사들로 구성된 조지 커스터George Custer 대령의 육군 제7기병연대가 목숨을 잃은, 미국 역사상 가장 유명한 전투 중 하나가 벌어진 리틀빅혼 카운티의 계곡과 그리 멀지 않은 곳이다. 힐먼은 스페인독감이 유행할 때 태어났다. 어머니는 그와 사산아가 된 쌍둥이 여동생을 낳고 이틀 만에 세상을 떠났다. 삼촌의 손에 키워진 소년은 동물과 야외 활동을 사랑하는 아이로 자랐다.

어린 시절부터 독립심이 강한 성격이 명확히 드러나던 아이였다. 일요일에 교회에서도 설교 시간에 찰스 다윈의 《종의 기원》을 열심히 읽기도 했다. 이 에피소드는 폴 오핏Paul Offit이 쓴 《백신을 맞다 Vaccinated》에도 인상적인 일로 기록됐다. 목사가 다가와 책을 빼앗으려고 하자, 어린 힐먼은 지역 도서관 소유물이니 훼손하면 안 된다며 내놓지 않았다.

186센티미터의 키에 깡마른 체구, 짙은 눈썹과 날카로운 갈색 눈을 가진 힐먼은 1957년 머크에 입사했다. 동료들에게는 까칠하고 상사들은 물론 공무원들과도 맞서는 직원이었다. 하지만 이런 참을성 없는 성격이 도움이 된 적도 있었다. 1963년 어느 여름밤, 다섯 살이던 딸 제릴 린Jeryl Lynn이 열이 펄펄 나는 상태로 그를 깨웠다. 분비선 쪽이 잔뜩 부은 걸로 보아 유행성 이하선염이 분명해 보였다. 힐먼은 얼른 딸의 목구멍 안쪽을 면봉으로 문지르고 서둘러 면봉을 실험실로 가져가서 얼렸다. 이렇게 채취한 검체에 포함된 바이러스를 배양한 후 달걀과 닭 세포에 감염시켜 바이러스의 활성을 약화시켰다. 4년 뒤 머크는 힐먼의 딸에게서 얻은 검체로 만든 유행성 이하선염 백신을 출시했다.

"딱 필요했던 바이러스가 우리 집에 있었다." 힐먼은 나중에 이렇게 말했다.[1]

소크와 사빈은 사람들의 관심을 듬뿍 받았지만 힐먼은 그런 찬사는 바라지도 않았다. 그럼에도 커리어가 끝날 무렵까지 그가 개발한 백신만 40종이 넘었다. 홍역, 수두, 풍진, B형 간염 백신을 비롯한 성취로 힐먼은 역사상 가장 중요한 과학자 중 한 사람이 되었다.

80세 생일이 가까워진 1998년에도 그는 필라델피아에서 50킬로미터도 떨어지지 않은 펜실베이니아 주 웨스트포인트의 머크 백신 사업단에서 회사의 선임 명예 연구원으로서 여전히 강력한 존재감을 드러냈다. 상대를 나무랄 때 '빌어먹을!'이나 '망할 자식!' 같은 욕설을 뱉기도 하는 그를 재미있게 여기는 직원도 있었지만 깜짝 놀라는 사람도 있었다. 하루는 흰색 실험 가운을 입고 점심시간에 회사 구내식당에서 줄을 서서 기다리다가 벌컥 화를 낸 적도 있다. 수프가 담긴 큰 솥을 국자로 내리치면서 이렇게 소리친 것이다. "이 빌어먹을 쓰레기는 대체 뭐요? 노인네가 토해 놓은 꼴 같구먼!"

흡사 도서관 같은 힐먼의 커다란 사무실을 찾아간 회사 과학자들은 학술논문이 산더미처럼 쌓인 기다란 나무 책상 앞에 앉아 있던 이 미생물학자와 마주했다. 그는 독서용 안경 너머로 방문자를 힐끗 쳐다보며 듣는 사람을 잔뜩 약 오르게 만드는 말이나 불경한 말을 뱉고는 반응을 살피곤 했다.

"자네 종교는 뭔가?" 샤이버가 찾아갔을 때는 이렇게 물었다.

"장로교입니다." 샤이버는 조심스럽게 대답했다.

힐먼은 알겠다는 듯 고개를 끄덕이고는 꽤 지적인 교파지만 자신은 가톨릭을 더 좋아한다고 말했다.

"수녀들은 상대를 제대로 항복하게 만드니까." 가톨릭 신자로 살았던 경험이 머크에서 일하는 데 큰 도움이 되었다는 의미였다.

스콜닉과 샤이버, 다른 과학자들은 힐먼이 가진 통찰력의 도움을 얻기 위해 이런 괴롭힘을 각오하고 꾸준히 그를 찾아갔다. 이들은 힐먼이 상대를 바짝 약 올리는 것도 일종의 성격 테스트라고 보았다.

자신이 가하는 압박에 움츠러드는지 보면서 연구가 잘 안 풀릴 때 어떻게 반응하는지 평가하는 것이라고 본 것이다. 머크의 에이즈 연구에 진전이 생기자 힐먼은 스콜닉에게 그가 찾은 나름의 방법을 더 강화해서 계속 밀고 나가라고 독려했다. 스콜닉은 제약업계에서 머크 연구소가 가장 혁신적이라 생각했고, 백신 사업에서 힐먼이 거둔 영광스러운 성취를 다시 한 번 얻고 싶었다. 머크가 한 단계 더 나아갈 때가 됐다고도 생각했다.

"우리가 뭔가를 해야만 합니다." 스콜닉은 샤이버에게 말했다.

머크의 에이즈 백신 개발팀은 HIV의 무수한 변종에 일일이 맞춰서 인체가 항체를 생산하도록 만드는 백신을 만들려고 한다면 성공할 가능성이 거의 없다고 보았다. 그러나 항체가 아닌 T세포가 관여하는 세포 면역반응을 활성화하면 에이즈에 효과적으로 맞설 수 있다고 전망했다. 방향을 그쪽으로 잡는 것이 타당해 보였다. 실제로 에이즈를 가장 잘 이겨낸 환자에서 인체의 자연적인 T세포 반응이 더 강력하게 나타난 것으로 볼 때, T세포 반응을 확실하게 자극할 수 있는 백신을 만들어야 성공 확률이 높을 것으로 추정했다.

머크 연구진은 고민 끝에 HIV의 세 가지 주요 구조 단백질 유전자를 복제해서 아데노바이러스adenovirus 유전체에 삽입하고, 이 아데노바이러스를 체내에 전달하는 백신을 만들기로 했다. 아데노바이러스는 1953년에 인체 편도선(아데노이드)에서 처음 분리된 흔한 병원체로, 장을 포함한 다른 조직에서도 발견되며 심지어 동물에게도 감염된다. 기관지염, 결막염, 일반 감기의 흔한 원인인 이 바이러스는 보통 감염되더라도 심각한 질병은 일으키지 않는다.

백신 물질을 체내에 전달할 때 바이러스를 활용하는 것은 영리한 아이디어다. 바이러스는 자연계의 완벽한 전달체이기 때문이다. 바이러스가 생존하려면 숙주의 몸속에 들어가서 유전자를 숙주 세포에 끼워 넣어 증식되도록 만들어야 한다. 머크에서는 오래전부터 아데노바이러스에 주목해왔다. 과거에 힐먼도 백신 물질을 아데노바이러스를 통해 체내로 전달하는 방법을 연구했다. 바이러스 유전체가 커서 다른 DNA 절편을 삽입하기 좋다는 것도 장점이었다. 게일 스미스가 활용한 곤충의 바큘로바이러스와 매우 흡사한 특징이다. 아데노바이러스에 백신 물질을 실어 인체 세포로 전달하고 세포에서 HIV 단백질이 만들어지면 면역계는 이 단백질을 미리 익혀두었다가 다음에 HIV와 맞닥뜨렸을 때 공격할 태세를 갖출 수 있다.

머크 연구진은 다양한 종류의 아데노바이러스를 시험하고 그 결과를 토대로 아데노바이러스 혈청형 5(Ad5)를 최종 선택했다. 가장 흔한 종류이기도 하고, 모든 아데노바이러스를 통틀어 밝혀진 정보가 가장 많은 바이러스다. 연구진은 Ad5 벡터 혹은 전달 시스템을 활용하면 백신을 수월하게 정제, 제조할 수 있고 수십억 회 투여할 수 있는 분량을 신속히 생산할 수 있다고 경영진을 설득했다. 에이즈 유행 상황을 진압하려면 꼭 필요한 일이었다.

"훌륭한 전달 시스템입니다." 머크의 백신 사업을 총괄한 에밀리오 에미니Emilio Emini는 동료들에게 유전학적 화물을 세포로 전달하는 아데노바이러스의 기능에 관해 이렇게 언급했다.

하지만 연구진이 Ad5를 완벽한 전달 수단이라고 생각한 것은 아니었다. 워낙 흔한 바이러스라 전 세계적으로 이 바이러스에 노출된 적이 있는 사람이 많고 이미 면역력이 생겨 인체 세포에서 감염이 차단될 가능성이 있었다. 그러나 머크의 연구자 대다수는 백신 접종 전에 아데노바이러스에 면역력이 있는 사람을 선별하거나 백신 투여 용량을 충분히 높이면 효과가 있을 것이라고 예상했다. Ad5 백신을 만들어 보면 아데노바이러스를 활용하는 기술의 효과를 손쉽게 검증해 볼 수 있다고 전망했다.

머크 경영진은 렘브란트의 고향으로 유명한 네덜란드 레이던의 작은 회사 크루셀Crucell이 내놓은 놀라운 결과를 접했다. 몇 년 전 암 생물학자인 알렉스 반 데어 엡Alex van der Eb이 Ad5 바이러스 유전체에서 E1이라는 유전자 하나를 없애면 정상 세포에서 복제되는 능력을 잃는다는 사실을 알아냈다. 이 방법을 활용하면 세포에 감염되는 능력은 남고 감염 후에는 더 이상 증식하지 못하므로 큰 피해를 일으키지 못하게 만들 수 있다. 이제 Ad5는 머크에서 백신 물질을 전달할 매력적인 후보가 되었다. 인체에 해를 끼치지 않으면서 인체 세포에 감염되는 이점에 큰 흥미를 느낀 머크 경영진은 크루셀의 기술 라이선스를 획득했다.

1998년, 머크는 원숭이와 소수의 사람을 대상으로 HIV 백신 시험을 시작했다. 항체 반응은 크게 촉진되지 않았지만 T세포의 면역 기능을 활성화하는 기능은 상당히 우수한 것으로 확인됐다. 연구진이 바라던 결과였다. HIV 감염을 차단하지는 못해도 바이러스를 통제해서 감염자가 죽음에 이르지 않도록 막는 효과가 나타났다. 게다가 실험 결과 일부 원숭이에서 HIV가 검출 가능한 수준 이상으로 검출되지 않자 머크 경영진은 크게 들떴다.

"실제로 효과가 있는지 봐야 합니다." 스콜닉은 샤이버에게 말했다. "사람들에게 효과가 있는지 확인해야 합니다."

스콜닉은 개발팀의 진행 상황이 어떤지 수시로 확인하고 서두르라고 재촉했다. 직원들은 그의 열의에 호흡을 맞추느라 큰 고생을 해야 했다. 회의실에 있는 작은 인조 나무 테이블이 스콜닉 때문에 다 닳았다고 수군대는 사람들도 있었다. 초조하면 그런 감정을 겉으로 드러내는 사람이라 그곳에서 회의를 할 때마다 손톱으로 찍어 대는 통에 바닥에 부스러기가 가득 떨어질 지경이었다. ("제 개인 책상은 손톱으로 망가뜨린 적이 한 번도 없습니다." 스콜닉의 이야기다.)

1990년대 말, 에이즈 유행은 아프리카를 크게 휩쓸었다. 1998년을 기준으로 아프리카 21개국의 성인 7퍼센트 이상이 HIV에 감염되어 수십 년에 걸쳐 일궈 낸 경제 발전이 퇴행했다.[2] 머크가 백신의 효과를 제대로 확인하기 위해 수천 명을 대상으로 대규모 임상시험을 시작한다는 소식이 전해지자 지역민들은 희망을 품었다.

2003년, 머크의 정년 연령인 65세에 가까워진 스콜닉은 회사를 떠날 준비를 했다. 백신 사업은 계속 진행 중이었고 낙관적인 전망도 갈수록 힘을 얻었다. 2004년, 머크는 NIAID와 함께 전 세계 9개국에서 3000명을 대상으로 임상시험을 시작했다. 참가자는 대부분 미국과 남미 지역 환자였다. 이 시험에서 머크는 Ad5로 만든 에이즈 백신을 먼저 인체가 바이러스를 탐지해서 면역계가 전투태세에 돌입하도록 활성화하는 '시동' 용량만큼 투여한 다음 이어 면역계의 기억 세포를 자극해서 확실한 면역 반응을 일으키는 동시에 면역 반응을 증폭시키는 두 번째 '추가' 접종을 실시했다.

과학은 어떻게 세상을 구했는가

"지금까지 우리가 해 온 모든 일을 통틀어 가장 잘한 일이 되리라 생각했습니다." 스콜닉은 말했다.

미국 국립보건원 백신연구센터도 에이즈 백신 연구에 한창이었다. 이들은 머크의 방식을 조금 바꿔 바이러스 외피 단백질과 내부 단백질이 암호화된 유전자를 활용했다.

2007년 9월 18일, 샤이버가 사무실에 서 있는데 전화벨이 울렸다. 선임 연구자로 일하는 동료 중 한 명이었는데, 샤이버는 처음에 그가 무슨 말을 하는지 도통 이해할 수 없었다. 그저 온몸에 기운이 쫙 빠지는 기분이었다. 몸을 기댈 곳이 필요해 겨우 의자에 앉은 후, 방금 들은 이야기를 이해해 보려고 노력했다. 동료는 머크의 에이즈 백신 임상시험 초기 결과가 나왔는데, 효과가 나타나지 않았다고 말했다. 그게 끝이 아니었다. 백신을 투여 받은 환자가 위약을 접종 받은 대조군보다 상태가 더 '악화'됐다는 소식이었다.

회사 내부에도 소식이 퍼졌다. 복도에서 마주친 동료들을 붙들고 이 끔찍한 소식을 공유하는 과학자들도 있었지만 연구실에 틀어박힌 사람들도 있었다.

"받아들이기가 쉽지 않았습니다." 샤이버의 이야기다.

머크는 곧 암울한 데이터를 일반에 상세히 공개했다. 에이즈 백신은 감염 예방 효과도 없고 감염의 중증도를 약화시키는 효과도 없었으며, 감염자의 혈중 HIV 수치가 줄어들지 않았다는 초기 데이터가 나왔으므로 추가 접종은 중단한다고 밝혔다. 나중에 후속 연구에서 가장 두려워하던 일이 일어난 것으로 확인됐다. 머크의 에이즈 백신을 맞은 피험자는 HIV에 감염될 확률이 더 높아진 것이다. 시험 참가자 중 포경수술을 받지 않고 과거에 Ad5 바이러스에 감염되어 일반 감기에 걸린 적 있는 사람은 머크의 에이즈 백신을 접종 받은 후 HIV에 감염될 확률이 다른 피험자들보다 2배에서 4배 더 높았다.[3] 국립보건원 연구진이 개발한 다른 Ad5 백신 시험에서도 이에 못지않게 암울한 결과가 나와 그곳 과학자들도 머크 연구진만큼 절망했다. 왜 이런 암담한 결과가 나왔는지 확실한 이유는 밝혀지지 않았다.

머크는 임상시험을 중단하고 HIV 백신 사업을 완전히 접기로 했다. 오랜 세월 힘들여 노력한 일이지만 끝내기로 한 것이다. 몇 년 전에는 높은 판매고를 기록한 머크의 진통제 비옥스Vioxx가 일부 환자에서 발생한 심각한 심혈관 문제와 관련 있는 것으로 밝혀져 격렬한 비난을 받고 판매를 중단한 일이 있었다. 이미 이런 일을 겪은 경영진 대부분이 에이즈 백신 사업을 계속 추진하다가 또다시 대중의 맹비난을 받을 수 없다고 판단했다.

머크 같은 대형 제약회사가 에이즈 문제를 해결하러 나섰다는 사실에 크게 기뻐하며 응원하던 동성애자들은 큰 충격에 빠졌다.

"다들 얼마나 실망했는지 모릅니다." 에이즈 예방 사업을 추진해 온 시민단체 AVEC의 대표 미첼 워런Mitchell Warren의 말이다.

과학계는 아데노바이러스를 활용하여 HIV 백신이나 다른 백신을 개발하는 방식을 처음부터 다시 생각하기 시작했다. 병을 치유하려다가 더 악화된 것은 분명한 사실이었다.

"벡터 백신을 활용할 경우 신중해야 한다는 교훈을 얻었다." NIAID의 앤서니 파우치는 당시에 이렇게 말했다.[4]

◇※◇

2008년 초, 파우치는 워싱턴 D.C. 외곽에 위치한 베데스다 노스 매리어트 호텔 & 컨퍼런스 센터에 HIV 연구자를 비롯해 에이즈 문제 해결을 위해 노력해 온 사람들을 초청하고 회의를 열었다. 머크에서 나온 폭탄 같은 소식의 충격이 아직 가시지 않은 때라, 다들 이 실패로부터 무엇을 배워야 하는지 고민했다.

대니 듀크는 이 행사가 너무 두려웠다. 안경을 쓰고 턱수염을 기른 이 면역학자는 NIAID에서 수년간 아데노바이러스와 다른 여러 방법으로 에이즈 백신을 개발하려고 노력했던 수십 명 연구자 중 한 명이다. 머크의 실패 소식이 전해진 후 듀크는 몇 주 동안 사무실에서나 메릴랜드의 집에서나 대체 무슨 일이 일어난 것인지 이해해 보려고 애쓰면서 초조하게 지냈다. 동료들과 다른 사람들로부터 "내가 뭐랬어" 같은 소리도 들었다. Ad5는 과거에 감염된 적 있는 사람들이 너무 많아서 이 바이러스를 백신 물질의 전달 수단으로 쓴다는 것 자체가 말이 안 된다고 하는 사람들도 있었다. '그런 생각을 안 해 봤단 말이야?'

매리어트로 향하면서, 듀크는 공개 포럼인 만큼 또다시 비난을 받으리라 예상하고 마음을 단단히 먹었다. 이 호텔에서 가장 큰 회의 공간에 수백 명 과학자들로 꽉 들어찬 그곳에 도착하자, 듀크는 최대한 눈에 띄지 않기를 바라며 맨 뒷줄에 자리를 잡았다. 우울하고 난감하고 화도 났다. 그는 머크의 임상시험 결과가 실패라고 생각하지 않았다. 가설을 세우고 실험으로 가설을 시험해 보는 것이 과학이다.

그 과정을 거쳐 입증되는 가설도 있고 그렇지 않은 가설도 있다. 듀크는 이 일로 중요한 교훈을 얻었다고 확신했지만 수많은 동료 과학자들이 비난하는 이유도 잘 알고 있었다.

행사 첫 발표부터 머크 사태에 대한 자체 비난이 시작됐다. 듀크가 두려워했던 대로 NIAID가 미리 알았어야 했던 일, 더 잘 했어야 했던 일, 깨달아야 했던 것들에 관한 지적이 이어졌다. 듀크는 의자 밑으로 기어 들어가 숨고 싶은 충동을 겨우 눌렀다. 연단에 나선 발표자들은 머크의 임상시험 결과가 너무 형편없다고 지적했고, 향후 또 시험이 진행되더라도 과학계가 '백신 피로감'이라 이름 붙인 분위기 때문에 동성애자들이 참여하지 않을 가능성이 높다고 이야기했다. 듀크는 생각지도 못했던 문제였다. 더 우울해진 나머지 절망감마저 들었다. 새로운 임상시험에 아무도 자원하지 않으면 효과적인 치료법을 어떻게 개발할 수 있단 말인가?

그때 에이즈 퇴치 운동가인 미첼 워런이 연단에 나와 과학자들을 향해 앞서와 다르게 꾸짖었다. 신세 한탄이나 자책은 이만하면 충분하다는 말과 함께, 미첼은 이제 연구실로 돌아가서 이 유행병을 멈출 방법을 찾으라고 말했다.

"이건 힘든 일입니다. 다들 알고 있어요." 워런은 청중을 향해 말했다. "하지만 해결해야 합니다."

듀크는 회의장 전체 분위기가 서서히 바뀌는 것을 느꼈다. 그도 허리를 펴고 다시 제대로 앉았다. 워런은 과학자들에게 동성애자들은 앞으로도 신약과 백신 시험에 참여할 것이며, 포기할 때가 아니라고 말했다.

과학은 어떻게 세상을 구했는가

"괜찮은 것을 만들면 사람들이 줄을 설 것입니다. 가서 다시 일하세요!" 워런은 청중에게 이렇게 단언했다.

다시 몇 년이 더 걸리긴 했지만, 여러 종류의 항레트로바이러스제를 함께 사용하면 HIV에 효과적으로 맞설 수 있다는 사실이 입증됐고 에이즈는 그 값비싼 치료제를 이용할 수만 있다면 관리가 가능한 만성 질환이 되었다. 머크를 비롯한 대부분의 대형 제약회사가 HIV 사업에서 손을 떼고 암이나 큰 성과를 거둘 확률이 더 높은 다른 분야로 눈길을 돌렸다.

하지만 그곳에서 수천 킬로미터 떨어진 곳에서 머크가 활용하려던 아데노바이러스를 여전히 신뢰하는 연구자들이 있었다. 머크가 택한 방식에 어떤 결함이 있는지 파악한 이 과학자들은 문제를 바로잡으면 지금까지 나온 어떤 백신보다 효과적인 백신을 만들 수 있다고 확신했다.

◆Ⅱ◆

스테파노 콜로카Stefano Colloca는 침팬지 분변에서 아주 멋진 것을 발견했다.

머크 펜실베이니아 지부에서 함께 일하는 동료들이 Ad5와 같은 인간 아데노바이러스에 집중할 때 콜로카와 로마 외곽에 자리한 머크의 작은 연구소에 소속된 과학자 네 명은 동물 바이러스에 몰두했다. 동물에게 감염되는 바이러스가 사람에게 감염되는 경우는 거의 없고, 따라서 인체에 면역력이 생겼을 가능성도 거의 없으므로 동물

바이러스야말로 인체 세포에 백신 물질을 옮기는 이상적 운반체라는 것이 이들의 생각이었다.

1997년에 머크 경영진이 아데노바이러스 중 어떤 종류를 백신에 활용해야 하는지 논의할 때 콜로카는 침팬지에만 감염되는 아주 희귀한 아데노바이러스를 써 보자는 의견을 냈다. 하지만 윗선에서는 그런 바이러스로 백신을 만드는 건 어려운 일이고, 침팬지 바이러스로 백신을 만든다면 규제 기관이 승인을 꺼릴 수 있다며 받아들이지 않았다. 콜로카는 실망했지만 하던 일을 중단하지 않았다.

콜로카는 동물 바이러스 연구에 매진하던 몇 안 되는 연구자 중 한 명이었다. 그가 특히 관심을 기울인 바이러스는 침팬지에 감염되는 종류로, 그 애정은 수십 년 전에 시작됐다. 1960년대 말, 미국의 바이러스 학자 윌리엄 힐리스William Hillis와 로잰 굿맨Rosanne Goodman은 대다수가 상상도 못 할 일을 시작했다. 몇 주 동안 침팬지 분변 검체를 수거하러 다닌 것이다. 두 사람은 침팬지에 감염되는 바이러스 중 일부가 사람으로 전염되는 이유가 무엇인지 알아내기 위해 악취가 지독한 배설물을 채취해서 분석했다. 그 결과 22가지 계통의 바이러스를 발견했다. 침팬지가 이렇게나 많은 병원체에 감염된다는 사실을 누가 짐작이나 했을까? 게다가 분변이 그토록 큰 관심을 얻게 될 줄은 아무도 몰랐을 것이다.

힐리스와 굿맨은 분변에서 분리한 바이러스를 여러 연구자들과 공유했다. 대부분 전혀 흥미를 보이지 않았고 인체에 감염되는 바이러스를 약화시키거나 사멸시켜서 백신을 만드는 방식을 고집했다. 하지만 시간이 흐를수록 어쩌면 침팬지 바이러스가 연구해 볼 만한 가치가 있을지 모른다고 생각하는 사람들이 나타나기 시작했다. 2000년에는 필라델피아에서 힐데군트 에르틀Hildegund Ertl이라는 과학자가 침팬지 아데노바이러스를 활용한 광견병과 에이즈 백신 개발에 나섰다. 얼마 지나지 않아 로마에서 콜로카와 동료들도 침팬지와 다른 동물 바이러스 연구를 시작했다. 두 팀의 연구 기반이 된 확실한 논리적 근거는, 침팬지가 현재 살아 있는 모든 생물 중 인간과 가장 가까운 생물이므로 침팬지에 감염되는 바이러스는 사람에게 확산될 가능성이 매우 높고 따라서 인체로 백신 물질을 전달하는 운반체로 활용할 가능성이 크다는 것이다.

2004년, 콜로카가 침팬지 분변에서 발견한 새로운 계통의 바이러스를 연구하고 있을 때 옥스퍼드대학교의 아일랜드 출신 백신 학자에이드리언 힐Adrian Hill이 연락을 해 왔다. 힐은 동료 사라 길버트Sarah Gilbert와 함께 10년간 말라리아를 연구했다. 붉은색 머리카락이 돋보이는 이 두 연구자는 말라리아 기생충의 일부가 포함된 백신을 인체 세포로 전달할 이상적인 운반체를 찾고 있었다. 그러다 콜로카와 동료들이 연구해 온 침팬지 바이러스에 관심을 가졌다. 역학 조사에서 동물 아데노바이러스를 통해 활성화된 CD8+ T세포가 말라리아로부터 인체를 보호하는 데 중요한 기능을 할 수 있다는 사실이 밝혀진 만큼, 힐과 길버트는 항체와 더불어 T세포도 동원할 수 있는 백신을 개발하기로 했다.[5]

힐은 1980년대 초부터 말라리아를 포함한 열대 질환에 매료됐다. 더블린에서 의학 공부를 하던 시절에 그는 휴가철마다 나중에 짐바브웨가 된 아프리카 남부 로디지아의 병원에서 목사로 일하던 삼촌을 만나러 가곤 했다. 그곳에서 힐은 말라리아가 매년 봄마다 로디지아 전체 인구의 약 10퍼센트가 감염될 만큼 횡행하고 있으며, 그러지 않아도 잔혹한 내전으로 고통 받는 사람들에게 이 병이 큰 고통을 안겨 주고 있다는 사실을 알고 충격을 받았다.

"문제의 심각성을 깨닫고 정말 기겁했습니다." 힐은 말했다. "병이 엄청난 규모로 발생하고 있는데 의료 서비스는 턱없이 부족하고 전쟁까지 일어난 상황이었어요."[6]

열대의학을 공부하고 분자유전학으로 박사 학위를 받은 힐은 옥스퍼드대학교로 가서 말라리아를 근절할 백신 연구에 돌입했다. 말라리아는 제압이 힘든 병으로 악명 높았지만 대형 제약회사 중에 이 문제를 적극적으로 해결하려는 곳은 별로 없었다. 말라리아가 유행하는 곳은 개발도상국이라 성공하더라도 얻을 수 있는 이윤이 적다는 것이 여러 이유 중 하나였다.

콜로카는 힐과 길버트를 흔쾌히 돕기로 하고, 두 사람에게 ChAd63이라 이름 붙인 침팬지 바이러스 벡터를 제공했다. 얼마 후 콜로카와 동료들은 동물 아데노바이러스 연구를 계속하기 위해 머크를 그만두고 오카이로스Okairos라는 회사를 차렸다. 이후 힐, 길버트와의 파트너십은 끝이 났다. (나중에 제약회사 글락소스미스클라인이 오카이로스를 3억 달러가 넘는 가격에 인수했다.)

침팬지 바이러스를 제공해 줄 파트너를 잃은 힐과 길버트는 도움을 받을 곳을 다시 찾아야 했다. 2010년, 힐은 스웨덴 우메오대학교의 괴란 와델Göran Wadell에게 전화를 걸었다. 침팬지에 감염되는 종류를 비롯한 여러 아데노바이러스 전문가인 와델은 이 바이러스를 배양해서 연구에 계속 활용해 왔다. 말라리아 백신 개발에 필요하다는 힐의 요청을 듣고, 와델은 오래전 발견한 침팬지 아데노바이러스 하나를 힐에게 제공하기로 했다.

옥스퍼드대학교 뉴필드 의과대학에 백신 연구센터로 '제너 연구소'를 설립한 힐은 길버트와 함께 와델이 제공한 침팬지 아데노바이러스를 활용하여 고유한 백신 기술을 개발하기 시작했다. 두 사람이 개발한 백신 물질에는 옥스퍼드대학교의 지원에 감사하는 의미로 ChAdOx라는 이름을 붙였다. 이후 힐과 길버트는 수년간 이 ChAdOx를 활용해서 말라리아, 인플루엔자, 그 밖의 다른 여러 바이러스와 질병을 퇴치하기 위한 백신 개발 기술을 연구했다. 나중에 신종 코로나바이러스 백신 개발에 쓰인 것도 바로 이 기술이다.

✧⊱✧

댄 바로치Dan Barouch는 머크에서 일어난 사태가 충분히 피할 수 있는 일이었다고 확신했다.

서른한 살의 과학자였던 2004년, 바로치는 보스턴 소재 베스 이스라엘 디코니스 메디컬센터Beth Israel Deaconess Medical Center에서 작은 연구소를 운영하고 있었다. 182센티미터 키에 소년 같은 얼굴, 새카만 머리카락을 가진 바로치는 엄청난 발견을 갈망했다. 의대생 시절에는 절박한 상황에 놓인 에이즈 환자들을 치료한 경험이 있고 그중 상당수가 어린아이들이었던 기억이 마음속에 남아 있기도 했고, 에이즈가 아프리카 곳곳을 잠식하고 있는 상황도 염려되어 효과적인 백신을 반드시 만들고 싶었다.

바로치는 인생을 주어진 미션을 달성하듯 속전속결로 살아 왔다. 이스라엘인인 아버지와 중국인 어머니 사이에서 태어난 그는 뉴욕 애디론댁 산맥에 자리한 도시 포츠담에서 자랐다. 열여섯 살에 고등학교를 졸업하고 스무 살에 하버드대학교를 졸업한 후 스물두 살에 면역학 박사 학위를 취득한 데 이어 스물여섯 살에 의과대학을 졸업했다. 네 살 때부터 바이올린도 배웠다. 하지만 이 정도 속도나 성취는 성에 차지 않았다. 원래는 3년 만에 대학원 과정을 모두 마치고 싶었지만 하버드 교무처에서 승인을 받을 수 없었다.

"수업을 4년 동안 들어야 한다고 하더군요." 바로치가 말했다.

학창 시절을 절대 물러서는 법 없이 잘 보냈지만 자신보다 나이 많은 동급생들과의 소통이 낯설게 느껴질 때도 있었다.

"나이가 같은 또래 친구들이 좋은 이유가 분명히 있습니다."

박사 과정을 밟던 옥스퍼드대학교의 연구실에서 힐과 길버트, 야망 넘치는 다른 여러 과학자들과 잠시 함께 지낸 시간은 감염질환과 백신 연구에 몰두하겠다는 결단을 더 확고히 굳힌 계기가 되었다. 그것이 지구촌 모두의 건강에 영향력을 발휘할 수 있는 가장 강력한 방법이라고 확신했다. 바로치는 에이즈가 현대 과학이 가장 시급히 풀어야 하는 수수께끼라고 생각했다.

베스 이스라엘 디코니스 메디컬센터에서 연구실을 꾸린 바로치는 2003년에 네덜란드 레이던으로 가서 크루셀이라는 작은 회사에서 두 달간 일했다. 크루셀은 머크 백신의 핵심 성분인 단백질 생산에 활용되던 인간 배아세포를 공급해 온 업체다. 그곳에서 바로치는 레이던 홀리데이 인에 방 하나를 얻어 지내면서 호텔 음식으로 끼니를 때우며 크루셀의 수석 과학자 얍 고즈미트Jaap Goudsmit의 실험을 도왔다. 고즈미트는 옷을 잘 차려입는 멋쟁이고 개성 넘치는 동그란 안경을 좋아하는 사람이었다. 그곳에서 바로치는 아데노바이러스를 배양하고 정제하는 기술을 배우면서 이 바이러스야말로 효과적인 백신 운반체라는 사실을 깨달았다.

2004년에 그는 본격적으로 에이즈 백신 개발에 나섰다. 머크에서도 같은 목표로 백신 개발에 나섰지만 바로치는 Ad5를 활용하고 싶지 않았다. 실험실의 핵심 연구자로서 연구비를 확보해야 하는 압박감에 시달리던 바로치는 Ad5로 HIV 백신에 나선 기업이 있으니 자신의 연구는 아무도 후원하지 않으리라는 사실을 깨달았다.

하지만 그는 Ad5 백신의 효과가 의문스러웠다. 크루셀에서 고즈미트와 함께 미국, 유럽, 일본, 아프리카에서 수백 명의 혈액 검체를 채취해 분석한 적이 있는데, 전체 검체의 50퍼센트 이상이 과거 Ad5 감기 바이러스에 노출된 적이 있는 것으로 나타났다. 이미 이 바이러스의 작용을 중화시키는 항체가 체내에 있을 가능성이 높다는 의미였다. 바이러스 감염을 막는 건 항체의 멋진 기능이지만, 인체 세포에 감염되는 바이러스에 체내에서 특정 단백질이 생산되도록 만드는 지시문을 실어서 전달하는 백신을 개발할 때는 항체만큼 방해가 되는 것도 없다. 바로치와 고즈미트는 당시에 검체를 분석한 개발도상국 사람의 검체 중 거의 90퍼센트에 그러한 항체가 존재한다는 결론을 내렸다. Ad5 백신이 미국과 유럽에서 효과를 발휘하더라도 에이즈 백신이 가장 절실한 아프리카에서는 큰 효과가 없을 가능성이 높다는 사실을 암시하는 결과였다.

보스턴에서 바로치의 연구진은 약 2년간 여섯 가지 계통의 아데노바이러스로 실험을 진행했고, 그 결과를 토대로 Ad26로 불리는 혈청형 26을 최종 후보로 선정했다. Ad26는 경미한 감기 증상을 일으키는 인체 감염 바이러스지만 Ad5보다는 확산이 덜 된 종류였다. 머크에서도 몇 년 앞서 이 Ad26를 연구했지만 침팬지 바이러스가 제시됐을 때 그랬듯 크게 관심을 둘 대상이 아니라고 여겼다. 바로치는 머크의 그런 판단이 실수라고 생각했다. 그가 실험해 본 결과 Ad26는 인체 세포에 침입하는 기능이 우수했다. 그만큼 HIV를 차단할 수 있는 유전물질을 인체 면역계에 다량 전달할 수 있는 바이러스라는 의미였다.

바로치는 고즈미트와 크루셀에 연락해 아데노바이러스에 HIV의 세 가지 단백질이 암호화된 유전자가 포함되도록 변형시킨 다음 이 바이러스로 백신을 만드는 계획을 공유하고, 아데노바이러스 제작과 배양에 필요한 재료와 전문 기술을 제공해 달라고 요청했다. 하지만 고즈미트는 회사로부터 곤란하다는 답을 들었다. 크루셀은 큰 위험을 감수하기엔 너무 작은 회사였다. 크루셀 감독이사회는 고즈미트에게 HIV 백신 개발에 참여하지 말라는 결론을 전했다. 더욱이 검증도 안 된 아데노바이러스에 의존하는 백신은 절대 안 된다고 못 박았다.

한 동료는 고즈미트에게 HIV 백신은 "상업성이 없다"고 충고했다. 같은 업계의 대부분 사람들이 하는 생각이었다. "터무니없는" 연구라고 하는 사람도 있었다.

하지만 고즈미트는 포기하고 싶지 않았고, 윗선이 눈치채지 않기만을 빌며 몰래 연구에 참여하기로 했다. 바로치에게 자신의 실험 노트를 전달한 데 이어, 캐묻기 좋아하는 동료들이 그가 에이즈 연구를 계속하고 있다는 사실을 눈치채고 일러바치는 사태가 일어나지 않도록 실험 재료에는 '분석 검증용' 같은 엉뚱한 이름을 붙여 사용했다. 더불어 고즈미트는 연구 범위를 확장해서 동료들과 함께 백신 개발 분야에서 HIV보다 인기가 더 높았던 호흡기세포융합바이러스RSV 연구도 시작했다.

2007년, 바로치와 고즈미트는 윗선에 알려도 좋을 만큼 훌륭한 데이터를 얻었다. 두 사람은 다른 동료 몇 명과 함께 Ad26를 기반으로 한 백신을 마우스에 투여한 실험에서 항체가 생성된 결과를 논문으로 발표했다. 원숭이에 감염되는 바이러스 중에는 인체에 감염되는 HIV와 가장 비슷한 SIV라는 바이러스가 있는데, 나중에 다른 과학자들은 이 Ad26 백신이 원숭이에서 SIV 감염을 막는 효과가 있다는 사실을 확인했다. 바로치와 고즈미트의 낙관적인 전망에 힘을 실어 준 결과였다. 두 사람은 희망을 안고 Ad26를 운반체로 활용하여 HIV에 특이적으로 반응하는 에이즈 백신의 효과를 확인하기 위한 임상시험을 준비했다.

과학계 동료들은 바로치를 향해 존경과 질투를 동시에 쏟아냈다. 하버드 의과대학 역사상 최연소 정교수에 수시로 논문을 내는 학자, 그것도 세계 최고로 꼽히는 학술지에 실릴 만한 연구 결과를 내놓는 학자인 데다 강의와 연구, 환자를 치료하는 일까지 전부 한꺼번에 해내는 그를 모두가 위협적인 존재로 여겼다. '신동Boy Wonder'이라고 부르는 사람들도 있었다. 월터 리드 군 연구소의 최고 연구자인 넬슨 마이클Nelson Michael은 그 표현을 줄여 바로치를 'BW'라고 부르거나 군대식 표현으로 '브라보 위스키Bravo Whiskey'라 불렀다.

"바로치가 손대는 것은 전부 황금으로 바뀌었습니다." 마이클의 설명이다. "선배 과학자들에게 위협적인 존재였어요. 사람들은 그를 질투했죠."

그러다 2007년에 생각지도 못한 일이 터졌다. 머크의 그 끔찍한 임상시험 결과가 세상에 알려진 것이다. 사람들은 바로치와 고즈미트가 추구하는 기술이 머크의 것과 비슷하다고 생각했고 관심을 쏟는 대신 경계하기 시작했다. 바로치와 고즈미트가 보기에 머크 사태는 Ad26 같은 다른 바이러스 벡터가 필요하다는 사실이 입증된 일로 봐야 했다. 사람들의 생각처럼 아데노바이러스를 활용하는 기술을 아예 없애야 한다는 의미로 해석하면 안 될 일이었다.

"분명히 해결할 수 있는 문제입니다." 고즈미트는 동료들을 설득했다.

하지만 누구도 귀 기울이지 않았다. 라이벌 의식을 느끼던 일부 과학자들에게는 바로치에게 맞설 수 있는 절호의 기회였다. 정상급 과학자들이 그에게 이메일을 보내고 전화를 걸어 지금 헛수고를 하는 것이니 아데노바이러스로 약이나 백신을 만들려는 생각은 접으라고 말했다. 학회에 참석하면 친구들이 몰려와 한쪽 구석으로 데려가서는 그 연구는 그만두라고 경고했다. 그를 이기고 싶었던 연구자들은 바로치에게 제공되던 경제적 연구 지원은 돈 낭비일 뿐이니 당장 그만두라고 국립보건원을 설득했다. 너무 단시간에 너무 많은 변화가 바로치를 덮쳤다.

✧✿✧

바로치는 2008년에 예정된 HIV 백신 임상시험을 계속 준비했다. 머크에서는 큰 참사가 일어났지만, 인체에 감염되는 바이러스를 체내에 바이러스 단백질을 옮기는 운반체로 활용해서 백신을 만드는 접근 방식은 분명 효과가 있다고 믿었다. 설사 에이즈에 효과가 없더라도 에이즈보다 덜 까다로운 다른 질병에는 효과가 있을 것이라고 확신했다. 옥스퍼드대학교에서도 에이드리언 힐이 자신의 고유한 전략대로 개발한 아데노바이러스 백신을 굳게 믿고 있었다.

그때 프랭크 볼보비츠의 회사 마이크로제네시스에서 일하던 과학자 게일 스미스가 메릴랜드 주의 별로 유명하지 않은 생명공학 회사 노바백스로 자리를 옮겨 새로운 둥지를 틀었다. 스미스는 그곳에서 바이러스 단백질이 암호화된 유전자를 인체 세포에 곤충 바이러스로 전달하는 비정통적인 백신 개발 기술을 계속 발전시켜 나갔다. 하지만 힐, 바로치, 스미스는 어딘가에서 자신들보다 더욱 급진적인 방식으로 백신을 개발하려는 시도가 진행되고 있으며, 그 기술 역시 발전하고 있다는 사실은 알지 못했다. 현대사에서 가장 혁신적인 성과로 남을 가능성이 엿보이는 또 하나의 새로운 기술이었다.

4 장

1988-1996

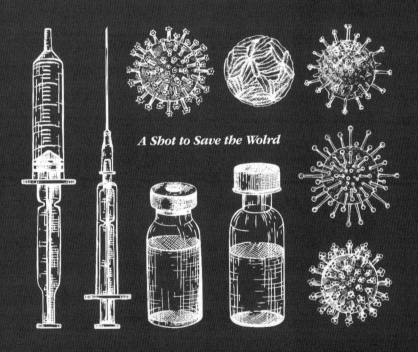

A Shot to Save the Wolrd

.

.

.

오늘 누군가 나무 그늘에서 쉴 수 있는 이유는
오래전 누가 나무를 심은 덕분이다.

워런 버핏Warren Buffett[1]

.

.

.

잔뜩 겁을 먹고 당황한 부모들이 존 울프Jon Wolff에게 달려왔다. 그들에게는 울프가 마지막 희망이었다.

울프는 1980년대 말 캘리포니아대학교 샌디에이고 캠퍼스에서 신경과학 임상연구원 과정을 마쳤다. 정신없이 바쁜 와중에도 틈날 때마다 소아 환자들을 치료했다. 안경을 쓰고 턱수염을 기른 의사 선생님, 곱슬곱슬한 옅은 금발에 보는 사람도 같이 웃게 만드는 미소를 짓는 울프는 다른 의사들이 미처 발견하지 못한 희귀질환을 찾아내는 의학계의 유능한 탐정으로서 빠르게 명성을 얻었다. 소문이 퍼지자 이 재능 넘치는 진단 전문가와 만나려는 부모들이 줄줄이 찾아왔다. 대부분 대체 아이가 왜 아픈지 이유를 알고 싶은 절박한 사람들이었다. 희망을 내려놓고 효과적인 치료법은 아예 기대도 하지 않던 사람들이다.

유머러스하고 배려심 깊은 울프는 자신을 찾아온 부모들과 많은 이야기를 나누고 아이들을 살펴본 후 병의 원인이 된 유전학적 문제를 찾아냈다. 몸에서 단백질과 지방이 처리되지 않는 선천성 질환인 프로피온산혈증인 경우도 있고, 발달 지연, 소아 장애, 조기 사망으로 이어질 수 있는 혈액 질환인 페닐케톤뇨증으로 밝혀진 경우도 있다. 십대 무렵이 되면 어쩔 수 없이 휠체어를 타야 하는 유전질환인 근육 위축증(근이영양증) 진단을 받는 아이들도 있었다.

모두 절망적인 일이었다. 그래도 저녁에는 대체로 웃는 얼굴로 가족들이 있는 집으로 돌아왔다. 그를 찾아오는 환자들은 대부분 여러 전문가와 만났고 심지어 수년 동안 원인을 찾아 헤맨 사람들도 있었다. 병명을 밝혀낸 것만으로도 환자와 가족들은 큰 위안을 얻었다. 울프와 같은 병원에서 일하는 동료들은 어린 환자들이 어느 정도 잘 견디면서 지낼 수 있도록, 어떤 경우에는 꽤 즐겁게 생활하는 데 도움이 되는 식이요법도 함께 연구했다.

울프가 만나는 환자 중 다수가 유전학적 이상으로 발생한 대사질환을 겪었다. 유전자에 결함이 생겨 꼭 필요한 물질을 만들지 못하거나 특정 물질이 제 기능을 하지 못해서 생기는 병이다. 밤에는 실험실에서 이런 환자를 도울 수 있는 방법을 찾았다. '근이영양증 협회'의 지원을 받아 노동절에는 협회 주최로 제리 루이스Jerry Lewis가 사회를 맡은 텔레비전 모금 방송에 출연해서 이 절망적인 질환을 해결하기 위해 자신과 여러 사람이 어떤 노력을 하고 있는지 설명하기도 했다. 자전거를 탈 줄 아는 오랑우탄 바로 뒤에 그가 나온 적도 있었는데, 방송 날 그와 집에서 함께 방송을 보던 울프의 어린 자녀들은 텔레비전에 나온 아빠보다 오랑우탄을 보고 더 기뻐했다.

시간이 갈수록 울프는 발전이 없다는 사실에 좌절감을 느꼈다. 1980년대 말은 과학자들이 데옥시리보핵산, 즉 DNA에 포함된 물리적 독립체인 유전자를 연구한 지 거의 100년이 되어 가던 때였다. DNA 분자가 눈 색깔과 머리카락 색깔부터 키, 몸무게까지 모든 생물에서 유전되는 특징을 좌우한다는 사실이 밝혀졌고, DNA가 세포핵 안에 있는 수동적인 분자라는 사실도 밝혀졌다. 이러한 지식은 과학적인 수수께끼를 낳았다. 핵 안에 가만히 있는 DNA에서 인체 기능이 유지되는 데 필요한 단백질이 어떻게 만들어질까? 게다가 단백질은 전부 DNA가 있는 곳과는 전혀 다른 곳인 세포질에서 만들어지는데?

1961년, 캘리포니아 공과대학 연구진이 DNA에 담긴 유전학적 지시의 복사본이 리보핵산RNA의 한 종류인 메신저리보핵산mRNA이라는 분자에 실려 세포질로 전달된다는 사실을 발견하면서 이 수수께끼는 해결됐다.[2] 세포질로 옮겨진 지시에 따라 콜라겐, 인슐린, 항체를 비롯해 수백만 종에 달하는 작지만 중요한 단백질이 만들어진다는 사실이 밝혀졌다.

1988년에도 늘 해 오던 대로 깨끗한 가운을 걸치고 자신을 찾아온 환자 가족들을 맞이하던 울프는 어린 환자들의 결함 유전자를 바로잡을 수 있는 방법을 꼭 찾고 싶었다. 낮에는 어린 환자들과 만나고 퇴근해서는 자녀와 가족들과 그날 만난 환자들에 관한 이야기를 나누며 저녁을 먹었다. 그리고 연구소로 돌아와 그 방법을 찾느라 골몰하는 날들이 많아졌다.

'왜 이 아이들을 치료할 수 없을까?' 울프는 거듭 생각했다.

답을 찾기 위한 탐구가 깊어지자 다른 일에는 집중할 수 없는 지경에 이르렀다. 사실 울프의 지나온 삶은 이런 패턴으로 흘러왔다. 뉴욕 퀸스 자치구의 베이사이드에서 살았던 어린 시절은 대부분 과학 콘테스트에 나가거나 학교 운동장에서 즉석으로 팀을 꾸려 야구를 하며 지냈는데, 승부욕이 강해 주먹다짐이 오갈 때도 있었다. 열여섯 살에 코넬대학교에서 화학을 전공하던 시절에는 과에서 성적이 가장 우수한 학생이었지만 연애는 그리 순탄하지 않았다. 어린아이 같은 외모 때문이기도 했지만 과학에 더 깊이 빠져들던 시기였던 것도 영향을 주었다. 헝가리 출신인 카탈린 부즈도소Katalin Bujdoso라는 여학생과 연애를 시작했을 때도 데이트를 약속해 놓고 매번 늦게 나타나 실험에 몰두하느라 시간 가는 줄 몰랐다며 사과를 쏟아내곤 했다.

"정말 미안해, 칼럼이 넘쳐 버렸지 뭐야!" 실험실에서 자주 다루던 유리관은 사과할 때마다 단골로 등장했다.

카탈린이 울프를 집에 데려가 부모님께 소개한 날에도 그는 무거운 의학 교과서를 들고 가서 그 집에 머무는 내내 거실 소파에서 열심히 읽었다. 운 좋게도 카탈린의 아버지는 의사라 무례하게 보일 수도 있는 그런 행동도 별로 이상하게 생각하지 않았다. 하지만 카탈린은 예의가 없어 보이는 울프의 별난 행동에 적응하기까지 아버지보다 오랜 시간이 걸렸다.

"결국에는 익숙해졌죠." 카탈린이 말했다. 두 사람은 울프가 볼티모어의 존스홉킨스 의과대학 1학년일 때 결혼했다.

1988년, 울프와 가족들은 샌디에이고에서 위스콘신 주 매디슨으로 이사를 갔다. 위스콘신 매디슨 의과대학에서 강의하면서 소아 환자를 치료하고 연구도 할 수 있는 자리를 얻은 것이다. 가족들은 그가 새로 일하게 된 연구실 맞은편에 있던 학교 운동장과 가까운 수수한 집에 둥지를 틀었다. 조금만 걸으면 집을 오갈 수 있게 된 덕분에 울프의 연구 시간도 늘어났다. 카탈린과 2남 2녀로 불어난 식구들은 이른 저녁이면 집 현관에 앉아 울프의 연구실에 불이 켜져 있는지 즐

과학은 어떻게 세상을 구했는가

겁게 살펴보곤 했다. 불이 꺼지면 곧 울프가 손에 든 논문에 얼굴을 푹 파묻고 느릿느릿 걸어오는 모습을 볼 수 있었다.

울프는 과학적인 열정을 키우면서도 새로운 취미 생활을 시작했다. "새로운 개념을 이해하고" 더 나은 방법을 떠올리는 훈련이 필요하다는 판단에서 시작한 취미는 크로스컨트리 스키였다. 책을 찾아서 읽고, 영상 자료를 보면서 공부하고, 스키 강좌도 들으며 열심히 노력한 끝에 울프는 두 다리에 체중을 고르게 분배한 상태로 유지하는 방법 등 지표면을 빠르게 이동하는 데 도움이 되는 몇 가지 기술을 터득했다. 친구들은 그런 울프를 놀리곤 했다.

"그래 맞아, 존. 그걸 균형이라고 하는 거야." 패트릭 레밍턴이라는 친구는 놀렸다. "그냥 스키라고!"

울프는 집에서 아이들에게도 항상 놀림감이 되었는데, 대부분 패션 감각 때문이었다. 한번은 체크무늬 바지에 다른 체크무늬 셔츠를 입고 나와서는 기겁하는 가족들에게 일부러 '맞춘' 차림이라고 설명했다. 카탈린은 워낙 독특한 창의력을 가진 사람이라 그런 선택도 가능하다고 이해했다. 울프는 초심자의 눈으로 살아가는 사람이었다. 색다른 관점에서 문제를 바라보고 독창적 사고를 하는 사람, 카탈린은 그렇게 결론 내렸다.

"아빠는 상자 밖에서 생각하는 사람인데 밖으로 너무 멀리 나와서 상자를 못 보는 거란다." 어느 날 카탈린은 아이들에게 이렇게 이야기했다.

울프는 환자들에게 절망과 장애를 안겨 주는 유전학적 결함을 해결할 방법을 찾는 데 그 특유의 독창력을 활용하기 시작했다. 그리고 아무것도 없는 백지상태에서 신선한 해결 방법을 찾아 보기로 했다. 인간의 몸은 많은 부분이 단백질로 구성되고, 이 복잡한 분자는 생존과 번식에 꼭 필요한 대부분 기능을 수행한다. 일찍이 밝혀진 과학적 성취 덕분에 그 즈음에는 생물학을 조금만 알면 단백질이 어떻게 만들어지는지 알 수 있었다. 즉 세포 안에서 DNA가 mRNA로 복제되고(또는 '전사'된다고 한다), 이 mRNA가 단백질로 번역된다. DNA에서 mRNA가, mRNA에서 단백질이, 단백질이 생물을 만드는 것, 이것이 과학의 중심 원리다.

울프는 생물의 기초 단위가 담겨 있는 DNA가 세포의 요리책과 비슷하다는 사실을 깨달았다. DNA를 단백질 만드는 법을 설명한 레시피가 가득 담긴 요리책에 비유한다면, 이 요리책은 너무 두껍고 부피도 커서 도서관에만, 즉 세포의 핵 안에만 있을 수밖에 없다. 너무 무거워서 다른 곳으로는 옮길 수가 없다. 이 DNA에는 줄줄이 연결된 뉴클레오티드로 이루어진 다양한 유전자가 담겨 있다. 그중에는 울프가 어떻게든 바로잡고 싶은 결함 유전자도 포함되어 있다. 이 요리책에 있는 레시피대로 단백질이 만들어지려면 우선 세포핵에 있는 DNA가 메신저RNA로 전사되어야 한다. 이 mRNA는 두툼한 요리책에서 몇 쪽만 임시로 복사한 것에 비유할 수 있다. mRNA는 세포의 주방이라 할 수 있는 세포질로 쉽게 이동할 수 있고, 그곳에서 레시피에 나와 있는 방법대로 단백질이 만들어진 다음 mRNA가 제거되고 나면 모든 과정이 끝난다.

DNA 레시피가 잘못되면 단백질이 너무 많이 만들어지거나 너무 적게 만들어지는 등 단백질이 제대로 만들어지지 않고, 이렇게 잘못 만들어진 단백질이 울프가 치료하려고 애쓰는 질병의 원인이 된다. 울프는 DNA와 mRNA가 자연적으로 만들어지는 분자지만 음식에 들어가는 천연 감미료처럼 실험실에서 제조 혹은 합성할 수 있다는 사실을 잘 알았다.

오류가 없는 정상 DNA 또는 mRNA를 합성한 후 인체 세포 안으로 전달해서 환자들이 가진 결함 유전자를 대체할 수 있다면? 울프는 이런 생각을 떠올렸다. 어쩌면 이런 방법으로 제대로 기능하는 단백질을 만들 수 있을지 모른다.

울프는 이 단순하면서도 특이한 아이디어를 동료들과 공유했다. 독창성을 뽐내서 모두를 깜짝 놀라게 하려는 의도는 없었다. 정상 DNA나 mRNA를 공급하면 각종 질병에 시달리는 사람들에게 도움이 될 수 있다는 것은 '당연히' 다른 사람들도 많이 떠올린 생각이었다. 문제는 어떻게 할 것인지 그리고 그게 가능하긴 한 일인지 밝혀내는 것이었다. 과학계에서 DNA나 mRNA를 인체 세포까지 전달할 수 있다면 거기에 담긴 유전정보대로 단백질이 만들어지고, 유전질환을 치료할 수 있을지 모른다는 사실이 알려지던 시기였다. 이 아이디어는 유전자 치료로 불리게 된 새로운 치료법으로 발전했다.

그러나 세포를 벗어난 '벌거벗은' 합성 DNA를 곧장 세포에 주입한다는 생각을 떠올린 사람은 별로 없었다. 대부분 불가능할 확률이 높거나 위험할 수 있다고 보았다. 단백질이 만들어지려면 우선 DNA에서 mRNA가 만들어진 다음에 단백질이 만들어지는 두 단계 과정을 거쳐야 하기 때문이다. 즉 세포 안에서 DNA가 mRNA로 전사되어야 mRNA에서 유용한 단백질이 만들어질 수 있는데, DNA를 세포에 집어넣고 단백질이 만들어지는 과정이 시작되도록 만드는 건 쉬운 일이 아니었다. DNA는 굉장히 크고 음전하를 띠는 분자이므로 대부분 학자들은 세포막에서 차단되어 세포 내로 들어가지 못할 것이라 예상했다. 게다가 인체의 영구적 유전정보가 담긴 DNA에 손을 댄다는 것은 위험한 일로 여겨졌다.

울프와 동료 연구자들은 mRNA를 주입하면 실패 확률이 더 높다는 사실도 분명히 알고 있었다. mRNA는 불안정한 분자이고, 세포질로 이동해서 단백질 생산에 필요한 지시를 전달하고 나면 보통 몇 시간 내로 분해된다. 예비 타이어를 끼우면 단거리 정도는 갈 수 있지만 그 상태로 험한 시골길을 달리면 금세 망가지는 것과 같은 이치였다. 다른 학자들도 mRNA가 세포 안까지 유유히 멀쩡하게 이동한 후 충분한 양의 단백질을 만들 수 있다고 보는 건 어리석은 생각이라는 데 동의했다. mRNA를 주사하면 체액의 엄청나게 많은 효소에 노출되어 바로 분해되어 없어진다는 사실을 모두가 알고 있었다.

반대 의견을 충분히 이해하면서도 울프는 포기하고 싶지 않았다. 그래서 DNA와 mRNA를 세포로 전달하는 유전자 치료를 가능하게 만들 방법을 찾았다. 이 지적인 탐구에 몰입할수록 도저히 그만둘 수 없었다.

"유전자를 세포로 집어넣는 방법, 그 과학적인 퍼즐을 푸는 건…… 남편의 머릿속에서 떠나지 않은 숙제였습니다." 카탈린의 이야기다.

마침 얼마 전 DNA나 mRNA를 특정 액체나 지질과 혼합하면 세포가 그 DNA나 mRNA를 흡수하도록 유도할 수 있다는 연구 결과가

과학은 어떻게 세상을 구했는가

나왔다. 지질이 이 두 종류의 핵산을 보호하는 일종의 포장재가 되어 그 안에 담긴 유전학적 메시지와 함께 세포막을 통과하도록 돕는다는 것이다. 하지만 이와 관련된 연구는 대부분 배양접시에서 키운 세포에서만 실시됐다. 울프도 실험을 중시하는 학자였으므로 세포에서 한 단계 더 나아가 마우스에 이 기술을 적용해 보기로 했다. 실패하더라도 크게 잃을 것이 없었다. DNA 분자 구조를 밝힌 분자생물학자인 제임스 왓슨의 변호사는 근이영양증을 앓는 자신의 아들을 생각하며 울프의 연구를 지원했다. 그 밖에 다양한 곳에서 연구비를 충분히 받던 상황도 이런 결심에 도움이 되었다.

울프는 미정제 지질로 감싼 DNA나 mRNA를 마우스에 주사하고 지질 없이 DNA나 mRNA를 그냥 주사한 대조군과 비교해서 세포에서 단백질이 만들어지는지 확인하는 실험을 준비했다.

실험 결과는 충격적이었다. 지질로 감싸서 주사한 DNA와 mRNA는 특별한 기능을 발휘하지 못했다. 연구에 반대하던 사람들의 생각이 옳았음을 보여 준 실망스러운 결과였다. 그런데 마우스 다리 근육에 지질로 감싸지 않고 DNA와 mRNA를 그냥 주사한 실험군에서는 세포에서 단백질이 성공적으로 만들어졌다. 어찌 된 영문인지 대조군에서 나온 결과가 실험군보다 더 좋았다. 울프와 동료들은 기뻐하며 다시 DNA와 mRNA를 여러 차례 마우스에 주사했다. 이번에도 유전학적 지시가 담긴 이 두 가지 분자가 마우스 세포에 흡수되어 단백질로 발현된 사실이 확인됐다. 그리고 그 상태가 2개월 이상 지속되는 것으로 나타났다.

울프는 DNA나 mRNA를 세포에 주사하면 기능을 발휘하는 단백질이 만들어진다는 사실을 증명했다. 이전까지 누구도 입증해 본 적 없는 결과였다. 실험 전에 예상했던 대로 주사한 분자 대부분이 마우스 세포의 효소에 분해됐지만 이 방어막을 뚫고 단백질이 만들어질 만한 분량이 충분히 남은 것으로 확인됐다. 무엇보다 불안정하기로 악명 높은 mRNA로도 단백질이 만들어진다는 사실에 울프는 물론 여러 사람이 당혹감을 감추지 못했다.

"와우, 메신저RNA는 정말 재밌는 분자군요." 실험 결과를 확인한 후 울프는 동료에게 이렇게 말했다.

당시에 겨우 서른세 살이던 울프는 이 놀라운 성과를 친구들에게 거의 알리지 않았다. 어떤 형태로든 치료제나 치료법을 만드는 단계까지 가려면 갈 길이 아주 멀다는 사실도 알고 있었다. 단백질이 유전학적인 문제나 다른 이상을 바로잡을 수 있을 만큼 충분히 만들어질 수 있는지, 그런 일이 가능한지는 명확하지 않았다. 종양의 증식을 방해하거나 병원체를 중화시키는 등 어떤 식으로든 건강에 도움이 될 것인지도 불분명했다. 무엇보다 큰 걸림돌은 마우스 실험에서 나온 결과라 인체에서도 mRNA를 주사했을 때 똑같이 단백질이 만들어진다고는 단언할 수 없다는 점이었다.

하지만 울프의 연구에서 깜짝 놀랄 만큼 놀라운 결과가 나온 건 사실이다. 거의 모든 사람이 멀쩡히 남아 있을 리 없다고 확신한 mRNA가 세포에 흡수됐을 뿐만 아니라 단백질까지 만들어졌다는 건 더더욱 괄목할 만한 결과였다. 울프는 과학자들에게 mRNA가 생각보다 잠재성이 크다는 사실을 명확히 증명해 보였다.

1990년 3월, 저명한 학술지 〈사이언스〉에 울프가 동료 몇 명과 함께 mRNA를 성공적으로 활용한 이 최초의 성과를 정리한 논문이 발표됐다. 논문에서 울프 연구진은 mRNA를 주입하여 단백질을 만들 수 있다는 사실이 확실해진 만큼 언젠가 mRNA가 치료제와 백신에 활용되는 날이 올 것이라는 견해를 밝혔다. 울프는 그 분야의 연구 경력이 전혀 없었지만 분명 그렇게 될 것이라고 예견했다. 얼마 후 다른 과학자들이 래트 실험에서 비슷한 결과를 확인했고, 마우스에 mRNA를 직접 주입해서 면역 반응을 일으켰다는 연구 결과도 나왔다. 이 분자가 훌륭한 치료법이 될 수 있다는 가능성에 힘을 싣는 결과가 계속 쌓였다.

하지만 울프는 인체에 전달한 mRNA에서 단백질이 지속적으로 만들어지려면 해결해야 할 문제가 많다고 보았다. 이후 몇 년간 울프는 mRNA를 인체 세포 내로 전달하는 방법과 mRNA 분자를 분해하는 RNA 분해효소의 작용을 피하는 방법을 찾는 연구에 몰두했다. 초기 실험에서 단백질이 충분히 만들어지지 않은 것은 효소가 원인일 가능성이 가장 높았다. 따라서 mRNA에 담긴 유전정보가 세포로 온전하게 전부 전달되기 전에 일어나는 RNA 분해효소의 작용을 막는 것이 관건이었다. 1995년, 울프는 다른 두 명의 과학자와 함께 회사를 차리고 mRNA를 보다 안정적으로 세포에 전달하고 더 오래 지속되도록 보호해 줄 정교한 캡슐, 즉 지질 중합체 개발에 나섰다. 울프가 설립한 이 스타트업은 첫 연구에서 활용했던 지질을 향상시킨 버전을 만드는 데 매진했고, mRNA 치료제는 하나도 나오지 않았지만 몇 년 후 1억 달러가 넘는 가격에 매각됐다. 울프는 자신의 몫으로 얻은 수익으로 매디슨 호수 근처에 집을 한 채 사고 스키도 새로

장만했다. 그 외에는 이전과 같이 생활했다. 연구소에서 긴 시간을 보내며 유전자를 세포에 주입해서 근이영양증이나 다른 유전질환을 치료할 수 있는 방법을 찾는 연구를 놓지 않았다.

하지만 결국 목표를 이루지 못했다. 2019년 초, 울프는 식도암 판정을 받고 그토록 도움이 되고 싶었던, 치료하기 어려운 병에 시달리는 환자가 되었다. 여러 가지 치료를 받으며 몇 개월을 버티는 동안 그는 미국 곳곳에 살던 전 동료, 스승, 절친한 친구 10여 명과 만나 작별 인사를 나누었다. 어느 시점부터는 음식물을 잘 삼키지 못하게 되었지만 거의 불평하지 않았다.

"가만히 앉아서 오늘은 몸이 참 안 좋구나 하면서 지내. 뭔가를 할 수 있는 날도 영 컨디션이 좋지 않아." 캘리포니아에 사는 동료에게는 이렇게 전했다.

신종 코로나바이러스가 전 지구로 확산된 2020년 4월, 울프는 예순세 살의 나이에 가족들이 병상에서 지켜보는 가운데 암으로 세상을 떠났다. 그때는 울프도 전혀 예상하지 못했지만, 그가 남긴 연구 업적은 전 세계 대부분을 집어삼킨 이 바이러스로부터 사람들을 보호하는 백신 개발에 활용되었다.

✧✧✧

엘리 길보아Eli Gilboa는 면역계가 싸울 수 있는 기회를 만들고 싶었다.

1950년대 말부터 1960년대 초까지 어린 시절을 이스라엘에서 보낸 길보아의 인생은 어릴 때부터 영 순탄치 않았다. 잡지 배달부로 일하던 아버지는 아침 일찍 파란색 람브레타 스쿠터를 타고 여러 카페를 돌며 배달하고 잡지에 광고지를 끼워 넣는 일로 돈을 벌었다. 어머니는 모셰 다얀Moshe Dayan 장군의 아내 루스 다얀Ruth Dayan이 운영하던 유명한 양장점에서 수제 핸드백을 만드는 장인으로 일했다. 두 분 다 괜찮은 직업을 가진 것 같았지만 청구서는 늘 밀리고 항상 돈에 쪼들렸다. 루마니아에서 이스라엘로 이민 온 지 얼마 안 된 상황에서 아들을 제대로 키울 수 없게 되자 부모님은 길보아를 키부츠의 기숙학교에 보냈다. 그곳에서 우울하게 지내던 길보아는 어머니가 연줄을 통해 얻은, 텔아비브 북쪽의 꽤 명성이 좋던 기숙학교로 전학을 갔다. 빈곤층 아이들, 가정에 문제가 있는 아이들 수백 명이 모여 공부를 하고 현장에서 일도 하는 학교였다. 청소년 공동체로 불리던 이곳에서 성적은 그저 그런 수준에 머물렀지만 소를 돌보는 일에서 큰 즐거움을 얻었다. 특히 송아지를 낳을 때 곁에서 돕는 일은 너무나 신나는 경험이었다.

나중에는 성적이 올라 졸업 후 이스라엘 와이즈먼 과학연구소에 진학해 분자생물학 공부를 시작했다. 1977년에는 미국으로 건너와 매사추세츠 공과대학에서 노벨상 후보 데이비드 볼티모어David Baltimore의 연구소 일원이 되어 공부를 마쳤다. HIV 연구에도 얼마간 관심을 기울였지만 듀크대학교 의학센터로 자리를 옮긴 1993년에는 인체 면역계가 암과 맞서도록 돕는 방법을 찾는 연구에 주력했다. 이미 수 세대 전부터 과학자들이 몰두해 온 난제였다.

사실 면역계는 많은 사람이 생각하는 것보다 종양 세포를 인식하고 제거하는 기능이 뛰어나다. 55세 이상 남성 중 교통사고로 사망한 사람을 부검한 연구에서 전체 중 무려 30퍼센트에서 암이 발견된 결과도 있다. 여성도 상당히 높은 비율에서 환자 자신은 몰랐던 암세포가 발견됐다는 비슷한 연구 결과가 있다.

"우리 대부분은, 어쩌면 모두가 암이 생겨도 모르고 지냅니다. 죽을 때까지 모를 수도 있고요." 길보아는 말했다. "면역계가 암을 알아보고 막아 낸 경우가 많다는 강력한 정황 증거가 있습니다."

하지만 암세포가 인체의 이러한 방어막을 뚫고 끔찍한 손상을 일으키는 정교한 기능을 발휘하는 경우가 너무나 많다. 림프계에 발생하는 종양을 비롯해 일부 종양은 아예 면역계 중심에 뿌리를 내린다.

듀크대학교에서 연구를 시작한 초창기에 길보아는 면역 세포를 활성화해 종양을 인식하고 없애도록 만드는 방법을 찾는 데 주력했다. 독창적 사고가 도움이 될 수 있다고 판단한 그는 다양하고 독특한 배경을 가진 과학자들을 모아 연구진을 꾸렸다. 면역학 박사후 과정을 밟고 있던 인도 뭄바이 출신 연구원 스미타 나이르Smita Nair, 피츠버그의 병원에서 10여 년간 수혈과 다른 일을 해 온 선임 의료기사 데이비드 보츠코프스키David Boczkowski도 길보아의 팀에 합류했다.

길보아와 연구진은 배양접시에 키운 마우스 세포와 인체 종양 세포에 DNA를 공급해서 면역계를 활성화하는 단백질이 생산되도록 만드는 연구를 시작했다. 단백질 생산이 확인된 세포를 다시 마우스와 사람 환자에게 주사해서 불활성 상태인 면역계를 깨우는 것이 목표였다. 이른바 세포 기반 기술로 불리는 접근 방식이다.

"면역계를 살살 건드려 보자고." 어느 날 실험실에서 길보아는 나이르와 보츠코프스키에게 말했다.

초기 결과는 대부분 그저 그런 수준이었다. 시간이 어느 정도 흐른 후, 길보아와 나이르는 좀 다른 방법을 써 보기로 했다. T세포를 활성화하고 면역 반응을 일으키는 데 중추적 역할을 하는 수지상 세포를 활용하면 암과 더 강력히 맞설 수 있다는 생각을 떠올린 것이다. 나이르는 플라스크에 흑색종 세포를 배양하고, 고주파 음파를 적용하여 세포를 '용해'했다. 이렇게 미세한 조각으로 만든 암성 세포를 배양접시에 담고 지질 제제와 혼합한 후 시험관에 담긴 수지상 세포와 섞어 세포 내로 들어가도록 만들었다. 이 실험의 특징은 암세포의 DNA와 RNA, 단백질, 그 밖의 세포 구성요소가 섞인 '용해물'이 사용되었다는 점이다. 나이르는 길보아가 쓰던 이디시어로는 '제미쉬gemish'라고 하는 이 혼합물의 조성을 조금씩 바꿔서 다양한 종류로 만들고, 겉으로 보면 그냥 투명한 물처럼 보이는 이 액체를 공격적인 흑색종에 걸린 마우스에 주사한 후 종양이 줄어들기를 기다렸다. 조성이 다른 혼합물 중 어느 하나는 면역계를 활성화해 암을 알아보고 공격하도록 훈련시킬 가능성이 있을 것으로 예상했다. 하지만 어떤 혼합물에서 그런 결과가 나올 것인지, 하나라도 그런 기능을 발휘할 것인지는 전혀 예측할 수 없었다.

"아무것도 알 수 없는 상태로 무수한 접종이 이루어졌습니다." 길보아가 말했다.

연구에는 큰 성과가 없었지만, 길보아는 함께하는 모두에게 즐거움을 주는 사람이었다. 잘 웃고, 연구실 전체가 울리도록 오페라를 틀어 놓고, 조깅도 즐겼다. 의학계에서 손꼽히는 중요한 회의가 잡힌

날에도 조깅을 끝내고 땀을 뚝뚝 흘리며 참석할 정도였다. 나이르는 같은 이민자 출신인 이 연구실 대표에게 각별한 유대감을 느꼈다. 길보아의 가장 중요한 특징은 함께 일하는 과학자들이 새로운 기술이나 이론을 무엇이든 자유롭게 적용해 보고 독자적으로 실험할 수 있도록 했다는 점이다.

"그래도 최소한 나한테 보고는 해야지?" 한번은 괜히 화가 난 척하며 나이르와 보츠코프스키에게 따지기도 했다.

연구에 조금씩 진전이 생겼다. 종양 세포로 만든 혼합물 중 하나가 마우스에서 암을 수축시킨 것으로 확인된 것이다. 하지만 정확한 이유는 알 수 없었다. 길보아와 나이르는 혼합물에 포함된 종양 세포의 단백질이 면역 반응을 자극했다고 추정했지만 보츠코프스키는 단백질이 아닌 다른 요소가 작용한 결과라고 직감했다. 1993년에 피츠버그대학교에서 분자생물학 석사 학위를 받은 보츠코프스키는 mRNA를 포함해 RNA를 연구하는 실험실에서 일한 적이 있다. RNA는 실험을 하려고 해도 금세 분해되어 없어지는 분자라 대다수 과학자가 꺼렸지만 피츠버그에서 연구하던 당시 보츠코프스키와 동료들은 대부분이 생각하는 것보다 RNA가 탄탄하다는 사실을 확인했다. 그래서 보츠코프스키는 RNA가 과소평가되고 간과되어 온 분자라고 생각했다.

"RNA로는 연구를 안 하려고 하는 사람들이 많습니다. 너무 쉽게 분해되는 물질이라고 생각하니까요." 보츠코프스키가 말했다. "그런 의견도 일리가 있지만 우리는 겁먹지 않았습니다."

그는 혼합물에 포함된 메신저RNA가 마우스 면역계를 자극해서 종양을 줄어들게 만든 주인공일 수 있다고 보았다. 그래서 혼합물에 함께 포함된 다른 성분은 다 빼고 mRNA만 있어도 같은 결과가 나올지 궁금해졌다.

1995년 어느 상쾌한 가을날에 나이르는 새로운 실험을 준비했다. 보츠코프스키는 장난삼아 '치료제'라는 라벨을 붙인 투명 액체가 담긴 시험관을 나이르에게 건네며 다른 혼합물과 함께 실험을 진행해달라고 요청했다.

"자, 받으세요. 이게 치료제가 될 겁니다." 보츠코프스키는 장난기 가득한 표정으로 말했다.

그가 시험관에 뭐가 들어 있는지는 알려주지 않아서, 나이르는 종양 단백질과 항원이 섞인 또 다른 혼합물이겠거니 생각했다. 몇 주가 지나고 나이르는 마우스 상태를 확인했다. 아무것도 투여하지 않은 대조군은 폐에 암세포가 가득해 안락사를 진행해야 했다. 과학자들의 표현으로는 '희생'된 것이다. 그런데 여러 가지 다양한 혼합물을 백신으로 투여받은 실험군은 상태가 호전된 긍정적 징후가 나타났다. 그중에는 다른 마우스보다 조금 더 건강해 보이는 개체도 있었다. 가장 건강해 보이는 마우스를 찾아 폐를 해부한 나이르는 암의 흔적이 거의 보이지 않는다는 사실을 확인하고 깜짝 놀랐다. 폐를 적출해서 무게를 재 보니 종양이 처음부터 없었다고 해도 될 만한 결과가 나왔다. 너무 놀라고 기쁜 마음에 차트를 확인하니 보츠코프스키가 건넨 비밀 용액을 투여받은 그 마우스였다. 나이르는 얼른 동료들에게 알렸다. 길보아도 서둘러 모든 결과를 확인했다.

"이 실험군에서 효과가 나타난 것 같군요!" 길보아가 기뻐하며 외쳤다.

그와 나이르는 보츠코프스키를 쳐다보았다. 대체 그 알 수 없는 혼합물에 무엇이 들어 있었는지 너무 궁금했다.

"RNA입니다." 보츠코프스키가 말했다.

길보아의 얼굴에 충격이 고스란히 나타났다. 보츠코프스키는 흑색종에서 mRNA를 분리해 나이르에게 건넸다고 설명했다. 그 시험관에 mRNA 말고 다른 성분은 없었다고도 덧붙였다.

길보아는 웃음을 터뜨렸다.

"놀라운 일이군요!"

mRNA를 투여한 마우스가 종양 용해물로 치료 받은 마우스보다 상태가 '훨씬 크게' 호전되지는 않았지만 분명 놀라운 결과였다. 이미 수년 전에 울프가 밝힌 결과가 있었지만, 대다수 과학자는 mRNA를 치료제나 백신으로 활용하기에는 너무 불안정하다고 생각했다. mRNA가 면역계를 깨울 기회를 잡기도 전에 세포에 존재하는 효소의 작용으로 mRNA 분자가 산산조각 난다는 것이 일반적인 견해였다.

'그런데도 가능하다고?' 길보아는 의문이 들었다.

다시 실험해서 확실하게 확인해 볼 필요가 있었다. 재차 실시한 실험에서도 mRNA가 마우스 종양을 축소시킨 것으로 확인됐다. 길보아와 동료들은 mRNA를 통해 수지상 세포에 종양 단백질을 생산하라는 지시가 전달되면 이 지시에 따라 만들어진 단백질이 마우스 면역계의 T세포와 B세포를 활성화해 암을 공격하게 만든다는 결론을 내렸다. 주입된 mRNA의 상당량이 세포 효소에 분해되었겠지만

과학은 어떻게 세상을 구했는가

충분한 양이 남아서 수지상 세포의 세포질까지 도달했음을 알 수 있는 결과였다. mRNA 분자가 예상보다 탄탄하다는 사실을 보여 준 결과이기도 했다. 게다가 멀쩡히 살아남은 것에 그치지 않고 마우스의 암을 수축시켰다.

어마어마한 가능성을 깨달은 길보아는 얼굴이 환해졌다. mRNA는 효과적인 치료제나 백신이 될 수 있었다.

1996년 8월, 그와 동료들은 〈실험의학저널*The Journal of Experimental Medicine*〉에 연구 결과를 발표했다. 획기적인 성과였다. 마우스에 mRNA를 주입하면 단백질이 만들어질 수 있다는 사실은 존 울프가 밝혀냈고 다른 몇몇 과학자가 mRNA로 면역 반응을 활성화할 수 있다는 사실을 알아냈다. 하지만 금세 사라지는 분자로 악명이 높은 mRNA로 종양을 수축시킬 수 있다는 사실을 밝힌 연구는 한 건도 없었다. 길보아 연구진은 사람이 아닌 마우스 실험으로 이러한 결과를 얻었다. 마우스 세포를 채취한 후 배양접시에서 mRNA를 처리한 다음 다시 마우스에 주사하는 복잡한 과정을 거쳐야 했지만 이 연구로 과학계가 mRNA 분자를 과소평가했다는 사실이 다시 한 번 입증됐다.

유명한 과학자들은 길보아 연구진이 발표한 결과에 깜짝 놀랐다. 신빙성 있는 결과가 맞는지 의심하는 사람들도 있었다. 길보아와 동료들을 향한 너무나 강력한 반발이었다. 의혹을 제기한 사람들은 mRNA를 주사하는 것 자체를 이단 행위로 여겼고, 그게 가능할 리 없다고 주장했다. 몇 개월 후 암 연구 분야에서 세계 최고 권위자로 꼽히던 필립 그린버그*Philip Greenberg*가 어느 학술회의장에 모인 수십 명 과학자 앞에서 획기적인 성과로 여겨지던 길보아의 연구를 언급했다. 그 자리에서 그린버그는 길보아 연구진의 실험을 자신도 시도해 봤지만 수지상 세포에서 mRNA가 제대로 발현되지 않았다고 밝혔다.

"엘리 길보아가 하고 있는 대로 해 봤지만 소용없었습니다." 그린버그가 말하자 길보아는 회의장에 모인 사람들의 시선이 일제히 자신에게로 쏠리는 것을 느꼈다.

나중에 그린버그 연구실의 신입 연구원이 실험을 어떻게 진행했는지 나이르에게 설명했고, 그가 제안한 대로 몇 가지를 바꿔서 다시 실험을 수행했다. 곧 그린버그 연구진의 실험에서도 길보아 연구진이 얻은 것과 같은 결과가 나왔다. 길보아의 실험이 정확했다는 사실과 mRNA의 활용성이라는 새로운 희망이 재차 확인됐다.

길보아 연구진은 이후 수년간 mRNA 백신으로 뇌, 전립선에 생기는 암 등 여러 암을 물리칠 수 있는 방법을 찾기 위한 임상시험을 진행했다. 2000년에 길보아는 mRNA 백신을 직접 생산하기 위해 생명공학 회사를 설립했다. 그러나 환자들에게서 나온 결과는 희비가 엇갈렸다. 가끔 놀라운 효과가 나온 적도 있다. 이 백신 치료를 받기 위해 듀크대학교가 있는 노스캐롤라이나까지 비행기를 타고 온 한 여성 교모세포종 환자는 치료 후 이 치명적이고 공격적인 암에서 벗어났다. 실제로 도움을 받은 사람이 생겼다는 사실에 나이르도, 보츠코프스키도 뛸 듯이 기뻐했다.

"정말 멋진 일이었습니다." 보츠코프스키가 말했다. "보통 우리가 치료하는 건 마우스거든요."

그러나 그 외 대부분은 백신이 환자 몸에서 면역 반응을 일으킨 경우에도 치료에 큰 도움이 되지 않은 것으로 나타나 연구진 모두에게 실망감을 주었다. 길보아와 연구진은 더 나은 방법을 찾기 위해 연구비를 더 많이 확보하기로 했다.

2005년 9월, 길보아는 새로운 동료 브루스 슐렌저Bruce Sullenger와 함께 당시 듀크 의과대학교 학장이던 로버트 윌리엄스Robert Williams와 만나 mRNA 연구를 지원해 달라고 요청했다. 길보아가 택한 방식에 큰 확신을 가진 슐렌저는 mRNA가 백신과 치료제 개발로 이어질 가능성이 크다고 보고, 이를 입증하기 위해 나름의 연구를 진행하고 있었다. 그날 큰 회의실에서 윌리엄스 맞은편에 앉은 슐렌저는 한 시간 넘게 진행한 발표에서 mRNA가 환자 치료에 혁신을 몰고 올 것이라고 열정을 담아 설명했다. 그와 길보아는 윌리엄스에게 암뿐만 아니라 바이러스 감염 같은 감염질환을 mRNA로 해결할 방법을 연구할 연구자를 채용해야 하며, 그러려면 돈이 필요하다고 설명했다.

"이건 미래를 위한 일입니다." 슐렌저는 윌리엄스에게 말했다.

설득은 실패했다. 심장 전문의로 오랜 세월 큰 성취를 일군 윌리엄스는 그 시기에 한창 상승 가도를 달리던 유전체학에 더 관심이 많았다. mRNA가 아닌 DNA를 다루는 학문이었다.

윌리엄스는 학장의 자리에 앉으면 매년 듀크대학교의 학자들로부터 수백 건의 지원 요청을 받고 그중 일부를 선택해야 한다고 설명했다. 그리고 모두가 지원을 받지는 못하며, mRNA 연구에 투자하는 건 위험한 일로 판단된다고 말했다.

"저는 RNA에 회의적인 편이었습니다." 윌리엄스는 mRNA를 안정화할 방법과 세포 내로 전달할 방법을 찾아야 하는 등 복잡한 문제를 해결해야 한다는 생각에 내린 결정이었다고 설명했다. "엘리 길보아의 연구가 흥미롭다고 생각했지만, 유전자 치료 분야를 앞장서서 이끌었던 건 아니었습니다."

회의실을 나오면서 슐렌저는 길보아의 얼굴에 깃든 패배감을 보았다.

"떠나야겠습니다." 실패했다는 생각에 좌절한 길보아는 슐렌저에게 말했다.

이듬해 길보아는 듀크대학교를 그만두고 마이애미대학교로 갔다. 자리를 옮기고 얼마 지나지 않아, 그는 자신이 택한 mRNA에 의구심을 갖기 시작했다. 수지상 세포를 활용하는 건 좋은 방법이 아닐지도 모른다는 생각도 들었다. 결국 그는 연구 방향을 바꿔 다른 방법으로 면역계가 암을 공격하도록 활성화하는 방법을 찾는 데 몰두했다.

"저는 mRNA를 포기하고 그 분야에서 완전히 떠났습니다." 길보아가 말했다.

나이르, 보츠코프스키를 비롯한 다른 연구자들은 하던 일을 꾸준히 이어 갔다. 기금을 모아 유전자 총이라는 실험 장비를 구입해서 피부 세포에 mRNA를 주입하는 실험도 진행했다. 그러나 난항은 계속됐다. 가장 큰 문제는 연구비였다. 결국 이들 모두가 연구 분야를 바꿔야 했다.

"가끔은 그냥 계속할 걸 그랬다는 후회가 듭니다. 하지만 인생은 타이밍이잖아요." 나이르가 말했다.

그래도 나이르와 보츠코프스키는 다른 쪽으로 성공을 거두었다. 서로 연인 관계로 발전한 두 사람은 결혼해서 부부가 되었다.

✧¤✧

길보아와 그의 동료들이 했던 연구는 놀라운 성과이자 선구적인 업적이었다. 그러나 실용적 기술이 되려면 해결해야 할 중요한 문제가 아주 많았다. 의사들에게 환자 혈액을 뽑고, 거기서 세포를 분리한 다음 실험실에서 그 세포에 mRNA를 처리하고 다시 환자 몸에 주입하는 식으로 치료하라고 할 수 없는 노릇이었다. 나중에 길보아는 mRNA를 직접 주입하는 방법은 효과가 없다고 생각할 만큼 믿음을 잃었다. 이전에 울프가 밝혀낸 사실과 상관없이 그도 인체 효소의 작용으로 mRNA 분자가 치료 효과를 나타내기 전에 분해될 것이라고 본 것이다.

mRNA로 병을 치료하거나 예방할 수 있다는 사실은 전혀 어울리지 않는 연구자들로부터 예상하지 못한 성취가 나온 후에야 입증됐다.

5 장

1997-2009

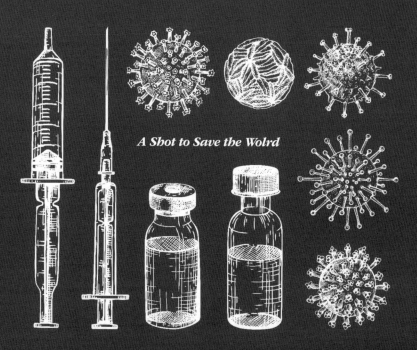

A Shot to Save the Wolrd

.

.

.

위대한 과학은 종종 여러 사람에게서 나온다.

마이클 호튼Michael Houghton[1]

.

.

.

카탈린 카리코Katalin Karikó와 드류 와이즈먼Drew Weissman이 서로를 알게 된 배경에는 지독하게 느린 복사기가 있었다.

두 사람은 1997년 가을에 같은 펜실베이니아대학교 의과대学에서 연구자로 일했지만 그 외에는 공통점이 거의 없었다. 치렁치렁한 머리카락에 파란 눈을 가진 헝가리 출신 카리코는 그곳 대학 신경외과에서 일하는 사교적인 연구자였다. 커리어에 걸림돌이 되는 한이 있더라도 할 말은 하고 의견을 굽히지 않는 성격이었다. 반면 보스턴 교외 지역에서 지내다 이곳 의과대학 교수로 일하게 된 와이즈먼은 대머리에 안경을 쓰고 말수가 무척 적은 사람이었다. 아내가 그에게는 하루에 입 밖으로 나오는 단어 수가 정해져 있고 그 선을 절대 넘지 않는다고 놀릴 정도로 과묵했다.

이토록 다른 두 사람이었지만, 학술지에서 찾은 논문을 복사하려고 같은 층에 있던 낡고 지친 복사기를 애용한다는 공통점이 있었다. 아직 온라인에서 논문을 검색하고 읽을 수 없던 시절이었다. 복사기 앞에서 마주칠 때마다 둘은 서로를 유심히 살폈고 누가 먼저 와서 기다렸는지를 두고 사소한 실랑이를 벌이기도 했다.

결국 카리코가 먼저 자기소개를 하고 처음부터 시작해 보기로 마음먹었다.

"새로 오신 분이죠? 저는 캐티예요. RNA라면 뭐든 만들고 있어요. 원하시면 하나 만들어 드릴 수도 있고요!" 카리코는 이렇게 말을 걸었다.

카리코의 제안에 와이즈먼은 눈도 꿈쩍하지 않았다. 실험실을 꾸리기 위해 1년 전 필라델피아로 온 이 면역학자는 듀크대학교에서 길보아 연구진과 거의 비슷한 방식으로 수지상 세포를 배양하고 있었다. 차이가 있다면 암이 아닌 HIV 백신을 개발하는 것이 와이즈먼의 목표였다. 다른 대다수 과학자들과 마찬가지로 그 역시 길보아를 비롯한 몇몇이 내놓은 연구 결과와 상관없이 메신저RNA에는 관심이 없었다. 실험실에서 인공적으로 만들기도 어렵고, 세포로 들어가자마자 단시간에 사라지는 분자이므로 제대로 실험할 수도 없다고 보았다.

"하나 만들어 주시면 제가 써 보겠습니다." 와이즈먼은 건성으로 대답했다.

당시에 카리코는 10여 년 전부터 mRNA의 가치를 동료들도 깨닫도록 설득하고 다녔다. 펜실베이니아에서도 서른 명이 넘는 과학자들에게 열변을 토했지만 소용없었다. 이 분자로 연구를 해 보려고 하는 사람은 거의 없었고 카리코와 협력하려는 연구자는 더더욱 없었다. 이런 수모를 겪고도 그해 마흔세 살 연구자의 의지는 꺾일 줄 몰랐다. 카리코는 거절과 실망, 굴욕감에 점점 익숙해졌다.

카리코는 헝가리 중부에 있는 작은 마을 키수이잘라스Kisújszállás에서 태어났다. 그곳에서 부모님은 안락한 중산층 생활을 즐겼지만 카리코가 두 살이던 1957년에 모든 것이 뒤집혔다. 도축업자로 일하던 아버지가 공산당 정부를 공개적으로 비판한 직후 안정적이고 수입도 괜찮았던 일자리를 잃었다. 이후 아버지는 남은 평생을 이 일 저 일 전전하며 살아야 했다. 술집에서도 일하고 집 짓는 일도 했다가 시골 농장에서 양치기를 비롯해 각종 농장 일도 했다. 카리코의 가족은 수돗물도 나오지 않는 방 두 칸짜리 점토 집에서 냉장고도 텔레비전도 없이 살았다. 추우면 톱밥 난로 주변에 둘러서서 불을 쬐곤 했다. 궁핍한 생활이었지만 아버지는 늘 즐겁고 행복하게 살았다. 거의 매일 가족들과 함께 노래를 부르고 농담을 주고받는 그를 보며 아내도 딸도 낙관적인 태도로 살아갔다.

고등학교 재학 시절, 카리코는 과제 때문에 오스트리아에서 태어난 헝가리 과학자 한스 셀리에Hans Selye(헝가리어로는 '샤이에'라고 발음한다)가 쓴 책을 읽었다. 불안과 긴장이 신체 건강에 끼치는 영향을 밝힌 혁신적인 연구를 한 학자였다. 셀리에는 분한 감정과 후회에 에너지를 쓰는 건 잘못이라고 주장했다. 스트레스 없는 삶의 중요성을 포함한 셀리에의 가르침에 큰 감명을 받은 카리코는 셀리에가 '항상성'이라고 표현한 평정심을 유지하며 살기로 결심했다. 불평하는 대신 더 나은 삶이 되도록 스스로 노력하기로 마음먹었다. 나중에 어른이 되면 이 결심이 큰 시련을 당하리라는 사실을 그때는 알지 못했다.

헝가리 세게드대학교에서 생물학을 공부하던 시절, 카리코는 한 강의에서 mRNA 분자가 과소평가되고 있지만 큰 잠재성이 있다는 이야기를 듣고 처음 그 가능성에 관심을 가지게 되었다. 위스콘신에서 존 울프가 발표한 연구 결과를 비롯해, 인체 유전자를 변형시켜 병을 치료하거나 치유할 수 있다는 아이디어로 과학계가 잔뜩 들떠 있던 시기였다. 대부분 DNA를 인체에 공급하는 방식을 택했고, 일종의 전달체 혹은 운반체를 활용해서 세포에 DNA를 전달하면 원래 있어야 하는데 없어서 문제가 되는 단백질이나 있어도 기능을 정상적으로 발휘하지 못해서 문제가 되는 단백질이 만들어질 수 있다고 기대했다. 그러나 카리코는 DNA를 세포핵 안까지 전달하는 건 어려울 뿐만 아니라 위험한 일이라고 보았다. DNA에 영구적 변화가 일어날 수 있다는 것도 이유 중 하나였다. DNA에서 mRNA가 만들어지고, mRNA에 담긴 유전학적 지시를 해독해서 단백질이 만들어진다면 첫 단계를 건너뛰고 두 번째 단계부터 시작되도록 DNA가 아닌 mRNA를 전달하는 것이 더 수월하고 꼭 필요한 단백질을 만드는 효과적인 방법이라고 생각했다.

헝가리 최고의 연구 대학으로 꼽히는 곳에서 생화학 박사 학위를 취득한 후, 카리코는 세게드 생물연구센터에서 박사후 연구원으로 일하는 명예로운 기회를 얻었다. 그곳에서 카리코는 여러 실험에서 사용할 수 있도록 mRNA를 합성하기 시작했다. 벨라 프란시아_{Béla Francia}라는 엔지니어와 결혼해 딸아이도 낳았다.

그러나 연구소가 경제적으로 어려워지자 카리코는 일자리를 잃었다. 처음에는 헝가리 어딘가에서 학생들을 가르치거나 다른 일자리를 찾아보려고 했다. 생활비가 싸고 부모님이 아이를 돌봐 주시는 혜택도 누릴 수 있었기 때문이다. 하지만 마음 한편으로는 mRNA 연구에 매진해서 더 넓은 세상에 영향력을 발휘하고 싶었다. 셀리에의 글 중에도 사람은 자신의 환경을 살펴보고 개인의 성장에 가장 알맞은 환경인지 평가해 볼 필요가 있다는 내용이 있었다. 헝가리가 알맞은 곳은 아니라는 생각이 들었다. 이제 떠날 때가 왔다.

"제가 뭘 더 할 수 있는지 알고 싶었습니다." 카리코가 말했다.

1985년, 카리코는 미국행을 결심했다. 그도 남편도 영어는 거의 할 줄 몰랐다. 돌아올 비행기표가 없어야 금세 헝가리로 돌아오고 싶어지더라도 새로운 곳에서 어떻게든 자리를 잡게 되리라는 생각으로 일부러 편도 항공권을 구입했다. 막상 부다페스트 공항에서 비행기에 오를 때, 카리코는 이민 길에 오른 다른 사람들보다 더 긴장했다. 당시 헝가리 정부는 다량의 현금을 소지하고 국외로 나가는 것을 금지했으므로 부부는 차를 팔아서 생긴 약 1200달러의 현금을 두 살배기 딸아이가 안고 있는 테디베어 인형의 배에 구멍을 내고 꿰매 숨겼다. 다행히 인형 배에 숨긴 돈은 들키지 않았고, 세 가족이 마침내 뉴욕에 도착해 새로운 인생을 시작할 때 귀중한 재산이 되었다.

미국으로 온 카리코는 템플대학교 의과대학 생화학과에서 에이즈 치료법을 연구하던 로버트 수하돌릭Robert Suhadolnik 교수의 연구실에 취직했다. 하지만 생활비가 생각보다 많이 들었다. 카리코의 1년 수입은 1만 7000달러 정도였고, 남편은 엔지니어로 일할 수 있는 자리는 찾지 못했지만 지역 아파트 단지에서 난방 설비와 수도 시설을 고치는 시설 관리자로 일하면서 카리코와 비슷한 수준으로 돈을 벌었다. 이들이 사는 아파트에는 세탁기도 없어서 카리코는 며칠 주기로 근처 빌딩 지하실의 세탁소까지 온 가족의 빨래를 싣고 다녀와야 했다.

하지만 카리코는 이런 어려운 상황을 크게 신경 쓰지 않았다. 무엇보다 mRNA에 관한 전문 지식은 계속 확장되고 있었다는 것이 중요했다. 수하돌릭 교수의 지휘를 받으며 이 분자를 변형하는 기술을 발전시켰다. RNA의 기초 단위인 뉴클레오시드를 바꿔서 단백질 생산에 필요한 새로운 버전의 RNA를 인위적으로 만드는 기술이었다. 밤낮없이 노력한 끝에 나온 카리코와 수하돌릭의 연구 논문은 저명한 학술지에 실렸다. 연구자로서 카리코의 커리어는 마침내 다시 궤도에 올랐을 뿐만 아니라 이번에는 뻥 뚫린 고속도로에 진입한 것 같았다.

그때 카리코는 학자로 살아온 세월을 통틀어 처음으로 실수를 저질렀다. 존스홉킨스대학교에서 대우가 더 나은 자리를 제안받고 수락했는데, 수하돌릭 교수에게 새 일자리를 찾고 있다는 사실을 미리 알리지 않은 것이다. 교수는 카리코가 옮긴다는 소식을 뒤늦게 듣고 격분했다. 그리고 무슨 수를 써서라도 자신의 수제자가 떠나지 못하게 하리라 다짐했다. 카리코와 회의실에서 마주한 그는 이 점을 분명히 전했다.

"내 연구실에서 일하지 않겠다면 고향으로 돌아가세요." 수하돌릭 교수는 이렇게 말했다.

말로 그친 협박이 아니었다. 교수는 지역 이민국에 연락해 카리코가 미국에 불법 체류 중이니 본국으로 돌려보내야 한다고 말했다. 카리코와 남편은 본국 송환 명령을 받았고, 이 결정을 뒤집기 위해 큰돈을 내고 변호사를 선임해야 했다. 존스홉킨스대학은 불법 체류자로 의심되는 사람을 채용하기는 어렵다는 이유로 카리코를 채용하려던 계획을 철회했다. 수하돌릭은 이후에도 카리코에 관한 비방을 멈추지 않았고 그녀가 어디에서도 일을 하지 못하게 했다. 카리코는 셀리에의 글에서 깨달은 것들을 상기하며 너무 낙심하지 않으려고 애썼다. 마침내 수하돌릭 교수에게 개인적으로 안 좋은 기억이 있는 베데스다 해군병원의 한 과학자가 명성에 큰 흠집이 생긴 카리코를 기꺼이 채용하겠다고 나섰다. 몇 년이 더 흘러 1989년 여름에는 훨씬 더 좋은 대우를 받고 펜실베이니아 의과대학 심장학과에 연구 부교수 자리를 얻었다.

카리코가 아이비리그에서 자신은 2급 시민 같은 대우를 받고 있다는 사실을 깨닫는 데 그리 오랜 시간이 걸리지 않았다. 연구를 하고 대학원 수업을 몇 건 맡을 수는 있어도 다른 대부분의 교수들처럼 종신 재직권을 누릴 자격은 주어지지 않았다. 펜실베이니아 의과대학의 심장학과에는 환자 치료와 연구를 병행하며 연구비를 받는 의사들이 많았다. 카리코 같은 박사 출신 연구자는 이런 의사 겸 과학자들을 돕는 연구 보조교수로 일했고, 대부분 해외에서 온 연구자들이 이 역할을 맡았다. 교수진 중에는 이들을 '외계인'이라 부르는 사람들도 있었다. 펜실베이니아대학교는 외국에서 온 연구자들이 영주권을 획득하기에 유리한 일자리인 동시에 세계 일류로 꼽히는 대학 연구소에서 경험을 쌓을 수 있다는 점 때문에 많은 연구자가 박봉에도 기꺼이 그 일을 맡으려고 했다.

그러나 카리코는 수준 낮은 연구자로 취급받는 생활이 괴로웠다. 한번은 계단으로 5층까지 올라가야 있는 실험실에서 탈이온수를 가져다 쓰는 대신 같은 실험실의 선임 연구자가 보관해 둔 탈이온수를 꺼내 썼다가 질책을 당했다. 연구비 지원서를 제출하면 심사위원단이 카리코가 제안한 연구 내용에 의문을 제기했고 대학에서 맡은 직책을 썩 좋지 않은 시선으로 보는 경우도 있었다. 연구소에 새로 들어온 연구자에게 혹시 mRNA에 관한 전문 지식과 기술을 활용할 일이 있다면 함께 일해 보자고 제안해도, 카리코가 자신들과 같은 임상 의사가 아니라는 사실을 깨닫고는 약속한 회의를 얼른 취소하는 일도 많았다.

"'저 여자는 대체 뭐가 문제일까.' 사람들은 그렇게 생각했죠. 정교수가 못 되는 이유가 분명 있을 거라고요." 카리코가 말했다.

그래도 이런 상황을 깊이 곱씹지는 않았다. mRNA를 연구할 기회를 얻었다는 사실에 기뻐하며 사람들을 다정하게 대하고 늘 활기가 넘쳤다. 헝가리 음식을 연구소에 싸 들고 와서 동료들에게 적극적으로 권하기도 했다. 그래도 모욕적인 일들은 생겼고 상처를 받았다. 학과 전체가 모인 크리스마스 파티에서 한 교수가 연구 프로젝트 이야기를 하면서 '카리코가 나를 위해 일하고 있다'고 언급했을 때, 그녀는 화가 나서 쏘아보며 말했다.

"제가 교수님을 '위해' 일한다고 생각하세요?" 카리코의 말에 주변에 있던 사람들은 난감한 기색을 감추지 못했다. "저는 과학을 발전시키려고 여기 온 것입니다. 교수님을 위해서 일한 적은 한 번도 없고, 앞으로도 그럴 일은 절대 없을 거예요."

카리코는 친구들보다 잘나가려고 애쓰거나 정치적인 요령을 익히고 자존심을 지키기보다는 늘 연구에 중점을 두었다. 발표가 있는 날이면 동료의 연구에서 잘못된 부분을 집어내서 가장 먼저 지적하는 사람, 부실한 가설을 가장 먼저 비판하는 사람이 카리코였다. 까다롭게 굴거나 상대방을 모욕하려는 뜻은 전혀 없이, 실수가 있으면 알려줘야 한다고 생각했기 때문이다. 더욱이 어차피 종신 재직권은

과학은 어떻게 세상을 구했는가

얻을 수 없으니 동료들이 얼마나 예민하게 받아들일지도 크게 고민할 필요가 없었다.

자제하려고 해도 마음대로 되지 않았다. 일부러 참으려고 노력해도 마찬가지였다. 한번은 아데노바이러스 벡터에 관심이 많은 연구자의 공개 강연을 듣다가 굉장히 어려운 질문을 마구 쏟아내는 바람에 당시 펜실베이니아대학 심장의학과 과장이던 주디 스와인Judy Swain이 발표에 방해가 되니 그만 좀 하라고 말린 적도 있다. 동료 두 사람이 몇 주간 연구에 사용한 세포를 보다가 상태가 악화되어 활성이 없다는 사실을 확인하고는 물어보지도 않고 폐기해서 동료들을 당황하게 만든 적도 있다.

"이건 쓰레기예요." 그때 카리코는 두 사람에게 이렇게 말했다.

"카리코는 굉장히 비상한 학자였지만 시비를 건다고 느끼거나 불쾌하게 생각하는 사람들이 있었습니다. 자신감이 없는 사람들이 더욱 그랬고요." 1990년대 초에 펜실베이니아 의과대학 신경외과에서 레지던트로 일한 데이비드 랭거David Langer의 이야기다. 몇 안 되던 카리코의 지지자 중 한 명이던 랭거는 덧붙였다. "캐티는 눈엣가시 같은 존재였어요. 상대가 누구든 잘 보이려고 노력하는 일에 전혀 관심이 없었으니까요."

학과장인 스와인에게 이런 이야기도 들었다.

"다들 당신에 관해 불만을 토로하고 있습니다." 스와인은 카리코에게 말하며 "파괴적"으로 구는 것 같다고 지적했다.

그녀는 155센티미터 키에도 자신의 상사인 스와인 앞에 당당히 서서 대답했다.

"다들 그렇다고 하셨는데 구체적으로 누가 무슨 불만을 이야기했다는 건가요? 지금 와서 저한테 직접 이야기해 보라고 하세요. 제가 실수한 일이 있다면 직접 듣고 싶군요."

물론 스와인은 그런 자리를 만들지 않았다.

그 시기에 카리코의 연봉은 4만 달러 정도였다. 보험료, 출퇴근에 드는 돈이며 다른 비용은 나날이 늘어만 가는데 급여는 해가 지나도 거의 변화가 없었다. 수년간 카리코가 하나같이 낡아빠진 고물차를 몰고 출근하는 모습을 보며 교수들은 고개를 가로저었다. 전부 남편이 폐차를 가져다가 고친 차였다. 연구실에서 긴 하루를 보내고 집에 돌아가면 mRNA로 낭포성섬유증, 뇌졸중, 그 외 질병의 치료 방법을 개발할 수 있다는 내용으로 연구비 신청서를 썼다. 영어 실력이 아직 출중하지 않던 때라 제안서 한 건을 쓰는 데 다른 사람들보다 더 오랜 시간이 걸렸다. 신청서가 통과되는 경우는 드물었다. 정부 기관을 비롯한 지원 기관은 대부분 mRNA로 연구를 해 보겠다는 발상 자체를 비웃었다. 데이터를 충분히 모으기 전까지는, 특히 세포와 동물의 체내에서 mRNA로 치료 효과가 있는 단백질을 만들 수 있다는 증거를 확보하기 전까지는 연구비를 따내기 어려운 상황이었다. 연구비를 직접 확보하지 못했으니 카리코의 보수는 다른 학자들이 얻은 연구비에서 나왔다. 주로 엘리엇 바네이선Elliot Barnathan의 연구비가 큰 몫을 차지했다. 심장학자인 바네이선은 카리코의 연구와 결단력을 높이 평가한 몇 안 되는 교수진 중 한 명이다. 곧 카리코와 바네이선의 연구에 큰 진척이 생겼다. 배양접시에 키운 세포에 mRNA를 삽입해서 유로키나제라는 효소의 수용체 단백질을 만드는 데 성공한 것이다. 카리코는 굉장한 능력이 생긴 기분이었다.

"마치 신 놀음을 하는 것 같았어요." 카리코가 말했다.

연구는 탄탄대로에 오른 것 같았다. mRNA에 전보다 더 깊이 매료된 카리코는 바네이선과 함께 심장 우회술에 필요한 혈관 개선과 인체 세포의 수명 연장에 mRNA를 활용할 수 있는 방법을 찾아 보기로 했다.[2]

그러나 타이밍이 좋지 않았다. 거의 비슷한 시기에 카리코의 동료들은 DNA에 매료되어 야심 찬 실험을 추진했다. DNA만큼 인정받지 못하는 mRNA를 선택했다는 사실은 동료들이 카리코의 연구는 중단되어야 한다고 주장하는 새로운 이유가 되었다.

펜실베이니아 교수들이 RNA를 꺼린 데에는 그만한 이유가 있었다. DNA는 뉴클레오티드로 이루어진 두 개의 가닥이 꼬여 있는 사다리처럼 나선을 형성한 구조라 내구성이 강하다. 반면 단일 가닥인 mRNA는 변화가 일어나기 쉽고 불안정하다. 많은 사람이 실험실에서 다루기 어려운 분자라고 이야기하는 것도 이런 이유 때문이다. 또한 mRNA를 세포 내로 주입하면 대부분 아주 잠깐 유지될 뿐, 세포 내에서 일어나는 자연적 순환 과정에 따라 금세 잘게 분해되어 제거된다. 유전 물질이 RNA로 되어 있는 바이러스가 워낙 많아서 우리 몸에는 이 분자를 없앨 수 있는 정교한 기능이 발달되어 있다.

카리코가 누구보다 먼저 mRNA의 가능성을 깨닫고 큰 매력을 느낀 것도 아니었다. 먼저 덤볐던 거의 모든 사람이 mRNA 연구는 엄청난 시간 낭비라는 결론을 내렸다. 세포 내로 전달해 봐야 몇 분 내로 없어질 텐데 왜 mRNA로 필요한 단백질을 만들려고 할까? 1961

년에 mRNA를 발견한 캘리포니아 공과대학 연구진은 그 결과를 밝힌 유명한 논문의 제목에서부터 mRNA의 이 같은 특징을 분명히 경고했다. "유전자에 담긴 정보를 리보솜에 전달해 단백질이 합성되도록 하는 불안정한 중간 매개물질." 이것은 마치 아메리카 대륙에 첫발을 디딘 콜럼버스가 고국에 이런 제목으로 편지를 보낸 것과 같다. "신대륙—굳이 와 볼 만한 가치는 없음."

실험실에서 한 번이라도 mRNA를 다뤄 본 사람은 mRNA로 실험을 한다는 건 그야말로 악몽 같은 일임을 잘 알고 있었다. 우리 몸의 피부에는 어마어마한 양의 RNA 분해효소가 존재하므로, 이 분자와 닿는 장비며 기구를 쓸 때는 반드시 장갑을 착용해야 한다. 실험기구에 숨 한 번만 닿아도 mRNA의 상태가 불안정해질 수 있다. mRNA 연구에 사용하는 유리 기구는 RNA 분해효소가 묻어 있지 않도록 고온에 처리한 다음 사용해야 한다. 듀크대학교에서는 부교수 한 명이 mRNA 실험에 쓸 피펫을 500도로 달군 오븐에 넣고 열처리를 하던 중 화재가 발생해 학과장 사무실을 포함한 학과 건물 일부가 불에 탄 일도 있다. 종신 재직권이 목표인 학자에게 결코 유리한 연구라고 할 수 없었던 이유이다.

카리코도 mRNA에 관한 불만과 비판을 다 알고 있었지만, 원래 다른 사람들이 문제점만 보는 곳에서 장점을 찾는 것이 카리코의 강점이었다. 카리코는 mRNA를 핵, 그것도 핵 안까지 전달해야 하는 DNA와 달리 세포질까지만 전달하면 단백질을 만들 수 있는 완벽한 분자라고 생각했다. 수명이 짧다는 사실에는 동의하지만, 오히려 '유리한 특징'이라고 보았다. 동료들은 세포에 새로운 유전자를 도입해서 인체에 영구적 변화를 일으켜 병을 해결하려고 하지만, 카리코는 사실 그렇게까지 하지 않아도 되는 질병이 많다고 생각했다. 장기적인 변화가 아니라 단기간의 기능을 강화하거나 개선하는 것만으로도 문제가 해결될 수 있기 때문이다.

가령 빈혈 환자는 일시적인 수혈로 치료가 충분히 가능하다. 카리코는 mRNA로 적혈구 생산을 촉진하는 단백질인 에리스로포에이틴EPO이 생산되도록 하면 효과가 있을 것이라는 가설을 세우고 이를 검증하기 위해 실험동물에 에리스로포에이틴 mRNA를 주사해 본 결과, 동물 체내에 마치 수혈을 받은 것처럼 새로운 적혈구가 다량 생긴다는 사실을 알아냈다. mRNA가 효과적인 일시적 치료법이 될 수 있다는 그녀의 주장을 뒷받침하는 근거였다.

카리코는 mRNA를 단기적 단백질 생산에 활용한다면 일정 간격으로 재차 투여해야 하므로 mRNA 기반 의약품은 반복 판매가 가능하다는 사실에도 주목했다. 시간이 지나 mRNA의 효과가 사라진다면, 의약품의 수익성 면에서 장점이 될 수 있었다.

"분해가 되는 건 '좋은' 특징이에요." 카리코는 회의적인 동료들에게 mRNA를 활용해 보라고 설득하면서 이렇게 설명했다.

mRNA 전도사가 된 카리코는 동료들이 원하면 직접 mRNA를 만들어 주었다. mRNA로 유용한 단백질을 만들어 보라는 카리코의 설득을 들은 사람들은 어이없다는 표정을 짓거나 나중에 뒤에서 험담을 쏟아 냈다. 'mRNA에 미친 그 정신 나간 여자 있잖아.'

1995년, 카리코에게 문제가 생겼다. 병원에서 몸에 혹이 하나 발견됐는데, 암으로 의심된다는 진단을 받은 것이다. 여러 의사를 만나고 수술을 준비해야 하는데 남편은 까다로운 비자 문제가 해결되지 않아 수개월째 헝가리에 머물고 있었다. 하필 그때 스와인이 카리코를 학과장실로 다시 호출해 최후통첩을 했다. 펜실베이니아대학을 떠나거나 강등 조치를 받아들이라는 통보였다.

당혹스러운 일이었다. 그동안 제출한 연구비 신청서는 채택되지 못했고 다른 교수가 받은 연구비에서 자신의 월급이 나온다는 건 잘 알고 있었다. 연구소 내에서 자신이 다소 골칫덩어리로 여겨질 수도 있다는 것 또한 모르지 않았다. 그래도 mRNA 연구는 진척이 있었고, 큰 성과로 이어질 가능성이 있었다.

그해에 마흔 살이던 카리코는 이직을 해도 갈 곳이 별로 없었다. 게다가 고등학생인 딸 수전이 배구팀에서 기량이 탁월한 선수로 활약하면서 펜실베이니아대학교에 진학할 계획을 세우고 있었다. 카리코가 이 학교를 떠난다면 대학에서 직원 자녀에게 제공하는 등록금 할인 혜택을 받지 못할 텐데, 그렇다고 딸을 다른 대학에 보낼 형편이 되는 것도 아니었다. 결국 카리코는 자존심을 삼키고 보수가 더 낮은 선임 연구원 자리를 받아들이기로 했다. 선임 연구원은 펜실베이니아대학교에 처음 생긴 직위였다. 학교 역사상 교수에서 연구원으로 강등된 후에도 학교에 남은 사람은 한 명도 없었으니 더더욱 민망한 일이었다.

카리코는 모욕감을 느끼지 말자고 스스로 되뇌며 낙관적인 생각을 유지하려고 애썼다. 어떤 면에서는 강등을 당한 덕분에 자유를 얻은 것도 사실이다.

"영화 〈파이트 클럽〉에 나오는 대사와 같은 상황이었습니다. 다

잃고 나면 두려운 게 없어지더라고요." 카리코가 말했다.

성공을 기원하며 연구를 이어 가고 있을 때 그녀를 지원하던 바네이선이 펜실베이니아대학을 떠났다. 이후 이곳 의과대학 신경학과의 신경외과 레지던트이던 데이비드 랭거가 카리코의 새로운 지지자가 되었다. 카리코는 그래도 '자리가 있다'는 사실에, 즉 mRNA 연구를 계속할 수 있는 실험실이 생겼다는 사실에 감사했다.

'내 실험을 계속할 수만 있다면 사람들에게 도움이 될 방법도 계속 찾을 수 있어.' 카리코는 이렇게 생각했다.

◆ㅍ◆

1997년에 복사기 앞에서 카리코와 처음 만났을 때 와이즈먼은 펜실베이니아대학을 비롯한 다른 기관의 여러 학자들처럼 DNA 실험을 하고 있었다. 구체적으로는 수지상 세포에 DNA를 인위적으로 집어넣어서(형질주입) HIV의 핵심 단백질인 '개그Gag'가 생산되면 면역계가 이 단백질을 통해 HIV를 인식하고 쫓아내도록 훈련시키는 연구를 수개월째 진행 중이었다. 와이즈먼은 플라스미드라는 원형 DNA를 수지상 세포에 전달해서 HIV의 그 핵심 단백질이 만들어지도록 하는 방법을 선택했다. 그때 카리코가 DNA에 의존하지 말고 자신이 연구하는 mRNA로 HIV 단백질을 만들어 보라고 제안한 것이다.

와이즈먼은 카리코가 그간 겪은 온갖 사건은 물론 최근에 강등되었다는 사실도 전혀 알지 못했다. 알았어도 그다지 신경 쓰지 않았을 가능성이 크다. 원래 와이즈먼은 직장 내에서 오가는 소문에 관심이 없었고 수다나 잡담을 즐기는 사람도 아니었다. 과학적인 발견에 관한 이야기가 아니면 거의 말이 없는 편이었다. 하지만 실험이나 면역학에 관한 이야기라면 아무도 못 말릴 정도로 말이 많아졌다.

잘 웃지도 않아서 사진을 찍을 때도 미소조차 잘 짓지 않았다. 사람에 따라 불쾌하게 느낄 수도 있을 만큼 늘 심각한 표정이었다. 하지만 동료들은 그가 알면 알수록 다정하고 친절한 사람임을 깨달았다. 와이즈먼은 항상 젊은 과학자들을 도와주려고 노력했고 익살맞은 유머감각을 가진 사람이었다. 거의 매일 청바지에 흰색 스니커즈 차림으로 출근하는 모습도 반듯하게 차려입고 다니는 동료 학자들에게는 재미있는 사람이라는 인상을 주었다.

고양이를 굉장히 아끼는 모습도 여러 사람에게 놀라움을 안겨 준 와이즈먼의 특징이었다. 그의 딸은 지역 동물보호소에서 병들어 누구도 데려가지 않는 고양이들을 입양했다. 그중에 빈혈이 심한 고양이가 있으면 와이즈먼이 에리스로포에이틴 호르몬을 정기적으로 주사해 주었다. 시간이 갈수록 그는 이 일에 더욱 헌신했다. 중요한 학회에 참석해야 하는 날인데 손에 주사기를 들고 고양이를 쫓아다니다가 비행기를 놓칠 뻔한 적도 있다.

타인을 향한 공감과 고양이 친구들의 병을 낫게 해 주려는 열의는 어쩌면 와이즈먼이 겪던 건강 문제에서 비롯되었는지도 모른다. 여섯 살 때 제1형 당뇨 진단을 받은 뒤부터 혈당 수치가 아무런 경고 없이 급변할 때가 있었다. 조치를 하기도 전에 혈당이 떨어져서 사무실 바닥에 쓰러진 채로 동료들에게 발견되기도 했다. 자신의 사무실이 아닌 곳에서 회의를 하다가 의식을 잃고 쓰러진 일도 있다. 혈당은 인지 기능에도 영향을 주었고, 가끔 아무도 알아들을 수 없는 말을 해서 동료들을 당황하게 했다. 결국 소속 학과에서는 와이즈먼의 혈당이 급격히 떨어지면 얼른 활용할 수 있도록 사무실 냉장고에 코카콜라캔 하나를 늘 구비해 두었다.

학계에 첫발을 들인 초창기에 워싱턴 D.C. NIAID의 앤서니 파우치 연구실에서 에이즈 연구자로 일하는 동안, 와이즈먼은 중요한 교훈을 얻었다. 그곳에서 국립보건원 소속 과학자들이 여러 정부 기관에 연구비 지원 신청서를 내고 거절당해 좌절하는 모습이나 파우치를 찾아와 연구비가 꼭 필요하니 자신이 받을 수 있도록 힘써 달라고 부탁하는 모습을 지켜보았다. 파우치는 그런 요청을 전부 거절했고, 과학자들은 파우치를 험담하고 다니거나 언론에 그에 관한 안 좋은 이야기를 흘리기도 했다. 그래도 파우치는 결코 원칙을 깨지 않았다.

"과학은 정직해야 한다는 것, 데이터의 가치를 떨어뜨리는 일을 하지 말아야 한다는 중요한 사실을 파우치로부터 배웠습니다." 와이즈먼은 말했다.

1998년, 결국 와이즈먼과 카리코는 협력하기로 했지만 시작부터 난항을 겪었다. 와이즈먼이 카리코가 만든 mRNA를 배양접시에서 키운 인간 T세포와 B세포에 집어넣었지만 단백질이 거의 만들어지지 않았다. 이런 식으로는 mRNA에 담긴 유전학적 지시문이 전달되지 않는 것 같았다. 그런데 카리코가 만든 mRNA를 와이즈먼이 배양한 수지상 세포에 삽입하자 단백질이 다량 생산됐다. 당혹스러운 결과였다. 수지상 세포가 mRNA에 담긴 지시대로 HIV 단백질을 만들고 세포 표면에 그 단백질이 발현되자 면역 반응이 즉각 활성화됐다. 와이즈먼은 이러한 특징이 모두 백신을 만들 수 있는 완벽한 조건이라고 생각했다. mRNA가 발현된 세포에서는 말 그대로 빛이 났다. 카리코와 와이즈먼이 mRNA를 만들 때부터 단백질이 생산되면 세포에서 빛이 나도록 루시퍼레이즈luciferase라는 효소를 mRNA에 함께 암호화했기 때문이다. 실험 결과 맨눈으로도 보일 만큼 세포가 환하게 빛났다.

두 사람은 2000년에 이 연구 결과를 정리한 논문을 학술지에 발표했다. 논문에서 와이즈먼과 카리코는 mRNA를 수지상 세포에 도입하는 기술이 "T세포를 활성화하는 강력하고 효과적인 HIV 백신으로 이어질 잠재성이 있다"고 주장했고, mRNA는 대다수가 추정하는 것보다 기능이 더 많은 분자라는 사실을 증명했다. 길보아와 듀크대학교의 연구자들이 발표한 결과에 힘을 실어 준 내용이었다.

카리코와 와이즈먼은 길보아 연구진처럼 세포를 배양해서 mRNA를 삽입한 다음 그 세포를 활용하는 복잡한 절차 대신 mRNA를 환자에게 직접 주사하는 것이 가장 현실적인 방법이고 환자에게 도움이 될 수 있다고 보았다. 이에 따라 두 사람은 마우스에 mRNA 분자를 주사하기 시작했다. 결과는 충격적이었다. 마우스는 병을 앓았고 폐사하는 개체도 생겼다.

"왜 그런 일이 생겼는지 아무도 알지 못했습니다." 와이즈먼의 설명이다. "마우스가 병들었다는 것만 알 수 있었어요. 털이 헝클어지고, 몸을 잔뜩 웅크리고 있고, 아무것도 먹지 않았죠. 뛰어다니지도 않았고요."[3]

마우스의 내재적 면역기능이 mRNA 분자를 위협으로 느끼고 이

외래 물질을 없애기 위해 파괴적인 반응을 보인 것 같았다. 카리코와 와이즈먼이 실험실에서 키운 배양 세포에 mRNA를 주입할 때는 면역계의 반격을 걱정할 필요가 없었지만 동물에 직접 주사하자 염증성 사이토카인이 발생했다. 체내에 병원체가 침입하면 가장 먼저 활성화되는 방어 기능이 의도치 않게 활성화된 것이다. 주사로 공급된 mRNA 분자와 그 분자에 암호화된 지시를 큰 위협이라고 느낀 마우스의 세포가 몸에 손상이 생기더라도 이 새 위협을 어떻게든 막으려고 하는 것 같았다.

펜실베이니아대학의 다른 과학자들은 와이즈먼이 무엇을 연구하는지 거의 알지 못했다. 어쩌면 아주 잘된 일이었다. 카리코와 와이즈먼이 난항을 겪고 있다는 사실을 알았다면, 분명 "내가 뭐랬어" 같은 소리나 그보다 무례한 말을 했을 것이다. 이 일로 카리코와 와이즈먼은 mRNA가 약하고 수명이 짧은 분자가 아님을 다시 한 번 깨달았다. mRNA는 생물학자들이 '세포 죽음'이라 부르는 파괴적인 면역 반응을 일으킬 수 있는 분자였다.

그렇다면 mRNA가 면역계를 자극하지 않고 숨어 들어갈 수 있는 방법을 찾아야 했다. 그러지 않으면 mRNA는 치료 효과든 다른 어떤 유익한 영향이든 발휘할 수 없고, 지금까지 해 온 연구는 모두 시간 낭비로 끝나 동료들이 비웃을 근거만 제공할 것이다. 다 떠나서 어떤 의사가 환자에게 도움이 되기는커녕 해가 될 수 있는 분자를 주사하려고 하겠는가?

문제를 해결하려면, 우선 문제의 근본 원인부터 확실히 찾아야 했다. 1년이 넘는 시간이 걸렸지만 마침내 두 사람은 포유동물의 세포에는 파수꾼 같은 특정한 수용체가 있으며, 이 수용체가 mRNA 같은 외인성 물질을 포착해서 마우스에 해가 될 만큼 극도로 강력한 면역 반응을 일으킨다는 사실을 알아냈다.

이제 mRNA가 이 수용체의 눈에 띄지 않도록 만들 방법을 찾아야 했다. 카리코가 만든 mRNA로 원하는 결과가 나오지 않았으니, 두 사람은 이 mRNA를 변형시키면 가능할지도 모른다고 생각했다. 그리 어려운 일도 아니었다. 카리코는 박사 과정 시절에 RNA의 다양한 변형, 즉 화학적 조성을 바꾸는 방법을 중점적으로 연구했기 때문이다. mRNA에 자연적으로 발생한 변화나 인위적인 변형은 세포 생존에 도움이 될 수 있고 암이나 다른 질병을 일으키는 원인이 될 수도 있다. 카리코는 mRNA를 구성하는 기초 단위인 뉴클레오시드 네 가지를 변형하는 방법을 100가지 이상 알고 있었다. 와이즈먼과 함께 포유동물 세포와 세균을 대상으로 다양한 버전의 RNA를 실험하면서, 카리코는 면역 반응을 최대한 일으키지 않고 단백질이 만들어지는 것을 찾기 시작했다.

이 과정에서 두 사람은 흥미로운 패턴을 발견했다. RNA를 구성하는 뉴클레오시드가 원래 구조에서 더 많이 변형될수록 세포 면역계가 덜 활성화되고 변형이 덜 될수록 면역계가 더 크게 활성화되는 놀라운 역상관 관계가 나타났다. 이에 두 사람은 자연적으로든 실험적인 방식으로든 mRNA가 변형되면 세포에서 면역계 보초 역할을 하는 무서운 수용체를 피할 수 있고 따라서 이 수용체로 인한 염증 반응도 피할 수 있다고 확신했다.

어느 정도 실험을 거듭한 끝에, 두 사람은 RNA 기초 단위 중 우

과학은 어떻게 세상을 구했는가

리딘이라는 뉴클레오시드가 mRNA에 포함되어 있을 때 면역 반응이 촉발된다는 사실을 알아냈다. 또한 이 우리딘이 무슨 이유에서든 자연적으로 조금 다른 종류인 슈도우리딘pseudouridine으로 바뀌면 세포의 면역계가 mRNA를 인식하지 못한다는 사실도 알아냈다. 그럼 이 은밀한 특징을 활용해서, 우리딘을 슈도우리딘으로 바꾸는 간단한 조치로 면역계를 피할 수 있지 않을까?

카리코와 와이즈먼은 이 가설을 시험해 보기 위해 우리딘 대신 슈도우리딘으로 구성된, 살짝 변형된 버전의 mRNA를 만들었다. 과학계에서 우리딘은 U로, 슈도우리딘은 프사이ψ로 표기한다. 두 사람은 시티딘도 5-메틸시티딘으로 대체했다. 이렇게 개조한 mRNA 분자를 마우스에 주사하자 놀라운 결과가 나왔다. 마우스에서 염증 반응이나 다른 면역 반응의 징후가 전혀 나타나지 않았다. 정확히 바라던 결과였다. 변형된 mRNA는 마우스의 방어 기능에 아무런 영향을 주지 않은 것 같았다. 바이러스를 비롯한 침입체의 mRNA에 변형이 생기는 경우는 없거나 매우 드물고, 따라서 이 새로운 변형 mRNA는 마우스 체내에서 만들어진 것으로 인식되어 무해하다고 여겨졌을 가능성도 있다.

카리코와 와이즈먼은 2005년에 이 중대한 연구 결과를 발표했다. 나중에 두 사람은 실험 대상을 원숭이로 확대했고, 변형된 mRNA는 세포질까지 무사히 도달할 수 있을 뿐만 아니라 엄청난 양의 에리스로포에이틴EPO을 만들 수 있다는 사실을 확인했다. mRNA로 단백질을 만든다는 최종 목표가 마침내 이루어졌다. (EPO는 카리코가 과거에 연구한 단백질이자 와이즈먼이 병든 고양이에게 주사한 바로 그 단백질이다.)

이 결과를 처음 확인한 날, 카리코와 와이즈먼은 서로를 가만히 쳐다보았다. 실험실에는 두 사람밖에 없었다. 둘 다 잠시 아무 말도 하지 않았다. 그토록 오랜 시간이 흐른 후에, 수년간 고된 연구와 실망스러운 실험 결과만 받아들던 시간이 지나고 마침내 동물에서 원하는 단백질이 만들어졌다.

"믿을 수가 없군요!" 와이즈먼이 카리코에게 말했다.

두 사람은 돌파구를 찾아냈다. mRNA가 몸의 정교한 방어 체계를 뚫고 세포 내로 들어가는 방법을 찾았고, 그곳에서 mRNA에 담긴 유전 암호대로 단백질이 다량 생산되도록 만드는 데 성공했다. 몇 년간 전투기가 적의 레이더에 걸리는 모습만 보다가 다들 간과하던 자그마한 비행기 부품 하나를 교체하자 적의 영공에서 무사히 쌩쌩 날아다니는 전투기를 보게 된 총지휘관이 된 것 같았다.

두 사람은 입이 귀에 걸리도록 활짝 웃으며 서로에게 축하 인사를 건넸다. 그날 밤늦게 차로 30분 거리에 있는 펜실베이니아 와인우드 교외의 집까지 운전해서 가는 내내 와이즈먼은 얼떨떨한 상태였다. 그날 밤에는 앞으로 이 새로운 기술을 활용해서 할 수 있는 일들을 생각하느라 거의 잠을 이룰 수가 없었다. 사실상 거의 '모든' 단백질을 만들 수 있는 기술이었다. 모든 종류의 의약품, 백신, 그 이상을 만들 수 있는 힘이 갑자기 손닿는 곳까지 바짝 다가왔다. 두 사람의 커리어에 새로운 장이 열렸다.

'이 기술의 가능성에는 한계가 없어.' 와이즈먼은 생각했다.

◇❉◇

와이즈먼은 자신과 카리코가 현대 과학사에서 가장 중요한 경쟁의 시작을 알리는 출발 신호를 터뜨렸다고 확신했다. 체내에서 원하는 단백질을 만드는 효과적인 방법을 발견하고 증명해 보였으니, 이제 다른 학자들도 유용한 치료법, 심지어 사람의 생명을 구할 수 있을지 모를 이 기술에 얼른 뛰어들 것이라 생각했다. 이에 두 사람은 이 경쟁의 선두자리를 지킬 수 있도록 RNARx라는 생명공학 회사를 설립하자는 계획을 세웠다. 벤처 투자자들과도 만나고, 추가 동물실험에 필요한 돈을 미국 정부가 소규모 업체에 지원하는 연구비를 받아 100만 달러 가까이 확보했다.

하지만 와이즈먼이 어깨 너머를 슬쩍 돌아봤을 때 뒤에서 자신들을 따라잡으려고 달려오는 사람은 아무도 없었다. 출발선에 서려고 신발끈을 묶을 생각을 하는 사람도 거의 없었다. 와이즈먼은 미국 전역에서 개최된 저명한 과학계 학술회의에 참석해서 관심을 보이는 수백 명의 동료들에게 연구 결과를 알렸다. 그러나 이들과 대화를 나눠 보고는 mRNA에 대한 회의적인 견해가 바뀌지 않았음을 깨달았다. 반응은 한결같았다. "그 논문 봤어요. 축하합니다. 정말 흥미로운 내용이군요. 하지만 mRNA 연구는 정말 골치 아픈 일이잖아요. 저는 생각 없습니다."

학술지 심사위원 중 한 명은 카리코와 와이즈먼의 논문이 거부될 뻔했다고 밝혔다. 이들의 연구에 관심을 가진 사람이 너무 적기 때문이라는 것이 심사위원이 밝힌 이유였다. 와이즈먼은 정부 기관의 선임 과학자들과도 mRNA 연구에 관해 이야기를 나눠 보았지만, "무시하는 반응"만 돌아왔다고 전했다. 그렇게 불안정한 분자로 어떻게 단백질을 대량 생산할 수 있느냐는 의혹을 제기할 뿐이었다.

펜실베이니아대학의 이 두 연구자가 정말로 혁신적인 성과를 낸 것이 맞는지 의구심을 보이는 사람들도 있었다. 이들은 무엇보다 백신 개발을 한다면서 인체 면역계의 반응을 피하거나 약화시키는 기술을 택할 사람은 없다고 주장했다. 백신을 쓰는 목적이 면역 반응을 일으키는 것이기 때문이다. 세포에서 나타나는 면역 반응이 심각한 문제가 되지 않았다면 카리코와 와이즈먼이 그 기술로 "뭐든 아주 멋진 것"을 만들지 않았겠느냐고 하는 사람들도 있었다. 독일에서 큐어백CureVac이라는 회사가 '벌거벗은' mRNA로 불리는 합성 mRNA 분자로 만든 백신을 시험 중이므로 mRNA를 반드시 변형해서 써야 하는 건 아니라는 의견도 있었다.

카리코는 이미 오래전부터 동료들의 인정이나 존중 없이 일해 온 터라 이런 반응에 당황하지 않았다. 와이즈먼과 회사를 차리고, 전 세계의 판도를 바꿔 놓을 치료제를 개발하면 다 해결될 일이라고 생각했다. 그러나 펜실베이니아대학이 다시 한 번 카리코의 앞길을 가로막았다. 두 사람이 개발한 기술과 연구 성과의 라이선스에 엄청나게 높은 가격을 책정한 것이다. 투자자를 모아도 도저히 확보할 수 없을 만큼 큰 금액이었다.

"지나치게 큰돈을 요구했습니다." 와이즈먼의 이야기다.

그 사이 mRNA를 질병 치료 효과를 얻을 수 있는 양만큼 세포에 공급하려면 지질로 감싸야 한다는 사실을 알게 된 카리코는 이 지질

144

과학은 어떻게 세상을 구했는가

성분을 생산하는 한 생명공학 회사 대표를 찾아가 애원하다시피 협력을 요청했지만 거절당했다.

"거의 무릎 꿇기 직전까지 갔어요. 제 인생에서 가장 깊이 고개 숙인 순간이었죠." 카리코가 말했다.

펜실베이니아대학은 이 기술의 라이선스를 판매하는 데 성공했다. 구입한 곳은 카리코와 와이즈먼의 회사가 아닌, 변형된 뉴클레오시드로 구성된 mRNA로 키트를 제작하는 위스콘신 주 매디슨의 셀스크립트Cellscript라는 작은 회사였다. 결국 2009년, 카리코와 와이즈먼은 생명공학 회사 설립 계획을 포기했다. mRNA에 대한 믿음은 변함없었지만, 두 사람의 믿음에 공감하는 사람이 거의 없었다. 둘 다 펜실베이니아대학에 남았고, 그들이 성취한 mRNA 연구는 거의 잊혔다.

성질 급한 영국인 컴퓨터 엔지니어와 세계 곳곳을 여행하던 캐나다인이 카리코와 와이즈먼의 연구가 얼마나 귀중한 성과인지 증명할 때까지는 그랬다.

6장

2007-2010

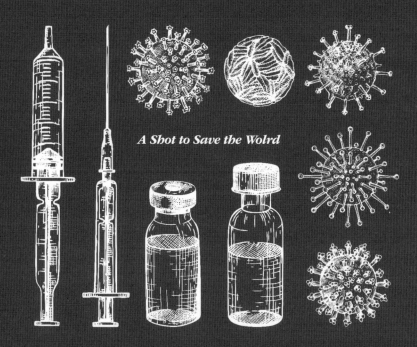

A Shot to Save the Wolrd

.
.
.

과학을 잘 모르는 사람들의 생각처럼
과학이 논리적인 방식으로
간단하게 발전하는 경우는 별로 없다.

제임스 D. 왓슨

.
.
.

루이기 워런Luigi Warren은 중년의 위기를 겪고 있었다.

1990년대 말, 미국 로스앤젤레스에서 소프트웨어 엔지니어로 일하던 워런은 20년 가까이 컴퓨터 산업에서 커리어를 잘 쌓아 왔다. 단신에 균형 잡힌 체구, 잘생긴 얼굴에 짧게 바싹 깎은 갈색 머리는 멋지다고 할 수는 없어도 늘 록스타 같은 느낌을 자아냈다. 벌이도 괜찮고, 소니 픽처스나 IBM 등 유명 기업에서 추진하는 까다로운 프로젝트에 참여하면서 뉴욕을 자주 드나들며 일하고 즐겁게 살았다. 하지만 40세 생일이 다가올 때쯤 공허함과 채워지지 않은 갈증을 느끼기 시작했다. 코딩도 따분했다. 시간이 지나면 인생이 더 지루해질 것 같아서 두려울 정도였다. 변화가 절박해진 워런은 젊은 시절의 열정을 되살려 보기로 결심했다.

이탈리아인 어머니와 영국인 아버지의 아들로 태어난 워런은 데이비드 보위가 어린 시절을 보낸 곳으로 유명한 런던 교외 브롬리에서 자랐다. 그 시절에는 공상과학물과 우주여행에 푹 빠져 살았다. 로버트 하인라인Robert Heinlein, 아이작 아시모프Isaac Asimov, 아서 C. 클라크Arthur C. Clarke의 책을 허겁지겁 읽고 스탠리 큐브릭Stanley Kubrick의 영화 〈2001: 스페이스 오디세이〉는 지역 영화관에서 아홉 번이나 볼 정도로 열광했다(보위도 어린 시절에 그 영화를 여러 번 봤다. 'Space Oddity'라는 곡도 이 영화를 보고 온 날 썼다고 한다).[1] 미국 항공우주국NASA의 아폴로 우주 프로그램에 관심이 많던 워런은 커서 우주비행사가 되거나 우주 엔지니어가 되리라 결심했다.

"저는 어떤 면에서 몽상가였어요." 워런이 말했다.

그랬던 그도 중년이 되자 지루함을 떨칠 변화가 절실했다. 2001년, 마흔한 살이 된 워런은 뉴욕 시로 가서 37제곱미터 크기의 아파트를 빌렸다. 그리고 컬럼비아대학교 일반대학에 등록하고 생물학 학사 과정 수업을 듣기 시작했다. 당시에 생물학은 다양한 활동과 가능성으로 막 피어나던 분야였다. 야심 찬 생명공학 회사들은 엄청난 돈을 벌어들이고, 과학자들은 인간의 DNA 염기서열 전체를 분석하는 극적인 발전을 일궈 냈다. 왜 특정 질병에 유독 쉽게 걸리는 사람들이 있는지 귀중한 사실을 밝혀낼 수 있는 성과였다.

다시 열정이 생긴 워런은 학사 학위를 취득한 후 2007년, 캘리포니아 파사데나로 가서 캘리포니아 공과대학에서 생물학 박사 과정을 마쳤다. 그리고 스탠퍼드대학교에서 박사후 과정을 시작했다. 박사후 연구원으로 일하던 데릭 로시Derrick Rossi와 만난 곳도 스탠퍼드였다. 토론토 출신에 입술 아래쪽에 촘촘히 기른 수염이 눈에 띄던 로시는 워런처럼 동급생들보다 나이가 많았다. 여태 세계 곳곳을 여행했던 로시는 빙빙 돌아 자신과 같은 연구실로 온 워런의 인생 여정을 이해했다. 무엇보다 보위의 열성 팬이라 워런이 브롬리에서 자랐다는 사실을 알고 굉장히 반가워했다.

컴퓨터 엔지니어로 일하면서 쌓은 워런의 경력은 연구에 귀중하게 쓰였다. 생물학 실험은 명확한 설계와 효율적인 실행, 오류와 실수를 효율적으로 제거하는 절차가 반드시 필요한데 이 모든 과정은 컴퓨터과학과 비슷한 면이 많았다. 최종 결과가 발견되거나 나올 때까지 실험을 반복해야 한다는 것도 두 분야의 공통점이다. DNA의 특정 부분을 세포에 도입해서 세포가 DNA에 담긴 지시에 따라 다양한 단백질을 만들도록 프로그래밍하는 것도 컴퓨터 프로그래머가 정교한 알고리즘을 짜서 문제를 해결하거나 목표를 달성하는 것과 비슷하다.

로시는 워런과 같은 실험실에서 일하면서 그가 RNA를 설계할 수 있고 다른 사람들이 좌절감을 느낄 만큼 까다로운 실험도 곧잘 해낸다는 사실을 알아보았다.

"루이기는 굉장히 꼼꼼하고 세세한 부분까지 신경 쓰는 연구자였습니다. 제가 본 연구자들 중에 최고였어요." 로시가 말했다.

2007년, 하버드 의과대학의 줄기세포·재생생물학과 부교수로 채용된 로시는 워런에게 자신이 꾸릴 실험실의 첫 번째 구성원이 되어 달라고 했다. 워런은 이 요청을 받아들이고 로시의 실험실에서 박사 후 연구원으로 일하기 위해 매사추세츠 주 케임브리지로 거처를 옮겼다.

워런이 낙관적인 태도를 유지할 수 있었던 여러 가지 이유가 있었다. 두 번째 직업은 시작한 지 얼마 안 됐지만 마흔일곱의 나이에 세계에서 가장 저명한 대학 중 한 곳으로 꼽히는 하버드대학의 새로운 연구실에서 핵심 구성원이 되었다는 것, 자신의 독특한 재능과 배경을 높이 평가해 주는 친구와 함께 일할 수 있다는 점도 그러한 자신감의 토대가 되었다. 워런은 로시의 실험실에서 맡은 일을 잘 해내고 연구팀이 과학적으로 좋은 성과를 내도록 도울 수 있다면 자신도 학계에서 독자적인 커리어를 쌓을 기회를 얻을 수 있다고 전망했다. 그러나 실험실에 합류하고 몇 달 지나지 않아 워런은 이스라엘 출신 면역학자와 심하게 다투었고, 로시는 어쩔 수 없이 공식 절차까지 동원해서 분란을 해결해야 했다. 나중에 아내에게 이 일을 이야기하면서, 로시는 자신의 실험실이 그토록 단시간에 그런 난감한 사건에 휘말릴 줄은 몰랐고 너무 놀랐다고 털어놓았다.

로시와 워런은 당시 노벨상 후보로 점쳐지던 한 연구자의 획기적인 성과를 더 향상시키는 대담한 프로젝트를 시작했다. 1년 앞서 일본 교토대학교의 야마나카 신야는 대학원생 한 명과 함께 과학계를 깜짝 놀라게 만든 연구 결과를 발표했다. 레트로바이러스는 숙주 세포에 침입해 바이러스 유전체를 세포 DNA에 끼워 넣을 수 있는 기능을 가졌는데, 이 레트로바이러스의 유전체에 다른 유전자를 끼워 넣어서 성체 세포를 재프로그래밍한 것이다. 야마나카는 이 기술로 배아 줄기세포와 매우 흡사한 '만능' 줄기세포를 만들어 냈다. 세포를 최초 상태로 바꿔 생명의 시계를 되돌린 것이다.

이 발견으로 세포의 고유한 특성과 그 특성의 고정성, 유지 가능성에 관한 과학계의 생각에 변화가 일기 시작했다. 더욱 중요한 사실은 이 발견으로 이제 학계가 극히 유용한 새로운 세포를 활용할 수 있게 되었다는 것이다. 배아 줄기세포는 거의 모든 종류의 세포가 될 수 있어서 다양한 의학적 치료에 높은 가치가 있다고 인정받았지만 보통 체외 수정이 이루어질 때 폐기되는 배아에서 확보한다는 점 때문에 오래전부터 배아를 의학 실험에 사용하면 안 된다고 생각하는 사람들로부터 격렬한 비난을 받았다. 2012년 노벨상을 수상한 야마

과학은 어떻게 세상을 구했는가

나카의 연구 성과로, 이제 과학자들은 배아 세포 대신 유도만능줄기세포ips라 이름 붙여진 이 세포를 활용할 수 있으므로 그러한 논란을 피할 수 있으리라는 낙관적인 전망이 나왔다. 또한 야마나카가 개발한 방법을 활용하면 이식했을 때 거부반응이 일어날 위험성이 없는 세포와 조직도 만들 수 있을 것으로 기대를 모았다.

과학계는 다양한 의학적 목표로 야마나카의 방법을 앞다투어 활용하기 시작했다. 그러나 거의 곧바로 심각한 위험과 맞닥뜨렸다. 세포의 DNA를 바꾸기 위해 레트로바이러스를 활용하는 것이 위험한 시도가 될 수도 있다는 사실이 드러난 것이다. 외부에서 유입된 DNA가 세포의 유전체에 끼어 들어가면 위험한 돌연변이가 생길 가능성이 있다. 몇 년 뒤에 70세 환자의 피부 세포를 채취하여 iPS 세포를 얻고 이를 망막 세포로 만들어서 환자가 겪고 있던 황반변성을 치료한 연구에서는 환자 시력이 어느 정도 개선되어 의학계 일부가 깜짝 놀랐다. 같은 방법으로 또 다른 환자의 치료도 시작됐을 때, 맨 처음 치료를 받은 환자의 iPS 세포 유전체 염기서열분석 결과를 확인한 연구진은 두 번째 환자의 치료를 돌연 중단했다. 염기서열분석에서 암으로 이어질 수 있는 돌연변이가 발견됐기 때문이다.[2]

로시와 워런은 인위적으로 줄기세포를 만들거나 세포를 분화 이전의 만능세포 상태로 되돌리는 데 DNA 바이러스를 활용하는 건 위험하다고 보았다. 그래서 그 대신 존 울프나 엘리 길보아, 카탈린 카리코가 먼저 연구했던 메신저 mRNA를 써 보기로 했다. mRNA는 유전학적 지시를 세포 내로 전달하면서도 핵으로 들어가지는 못하므로 DNA보다 안전하고 효율성도 더 높다는 것이 두 사람의 판단이었다.

워런은 과학계에 발을 들인 지 얼마 안 된 사람이라 mRNA에 대한 편견이 없어서 이 분자로 연구하는 것에도 거부감이 없었다. 게다가 mRNA를 실험실에서 합성하는 건 이 분자의 뉴클레오티드를 구성하는 네 가지 단일 글자로 암호를 만드는 일이라 할 수 있으므로 워런에게는 컴퓨터 코딩과 굉장히 비슷하게 느껴져 더더욱 이 일에 마음이 끌렸다. 단백질을 만들고 정제해서 줄기세포를 만드는 방식은 몇 시간이 걸리는 고된 일이고, 특히 단백질을 세포 내부로 도입하는 과정이 굉장히 어려울 수 있다는 점도 워런이 mRNA를 적극적으로 활용해 보자고 나선 또 다른 이유였다.

"단백질은 정말 너무 골치 아파요. 바이러스를 다루는 게 걱정도 됐고요." 워런이 말했다.

mRNA를 활용해 성인의 피부 세포에 유전학적 지시를 전달해서 피부 세포를 줄기세포로 재프로그래밍하는 것이 워런의 목표였다. 그도 로시도 카리코와 와이즈먼에 관해서는 들어 본 적이 없었고 두 사람이 mRNA 연구로 얻은 성취도 알지 못했다. mRNA의 악명 높은 불안정성을 이유로 단념하지도 않았다. mRNA를 이곳저곳 변형시켜서 줄기세포를 얻을 수 있을 때까지 기능을 오래 발휘하도록 만드는 방법도 알아냈다.

워런은 먼저 mRNA로 단백질이 만들어지도록 만드는 실험을 시작했다. 해파리 단백질 중 녹색 형광 단백질GFP의 mRNA를 합성해서 인간 피부 세포에 집어넣은 다음 날, 그는 현미경 앞에서 로시를 불러 직접 보라고 했다. 로시의 눈앞에 밝은 녹색 형광색이 뿜어져 나오는 세포들이 나타났다. 워런이 mRNA로 해파리의 특정 단백질을 만드는 데 성공했음을 보여 준 확실한 증거였다. mRNA가 이렇게 멋지게 기능하는데 대체 누가 DNA를 쓴단 말인가?

로시는 허리를 펴고 일어나서 워런을 보며 활짝 웃었다.

"봤죠? 이거 정말 된다고요." 워런이 말했다.

로시는 계속 추진하라고 말했다. 원래 낙천적인 성격인 로시는 이제 자신의 실험실에서 줄기세포는 물론 mRNA로 다른 단백질도 만들 수 있게 되었다고 자신했다. 생화학자들에게는 꿈만 같은 일이었다.

"잘될 겁니다!" 이렇게 말한 날도 있었다.

그러나 몇 주 내로 워런은 좌절을 겪었다. 배양한 세포에서 다른 여러 단백질을 만들어 냈는데, 세포 중 상당수가 하루 정도 만에 사멸하거나 거의 쓸 수가 없는 상태가 되었다. mRNA를 반복 주입할수록 세포의 상태가 나빠지고 마치 자멸하는 것과 같은 반응이 나타났다.

워런은 왜 이렇게 문제가 많이 생기는지 확신하지 못했지만, 로시와 논의한 끝에 mRNA가 세포에 삽입되면 세포 면역계의 공격이 촉발되어 단백질 생산이 불가능해질 수 있다고 추정했다. (초반에 워런과 크게 다툰 후 그와는 말을 단 한 마디도 섞지 않으려고 했지만 로시와는 소통하던 이스라엘 출신의 면역학자가 이 분석을 도왔다.) 워런은 가까운 곳에 있던 보스턴 아동병원의 전문가를 비롯해 면역계 전문가들에게 이 문제를 의논하고 직감이 맞았다는 사실을 확인했다. 세포 면역계는 mRNA가 삽입되면 바이러스가 공격한 것으로 인식해서 mRNA를 없애고 단백질 발현을 억제하는 한편 세포 자멸을 촉진한다. 카리코와 와이즈먼의 연구에서도 확인된 같은 문제였다.

워런은 mRNA가 면역 반응을 피할 수 있는 방법을 찾아야 로시와 계획한 대로 줄기세포를 만들 수 있다는 사실을 깨달았다. 이 문제를 해결하는 데 완전히 몰두한 그는 깨어 있는 모든 시간에 매달렸다. 그러고도 모자라 실험실에서 보낼 수 있는 시간을 더 쥐어짰다. 예를 들어 아침마다 검은색 블레이저에 브이넥 검정 티셔츠, 청바지를 입고 검은색 부츠를 신은 같은 차림을 고수하며 옷장 앞에서 오늘은 뭘 입을까 고민하는 귀중한 몇 분을 아끼기로 했다. 동료들도 그가 옷을 갈아입지 않고 출근하고 식사도 건너뛰는 날이 많다는 사실을 알아챘다. 그해 추수감사절에 로시는 워런과 연구실 동료들을 식사에 초대했는데 워런이 얼마나 많은 음식을 먹어 대는지 함께 초대한 로시의 친구들은 너무 놀라 입을 떡 벌리고 쳐다볼 정도였다.

"4인분은 먹었을 거예요." 로시의 친구이자 하버드대학 교수인 채드 코완Chad Cowan의 이야기다. "뱀이 일주일 치 먹이를 한 번에 먹어 치우는 것 같았다니까요."

동료들은 대화 중에 잠시 정보를 처리하는 것처럼 허공을 응시하는 버릇이나 거의 항상 에너지와 집중력이 높고 꼼지락대는 법이 없다는 점, 긴장을 해소하는 방식이 일반적이지 않다는 점 등 워런의 별난 구석을 대체로 유쾌하게 받아들였다. 워런은 mRNA 연구에서 맞닥뜨린 문제가 자신의 인생에서 가장 중요한 유일무이한 일인 것처럼 몰두했다. 연구실 동료들은 건조한 영국식 유머감각에 음모론을 좋아하는 편이고 개인의 권리를 옹호하며 캘리포니아 주의 총기 소유 권리를 지지하는 워런의 괴짜 같은 모습을 좋아했다. 그러나 mRNA 문제를 해결하던 그 시기에 주변 친구들도 그가 느끼는 압박감과 불안이 커지고 있음을 감지했다. 워런은 근 한 달을 의기소침한 상태로 지냈다.

그가 그토록 불안을 느낀 데에는 그럴 만한 이유가 있었다. 외부 사람들은 연구자라고 하면 학계나 생명공학 연구소에서 맡은 직위와 그 자리에 따라오는 특권, 중대한 문제를 해결하거나 회사를 공개 상장해서 얼마나 엄청난 수익을 벌어들였는지에 초점을 맞춘다. 과학 연구는 지적인 자극을 주고, 똑똑하고 능력이 출중한 동료들이 포진해 있고, 의학 연구가 세상을 더 나은 곳으로 만들기도 한다. 하지만 실험실은 불안감과 우울증이 흔한 곳이기도 하다. 연구자들은 혼신의 힘을 다해 연구하고, 세계 곳곳의 비상하고 똑똑한 라이벌들과 경쟁해야 하는 경우도 많다. 다들 최근에 발표한 연구 결과에서 잘못된 점을 찾기 위해 눈에 불을 켜고 달려든다.

"과학자들은 의심이 많은 집단입니다." 로시가 말했다. "누가 데이터를 보여 주면 본능적으로 그 실험에서 문제를 찾으려고 해요. 잘못 해석했을 만한 부분은 없는지, 진정한 발견이 아니라 작위적으로 얻은 결과는 아닌지 찾으려고 하죠."

생물학처럼 속도가 느린 학문에서는 '유레카'를 외칠 만한 순간이 찾아오는 경우가 드물다. 그만큼 시간이 갈수록 연구자가 느끼는 압박감은 쌓여 간다. 결과를 너무 늦게 발표했다가는 라이벌에게 크게 한 방 맞고 커리어가 완전히 끝장날 수도 있다.

"근거가 충분히 확보될 때까지, 그리고 전에 없던 새롭고 신뢰할 수 있는 확실한 결과라고 말할 수 있을 때까지 기다렸다가 결과를 제출해야 합니다." 임페리얼 칼리지 런던에서 실험실을 운영하고 있는 대니 알트만Danny Altmann이 말했다. "하지만 그때를 기다리고 있을 때 다른 실험실의 라이벌이 기준을 낮추고 결과를 앞질러 발표합니다. 그게 얼마나 정교함이 떨어지는 결과인지는 상관없어요. 그러면 그들이 결승선을 먼저 통과한 사람이 되고, 중대한 결과를 얻었다고 인정을 받습니다."

워런이 큰 난관에 부딪힌 건 사실이지만 적어도 카리코처럼 여성이거나 소수자는 아니었다. 전통적으로 과학계를 지배한 건 백인이고, 백인이 아닌 사람에게는 더 엄격한 기준이 적용될 수 있다. 과학적 성취를 평가하는 객관적 기준이 별로 없다는 것도 과학계의 문제다. 나이가 많은 연구자들도 힘든 시간이 찾아온다. 훌쩍 나이를 먹은 할리우드 스타처럼, 선배 과학자들은 위태로운 지위를 지키기 위해 싸우고 과거의 성공이 퇴색될까 봐, 앞으로 발표할 논문이 거절당할까 봐 두려워한다.

극심한 압박감에 굴복하는 사람들도 있다. 의학계, 특히 생물학계에 사기 행위가 만연한 것도 그런 이유 때문이다.[3] 커리어를 유지하기 위해 실험 결과를 조작하는 연구자도 있고, 미리 정해 놓은 결론에 맞춰 데이터를 의식적으로 또는 무의식적으로 만들어 내는 사람도 있다.

"연구소에서는 비도덕적인 일들이 많이 일어납니다." 워런이 말했다.

이런 사기 행각이 그리 흔하지는 않지만, 과학자가 감정에 휘둘

과학은 어떻게 세상을 구했는가

리지 않고 논리와 객관성을 따르는 사람들이라는 일반적인 이미지가 꼭 사실은 아닐 수 있다는 의미다. 유명한 연구자도 그런 일을 벌일 수 있고, 저명한 학술지에서도 일어날 수 있는 일이다.

"연구를 관리하는 의학계 규정을 어겼다가 매서운 눈을 가진 경쟁자나 학계 고용주에게 들키면 커리어가 무참히 무너질 수 있습니다. 데리고 있는 학생이 그런 짓을 한 경우도 마찬가지고요. 그래서 자기 커리어는 스스로 계속 지켜야 합니다." 알트만이 말했다.

과학자의 삶은 고통스럽고, 지루하고, 불만족스러울 수 있다. 연구자로 첫발을 디딘 사람들은 이 분야에 자신이 큰 기여를 할 것이라 생각한다. 저쪽에 따로 모여서 바비큐를 하고 있는 이웃은 신경 쓸 필요가 없다고도 생각한다. 감염질환, 면역계의 기능 방식만큼 매력적인 연구는 없다고 확신한다.

"사람들의 눈을 반짝 빛나게 만드는 기준이 있습니다." 알트만이 말했다.

한번은 중국으로 가는 길에 옆자리에 앉은 승객이 자신과 같은 바이러스 학자인 것을 알고 새로 시작한 T세포 연구 이야기를 꺼냈는데, 상대방은 안대를 꺼내 눈을 덮고는 이어폰으로 귀를 막았다.

비행시간이 11시간이나 되니 면역학 얘기나 하자고 제안했을 때 그 승객은 농담이냐고 물었는데, 그 말이 '마지막 대화'였다고 알트만은 전했다.

정책을 만드는 데 쓰는 시간보다 돈을 모으는 일에 더 많이 쓰는 경우가 허다한 미국 정치인들처럼, 의학계 연구자들도 연구비를 끊임없이 구하러 다녀야 한다. 연구비 신청서를 쓰고 거절당할 때마다 불안감은 커진다. 과학자들은 책에 빠져 사는 따분한 괴짜라는 이미지가 있지만 실제로는 외향적인 사람, 특히 다소 으스대길 좋아하고 자신감이 넘치는 사람이 대부분 잘나간다. 사람들의 감탄을 이끌어낼 만한 연구 기반을 갖고 투자자를 확보한 후 극적이고 설득력 있는 발표를 할 줄 아는 사람, 의혹이나 비판이 제기되더라도 유쾌하게 일축할 수 있는 사람이라야 돈을 끌어 모을 수 있다. 내향적인 학자, 심지어 겸손하고 자신에게도 회의적인 사람은 연구비를 모으는 일이 또 다른 고난이 된다.

영국의 보건 분야 대형 재단인 웰컴 트러스트Wellcome Trust가 몇 년 전에 실시한 조사에서도 과학계가 상업계와 마찬가지로 가장 번지르르한 영업 수완을 가진 사람들에게 편향되는 경향이 있다는 결과가 나왔다. 연구비 지원 방식에 변화가 필요하다는 점을 보여 준 결과였다.

"노래하고 춤추는 사람들은 커다란 서류가방에 돈을 가득 받아서 가고, 말을 더듬거나 수줍음이 많고 긴장한 과학자들은 그러지 못합니다." 그 조사가 진행될 때 웰컴 트러스트에서 감염질환과 면역학 전략 부서를 이끌던 알트만은 이렇게 설명했다.

과학 연구에 벤처 투자 회사를 포함한 투자자의 관심이 쏠리고 투자자가 갓 설립된 회사의 주주가 되기도 한다. 하지만 엄청난 보상이 기대될수록 라이벌과 사람들의 시기심은 증폭된다.

"독사 굴과 비슷합니다. 특히 하버드, MIT, 버클리, 스탠퍼드 출신 학자들로 이뤄진 집합체는 더욱 그렇습니다." 워런이 말했다. "잘 되면 엄청난 보상이 따르지만, 나쁜 짓을 자극하는 곳이기도 해요."

박사후 연구원으로 일하던 워런의 상황은 점점 나빠졌다. 미국에서 가장 비싼 도시 중 한 곳인 보스턴에서 4만 달러 정도인 연봉으로 구할 수 있는 집은 좁디좁은 스튜디오 아파트가 최선이었다. 그마저도 집에 들어가는 날은 드물었다. 보통 박사후 연구원은 연구실에서 일주일에 80시간 이상 일한다. 게다가 워런은 임시직이라 학술지에 논문을 내지 않는 한 자리를 유지할 수 없었다. 최상급 학술지에 논문을 내는 것이 가장 좋지만, 그렇다고 해서 상근직 일자리를 얻거나 커리어가 확실히 자리 잡을 수 있으리라는 희망이 실현될 가능성은 거의 없었다.

워런이 보유한 기술, RNA를 만드는 능력을 모두가 좋게 평가하지는 않는다는 점도 그를 더 힘들게 만드는 문제였다. 그래도 늘 응원해 주는 로시가 있었다. 로시는 워런이 면역계의 문제를 해결할 방법을 꼭 찾아낼 것이라고 자신 있게 말하고는 했다.

"해결책을 찾게 될 것입니다." 워런에게도 응원하는 심정으로 이렇게 말했다.

이런 응원의 바탕에는 로시도 워런 못지않게 전형적인 경로로 학자가 된 것이 아니라는 사실이 깔려 있었다. 180센티미터의 키에 머리카락은 늘 헝클어져 있고 오렌지색과 갈색 얼룩무늬가 돋보이는 안경을 쓴 로시의 외모는 배우 로버트 다우니 주니어와 닮은 구석이 있다. 몰타에서 토론토로 이주한 사람들이 모여 살던 작은 공동체에서 아직 십대일 때 서로를 만난 로시의 부모는 제대로 된 교육을 거의 받지 못했고 돈도 많이 벌지 못했다. 정비소를 운영하던 아버지 알프레드는 저녁에 집에 와도 로시나 네 명의 형, 누나들과 거의 대화를 나누지 않던 내성적인 분이었다.

"아버지는 조용하고 단순한 사람이었습니다. 자식에게 인생의 교훈을 가르쳐 주는 그런 아버지가 아니었어요." 로시의 이야기다. "평생 아버지 입에서 나온 말을 모두 합쳐도 1000 단어가 안 넘을 것 같아요."

반대로 어머니 아그네스는 온화하고 친근한 분이셨다. 매일 성당 미사에 참석하는 성실한 신도이기도 했다. 집에서 할 수 없는 것들, 즉 대화를 나누고 친구를 사귈 수 있다는 점이 어머니가 성당에 나가는 이유였다. 로시의 인생에 가장 큰 영향을 준 가족은 형 스티브였다. 외국 동물에 관심이 아주 많았던 형은 수리부엉이를 키우기도 하고 피라냐, 다람쥐, 너구리에 이어 뱀도 여러 마리 키웠다. 악어를 침실에서 키운 적도 있는데, 얼마 못 가 악어가 반려동물로는 부적절하다는 사실을 형도 깨달았다.

한동안 로시에게는 수의사가 되겠다는 확고한 꿈이 있었다. 그러다 11학년 때 학교 선생님을 통해 분자생물학을 처음 접했고 그때부터 DNA와 유전학, 세포 내부에서 일어나는 일들에 완전히 매료됐다. 소명을 찾은 기분이었다.

토론토대학교에서 과학 학사 학위를 취득한 후, 로시는 이제 캐나다를 떠날 때가 됐다고 느꼈다. 방랑벽을 타고났지만 어린 시절에는 휴가나 가족 여행을 거의 경험하지 못해서 대신 책으로 도피했다. 특히 잭 케루악Jack Kerouac과 헨리 밀러Henry Miller의 작품들을 섭렵하며 책 속의 화려한 여행을 즐겼다. 이제 성인이 되었으니 직접 모험을 떠나고 싶었다. 나고 자란 곳과는 되도록 다른 곳, 멀리 떨어진

과학은 어떻게 세상을 구했는가

곳으로 가고 싶었다.

"각양각색의 언어와 사람들이 있는 세상으로 나가고 싶었어요. 물론 다양한 여성들도 궁금했고요." 로시가 말했다.

중앙아프리카로 떠난 로시는 5개월 동안 히치하이킹으로 대륙을 횡단했다. 위험천만한 일을 겪고 구사일생으로 살아남기도 했다. 르완다의 유명한 마운틴고릴라를 보려고 우간다에서 르완다로 가려다가 우간다 암시장에서 환전을 한 사실을 국경 수비대에 들켰다. 그때 그곳 사람들은 로시의 얼굴에 총을 겨누고 감옥에 처넣겠다고 위협했다. 로시는 곧 무슨 의미인지 눈치챘다. 그가 몰래 가지고 있던 125달러를 빼앗기 위한 수작이었다. 하지만 여행을 계속하려면 로시에게도 그 돈이 필요했다.

로시는 즉흥적으로 나오는 대로 상대를 설득했다. 6주간 이 멋진 나라에 머무는 동안 얼마나 즐거웠는지 늘어놓고 다른 사람들에게도 우간다에 꼭 가 보라고 추천할 것이라고 덧붙였다. 지금 자신을 이런 식으로 대한다면 여행객이 절실한 우간다의 명성에 결코 도움이 되지 않을 것이라고도 말했다.

"마음대로 하세요. 절 가두시라고요. 하지만 당신이 얼마나 일을 망쳐 놨는지도 똑똑히 아셔야 합니다!" 로시는 소리쳤다.

경비대는 수치심을 느꼈는지 로시를 보내 줬고 한숨 돌린 로시는 르완다로 넘어왔다. 하지만 몇 주 뒤에 자신이 얼마나 아무 생각 없이 그곳을 찾아왔는지 절실히 깨달았다. 르완다 정글에 들어서자 실버백고릴라가 난데없이 나타나 풀을 쥐어뜯으며 로시를 위협했다. 몇 미터 떨어진 곳에서 얼굴이 로시만큼 커다란 유인원이 다가왔다.

전부 너무 갑자기 일어난 일이라 놀랄 틈도 없을 정도였다. 다행히 상황은 빠르게 종료됐다. 자신이 이 작은 인간보다 우세하다는 사실을 확인한 고릴라는 곧 멀리 사라졌다.

로시의 아프리카 여행은 그 후로도 계속됐다. 콩고 땅을 지날 때는 호주에서 온 여행자 한 명과 카누로 강을 건너다가 희한하게 생긴 뱀 한 마리가 나타나 노에 달라붙었다. 코브라 목 부분의 독특한 무늬를 보려고 로시가 노를 들어 올리자 그것을 본 동료 여행자가 미친 듯이 노를 젓기 시작했고, 그 기세에 카누가 원을 그리며 뱅글뱅글 도는 바람에 뱀은 다시 물속으로 떨어졌다. 하지만 다시 나타나 이번에는 카누에 달라붙었다. 로시가 노로 뱀을 카누와 멀리 떨어진 곳으로 날려 보냈고, 두 사람은 무사히 목적지에 도착했다.

토론토대학교로 돌아온 로시는 과학 석사 학위를 받고 분자생물학 박사 과정을 밟기 위해 파리로 떠났다. 하지만 스물여덟 살이던 그때까지도 돌아다니고 싶은 마음이 굴뚝같아서 학업에는 영 진전이 없었다.

"노느라 바빠서 공부할 기력이 없었어요." 로시가 말했다.

텍사스대학교의 연구실에서 일하기 위해 다시 댈러스로 자리를 옮겼다가, 2003년 핀란드 헬싱키대학에서 마침내 박사 학위를 받았다. 또래 친구들보다 많은 경험을 한 그는 이제 연구에 완전히 몰두할 준비가 됐다. 영향력 있는 학술지에 논문을 몇 편 내고 최고로 꼽히는 스탠퍼드대학교 줄기세포 연구소에 자리도 얻었다. 그리고 그곳에서 워런과 만났다. 둘 다 노동자 부모 밑에서 자랐고, 실험실로 오기까지 남과는 다른 길을 걸어왔으니 금세 서로에게서 유대감을 느꼈다.

"로시는 정말 재미있는 사람이었어요. 아프리카를 여행하고 돌아온 사람, 유행에도 밝은 사람이었죠." 워런이 말했다. "친구를 만난 기분이었어요."

워런이 mRNA 실험 중 면역계가 활성화되는 문제를 해결하려고 씨름하는 동안에도 로시는 그를 계속 격려했다. 그러나 워런은 침울해졌다. 때때로 답을 찾기 위해 하버드 의과대학 부교수이자 면역계 전문가인 허선Sun Hur의 연구실에 들르기도 했다. 허 교수나 그곳 연구진은 워런의 다소 과한 몰입이 부담스러워 그의 잦은 방문을 매번 크게 반기지는 않았다. 그래도 허 교수는 동료로서 책임감을 느끼고 면역계 기능에 관해 워런이 묻는 질문에 답을 해 주었다.

2008년 10월의 어느 날, 워런은 허 교수 연구실에서 박사후 연구원으로 일하던 앨리스 페이슬리Alys Peisley에게 근처 스타벅스에서 만나자고 했다. 커피를 앞에 놓고, 워런은 자신이 만든 mRNA가 면역계를 뚫고 들어가서 단백질을 만들어야 줄기세포의 재프로그래밍이 가능한데 왜 그게 잘 되지 않는지 모르겠다며 그간 느낀 좌절감을 토로했다.

"어떻게 해야 할까요?" 워런이 페이슬리에게 물었다.

잠깐 커피나 한잔하자는 줄 알고 나왔다가 2시간째 붙들려 있던 페이슬리는 얼른 자리에서 일어나고 싶었지만 워런이 너무 불안해 보이고 연구를 아예 다 포기할 것 같은 기미도 엿보여서 허 교수라면 참신한 해결책을 찾을지 모르니 한번 의논해 보라고 제안했다.

실제로 얼마 후 허 교수는 워런에게 몇 가지 조언을 해 주었다.

"mRNA 분자를 변형해 보면 어떨까요?" 워런에게 허 교수가 한 말이다.

허 교수는 카리코와 와이즈먼이 원하는 단백질을 만들기 위해 mRNA 분자를 약간 변형한 연구의 결과가 나와 있는 논문 링크를 워런에게 보냈다. 대부분의 과학자는 초창기 연구를 아예 잊었거나 그런 연구가 있었는지조차 몰랐다. 하지만 허 교수 같은 면역계 전문가들은 카리코와 와이즈먼이 우리딘을 슈도우리딘으로 바꾼 mRNA 분자를 마우스와 원숭이에 주사해서 다량의 단백질을 만들어 냈다는 사실을 알고 있었고, 그 연구에 깊은 인상을 받았다. mRNA 분자의 기초 단위를 변경하는 이 기술을 적용하자 염증 반응을 포함한 면역 반응의 징후가 사라진 것으로 나타났다. 허 교수는 워런에게 이와 비슷한 방법을 써 보면 운이 따를지도 모른다고 말했다.

워런은 기운을 되찾았다. 이 곤경에서 벗어날 수 있는 해결 방법을 다섯 가지 정도 생각해 두었는데, 이 제안을 들으니 뉴클레오티드를 바꾸는 방식이 "현시점에서 가장 전망이 밝다"는 생각이 들었다. 10월 21일자 실험 노트에도 이런 생각을 기록해 두었다. 무엇보다 이 방법은 손쉽게 시험해 볼 수 있다는 점이 가장 마음에 들었다. 워런은 외부 업체에 변형된 뉴클레오티드를 주문하고, 로시 연구실의 다른 연구자들과 함께 새로운 버전의 mRNA를 만들었다. 이번에는 변형된 뉴클레오시드를 다양한 구성으로 조합해서 해파리의 GFP 단백질의 유전자 염기서열대로 mRNA를 만들었다. 그런 다음 동료 연구자들과 함께 이 변형된 분자를 피부 맨 바깥층을 구성하는 인간 각질형성세포에 도입하고 결과를 기다려 보기로 했다. 다음 날, 세포는 살아 있었을 뿐만 아니라 세포 하나하나에서 녹색 형광 단백질이 다량 발현됐다. 변형된 새로운 mRNA는 반복 공급해도 세포가 멀쩡했고 GFP도 발현됐다. 문제가 해결된 것이다.

큰 걸림돌이 사라지자, 워런은 다시 만능줄기세포를 만드는 데 집중했다. 다섯 가지 단백질이 암호화된 다섯 가지 변형 mRNA가 이 연구에 활용됐다.

2009년 11월, 워런은 로시의 사무실로 달려왔다.

"와서 한번 보세요." 장난기 가득한 미소를 지으며 워런이 말했다.

로시는 그가 이끄는 대로 연구실 구석에 있던 현미경 쪽으로 갔다. 렌즈 아래에 배양접시 하나가 놓여 있었다. 앉아서 들여다 보니 형광색이 보였다. 줄기세포와 비슷해 보이는 세포가 군락을 형성한 것도 볼 수 있었다. 굉장히 작고, 세포 군락도 많지 않았지만 배양접시에서 튼튼하게 자라고 있었다. 로시의 연구진이 1년 반 동안 노력한 끝에 마침내 피부 세포를 유사 줄기세포로 만드는 데 성공한 것이다.

고개를 든 로시의 눈이 환하게 반짝였다.

"됐어요! 우리가 해냈습니다."⁴

로시는 이것이 엄청난 성과라는 사실을 금방 깨달았다. 유사 줄기세포를 만들어냈을 뿐만 아니라 여덟 가지 단백질까지 만들었으니 새로운 가능성이 열렸다.

"이루 말할 수 없이 기뻤어요." 로시가 전했다.

카리코와 와이즈먼의 논문이 로시와 워런, 그 연구실의 동료들에게는 로제타석과 같은 중대한 실마리가 되었다. 과거의 결실이 어딘가에 묻히지 않고 널리 알려졌기에 가능한 일이었다.

워런이 느낀 감정은 기쁨보다 안도감이 더 컸다. 너무 오랜 시간 좌절하고 자신을 의심하는 감정에 사로잡혀 지냈기 때문이다. 이제는 교수직을 포함해 커리어를 한 단계 더 발전시킬 가능성도 생겼다. 엄청난 성공이 눈앞에 기다리고 있었다.

✥☷✥

mRNA 기초 단위를 바꾼 카리코와 와이즈먼의 시도는 분자생물학에도 혁신적인 발전이 가능하다는 사실을 보여 준 중대한 기점이 되었다. 두 사람은 합성 mRNA를 마우스와 원숭이에 주사해서 EPO 단백질을 만들었다. 그러나 치료제나 유용한 물질을 만들어 낸 건 아니었다. 굉장히 맛있는 음식을 만들 수 있는 요리법을 개발했지만 요리를 해 볼 기회는 없었다.

반면 워런과 로시, 두 사람이 속한 연구실의 동료들은 변형된 mRNA를 활용하여 성체 피부 세포를 만능세포로 재프로그래밍해서 인체 단백질을 만들었다. 아직은 실험실에서 배양한 세포에서 얻은 결과였으므로 인체는 고사하고 동물의 생체에서도 단백질이 정말로 만들어질 수 있는지는 아직 알 수 없었다. 그러나 워런과 로시는 서둘러 특허를 낼 만한 가치가 있는 기술이라고 판단했다. 로시는 이 기술 중 일부를 활용하기 위해 회사를 차릴 계획까지 세웠다. 워런과 동료 연구자들은 이 성공적인 결과를 논문으로 쓸 수 있게 되었다고 확신했다. 논문이 발표된다면, 세상이 깜짝 놀랄 것이다.

연구진은 1년의 시간을 더 들여서 지금까지 개발한 기술을 검증하고 더 확장하기 위한 실험을 진행했다. 놀라운 성과를 논문으로 작성하는 데 다시 몇 개월이 더 걸렸다. 이제 학술지에 제출하면 되겠다고 생각할 때쯤 연구실에 다시 한 번 긴장감이 감돌았다. 로시는 이 분야에서 가장 명망 있는 학술지 중 하나로 꼽히는 〈셀Cell〉에 제출해도 될 만큼 중요한 성과라고 보았지만 워런은 격렬히 반대했다. 독일에서 한 연구진이 비슷한 연구를 하고 있고 어쩌면 같은 연구를 하는 사람들이 더 있을 수 있다는 소문을 들은 것이다. 만약 다른 연구진이 먼저 결과를 발표한다면 지금까지 얻은 이 놀라운 성과는 다 휴지 조각이 되고 말 것이다. 워런은 로시와 동료들에게 그런 위험은 감수할 수 없다고 말했다. 〈셀〉은 논문 게재를 거부할 가능성이 있고, 수락한다고 해도 게재될 때까지 수개월이 걸릴 수 있다. 그러니 논문을 얼른 실어 줄 그보다 수준이 좀 낮은 학술지에 제출해야 한다는 것이 워런의 생각이었다. 그렇게 되면 엄청난 주목은 받지 못하더라도 최소한 워런의 연구 인생에 처음으로 정식 논문이 나올 수 있을 것이다.

로시는 의견차로 싸늘한 분위기가 지속되던 그때 잔뜩 화가 난 워런이 온라인에 논문을 공개해 버리겠다고 동료들을 협박해 모두를 놀라게 한 일도 있었다고 전했다. 워런은 그런 말을 뱉고는 연구실을 나가겠다고 선언했다. 로시가 설득해서 겨우 말렸지만 워런의 불안감은 가라앉지 않았다.

"그냥 마음대로 제출하세요!" 워런은 로시에게 불같이 화를 내며 소리쳤다. 지금껏 한 번도 본 적 없던 모습이었다.

워런은 마흔아홉 살이었고, 교수라는 직업이 필요했다. 정식 발표된 논문은 학계에서 화폐와도 같다. 연구실을 총괄하는 리더인 로시는 수십 가지 프로젝트를 관리했고, 그중 어느 한 가지가 홈런을 치면 로시의 개인적 커리어도 함께 키울 수 있었다. 그래서 가능성 있는 여러 연구를 다양하게 놓고 관리했지만, 워런에게는 mRNA 연구밖에 없었다. 경쟁자들이 바짝 다가올수록 워런은 더 초조해졌다.

"제 커리어가 그 성과에 달려 있었습니다. 다른 누가 앞서가면 지금까지 얼마나 잘해 왔든 아무 소용이 없어지니까요."

로시는 워런의 불안을 납득할 수 없었다. 자신들은 정말 힘든 일을 해냈고, 논문에 담은 내용도 다른 사람들의 결과와 쉽사리 비교할 수 없을 만큼 굉장히 세밀했다. 로시는 자신의 연구진이 일군 성과가 자랑스러웠고 그만큼 목표를 높게 잡고 싶었다. 연구실 리더로서 자신의 판단에 힘을 싣기로 결심한 그는 〈셀〉에 논문을 제출했다. 불과 며칠 만에 〈셀〉 편집부는 게재를 거부한다는 뜻을 전했다. 워런이 두려워했던 결과였다. 〈셀〉 측에서는 로시에게 자매 학술지인 〈셀 줄기세포Cell Stem Cell〉에 보내 보라고 제안했다. 특정 분야만 다루지만 줄기세포 분야에서는 가장 명망 있는 학술지였다. 이번에도 워런은 거절당할 수 있다고 마음을 졸였고, 로시는 희망을 놓지 않았다.

몇 개월 후 〈셀 줄기세포〉의 편집자 데보라 스위트Deborah Sweet가 로시에게 전화를 걸었고 논문 심사위원단이 예상치 못했던 날카로운 문제점을 여러 가지 지적했다는 내용을 전했다. 로시와 동료들이 보기에 이들이 제기한 문제 중 몇 가지는 과한 면이 있었고, 왜 문제라고 지적하는지 의구심이 드는 항목도 있었다. 로시는 심사단의 요

과학은 어떻게 세상을 구했는가

청 중 일부는 받아들일 수 없다고 전하고, 나머지는 시간을 주면 답을 제시하겠다는 뜻을 전했다. 팀원들에게는 논문 한 편이 발표되려면 때때로 이런 골치 아픈 절차를 거쳐야 하고, 어쨌든 문제를 찾아서 지적하는 것이 심사단의 일이지 않겠느냐고 말했다.

"게임의 일부이니까요. 심사자는 샅샅이 뒤져서 반드시 뭐라도 찾아냅니다." 로시가 말했다.

그러나 워런은 다시 격분했다. 이런 고생을 하게 된 것만 봐도 애초에 자신이 우려한 일이 사실로 입증된 것이라고 말했다.

"지금쯤 논문이 발표됐어야 합니다. 제가 그렇게 말하지 않았습니까!" 워런은 로시에게 고함을 질렀다.

연구실 동료들은 하나둘 워런이 변했다는 사실을 알아챘다. 이전까지 그는 괜찮은 음모론을 좋아하던, 괴짜지만 헌신적인 과학자였다. 이제는 말썽을 일으키고 곧잘 흥분해서 다른 사람들도 불안하게 만드는 사람이 된 것 같았다.

"심리적으로 변화가 일어난 것 같았습니다." 하버드에서 일하는 로시의 친구 코완은 이렇게 전했다.

어느 오후, 워런은 연구소 복도를 지나다 허 교수와 마주쳤다. 카리코와 와이즈먼의 논문을 그에게 알려 주며 도와주려고 했던 허 교수는 워런의 연구가 어떻게 됐는지, 논문은 제출했는지 궁금해서 활짝 웃으며 다가왔다.

"안녕하세요, 루이기!" 허 교수는 워런을 보자 반갑게 인사했다.

그런데 머리를 푹 숙인 채 걷고 있던 워런은 허 교수를 아예 못 본 것처럼 그대로 지나쳤다.

"얼마나 고개를 푹 숙이고 있는지 저러다 넘어질 것 같다고 생각했습니다." 허 교수가 말했다. "불쾌하기도 했고요."

워런은 더 이상 감당할 수 없는 지경에 이르렀다. 어느 날 연구실에서 일하다가 벌떡 일어나 문을 쾅 소리가 나게 닫고 나가더니 두 번 다시 돌아오지 않았다.

"저에게는 너무 엄청난 절망이었습니다." 워런이 말했다.

✧H✧

얼마 지나지 않아 이번에는 로시가 격분했다. 어느 날 스위트가 로시에게 논문을 실을 예정이고 어쩌면 〈셀 줄기세포〉 표지 논문으로 선정될 수도 있다고 말했다. 로시와 연구실 팀원들 모두에게 기쁜 소식이었다. 하지만 얼마 후 스위트는 다시 로시에게 연락해 충격적인 소식을 전했다. 익명의 고발자가 논문에 포함된 데이터의 진위에 문제를 제기했으며, 이 연구의 결과는 재현성이 없다고 주장했다는 것이다.

"누군가 이런 결과는 나올 수 없다는 의문을 제기했습니다." 스위트는 로시의 연구 데이터를 거론하며 설명했다. "재현 가능한 결과인지 확인해 줄 사람을 찾아보셔야 할 것 같군요."

로시는 반발했다. 결과의 진위를 의심하는 건 모욕적인 일이었고 공격으로 느껴졌다. 연구실 동료들은 경쟁자가 비슷한 결과를 발표할 수 있도록 발표 시일을 늦추려고 문제를 제기했을 가능성이 있다고 말했고, 그럴 가능성이 가장 높다는 의견도 나왔다. 워런이 토로

과학은 어떻게 세상을 구했는가

하던 불안이 충분히 그럴 만했다는 것이 입증된 셈이다.

당시에 워런은 어느 생명공학 회사에서 컨설턴트로 일하고 있었고 연구실에는 더 이상 나오지 않았다. 하지만 로시는 이 새로운 소식을 그에게도 전해야 한다고 생각했다. 로시로부터 상황을 전해 들은 워런은 펄쩍 뛰며 화를 냈다. 근거도 없고 정당성도 없이 데이터의 진위를 의심한다는 생각이 들었다. 논문 제출 절차에 관심을 끊은 상황이라 대응하기도 쉽지 않았다. 나중에 논문이 발표되더라도 이 일로 자신의 신뢰도가 흐려질 수 있다는 걱정도 들었다. 다 떠나서 이런 의심을 받는다는 건 너무나 모욕적인 일이었다.

"저를 사기꾼으로 몬 것이나 마찬가지였으니까요." 워런이 말했다.

마침 워런의 아파트는 펜웨이 파크 근처에 있었고, 〈셀 줄기세포〉 사무실이 있는 테크놀로지 스퀘어까지는 걸어서 금방 갈 수 있는 거리였다. 찾아가서 편집자와 직접 대화를 나눠 보면 어떨까라는 생각이 든 워런은 그쪽으로 걸어가기 시작했다. 정문까지 왔을 때 로시에게 전화를 걸어 편집자와 만나러 가는 길이라고 전했다.

"안 돼요, 안 돼, 안 됩니다, 그러지 마세요!" 로시가 말렸다. "우리가 다 해결할게요!"

"이만하면 충분히 참았어요. 그 편집자와 직접 대화를 해 볼 겁니다." 워런은 스위트를 가리키는 듯 말하고 전화를 끊었다.

건물 안으로 들어선 워런은 가까이에 있던 엘리베이터에 타고 〈셀 줄기세포〉 사무실 이름이 적힌 5층으로 올라갔다.

"데보라 스위트란 분과 이야기를 하러 왔습니다." 워런은 접수처 직원에게 말했다.

직원들은 당황했다. 학술지에 논문을 제출한 저자가 심사 결과에 항의하기 위해 직접 나타나는 건 생각지도 못한 일이었다. 게다가 워런은 잔뜩 화가 난 모습이었다. 접수처 직원은 그에게 스위트가 지금 사무실에 없다고 전했다. 워런은 건물 밖으로 나왔지만, 로시의 말에 따르면 직원들은 그의 방문에 크게 동요해서 그날 모두 일찍 퇴근했다고 한다. 워런은 다시 로시에게 전화를 걸었고, 로시는 그와 통화를 하면서 걱정이 됐다.

"제가 〈셀 줄기세포〉 사무실로 전화를 걸어서 별일 없었는지 확인했습니다. 다들 안전히 귀가할 수 있도록 그날은 사무실을 일찍 닫는다고 하더군요." 로시가 말했다. (워런은 사무실을 찾아갔던 그날 일의 구체적인 내용이 알려진 것과 다르다고 주장했다. "화가 난 상태였고 벌컥 찾아간 건 맞지만, 아무 일도 없었습니다." 워런은 이렇게 전했다.)

다른 연구자가 로시 연구진의 실험을 반복 실시한 후 동일한 결과가 나오자, 스위트와 〈셀 줄기세포〉는 결과에 확신을 가졌고 마침내 2010년 9월 말, 워런의 이름이 제1저자로 명시된 논문이 발표됐다.

워런은 모든 것을 정리하고 캘리포니아로 떠났다. 로시와는 그 후로 연락을 끊었다. 줄기세포 분야에서 컨설턴트로 새로운 커리어를 시작한 워런은 고객의 요청에 따라 유도만능줄기세포를 생산하는 회사를 차렸다.

"상황이 안 좋게 흘러간 건 유감스럽게 생각합니다." 워런이 말했다. 결국 그도 이 연구의 덕을 보았다.

과학은 어떻게 세상을 구했는가

✧✠✧

워런과 로시의 연구 결과에 담긴 중요한 가치는 즉각 세상에 알려졌다. 합성 mRNA를 주사하는 간단한 방법으로 평범한 세포를 만능줄기세포로 재프로그래밍하는 기술은 이들이 논문에도 쓴 것처럼 "기초 연구와 질병 모델링, 재생의학에서 광범위하게 활용할 수 있다." 또한 워런과 로시는 mRNA로 치료 효과가 있는 무언가를 만들 수 있고 세포 시계를 되돌릴 수 있다는 사실을 처음으로 증명했다. 〈사이언스Science〉는 이 연구를 2010년 최고의 과학적 혁신 10건 중 하나로 선정했다. 〈타임Time〉은 로시를 그해 '올해의 인물' 중한 명으로 선정하고 "당뇨, 파킨슨병 같은 질병을 치료할 수 있는 줄기세포 기반 기술이 실험실에서 임상 현장으로 신속히 옮겨지는 데 도움이 될 새로운 기술"을 개발했다고 설명했다.

워런은 논문이 큰 관심을 받아서 기뻤다. 자신들의 연구가 그만큼 널리 알려지거나 광범위한 영향을 줄 수 있다고는 예상치 못했다. 과학자는 그가 두 번째로 택한 직업이었는데, 역사적으로 길이 남을 수 있는 업적을 남긴 것이다. 동시에 워런은 새로운 좌절감도 느꼈다. 논문이 발표된 그해에 데이나 파버 암 연구소에서 열린 세미나에 참석해 로시의 발표를 지켜보았는데, 발표 슬라이드 마지막 장에 자신의 이름이 적혀 있었지만 그것으로는 충분하지 않다고 느꼈다.

"다 제가 한 말, 제 아이디어, 제가 찾은 해결책이더군요." 워런이 말했다. "좀 불쾌했습니다."

하지만 로시의 연구실에는 워런이 모두를 버리고 혼자 떠났다고 생각하는 사람들도 있었다. 학술지 심사위원단이 문제를 제기했을 때 방어하느라 다들 고생하던 시기에 워런은 도와주지 않았고 오히려 데이터를 온라인에 공개하겠다며 윽박질러 모두를 걱정시킨 일을 떠올리며 분개한 이들도 있었다.

로시는 논문을 발표하기 위해 애쓰던 시기를 떠올리면 슬프기도 하고 실망스럽기도 하다고 말했다. 논문이 세상에 나오고 몇 개월 후, 로시가 캘리포니아대학교 샌프란시스코 캠퍼스에서 연구 성과의 과학적 원리에 관해 설명하는 강연을 하고 있을 때 토론토에서 아버지가 갑자기 쓰러져서 세상을 떠났다. 너무나 갑작스럽고 예기치 못한 상실이었다.

그 즈음에 로시는 연구진이 개발한 새로운 기술을 활용할 회사 설립에 몰두했다. 몇 개월 전에는 설립된 지 3년 된 보스턴의 벤처 투자사 '서드 록 벤처스Third Rock Ventures'의 공동 설립자인 로버트 테퍼 Robert Tepper라는 과학자와도 만났다. 생명공학 회사를 잘 알아보고 투자하는 곳으로 명성을 쌓던 서드 록 벤처스에서 장시간 사업 계획을 발표한 후, 로시는 스타트업을 설립할 계획이며 투자를 받을 수 있는지 물었다.

테퍼는 별로 관심을 보이지 않았다. 로시는 교수 경력은 있지만 벤처 투자사는 상대해 본 적이 없어 발표 내용도 거의 다듬어지지 않은 상태였다. 로시의 연구진이 mRNA로 세포를 재프로그래밍해서 단백질을 만들 수 있다는 사실은 증명됐지만, 동물이나 사람이 아닌 배양접시에 있는 세포에서 나온 결과였다. 이 기술을 정말 성공적으

과학은 어떻게 세상을 구했는가

로 활용하려면, 그 사실을 입증하는 데 수년이 걸릴 수 있다는 사실을 테퍼도 로시도 잘 알고 있었다. 테퍼는 로시에게 데이터가 "흥미롭지만" 투자는 하지 않겠다고 밝혔다.

조언이 간절해진 로시는 로버트 랭거Robert Langer와 약속을 잡았다. 매사추세츠 공과대학의 화학공학자인 랭거는 학술 논문을 1000편 이상 썼고 설립을 도와준 회사도 수십 곳이었다. 랭거는 로시와 함께 생명공학 회사에 간간이 투자하던 하버드 의과대학의 동료 교수 티모시 스프링거Timothy Springer를 자신의 사무실로 불렀다.

따뜻한 봄날 오후, 세 사람은 창밖으로 케임브리지 시가 훤히 보이는 랭거의 사무실 회의 탁자에 둘러앉았다. 랭거는 블랙진에 폴로 셔츠를 걸친 편안한 차림이었지만 방문객 입장에서 사무실의 분위기는 위축되기에 충분했다. 벽마다 바닥부터 천장까지 그동안 랭거가 받은 명예 학위와 상장이 가득 붙어 있었다. 서반구에 있는 학교 중에 랭거의 업적을 인정하지 않은 곳은 한 곳도 없는 것 같았다. 그가 부른 스프링거는 10년 전 자신이 운영하던 생명공학 회사를 1억 달러에 매각하고 학자.겸 투자자로 활동하며 명성을 쌓은 인물이다. 로시는 최선을 다해 이 두 사람의 관심을 얻어 내야 한다는 사실을 깨달았다.

긴 머리카락을 젖히며 노트북을 꺼내 든 로시는 줄기세포 연구를 중점적으로 소개했다. 그동안 연구진이 모은 줄기세포 연구 데이터가 담긴 슬라이드와 함께 새로 설립하고자 하는 회사의 사업 모형을 세 가지로 제시했다. 하나는 다른 연구에 활용할 수 있는 일종의 연구 도구를 개발하는 것, 두 번째는 피부 세포를 다른 종류의 세포로 바꿔서 새로 개발할 의약품의 효과를 확인하는 용도로 활용하는 것, 세 번째는 치료제로 활용할 수 있는 새로운 단백질을 생산하는 것이었다. 랭거와 스프링거가 첫 두 가지 아이디어에 별로 관심을 보이지 않자 로시는 당황했다. 하지만 mRNA를 단백질 생산에 활용할 수 있다고 설명하자, 랭거와 스프링거는 큰 관심을 보였다.

"이걸로 어떤 단백질이든 만들 수 있겠군요." 랭거의 관심이 확 쏠리는 것이 느껴졌다. "정말 놀랍습니다!"

이날 회의에 이어 랭거의 사무실에서 스프링거와 함께 누바 아페얀Noubar Afeyan이라는 사람도 참석한 회의가 다시 열렸다. 레바논 베이루트 출신 생명공학자인 아페얀은 10년 전에 설립한 '플래그십 파이어니어링Flagship Pioneering'이라는 벤처 투자사를 운영 중이었다. 그가 보기에 대형 제약회사는 소심하고 겁이 많아서 어떤 경우에는 소득 없이 시간을 허비하거나 남들 보기에 창피한 손실이 생길까 봐, 또는 사람들이 비난하는 결과가 나올까 봐 걱정하는 데 너무 많은 시간을 들이는 것 같았다. 전에 없던 참신한 의약품을 개발하는 일보다는 딱 한 가지만 정해서 그것만 만들거나 기존에 있던 의약품을 개선하는 일에만 과도하게 몰두한다는 것이 아페얀의 생각이었다. 그리고 이런 아쉬움이 사업 목표로 이어졌다. 즉 플래그십 파이어니어링은 10년 전 설립됐을 때부터 최종 승인까지 떨어진 치료제나 백신을 지금껏 한 번도 만든 적 없는 여러 회사에 투자해 왔다. 벤처 투자사 중에는 회의적인 시선을 보이는 사람들도 있었지만, 아페얀은 계속 희망을 걸고 있었다.

로시의 발표를 들었을 때 아페얀은 그다지 큰 가능성을 느끼지

과학은 어떻게 세상을 구했는가

못했다. 세포를 다른 종류로 바꾸는 기술이나 그 외에 로시의 연구진이 얻은 몇 가지 성과가 시장 가능성이 있을 것 같지는 않았다.

"야마나카 인자인지 뭔지, 그걸로 뭘 할 수 있을지 모르겠군요(야마나카 신야 교수는 분화가 끝난 피부 세포에 전사인자라 불리는 몇 가지 단백질의 유전자를 도입해서 유도만능줄기세포를 만들 수 있다는 사실을 처음 밝혀냈고 2012년 노벨 생리의학상을 수상했다. 이 전사인자를 '야마나카 인자'라고도 부르며, 이 대화에서 아페얀은 유도만능줄기세포를 만드는 기술을 포괄적으로 이야기한 것이다 —옮긴이)." 그는 로시가 설명한 줄기세포 연구에 관해 이런 견해를 밝혔다.

대신 아페얀은 로시가 크게 중점을 두지 않은 다른 아이디어에 매료됐다. mRNA를 이용하면 환자의 체내에서 원하는 특정 단백질이 만들어질 수 있다는 부분이다. 스타틴, 면역억제제, 혹은 다른 어떤 치료제든 mRNA를 통해 인체 세포에 그 단백질을 만들라는 메시지를 전달하면 인체가 실험실이 되어 특정 치료제를 필요에 따라 만들어 낼 수 있다는 의미였다.

"환자 몸에서 환자에게 필요한 약이 만들어질 수도 있나요?" 아페얀이 물었다.

"그런 시도를 누가 해 본 적이 있는지 모르겠군요." 랭거가 대답했다.

그때까지 과학자들은 커리어를 바쳐서 살아 있는 세포를 이용해 특정 단백질을 만드는 법을 연구했다. 의약품은 그런 방식으로 개발됐다. 인체가 필요한 단백질을 직접 만들도록 훈련시킬 수 있다는 개념은 카리코, 와이즈먼, 그 외 초기 연구자들이 거둔 성공적인 결과로 가능성이 확인됐지만 비정통적인 생각으로 여겨졌다. 하지만 그날 회의실에 모인 네 사람은 논의를 거듭할수록 한번 시도해 볼 만한 가치가 있는 연구라고 결론에 이르렀다.

얼마 후 로시와 같은 하버드의 의사 겸 과학자인 케네스 치엔 Kenneth Chien이 중요한 발견을 했다. 심혈관계 연구에 매진해 온 치엔은 오래전부터 심장 발작 치료법을 찾는 데 몰두했고, 특히 심장 근육과 혈관을 재생하는 기술을 중점적으로 연구했다. 혈관내피성장인자VEGF라는 단백질을 환자에게 주사하는 방법도 시험해 보았지만 투여 직후 체내에서 너무 빨리 분해되어 별로 도움이 안 되는 것으로 나타나 실패로 끝났고, 그 후 치엔은 로시의 연구실과 협력 중이던 과학자들에게 마우스 심근에 변형 mRNA를 주사해 보자고 제안했다. 어쩌면 이 방법으로 마우스 체내에서 필요한 단백질이 만들어질 수 있다는 희망으로 시작한 일이었다.

본격적인 협력이 시작된 초창기의 어느 새벽 3시, 연구진은 졸린 눈으로 주사한 루시퍼레이즈라는 효소의 mRNA에서 이 효소가 만들어진다는 사실을 확인했다. 심장에서 다른 단백질도 만들어질 수 있다는 긍정적인 징후였다. 시간이 더 흐르고, 치엔의 연구실에서 박사후 연구원으로 일하던 캐시 오이 란Kathy Oi Lan이 이메일로 아주 반가운 소식을 전했다. 마우스에 mRNA를 투여하자 재생 기능이 발휘되어 심장이 더 튼튼해졌다는 소식이었다.

"생체 내 실험에서 나온 첫 번째 데이터입니다. 그래서 더 흥미로운 결과이고요." 오이 란은 mRNA를 체내에 직접 주사해서 얻은 결과라는 점을 강조했다. "RNA가 심장에서 단백질로 번역될 수 있다는 의미입니다."

이로써 배양접시에 있는 세포뿐만 아니라 근육에 mRNA를 주사해도 체내에서 단백질이 만들어진다는 사실이 확인됐다. 로시와 그가 설립하려는 스타트업에 관심을 가진 사람들 모두가 기뻐할 만한 소식이었다. 아페얀은 자신의 회사인 플래그십과 함께 로시가 계획한 회사를 설립하기로 했고, 로시와 랭거, 치엔이 소유권을 나눠 갖기로 했다. 그리고 스프링거는 최초 투자자가 되었다. 회사 이름을 무엇으로 할 것인지는 그리 열심히 고민하지 않았다. 아페얀은 플래그십이 설립하는 18번째 생명공학 회사라는 의미로 '뉴코엘에스18$_{NewcoLS18}$'이라 부르기 시작했다. 플래그십을 통해 설립되는 업체는 이렇게 번호를 붙이곤 했는데, 그래야 나중에 혹시라도 사업을 접어야 할 일이 생겼을 때 너무 애착을 갖지 않고 정리하는 데 도움이 된다는 이유도 있었다.

2010년 말, 약 200만 달러의 재원으로 마침내 새로운 회사가 탄생했다. 첫 재원은 사업을 굴리는 데 딱 필요한 정도로 그쳤지만, 로시와 사업 파트너가 된 사람들 모두 회사의 미래를 낙관했다. 이제 과학의 판도를 바꿀 기회를 잡았다는 자신감도 있었다. 하지만 그 일은 생각보다 훨씬 힘든 것으로 드러났다.

7 장

2010-2014

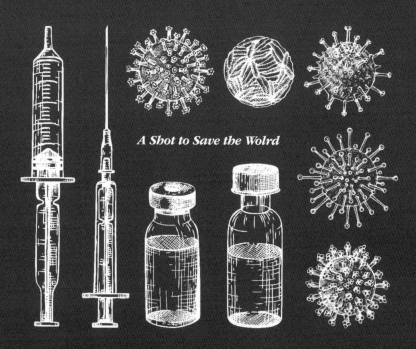

A Shot to Save the Wolrd

드류 와이즈먼을 찾아온 손님은 화를 냈다.

데릭 로시와 누바 아페얀이 메신저RNA 스타트업을 설립하고 몇 개월이 지난 2010년 어느 날, 와이즈먼은 펜실베이니아대학교의 사무실에서 연구 파트너인 카탈린 카리코와 함께 그렉 지키에비치_{Greg} Sieczkiewicz와 만났다. 아페얀의 회사인 플래그십 파이어니어링에서 특허 변호사로 일하는 이 젊은이는 막중한 임무를 해결하기 위해 두 사람을 찾아왔다. 상사인 아페얀이 설립한 새로운 벤처회사는 mRNA 분자를 활용해서 인체 세포가 병을 치료하거나 완전히 낫게 할 수 있는 단백질을 만든다는 계획을 세웠다.

로시와 사업 파트너들은 이 기술로 치료 효과를 얻으려면 mRNA를 세포에 공급했을 때 인체 면역계의 반응을 피해야 한다는 사실을 잘 알았다. 카리코와 와이즈먼은 몇 년 앞서 mRNA 분자가 이러한 면역 반응을 피하도록 만드는 기술을 개발했지만 펜실베이니아대학이 플래그십 파이어니어링에 라이선스를 판매하지 않으면 로시가 예비 출원해 둔 특허의 가치에도 한계가 생길 수밖에 없었다. 이 문제로 새로운 회사의 파트너가 된 사람들 모두가 곤란해진 상황이었다. 펜실베이니아의 이 두 학자가 찾아낸 방법 없이 어떻게 mRNA를 치료제로 활용한단 말인가?

그래서 지키에비치는 플래그십이 설립한 스타트업이 카리코와 와이즈먼의 기술을 활용할 수 있는 다른 방법이 있는지, 과거에 두 사람이 개발한 기술을 새롭게 다듬거나 새 버전으로 만들어서 이 문제를 해결할 수는 없는지 알아보기 위해 암트랙 열차를 타고 필라델피아로 찾아왔다. 회의는 친근한 분위기 속에서 건설적인 이야기를 주고받는 것으로 시작됐다. 카리코와 와이즈먼은 지키에비치에게 자신들이 개발한 기술이 치료제 개발에 쓰이길 간절히 바라고 있으며, 도와줄 방법이 있다면 플래그십의 새 사업을 기꺼이 돕고 싶다는 뜻을 밝혔다.

하지만 대화는 금세 결론에 도달했다. 지키에비치는 이 기술의 라이선스를 얻을 수 없고 두 사람이 도와줄 수 있는 일도 없으며 새로 문을 열 스타트업에 도움이 될 새로운 기술이나 접근 방법도 없다는 사실을 분명히 깨달았다.

와이즈먼은 지키에비치가 처음에는 절망하더니 나중에는 화가 난 것 같았다고 말했다. 그만 가 보겠다고 일어선 그는 두 사람을 향해 꾸벅 인사하고 떠났다.

"두 분의 특허를 활용할 수 있도록, 우리 쪽에서 할 수 있는 건 다 해 볼 겁니다." 지키에비치는 사무실을 나가기 전에 말했다.

와이즈먼과 카리코는 믿을 수 없다는 얼굴로 서로를 쳐다보았다. 협박을 당한 기분이었다.

(지키에비치는 위협하려는 의도로 한 말은 아니었으며 원래 생명공학 회사들은 대체로 처음 개발한 기술을 주기적으로 계속 향상시킨다는 점을 지적했다.)

필라델피아까지 와서도 막다른 골목에 처했지만, 아페얀은 mRNA 스타트업을 예정대로 추진하기로 결심했다. 그리하여 2010

과학은 어떻게 세상을 구했는가

년, 플래그십은 케임브리지에 있는 다른 생명공학 회사 지하실의 실험실 공간을 전대해서 연구를 시작할 수 있는 장소를 마련했다. 새로 문을 연 이 벤처회사에는 지휘자가 필요했다. 로시와 로버트 랭거, 다른 설립자 모두 의향은 있었지만 학자라는 지위를 포기할 준비가 되어 있지 않았고 사업을 운영해 본 경험도 없었다. 이에 아페얀은 우선 플래그십의 신입 직원인 제이슨 슈럼Jason Schrum이라는 과학자를 새 벤처의 첫 직원으로 임명하고, 카리코와 와이즈먼이 개발한 기술 없이 mRNA를 세포에 전달할 수 있는 방법을 찾는 일을 맡겼다.

카리코와 와이즈먼은 mRNA 기초 단위를 바꿔서 면역계의 감시를 피할 수 있는 기술을 개발했다. 그리고 워런과 로시는 이 기술을 활용하면 유용하게 활용할 수 있는 다양한 단백질을 만들 수 있다는 사실을 증명했다. 이제 다음 단계는 케임브리지 캔달 스퀘어 인근 사무실 지하 연구소에 배치된 슈럼의 손으로 넘어갔다. 새로 출발한 회사가 성공의 기회를 붙잡을 수 있도록, mRNA를 변형시킬 다른 방법을 찾아야 했다.

처음에는 슈럼이 그 일에 적임자인 것 같았다. 하버드대학교에서 생물화학 박사 학위를 취득한 지 몇 달밖에 안 된 그는 뉴클레오티드의 화학적 특징을 쭉 연구해 왔다. 외모에서도 뭔가 큰일을 해낼 법한 사람의 분위기가 풍겼다. 스물여덟 살 치고는 어려 보이는 얼굴에 카키색 바지, 버튼다운셔츠, 올스타 컨버스화까지 스타트업 직원에 어울리는 편안한 옷을 즐겨 입었다.

하지만 일을 시작하자마자 큰 문제가 생겼다. 누구에게도 말하지 않았지만 손과 관절에 극심한 통증이 생긴 것이다. 나중에 퇴행성관

절염이라는 진단을 받고서야 통증의 원인을 알았다. 왼손 손가락 두 개를 아예 굽히지 못하는 상태가 되어 실험을 계속하기가 더욱 어려워지자 퇴행성관절염 치료제 임상시험에도 자원했다. 하지만 아무 소용없었다. 코르티코스테로이드제 주사를 맞고 항염증제를 복용해도 왼손 통증이 가시지 않아 실험을 제대로 할 수 없었다.

"아무런 도움이 안 됐습니다." 슈럼은 아픈 손을 가리키며 말했다.

그래도 그는 끈질기게 실험을 이어 갔다. 2010년 가을은 매일 실험실 내부의 압력과 대기가 일정하게 유지되도록 이중으로 설치된 문을 통과한 후 멸균 환경이 유지되는 '클린 룸'을 지나야 나오는 지하실의 연구실에 들어가서 밤늦은 시각까지 단백질로 만들어질 수 있는 mRNA 뉴클레오시드를 설계하면서 보냈다. 멸균 시설이 다 그렇듯 슈럼이 일하는 연구실도 창문이 없어서 시계를 보지 않으면 낮인지 밤인지 알 수 없었다. 지키에비치가 딱 한 번 방문했을 뿐 대부분 혼자 그곳에서 지냈다.

회사 창립 멤버들 중에는 슈럼이 과연 돌파구를 찾을 수 있을지 불안해하는 사람들도 있었고 로시가 얻은 결과가 어쩌면 우연히 얻어걸린 것이고 이 회사는 시작부터 망할 운명일지도 모른다고 생각하는 사람들도 있었다. 로시와 함께 줄기세포 연구를 했던 과학자 중 한 명인 필립 마노스Philip Manos는 스타트업에서 함께 일하자는 제안을 거절하고 대형 제약회사 노바티스에 들어갔다. 새 회사의 사업 방식에 의구심이 든 것이 거절의 이유였다. 그는 mRNA로 단백질을 만들 수 없을지도 모르고, 가능하다고 해도 일정하게 생산하는 건 불가능하다고 전망했다.

2011년 1월, 슈럼은 새로 설계한 mRNA로 실시한 실험에서 한 가지 사실을 발견했다. 카리코와 와이즈먼은 세포의 면역 반응을 피하기 위해 우리딘을 슈도우리딘으로 바꿨는데, 슈럼은 슈도우리딘 중에서도 N1-메틸-슈도우리딘N1-methyl-pseudouridine이 세포의 내인성 면역 반응을 약화하는 효과가 '더 뛰어나다'는 사실을 알아냈다. 또한 이 방법으로 카리코와 와이즈먼의 기술을 적용할 때보다 단백질을 더 많이 생산할 수 있는 것으로 나타났다. 게다가 슈럼이 만든 mRNA는 변형시키지 않은 mRNA나 카리코, 와이즈먼의 기술이 적용된 변형 mRNA보다 지속성이 우수했다. 당황스러울 만큼 놀라운 결과였다. 음침한 지하실에서 극심한 통증과 싸우며 홀로 애쓴 끝에, 그는 카리코와 와이즈먼이 거둔 성과를 더 발전시켰다. 필요가 발명의 어머니라는 사실이 다시 한 번 입증되었다.

아페얀에게도 간절히 바라던 소식이 전해졌다. 카리코와 와이즈먼의 특허 기술에 의존하지 않아도 치료제 기능을 발휘할 수 있는 단백질을 mRNA로 대량 생산할 수 있게 되었다. 아페얀과 파트너들 모두 특별한 사업이 될 것임을 확신했다. 모두 이제는 새 회사의 이름을 제대로 지을 때가 왔다고 판단했다. 로시는 '변형된modified RNA'라는 의미로 알파벳을 엮어 새 회사에 '모더나Moderna'라는 이름을 붙였다.

아페얀은 즉시 과학자들을 추가로 채용하고 플래그십이 지원하는 다른 생명공학 회사 바로 옆에 새로운 사무 공간을 임대했다. 새로 마련된 공간에서는 머지않아 놀라운 혁신이 시작될 것만 같은 낯선 분위기가 선명하게 감돌았다. 슈럼은 시바견 한 마리를 입양해서 스텔라라는 이름을 지어 주고 분홍빛 목줄과 줄을 달아 어디든 데리고 다녔다. 출근할 때도 함께했다. 얼마 지나지 않아 그와 동료들은 변형된 다양한 mRNA로 여러 새로운 단백질을 만들어 냈다. 나중에는 다들 별것 아닌 일로 여길 만큼 뚝딱 해낼 정도였다. 아페얀은 회사를 이끌 최고경영자 물색에 나섰다. 당시 서른여덟 살이던 스테판 방셀을 알게 된 그는 이제 막 시작된 이 회사에 그가 합류하도록 설득할 방법을 찾기 시작했다.

✧✠✧

불과 몇 년 전만 하더라도 방셀을 가능성 많은 생명공학 회사의 최고경영자로 모셔 가려는 사람이 나타나리라곤 누구도 예상하지 못했다. 누가 그런 예상을 했다면 웃음을 터뜨리는 사람도 있었을지 모른다. 방셀은 모래가 가득한 다채로운 도시, 수많은 이민자들이 모여들던 북아프리카와 지중해의 관문인 프랑스 남부의 마르세유에서 자랐다. 부모님은 방셀이 여덟 살이던 1980년에 이혼했다. 어린 시절 방셀은 아버지 루시엔과 별로 가깝게 지내지 않았지만 어머니 브리기테는 늘 곁에서 아들을 아껴 주었다. 어머니는 방셀이 아주 높은 목표를 달성할 수 있는 아이라고 믿었다. 인근에 있던 정유회사인 브리티시 페트롤리엄에서 의사로 일하던 어머니는 스테판과 남동생 크리스토프가 자신처럼 과학을 전공하길 원했다. 하지만 스테판이 받아 오는 성적표마다 생물학을 포함해 다른 과목 전부가 형편없는 수준이라 어머니는 실망했다. 큰아들은 배운 것을 금세 잊고는 왜 잊어버렸는지도 몰랐다.

"책에서 뭔가를 배우는 일이 저에게는 너무 어려운 일이었습니다. 다 뒤죽박죽이 됐어요." 방셸이 말했다. "아무것도 기억할 수가 없었습니다."

나중에 방셸은 난독증이라는 진단을 받았다. 당시에는 당황스러운 일이었다. 그래도 숫자는 곧잘 다루었고 수학과 물리 수업에서는 논리를 정확히 이해해서 좋은 성적을 받았다. 가끔 할아버지가 아침 6시부터 방셸을 식탁에 앉혀 놓고 바게트와 초코우유 옆에 구구단표를 펼치고 열심히 가르친 것도 도움이 됐다. 하지만 생물과 다른 과목 성적이 C나 D에 머물자 어머니는 이러다 아들이 프랑스에 있는 대학에 입학하는 건 꿈도 꿀 수 없고 괜찮은 직업도 가질 수 없을까 봐 염려했다.

버스를 타고 시내에 있는 학교로 등교하던 시절에 방셸은 매일 무슨 일이 생길까 두려웠다. 선생님들이나 학교 행정 직원들까지 이 아이를 어떻게 다루어야 하는지 난감한 기색이 역력했다. 머리가 좋은 아이인 건 분명한데, 앞날이 걱정될 만큼 성적이 형편없는 과목이 많았기 때문이다.

"스테판이 바보인지 저를 놀리는 건지 알 수가 없습니다." 중학교 시절에 교장이 어머니에게 이렇게 말한 적도 있다.

어머니는 절망했다. 어느 해에는 봄방학 기간에 아들을 농장으로 보내 2주 동안 스페인에서 온 이민자들과 함께 아스파라거스를 수확하는 일을 하도록 했다. 직업의 가치를 배우길 바라는 마음으로 내린 결정이었다.

"벌을 받는 기분이었어요." 방셸은 그때 기분을 이렇게 말했다.

그에게 과학은 재미없는 과목이었고 특히 생물은 극히 싫어했다. 소년의 마음을 사로잡은 건 공학이었다. 열 살 때 크리스마스에 컴퓨터를 선물로 받자 코딩과 베이직BASIC, C언어, 파스칼까지 프로그래밍 언어에 푹 빠져 열심히 공부했다. 나중에 애플 창립자인 스티브 잡스의 전기를 읽고 방셸은 엔지니어가 되어 회사를 경영하겠다고 결심했다.

"아무것도 없는 차고에서 컴퓨터로 사업을 시작할 수 있다니, 너무 신나고 흥미진진한 일로 느껴졌습니다." 방셸은 말했다.[1]

고등학교에 진학한 방셸은 대학입시를 준비하는 명문 예비 학교에는 성적이 가장 우수한 학생 두 명만 들어갈 수 있다는 교장의 말을 들었다. 그 예비 학교에 가야 장래 희망인 엔지니어가 될 확률이 가장 높았다.

'젠장, 난 10등 안에도 못 드는데 어떻게 하지.' 그는 교장의 말을 듣고 생각했다.

그때부터 3년간 방셸은 성적이 가장 우수한 학생이 되기 위해 최선을 다했다. 학교 선생님들은 그가 과연 해낼 수 있을지 확신하지 못했다. 몇 년 뒤 한 교사는 방셸의 동생에게 형이 고등학교를 중퇴하지 않고 계속 다니고 있다는 사실에 놀랐다는 이야기도 했다.

"그 선생님은 나름 예의를 차리느라 저에게 형이 바보라고는 말하지 않았지만, 그렇게 생각하는 것 같았어요." 크리스토프가 말했다.

방셸은 학습 장애를 극복하기 위한 나름의 방법을 마련했다. 우선 필기하는 습관을 길렀다. 정보가 시각적으로 제시되면 다른 형태

과학은 어떻게 세상을 구했는가

로 제시될 때보다 더 원활히 처리할 수 있다는 사실을 깨닫고, 기억해야 할 정보는 날짜를 쓰고 기록하기 시작했다. 또한 개념을 토대로 생각을 확장할 수 있도록 여러 주제와 내용에 이야기를 덧붙여서 언어 능력의 한계를 채우려고 노력했다. 하고자 하는 일에는 놀라울 만큼 집중하고 끈기를 발휘한 것도 도움이 되었다. 방셀은 야심 찬 목표를 장기적으로 세우면 집중력을 유지하면서도 마음을 편안하게 먹고 노력할 수 있다는 사실을 깨달았다. 그래서 언젠가는 회사를 경영할 것이라는 목표를 세우고 틈날 때마다 이 목표를 이루려면 무엇을 해야 하는지 고민했다.

"저는 따로 떨어진 점을 서로 연결하고, 시나리오를 떠올리고, 퍼즐 조각 하나를 옮기면 나머지 퍼즐 전체에 어떤 영향이 발생하는지 파악하는 능력이 우수합니다." 방셀의 설명이다. "미래를 사는 것과 같아요."

방셀은 프랑스 공과대학 중에서 일류 대학과 근소한 차이로 2위 대학으로 꼽히는 에콜 상트랄 파리에 입학했다. 1995년에 석사 학위를 취득한 후에는 미국 미네소타대학교 화학공학과에서 과학 석사 과정을 시작했다. 이 학생은 서둘러 다음 단계를 밟고 싶은 의욕이 넘친다는 사실을 알아본 웨이수 후Wei-Shou hu 교수는 방셀이 논문 주제를 직접 선택해서 9개월 만에 학위 과정을 마칠 수 있도록 해주었다.

미네소타에서 방셀은 다른 학생들이나 교수들 모두에게 인기가 좋았다. 다들 그의 유머감각과 긍정적인 태도를 좋아했다. 프랑스 출신답게 교수들이 화이트와인에 치즈를 곁들여 먹으면 음식을 제대로 먹을 줄 모른다고 장난스럽게 꾸짖기도 했다. 연구 프로그램을 소개하는 홈페이지를 직접 만들어서 에펠탑을 배경으로 찍은 자기 사진을 넣고 "미혼, 연애 가능" 같은 문구를 비롯해 개인 정보를 게시해 두기도 했다. 결국 이 문구는 지웠지만, 많은 학생들이 웃음을 터뜨리고 실제로 여러 젊은 여성들이 흥미를 보였다.

미네소타대학교에서 학위 과정을 마친 후, 최고경영자가 되려면 아시아에서 일해 볼 필요가 있다는 생각에 일본 소재 프랑스 진단 회사인 비오메리으bioMérieux SA라는 주식회사에 입사했다. 이곳에서 영업과 마케팅 일을 하던 방셀은 1999년 하버드 경영대학원에 입학했지만 곧 대부분의 동급생보다 자신이 한참 뒤떨어진다는 사실을 깨달았다. 인터넷이 급속히 확산되던 시기라 다들 전망이 밝은 기술직을 잡으려고 경쟁했다. 스타트업을 차리기로 했다며 학업을 그만두는 사람들도 있었고, 스톡옵션을 넉넉하게 받는 조건으로 일자리 제안을 받는 사람들도 있었다. 그중에는 일을 시작하기도 전부터 그 주식으로 수백만 달러를 벌어들인 경우도 있었다.

방셀은 혼자 다른 우주에서 온 사람 같았다. 깔끔하게 다린 셔츠에 스포츠재킷을 입고 강의실에 들어와 언젠가 제약회사를 운영한다면 좋은 경쟁력이 될 수 있으리라고 생각하며 제조 관련 전문지식을 최대한 열심히 배우려고 노력했다.

"남보다 조금 더 집중력이 뛰어나고, 조금 더 열의가 넘치고, 옷도 좀 더 잘 입었어요." 경영대학원 동기인 그렉 리콜라이Greg Licholai는 방셀을 이렇게 기억했다.

대학원 졸업 후, 방셀은 대형 제약회사 일라이릴리Eli Lilly & Co.에 선임 생산경영자로 입사해서 부족한 경력을 채웠다. 그리고 서른세 살의 나이에 비오메리으 최고경영자로 채용되면서 어릴 때 세운 인생 목표를 달성했다. 직원 수가 6000명인 이 회사에서 매출 성장을 일궈낸 그는 투자자들을 잘 설득해서 수백만 달러를 확보하는 요령을 터득했다. 하지만 반드시 지켜야 하는 중요한 기한을 놓치는 직원들 때문에 골머리를 앓았고, 그가 큰 수익을 올릴 수 있는 인수 건을 제안했을 때 가족들로 구성된 회사 경영진의 반발에 부딪히자 더더욱 불만이 쌓였다. 그때 새로운 일자리가 나타났다.

아페얀과는 비오메리으가 인수할 회사를 물색하다가 처음 만났다. 2011년 2월, 아페얀은 어느 추운 저녁에 방셀을 플래그십 파이어니어링 사무실로 초대했고 방셀은 기꺼이 응했다. 커다란 회의실에 마주 앉자, 아페얀은 방셀에게 로시 연구진이 얻은 데이터를 보여 주고 mRNA를 마우스 열 마리에 주사해서 적혈구 생성을 촉진하는 인체 단백질인 EPO를 만든 과정을 찬찬히 설명했다.

방셀은 확신 없는 얼굴로 아페얀을 쳐다보았다.

"이건 불가능한 일인데요." 그는 프랑스어가 짙게 밴 영어로 말했다.

단백질을 만드는 일이 얼마나 어려운지는 그도 잘 알았다. 대학원 시절에, 그리고 일라이릴리에서 일할 때 세균이나 효모에 사람의 유전자를 집어넣는 고생스럽고 까다로운 구식 기술로 단백질을 만들어 본 경험이 있었다. 1980년대 초에는 '재조합 DNA' 혁명이 일어나고, 샌프란시스코의 제넨텍과 같이 혜성처럼 나타나 엄청난 성공을 거둔 회사들이 DNA 염기서열을 자르고 이어 붙여 단백질을 만드는 기술로 의약품에 쓰이는 단백질이 만들어졌다. 인체 인슐린과 슈럼을 괴롭히던 통증에 큰 도움이 된 새로운 항염증제인 휴미라Humira도 그런 방식으로 생산됐다. 하지만 원하는 단백질을 무엇이든 실험실에서 만들 수 있는 건 아니었다. mRNA를 마우스에 주사해서 인체 단백질을 만들었다는 로시의 설명은 말도 안 되는 소리로 들렸다. mRNA는 굉장히 불안정한 물질이고 체내 주입하면 면역계를 활성화한다는 사실은 누구나 아는 사실이었다. 로시의 데이터는 어쩌다 운 좋게 나온 결과가 틀림없었다.

"학계에서 어쩌다 한 번 일어나는 그런 일 아닌가요." 방셀이 말했다. "훌륭한 논문이지만 같은 데이터가 다시 나오지는 않는 그런 논문들이 있잖아요."

아폐얀의 얼굴에 미소가 떠올랐다. 로시의 연구 결과를 점검해 볼 시간은 충분하니, 일단 이 데이터가 정확하다고 가정한다면 무엇을 의미하는지 생각해 보자고 했다. 잠시 생각에 잠긴 방셀의 머릿속이 빠르게 굴러가기 시작했다. mRNA를 인체에 주사할 수 있고, 세포에서 단백질을 만들 수 있다면 얼마나 경이로운 일들이 가능한지 무수한 가능성이 폭죽이 터지듯 줄줄이 떠올랐다. 한 가지 단백질을 만들 수 있다는 것이 증명되면 다른 단백질도 더 많이 만들 수 있고, 환자 한 명에서 효과가 나타나면 다른 여러 환자에게도 효과가 있을 가능성이 크다.

"'수백 가지' 의약품을 만들 수 있을 것입니다." 방셀이 대답했다. 그리고 이 일에 점점 흥미를 느꼈다.

mRNA로 의약품을 만들 수 있다면, 의약품 하나를 만들기 위해 거쳐야 하는 절차가 대폭 줄어든다. 또한 특정 유전 암호가 담긴 염기서열을 찾고, 저렴한 효소를 활용해서 단백질을 만들면 전통적인 의약품 생산 방식대로 공장을 짓고 세포를 다루는 데 드는 어마어마한 비용을 줄일 수 있다. DNA를 직접 건드리는 일이 아니므로 유전자 치료처럼 암으로 이어질지 모를 돌연변이가 생길 위험도 없다. 게다가 mRNA를 활용하는 건 아주 새로운 독창적 기술이라 특허 침해를 염려해야 할 일도 없으니, 다른 제약사들과 법적인 문제에 휘말리지 않고 거의 모든 종류의 약을 생산할 수 있다. 무엇보다 가장 큰 장점은 환자 몸에서 그 환자에게 필요한 단백질이 만들어진다는 것, 몸이 곧 약이 만들어지는 공장 역할을 한다는 점이다.

방셀은 이런 가능성을 하나하나 열거했다. 새로운 핵심을 짚을 때마다 더욱 신이 난 모습이었다. 아페얀은 그가 알아서 이 기술을 받아들이길 바라며, 그저 고개만 끄덕였다. 방셀이 말을 마치자, 아페얀은 그날 방셀에게 제안하려던 말을 꺼내고 그날의 만남을 정리했다.

"5퍼센트의 확률로, 의약품은 영원히 바뀔 겁니다." 아페얀은 이렇게 말하고 웃어 보였다. "자, 그럼 편안한 저녁 되세요."

그날 저녁, 롱펠로 다리를 건너 비컨 힐 쪽으로 걸어서 집으로 가는 길에 방셀은 머릿속이 빙빙 돌았다. 겨울이라 공기가 차가웠지만 추위도 거의 느끼지 못했다. 이후 며칠은 잠도 자는 둥 마는 둥 흘러갔다. 모더나의 공동 창립자인 치엔과 만나 데이터를 점검해 본 후에는 더욱 마음이 끌렸다.

"잘 안 될 수도 있어." 아페얀의 제안에 어떤 답을 해야 할지 고민하던 어느 날, 방셀은 아내와 와인을 마시며 말했다.

"프랑스 사람처럼 굴지 좀 마요." 아내는 방셀에게 위험을 감수하고 한번 해 보라고 격려했다.

mRNA가 정말로 의약품이 될 수 있다는 사실이 밝혀진다면, 새로운 사업을 운영해 볼 수 있던 이 기회를 날려 버린 기억을 떠올리며 자책할 것이라는 생각이 들었다. 방셀은 아페얀에게 전화를 걸어 제안을 수락하겠다고 말했다.

❖☆❖

방셀이 모더나 사무실로 처음 출근한 날, 직원들은 자신감과 야망이 엿보이는 독특한 외모의 젊은 남자가 걸어 들어오는 모습을 지켜보았다. 흔하지 않은 미남에 두툼한 입술, 가운데가 푹 파인 턱, 이마 쪽은 숱이 줄기 시작한 짧게 깎은 헤어스타일에 옷차림은 실리콘밸리 사람들이 추구하는 편안함과 파리 사람 특유의 세련된 감각이 섞인 느낌이었다. 스티브 잡스를 떠올리게 하는 터틀넥에 지퍼 달린 스웨터를 겹쳐 입고 꼭 맞는 짙은 색 바지, 짙은 색 신발을 맞춰 신은 차림이었다. 버클의 큼직한 H가 두드러지는 에르메스 벨트도 함께였다.

이렇게 자신감 넘치던 모습은 몇 주 만에 근심 가득한 모습으로 바뀌었다. mRNA 분자로 치료 효과가 있는 단백질을 만드는 건 간단한 개념이었다. 카리코와 로시가 발표한 논문은 일반에 공개되어 누구나 볼 수 있었다. mRNA가 정말로 의약 산업에 혁신을 가져올 잠재력이 있다면 제약사, 생명공학 회사, 그 외 업체들도 얼른 가담할 것이다. 독일에서는 큐어백이 이미 mRNA로 백신을 만들고 있었지만 mRNA의 뉴클레오시드를 변형하지 않는 기술을 사용한다고 알려졌다. 독일의 또 다른 회사 바이오엔텍도 mRNA 실험을 진행하고 있었다.

방셀은 라이벌에게 따라잡히기 전에 모더나의 기술을 입증하고 다양한 치료제 개발에 필요한 엄청난 규모의 돈을 확보해야 한다고 판단했다. 생명공학 업계의 선구자로 꼽히는 제넨텍은 과거 재조합 단백질을 최초로 만들고 생명공학 기술로 생산된 의약품으로는 최초로 인체 인슐린과 성장호르몬을 생산했지만 곧 다른 업체들도 시장에 뛰어들어 제넨텍의 지배 구조는 깨졌다. 방셀은 기회를 그런 식으로 날릴 수 없다고 생각했다. 모더나는 mRNA 치료제 산업을 거머쥘 기회를 잡았다. 역사적으로 길이 남을 성취가 나올 가능성도 있다. 하지만 그렇게 되려면 발 빠르게 움직여야 한다.

방셀은 아페얀이 채용한 10여 명의 과학자들을 모아 회의를 열고 야심 찬 과제를 제시했다. 한 그룹은 mRNA의 안전성을 확인하는 원숭이 실험을 대규모로 실시하여 mRNA가 독성이 없다는 사실을 입증하고, 다른 그룹은 마우스와 래트로 100종의 단백질을 생산하라고 지시했다. 결함이 있는 단백질을 대체할 수 있는 단백질, 또는 체내에서 꼭 필요한 단백질이 만들어지지 않는 환자에게 제공할 수 있는 단백질로 치료제를 만든다는 목표를 달성하기 위한 첫 단계였다.

"몸에서 만들어지는 단백질을 전부 만들어 봅시다." 방셀은 한 직원에게 말했다.

모더나는 새로운 단백질을 만들 때마다 서둘러 특허부터 냈다. 다른 업체가 기회를 잡기 전에 권리를 차지하기 위해서였다. 얼마 후에는 단백질 생산이 가능하다는 사실이 실험으로 입증되기도 전에 특허부터 신청했다. 언제가 될지는 모르지만, 나중에 의약품이 출시될 때를 대비해서 지식재산권을 확보해 두려고 회사 구성원 모두가 정신없이 빠르게 움직였다.

방셀은 모더나 사업에 필요한 자금을 확보하기 위해 대형 제약회사 경영진과 만나 파트너십을 체결할 의향이 있는지 알아보았다. 이들과 회의가 끝나면 얼른 사무실로 돌아와서 파트너가 될 가능성이 엿보이는 회사에서 관심을 보인 단백질부터 생산하라고 지시했다. mRNA의 가능성을 제대로 보여 주고 확신을 주기 위해 그가 택한 방법이다. 하지만 방셀은 신약 개발을 해 본 적이 없어서 그가 품는 기대는 비현실적인 면이 있었다. 일라이릴리 경영진과 만나고 왔을 때는 mRNA로 2주 안에 인슐린을 만들라고 지시했다. 보통 한 달은 걸리는 일이었다. 결국 그가 일라이릴리에 약속한 기한 내로 인슐린이 나오지 않자 화를 터뜨렸다.

"왜 일을 똑바로 안 하는 겁니까!"

예상치 못한 비난을 들은 직원들은 정신이 아찔해지는 기분이었다.

직원들을 향해 영어와 프랑스어를 섞어 가며 험한 말로 불만을 쏟았고 아랫사람들에게 험악한 내용이 담긴 이메일도 보내기 시작했다. 제목을 전부 대문자로 쓰는 경우도 허다했다.

"욕을 안 먹는 사람이 없을 정도였습니다." 한 직원은 당시를 회

과학은 어떻게 세상을 구했는가

상하며 전했다. "'빌어먹을, 어떻게 이렇게 다 망쳐 놓을 수가 있죠', '젠장 왜 이렇게 늦은 겁니까', 이런 식이었죠."

상대방에게 모욕을 주기도 했다.

"그건 정말 멍청한 생각입니다." 이런 말로 직원에게 좌절감을 준 적도 있다. "당신은 무능해요. 지금 뭘 하고 있는지도 모르잖아요." 또 다른 직원에게는 이렇게 말했다.

직원들은 방셀을 실망시킬까 봐 겁을 먹고 비난을 받지 않으려고 애를 썼다. 어느 날 방셀이 공개적으로 모더나 직원의 과학적 역량은 업그레이드가 필요하고 그렇게 해서 의약품 개발 속도를 높여야 한다고 언급하자 이런 분위기는 더욱 짙어졌다. 회사의 인력 교체를 암시하는 말로 들렸기 때문이다.

퇴사자와 재직자가 특정 회사에 대한 평가를 익명으로 남길 수 있는 웹사이트 '글래스도어Glassdoor'에서도 모더나는 업무 환경이 별로라는 불만의 목소리가 나왔다. 방셀은 함께 일하기 힘든 상사라는 이미지도 갈수록 굳어졌다. 결국 비난 여론은 모더나 이사회와 창립자들 귀에도 들어가서 일부는 직원들의 의욕을 우려했다.[2] 방셀에 관한 허위 정보가 담긴 위키wiki 페이지도 생겨나 지금은 없어진 파리의 발레 학교 출신이라는 등 잘못된 이력이 제시됐다.

2012년에도 직원들은 방셀이 요구하는 속도와 기대치를 충족하려고 노력했다. 모더나가 의약 분야를 바꿔 놓을 특별한 기회를 잡았다는 사실을 직원들도 감지했고, 다른 경쟁자들이 따라잡기 전에 더 앞서나가야 한다는 압박감에도 공감했다. 과도하게 스스로를 다그치는 직원들도 있었다. 수마 시디퀴Summar Siddiqui라는 한 젊은 과학자는 12시간 내리 일을 하다 회사 주방에서 쓰러져 응급실로 실려 가 치료를 받았다.

"독감에 걸렸는데 몸이 안 좋다는 사실을 인정하고 싶지 않았던 것 같아요." 시디퀴가 말했다. "일, 일, 일, 오로지 일 생각뿐이었습니다. 회사가 지금 어디까지 와 있는지 모두 바짝 신경을 쓰고 있었으니까요. 그때는 제가 모더나에 갓 입사했을 때라 직장을 잃고 싶지 않기도 했고요."

또 다른 과학자는 스트레스에 시달리다 집에서 쓰러져 머리를 탁자에 부딪치는 바람에 의식을 잃었다. 바닥에 피가 흥건한 가운데 겨우 깨어난 그는 응급실로 실려 갔다. 샤워를 하다가 쓰러진 직원도 있고, 한 연구자는 모더나 건물 근처 주차장에서 갑자기 어지럼증을 느끼고 쓰러졌다. 동료가 발견해서 정신을 차렸지만 끝내 출근하겠다고 고집을 부렸고, 겨우 설득해 가까운 마운트 오번 병원에서 검진을 받고 오도록 했다.

직원들이 가끔 민망한 실수를 할 때면 방셀은 더더욱 불같이 화냈다. 하루는 과학자 두 명이 모더나에서 mRNA 생산 공정 개선 업무를 담당하던 스물여덟 살 직원 저스틴 퀸Justin Quinn의 지시를 잘못 이해하고, 실험에 쓸 mRNA에 DNA가 섞이지 않으려면 반드시 처리해야 하는 효소를 처리하지 않아 몇 주 치 업무가 엉망이 된 일이 있었다. 방셀은 이 일로 퀸을 해고했다.

"나가세요." 그는 퀸에게 말했다.

동료들은 퀸이 눈물을 흘리며 사무실을 나가는 모습을 보았다.

"정말 서글펐습니다. 제가 큰 실망을 안겨준 기분이었어요." 퀸이

과학은 어떻게 세상을 구했는가

말했다. "스테판은 사업 생각뿐이었습니다. 아주 냉혈한 킬러 같은 사람이죠. 하지만 저는 진심으로 그를 좋아했습니다."

방셀은 자신이 드러내는 분노와 조바심이 꼭 필요한 요소라고 생각했다. 모더나는 의료보건 분야에 혁신을 가져올 기회를 잡았고, 경쟁자들이 코앞까지 따라온 상황이었으니 최대한 빨리 움직이도록 밀어붙여야 했다. 사람들을 일부러 괴롭히려고 그런 것이 아니므로 자신을 향한 비난에 큰 책임감을 느끼지는 않았다고 했다.

"저의 의도가 그랬다고 해서 사람들에게 상처를 주지 않았다는 뜻은 아닙니다." 그는 덧붙였다.

방셀은 모더나에 합류하면서 많은 위험을 감수했다. 넉넉한 보수를 약속하며 안정적인 큰 회사들이 함께 일하자고 내민 손을 거절했고, 노후를 대비하기 위해 모아 둔 저축 중 상당 부분을 새 회사에 투자했다. 모더나가 이 분야에서 계속 앞서 나가고 치료제를 제대로 개발하려면 엄청난 돈이 필요할 텐데, 플래그십 파이어니어링이 언제까지 자금을 지원할 것인지 알 수 없다는 점도 큰 걱정거리였다. 대형 제약사에서 일해 온 그는 이제 중고 현미경과 낡아 빠진 장비들로 채워진 코딱지만 한 사무실에 앉아 있는 처지로 바뀌었다.

방셀과 슈럼의 갈등도 시작됐다. 하루는 슈럼이 새벽 3시까지 연구실에서 일하고 잠시 쉬러 집에 갔다가 오전 9시 전에 출근했는데, 연구실로 가는 길에 방셀과 마주쳤다.

"어디에 있었습니까?" 방셀이 다그쳤다. "여기는 왜 아직 아무도 출근 안 한 거죠?"

슈럼은 그와 연구실 사람들이 밤늦도록 일했다고 설명하려 했지만 방셀은 별로 듣고 싶지 않은 눈치였다.

"굉장히 낙담했습니다." 슈럼이 말했다.

1년 뒤 슈럼은 모더나를 그만두고 이직했다.

방셀의 극심한 기분 변화는 팀 전체를 안절부절못하게 했다. 중요한 특허를 취득하거나 큰 목표가 달성되면 기분이 한껏 고조되어 칭찬을 쏟고 사람들과 즐겁게 어울렸다. 그럴 때는 집에 가서 아내에게 세상에서 최고로 행복하다고 말하곤 했다.

"특허가 나오거나 중요한 서류 제출을 마치는 등 기한이 정해진 일을 무사히 넘기면 팀 전체에 고맙다고 하고 밥을 사거나 점심 회식비를 주기도 했어요." 모더나에 일찍부터 합류한 과학자 케네치 에제베Kenechi Ejebe는 말했다. "기분이 좋을 때는 아주 유쾌한 사람이었습니다."

하지만 과학자들이 실망스러운 결과를 내놓거나 데이터가 기대에 미치지 못하면 싸늘해졌다. 그것도 마음속의 가장 어두운 면이 강력한 힘을 발휘하는 것처럼 태도가 돌연 바뀌는 경우가 많았다.

그럴 때 방셀은 '젠장, 이제 망할지도 몰라.' 이런 마음부터 들었다.

아내에게 이 일을 하겠다고 한 건 실수였는지도 모른다고 말한 적도 있다.

"내가 잘한 건지 모르겠어."

직원들은 방셀의 감정 변화에 대처하기 위한 전략을 세웠다.

"화를 잘 다스리지 못했어요. 지금 어떤 기분인지 온 사방에 드러냈고요." 에제베가 설명했다. "그럼 일단 피해야 합니다. 그게 저의 전략이었어요. 사무실 문을 닫고 일했죠."

방셸의 거친 말이나 호된 질책을 대수롭지 않게 넘기는 사람들도 있었다. 이런 직원들은 방셸이 업무를 정직하게 평가하며 압박이 심한 상황에서도 일이 굴러가도록 만든다고 보았다. 과학은 전투적으로 임해야 하는 분야이고, 냉혹한 비판은 일상이다. 그러다 물리적인 싸움으로 번지기도 한다. DNA의 이중나선 구조가 밝혀지기 직전에 격분한 로절린드 프랭클린Rosalind Franklin이 케임브리지대학교의 실험실에서 잔뜩 웅크린 제임스 D. 왓슨James D. Watson을 향해 돌진한 일도 그러한 갈등을 보여 주는 전설적인 예다(왓슨과 프랜시스 크릭이 프랭클린이 찍은 엑스선 회절 사진에서 결정적 힌트를 얻어 DNA 이중나선 구조를 발견한 것은 잘 알려진 사실이다. 여기서 예로 든 갈등은 케임브리지대학교 산하 캐번디시 연구소에서 DNA 구조를 연구하던 왓슨과 킹스칼리지에서 같은 연구를 하던 프랭클린이 의견차로 말다툼을 하던 중 왓슨이 프랭클린에게 엑스선 회절 사진을 보고도 해석할 줄 모른다고 지적했을 때 벌어진 일로 전해진다—옮긴이)[3]

방셸은 기대치가 아주 높았다. 그가 모더나는 환자에게 필요한 의약품을 개선할 특별한 기회를 얻었다고 말할 때 느껴지는 진심을 직원들도 느낄 수 있었고 이 엄청난 기회를 허비하면 안 된다는 방셸의 걱정에 공감하는 사람들도 많았다. 방셸이 그린 미래는 직원들의 마음을 움직였다. 방셸은 직원들에게 mRNA는 정교한 생산 기술이 필요하므로 다른 업체에 의존하지 않고 모더나가 자체적으로 생산 역량을 키울 필요가 있다고 말했다. 그는 mRNA의 가능성과 공중보건의 면에서 모더나가 할 수 있는 역할을 누구보다 굳게 믿었고 이를 널리 알리는 사람이라 그의 열정에 자극받는 과학자들도 있었다.

한 연구자에게는 mRNA가 "생명의 소프트웨어와 같다"고 말했다.

미래에 대유행병이 생긴다면 현재 모더나가 개발 중인 기술로 생명을 구할 수 있을 것이라고 이야기한 적도 있었다. mRNA를 활용하면 다른 기술보다 의약품과 백신을 훨씬 더 빨리 만들 수 있다는 점이 그 이유 중 하나였다.

"우리는 준비가 되어 있어야 합니다." 그날 방셀은 직원들에게 이렇게 말했다.

모더나는 케임브리지 퍼스트 스트리트에 있는 건물로 이전했다. 같은 건물에 영 생뚱맞게도 케임브리지 요리학교가 있어서 누가 봐도 책벌레처럼 생긴 과학자들은 몸에 문신이 가득한 예비 요리사들이 담배를 피우며 송아지 요리에 관해 열심히 떠드는 소리를 들으며 출근했다. 잠깐 함께 수다를 떨고 싶을 때도 있었지만, 모더나 팀은 대화를 자제하는 생활이 몸에 배었다. 회사가 되도록 세상의 눈에 띄지 않는 잠행 모드를 고수하던 시기라 웹사이트도 없었고 언론 취재에도 일절 응하지 않았다. 직원들은 회사 정보를 공유하지 않겠다는 기밀유지 서약을 해야 했다. 심지어 직원의 배우자도 이 서약서에 서명해야 했다.[4] 연구에서 귀중한 데이터가 계속 나왔지만 아페얀도 방셀도 학술지에 발표하지 않았다. 다른 대부분의 생명공학 업체들도 공통적으로 택하는 전략이었다. 방셀은 잠재적 경쟁자가 모더나가 하는 일을 알아채지 못하게 하고 싶었고, 대형 제약사가 낌새를 채고 과학자 수십 명으로 팀을 따로 꾸려서 mRNA 연구에만 전념하도록 하는 일이 벌어지지 않도록 막으려고 했다.

"우리가 해야 하는 일은 제넨텍이 뭘 잘못했는지 찾는 것입니다." 방셀은 한 동료에게 이런 말을 했다.

한동안은 모더나 창립자들이 회사 운영 방식을 개선하기 위해 여러 제안을 내놓았다. 시간에 여유가 있고 힘을 보태려고 강한 의욕을 보인 사람들도 있었다. MIT 화학공학자인 랭거는 학생 면담이나 생명공학 업체들과의 만남, 그 외 다른 사람들과 줄줄이 잡힌 회의로 항상 정신없이 바빴다. 모더나 이사회 회의가 있는 날 빨간색 메르세데스벤츠 C 클래스 스포츠카를 몰고 온 그는 주차할 자리가 없자 건물 바로 앞에 차를 세우고는 시동도 끄지 않고 전조등까지 그대로 켜놓은 채 뛰어 들어오더니 모더나 관리직원에게 주차를 부탁한 일도 있다. 모더나 직원들이 도움을 청하거나 문의 사항이 있으면 기꺼이 도와주었지만, 랭거는 대체로 간섭하지 않으려고 했다.

로시는 그와 반대로 슈렘이나 과학부 수석 책임자로 새로 채용된 토니 드 푸제롤Tony de Fougerolles 등 회사 연구자들에게 수시로 이메일을 보내거나 전화를 하고 직접 들러서 일의 진행 상황을 물었다. 낙관적이고 열정 넘치는 사람답게 의견이 넘쳐서 가끔은 팀원들을 압도하기도 했다.

시간이 갈수록 로시와 방셀이 부딪치는 일이 잦아졌다. 로시는 회사가 나아갈 방향에 관해 이런저런 의견이 많았고, 방셀이 직원들을 대하는 방식에 관한 온갖 이야기들이 불쾌했다. 방셀이 당시 로시가 보스턴 아동병원에서 시작한 새로운 연구를 거론하며 그만두라고 말한 적도 있다. 모더나가 그 연구에 특허를 출원해야 한다는 것이 이유였다.

"그 연구는 병원의 재산인데, 방셀은 제게 아이들 치료에 필요한 기술을 병원에서 훔쳐 오라고 요구한 겁니다." 로시의 설명이다. "스테판은 윤리적 기준이 없는 사람이에요."

또한 방셀은 로시에게 보스턴 아동병원에서 mRNA 연구는 하지 말라고 했다. 모더나에서 하는 연구와 경쟁하게 될 가능성이 있고, 로시가 모더나 지분을 보유한 상황이므로 이해관계 충돌이 일어날 수도 있다고 본 것이다. 다른 사람들에게 로시는 회사를 경영해 본 경험이 없고 의약품을 만들어 본 적도 없어서 그가 하는 제안이 회사 일에 방해가 된다고 말하기도 했다. 로시는 이에 반발하며 모더나 창립자 회의에서 방셀에게 빼앗긴 권한을 되찾아야 한다고 주장했지만 호응을 얻지 못했다.

"로시는 회사를 설립한 사람이 곧 운영자라는 잘못된 생각을 갖고 있었습니다." 모더나 공동 창립자인 치엔은 이렇게 설명했다.

방셀이 경영자의 권한으로 다시 한 번 로시에게 앞서 요구한 사항을 재차 이야기하자, 로시는 모더나 지분을 일부 팔고 개인 연구와 다른 과학 사업에 몰두하기로 했다. 하지만 모더나 직원들, 다른 창립자들과는 계속 연락하며 지냈다.

이제 간섭받지 않고 회사를 마음대로 운영할 수 있게 되었을 때 방셀의 전략은 삐걱대기 시작했다. 모더나가 개발 중인 의약품의 권리를 가져가는 조건으로 모더나 사업에 자금을 지원할 대형 제약사 파트너가 생길 것이라 기대했지만 현실은 연이은 거절이었다. 일라이릴리와 로슈 홀딩 AG는 mRNA의 가능성에 여러 방식으로 회의적인 견해를 드러내며 함께 일하자는 모더나의 제안을 거절했다. 모더나가 개발 중인 기술을 임상시험까지 진행하려면 수년은 걸릴 것이라는 우려도 나타냈다. 2012년, 방셀은 일부 재산가들로부터 2500만 달러를 가까스로 모을 수 있었지만 회사의 목표는 여러 치료제를 생산하는 것이고, 그 목표를 달성하려면 훨씬 더 많은 돈이 필요했다.

어느 날 로시는 치엔에게 모더나 내부에서 치엔이 회사를 충분히 돕지 않는다는 이야기가 돌고 있으며 회사 사정이 어려워서 치엔이 보유한 지분도 어떻게 될지 모른다고 말했다. 치엔이 mRNA로 혈관내피성장인자를 만든 초기 연구 성과를 토대로 영국의 거대 제약회사인 아스트라제네카AstraZeneca 자문가로서 일하던 시기였다. 임상시험에서 연이어 실패하고 1000명이 넘는 소속 과학자들이 일자리를 잃은 후 아스트라제네카의 새로운 최고경영자 파스칼 소리오트Pascal Soriot는 회사를 되살릴 수 있는 새로운 의약품을 찾아야 한다는 큰 부담감에 시달리고 있었고, 이런 상황을 알게 된 치엔은 방셀과 아스트라제네카의 연구개발부 총괄자인 마틴 맥케이Martin Mackay의 만남을 주선했다. 방셀은 치엔의 제안을 받아들여 아스트라제네카의 미국 사무소와 가까운 델라웨어 주 윌밍턴으로 향하는 비행기에 올랐다. 소리오트, 맥케이와 아침식사를 함께하며 회의를 하기로 하고 그 전날 윌밍턴에 도착한 방셀은 회사 돈을 아끼기 위해 95번 주간고속도로 근처 모텔에 머물면서 다음 날 있을 중요한 회의를 침착하게, 하지만 자신감 있게 준비했다.

소리오트는 mRNA로 치료제를 개발한다는 아이디어에 금세 마음이 끌렸다. mRNA로 혈관내피성장인자를 만든 치엔의 연구 데이터에 깊은 인상을 받기도 했다. 무엇보다 자신과 같은 프랑스인이고 야망이 넘치는 방셀이 무척 마음에 들었다. 그가 방셀에게 모더나가 왜 돈이 필요한지 물었을 때, 방셀은 이렇게 대답했다. "우리는 우주를 지배하고 싶습니다."

방셀은 배짱 있게 '굉장히 큰' 금액을 요구했다. 아스트라제네카는 최종적으로 모더나에 2억 4000만 달러를 제공했고, 심혈관 치료제를 포함해 10여 종의 mRNA 치료제가 생산되면 그에 대한 권리를 갖기로 했다. 또한 기술이 일정 기준을 넘어서면 1억 8000만 달러를 별도로 제공하기로 했다. 갑자기 금고가 다시 채워지면서 아페얀과 방셀의 꿈은 다시 한 번 살아났다.

두 회사의 계약 소식이 전해지자 생명공학 업계와 벤처캐피털 모두가 기겁했다. 아스트라제네카는 구체적인 치료제나 지식재산권 하나 없이, 모더나 지분을 가져온다는 조건도 걸지 않고 그 많은 돈을 제공했다. 곧 방셀은 다른 여러 회사들과도 계약을 맺고 수억 달러를 확보했다. 이 자금으로 모더나를 구성하는 인재들도 업그레이드했다. 맥킨지 앤드 컴퍼니McKinsey & Company의 파트너로 일하던 의사 출신 전문가 스티븐 호지Stephen Hoge를 비롯한 경력 많은 과학자들이 새로 채용됐다.

아스트라제네카와의 계약이 성사된 후 어느 날, 방셀은 케임브리지의 카페 야외 테이블에 앉아 아페얀과 맥주를 마셨다. 모더나가 마침내 본격적인 혁신을 일으킬 채비를 마쳤다는 생각에 기분이 아찔했다. 그런데 아페얀이 그의 말을 자르고는 중요한 것을 간과했다고 말했다.

"이제 모두가 당신을 미워할 겁니다."

방셀은 깜짝 놀란 표정으로 그를 쳐다보았다. 조금은 상처도 받은 것 같았다.

과학은 어떻게 세상을 구했는가

"생명공학 회사마다 그 이사회가 왜 모더나처럼 계약을 따내지 못했느냐고 CEO를 다그칠 거니까요." 아페얀이 설명했다.

방셀은 잠시 말없이 생각에 잠겼다.

"젠장, 맞는 말씀입니다."

모더나는 이제 큰돈을 굴릴 수 있게 되었지만, 방셀은 의도치 않게 회사가 표적이 되었음을 깨달았다.

✧¤✧

방셀에게는 다른 이유로 생긴 적들도 있었다. 2013년 10월 말, 그는 아직 규모는 작았지만 막 성장 중이던 mRNA 분야에 뛰어든 다른 사람들과 첫만남을 가지기 위해 독일의 유서 깊은 도시 튀빙겐으로 향했다. 자갈길로 이루어진 거리, 르네상스 건축물, 과거 중대한 과학적 결실이 탄생한 곳으로 유명한 튀빙겐은 주민 수가 10만 명도 되지 않는 작은 도시였다. 1869년, 이곳 튀빙겐대학교 생화학과에서 공부한 스위스 출신 과학자 프리드리히 미셔Friedrich Miescher는 DNA와 RNA의 구성요소인 핵산을 처음 발견했다. 그러나 이 대학의 과학자들은 나치 정책에 과학적인 지원을 해 주면서 명성이 크게 훼손됐고, 수년 전부터는 mRNA로 다양한 치료제를 개발하는 일에 매진해 왔다.

14세기에 지어진 성의 거대한 홀에 이 분야 선두주자들의 이야기를 들으러 온 100여 명이 모였다. 기조연설은 튀빙겐에서 불과 몇 킬로미터 떨어진 곳에 있는 큐어백의 창립자인 잉마르 호에르

Ingmar Hoerr가 맡았다. 큐어백이 mRNA 기술을 연구한 지도 13년이 지난 때였다. 카탈린 카리코도 참석했고 샤이어 파마슈티컬스Shire Pharmaceuticals라는 업체에서 mRNA 연구 사업을 이끌던 마이클 하틀린 Michael Heartlein과 바이오엔텍 창립자 우구르 사힌도 참석해 차례로 연설을 했다. 방셀도 발표를 맡았다.

방셀은 연설을 시작한 직후부터 청중을 화나게 했다. 다른 발표 자들과 달리 그는 모더나의 연구를 자세히 밝히지 않았다. 회사가 투자를 얼마나 모았는지는 이야기하면서도 모더나가 차세대 의약품을 어떻게 만들 것인지에 관한 전망은 애매하게만 언급했다. 그러면서 mRNA 연구에 매진해 온 사람들을 향해 다들 일을 망치지 말아야 할 "책임"이 있다고 말했다. 그가 준비한 발표 슬라이드에는 1999년 미국 펜실베이니아대학교에서 실험실을 운영한 미국 연구자 제임스 W. 윌슨James W. Wilson의 사례가 포함되어 있었다. 윌슨은 희귀한 대사성 간 질환을 앓던 젊은 남성 환자에게 실험적인 백신을 주사했다. 환자가 보유한 비정상적인 유전자를 상쇄할 수 있는 정상 유전자를 공급할 수 있도록 만들어진 백신이었는데, 투여 후 환자의 면역계가 과도하게 활성화되어 결국 며칠 만에 숨지고 말았다. 이 비극적인 사태로 유전자 치료 연구는 오랫동안 중단됐다.[5]

방셀은 이 사례를 언급하며, mRNA 연구에서 비슷한 실수가 일어난다면 "5년 전"으로 되돌아가고 말 것이라 경고했다.

객석에 모인 과학자들은 어이없다는 반응을 보였다. 어처구니가 없다는 듯 탄식하는 사람들도 있었다. '여기에 윌슨 사태를 모르는 사람이 대체 어디 있단 말인가.' 사람들은 이렇게 생각했다. '저 사람이 우리를 가르칠 필요는 없어.' 중간 휴식 시간에 하틀린은 동료 한 사람과 함께 방셀에게로 다가갔다. 두 회사의 진행 상황을 비교하고 이야기를 나누고 싶었지만, 방셀은 한쪽 손을 들어올려 얼굴을 가리더니 다른 곳으로 가 버렸다.

"하이즈먼 트로피를 본 것 같았어요." 하틀린의 말이다. 매년 미국 대학 풋볼 리그에서 최우수 선수에게 수여하는 하이즈먼 트로피는 선수가 손으로 막는 동작을 본떠서 만든 청동 트로피다. 하틀린은 방셀과 모더나가 "모두와 협력하려고 하면서도 일방적인 방식"을 고수했다고 말했다. (방셀은 자신이 하틀린을 향해 그런 자세를 취했다는 건 "완전히 지어낸 소리"라고 말했다.)

방셀과 모더나는 생명공학 업계의 불량아가 되었다. 하지만 실험실에서 훨씬 더 큰 문제가 서서히 시작되고 있었다. mRNA가 기능을 발휘하지 못했다.

✧✴✧

모더나 과학자들의 첫 실험에는 '벌거벗은' mRNA, 즉 특정 단백질의 유전 암호가 포함되도록 인위적으로 만든 mRNA 분자가 쓰였다. 연구진은 이 분자를 화학적인 방식으로 대강 감싼 다음 좋은 결과가 나오기를 바라며 동물에 투여했다. 마우스 실험에서 이렇게 만든 mRNA를 반복 투여했을 때 혈관내피성장인자가 만들어진다는 사실이 확인됐다. 만들어지는 단백질의 양도 아스트라제네카가 모더나의 mRNA 기술로 심혈관 치료제를 생산할 수 있으리라 확신할 수 있을 만큼 충분했다.

그러나 2013년 초, 혈관내피성장인자의 이 같은 성공은 확률이 매우 낮은 예외적인 일이었다는 사실이 명확해졌다. 모더나 연구진은 다른 몇 가지 희귀질환 치료에 활용할 단백질에 맞는 mRNA 분자도 개발했지만, 단백질 생산량이 환자에게 도움이 될 수 있을 만큼 충분하지 않았다. 투여한 mRNA는 거의 전부 세포 내부에 도달하기도 전에 핵산 가수분해효소의 작용으로 분해되어 없어졌다. 모더나 연구진은 이 문제를 해결하기 위해 지질나노입자LNP로 mRNA를 감싸는 방법을 활용하기 시작했다. 콜레스테롤과 지방으로 이루어진 아주 작은 공 모양의 이 나노입자는 유전물질이 세포 내부에 도달할 때까지 보호한다. 1970년대에 랭거를 비롯한 여러 학자들이 지질과 다른 물질로 실험해 본 결과 지질나노입자가 DNA나 RNA 같은 복잡한 분자를 보호하는 데 도움이 되고 체내로 분자를 보다 쉽게 전달할 수 있다는 사실이 밝혀졌다. 모더나 연구진도 mRNA를 LNP로 감싸서 투여하면 더욱 강력한 효과가 발휘된다는 사실을 확인했다. 이렇게 감싼 mRNA를 근육에 주사하자 LNP의 작용으로 mRNA는 곧장 겨드랑이 쪽 림프절로 전달됐다. 면역계 중추로 직행한 것이다.

하지만 과학자들은 아주 심각한 또 다른 문제에 부딪혔다. LNP로 감싼 mRNA를 실험동물인 마우스와 원숭이에 처음 주사했을 때는 단백질이 다량 생산되어 연구진 모두가 기뻐했다. 하지만 일주일쯤 지나 다시 투여하자 단백질 생산량이 급감했다. 몸의 방어 군단이 외부에서 투여된 분자와 그 속에 저장된 유전학적 화물을 물리치는

과학은 어떻게 세상을 구했는가

법을 터득한 것 같았다. 카리코와 로시, 그 외에 mRNA 연구를 선도한 학자들은 모더나 연구진처럼 mRNA의 반복 투여는 시도한 적이 없었고, 치료제를 고려해서 단백질을 다량 생산하지도 않았으므로 LNP에 mRNA를 감싸는 복잡한 단계를 거칠 필요가 없었다. 따라서 '일과성 단백질 발현'이라 불리는 문제도 겪지 않았다. 그러나 모더나 연구진이 확인한 결과는 충격적이었다. 마우스와 원숭이에 mRNA를 투여한 후 2주 정도가 지나자 원하는 단백질이 거의 검출되지 않은 것이다. mRNA 기초 단위를 바꾸는 것만으로는 면역계의 작용을 제대로 피할 수 없음을 알 수 있는 결과였다.

연구진은 왜 이런 문제가 생기는지 원인을 찾을 수 없었다. mRNA 때문일까, LNP 때문일까? 단백질이 아예 만들어지지 않는 걸까, 만들어지자마자 너무 빨리 제거되어 쓸 수가 없게 되는 걸까? 해결 방법을 찾을 수 없으니 연구진의 좌절감도 커져 갔다. 축 처진 어깨로 사무실을 돌아다니는 사람들도 생겼다. 치료 효과가 있는 단백질이 만들어지더라도 며칠 만에 사라진다면 환자 몸에서 만들어지지 않는 단백질 또는 결함이 있는 단백질을 대체할 효과적인 치료제를 어떻게 만든단 말인가? 합성 mRNA는 모더나가 의약품을 만들 수 있는 유일한 기술인데 이대로라면 한 번 또는 두 번 정도 투여해서 효과를 얻는 것으로 끝날 것 같았다. 이 정도로 해결할 수 있는 질환은 극히 드물다.

소식을 접한 방셀은 짜증을 고스란히 드러냈고, 일부 직원은 이러다 직장을 잃으면 어쩌나 하고 염려했다.

"반복 투여가 왜 불가능한 겁니까? 왜 진전이 없죠?" 어느 날 방셀은 물었다.

과학 연구와 관련된 업무를 맡은 스티븐 호지는 사무실에서 대체로 차분하고 긍정적인 편이었지만, 벌이가 좋았던 맥킨지를 그만두고 모더나로 온 건 어쩌면 큰 실수였을지 모른다는 생각에 조바심을 느꼈다. 사무실 내부를 빠르게 걷기도 하고, 혼자 축구공을 초조하게 던지고 받기도 하면서 해결 방법이 없을까 고민했다. 같은 부서 선배인 에릭 황Eric Huang에게도 연구진이 봉착한 이 난감한 상황을 설명하고 혹시 놓친 부분이 있는지 살펴봐 달라고 부탁했다.

황은 호지의 부탁대로 이 일을 맡아 보기로 했다. 방셀의 인내심이 점점 바닥나고 있다는 사실을 감안해야 한다는 것도 잘 알고 있었다. 황은 과거에 자신의 멘토가 과학적인 발견에는 시간이 걸린다고 했던 말을 상기했다.

"과학은 과학의 속도대로 움직입니다." 황에게는 힘이 되는 말이었지만, 방셀에게 차마 그렇게 생각해 보라고 권할 수는 없었다.

안경이 늘 얼굴의 절반을 덮고 있는 황은 인생의 긍정적인 면을 보려고 노력해 왔다. 열네 살에 대만을 떠나 미국으로 와서 학교를 다니기 시작했을 때는 영어를 전혀 못 했고 몇 개월이나 향수병을 앓았다. 아들이 좋은 교육을 받길 바랐던 부모님은 그래도 미국에서 공부를 계속 하라고 했다. 외롭고 우울했던 그 시기에 황은 새로운 환경을 기회라 생각해 보자고 마음먹었다.

'집에 가고 싶지만 부모님은 절대 허락하지 않으실 거야.' 황은 생각했다.

뉴욕대학교에서 기생충학을 공부하고 박사 학위를 딴 후에는 경영학 석사 학위를 받았다. 이제 모더나의 존립을 좌우할 문제와 마주한 그는 색다른 시각으로 접근해 보기로 했다. 모더나 사람들은 다들 mRNA가 '하지 못하는' 것에 주목했고 특히 왜 반복 투여 후 기능이 강력히 발휘되는 단백질이 다량 만들어지지 않는지, 이 문제에 집중했다. 하지만 황은 반대로 '할 수 있는' 것에 주목했다. mRNA를 세포 안에 전달하는 것, mRNA가 제거되기 전 짧게나마 단백질이 충분히 만들어지도록 하는 것까진 가능했다. mRNA에 LNP를 결합해 근육에 주사하면 림프절에 mRNA에 담긴 유전 정보가 전달되고 투여량이 굉장히 적다 해도 강력한 면역 반응이 일어난다는 것 또한 확인했다. 단백질이 지속적으로 만들어지지 않는 상황이지만, 황은 그렇게 심각한 문제가 아닐 수 있다고 생각했다.

본격적으로 커리어를 쌓기 시작한 초기에 황은 말라리아 백신과 관련된 일을 했었다. 모더나가 봉착한 이 문제를 보면서, 그는 효과적인 백신의 조건을 다시 떠올렸다. 바로 면역계가 바이러스를 인식하고 없애도록 가르칠 수 있어야 한다는 것이다. 백신 투여 후 단백질 생산이 지속되는 기간은 면역 반응만큼 중요하지는 않다. 모더나의 과학자들은 mRNA가 오래 지속되는 의약품 성분을 만들지 못한다는 사실에 좌절하고 있지만 어쩌면 그 생각이 잘못된 것인지도 모른다. 단백질 생산 기간에 한계가 있는 건 기술 오류가 아니다. 강력한 면역 반응이 일어난다면 그냥 이 기술의 특징으로 봐야 한다.

'이건 완벽한 백신 기술이야.' 황은 생각했다.

2013년 봄이 끝나 갈 무렵, 황은 호지에게 자신의 견해를 전했다. 모더나는 치료제가 아니라 백신을 만들어야 한다는 것이 요지였다.

mRNA로 만든 백신에 본질적으로 면역원성이 있다면, 이 특징을 이용해야 한다는 것이 황의 생각이었다.

호지는 황의 주장에 일리가 있다고 생각했지만 사업을 백신에 집중한다는 건 너무나 쉽지 않은 변화였다. 그동안 모더나는 투자자와 사업 파트너들에게 병으로 고통받는 사람들을 도울 수 있는 단백질을 만들 수 있는 회사로 알려졌고 그것으로 지원을 받았다. 따라서 회사 목표는 백신이 아닌 치료제 개발이어야 했다. 이런, 게다가 회사 이름도 '모더나 테라퓨틱스'인데 어떻게 백신을 만든단 말인가(테라퓨틱스Therapeutics는 치료법이라는 의미다—옮긴이). 큐어백에서 이미 몇 년째 백신 사업을 추진 중이지만 뚜렷한 성과는 거의 나오지 않았다. 모더나 경영진도 백신 사업을 고려한 적이 있었지만 그쪽은 추진하지 않기로 결정했다. 백신은 이윤이 적고 지루한 사업이라는 사실에 다들 공감했기 때문이다.

이런 생각을 하면서도, 호지는 황에게 mRNA로 인플루엔자 백신을 만들어서 마우스에 시험해 보라고 요청했다. 새로운 시도를 한번 해 보고 확실한 성과가 나오기 전까지는 아무에게도 알리지 않기로 했다. 다른 기술로 만든 백신보다 mRNA 백신에서 확연히 두드러지는 결과가 나와야 회사가 앞으로 집중할 사업 방향을 전환해야 한다고 주장할 수 있을 것이다.

추수감사절 연휴를 며칠 앞둔 어느 날, 황의 사무실로 전화가 한 통 걸려 왔다. 황이 만든 인플루엔자 백신을 마우스에 투여하는 실험을 맡긴 외부 업체의 연구원이었다. 실험 결과가 담긴 전자 파일을 보냈다는 말에 수화기를 든 채로 얼른 데이터를 확인한 황은 너무 놀라서 말이 나오지 않았다. 영원처럼 긴 침묵 속에 데이터만 응시하던 그는 마침내 연구원에게 물었다.

"이게 저희 실험 결과가 맞나요?"

한 치의 착오 없이 정확한 데이터라는 대답이 돌아왔다. 황이 제작한 mRNA를 투여하자 마우스 몸속에서 인플루엔자 바이러스의 핵심 단백질이 만들어졌고, 이를 통해 면역 반응이 일어나 항체 역가로 불리는 체내 항체 농도가 대폭 증가했다. 이 백신으로 얻은 감염 보호 효과는 큐어백이 개발한 백신을 포함하여 기존에 나온 인플루엔자 백신은 물론 합성 mRNA를 사용해서 만든 다른 백신보다 100배는 더 높았다.

'뭔가 크게 잘못됐을지도 몰라.' 황은 생각했다.

그래서 재차 실험을 진행했지만 결과는 마찬가지였다. 백신을 맞은 마우스를 인플루엔자 바이러스에 노출시킨 실험에서도 백신의 확실한 보호 효과가 입증됐다. 황과 호지는 원숭이 실험을 진행했고, 이번에도 인상적인 결과를 얻었다.

얼마 후 호지는 회사 복도에서 방셀과 마주치자 다가가 말을 걸었다.

"꼭 말씀드릴 일이 있습니다."

방셀은 백신 실험에서 나온 데이터를 확인했고, 이것이 현재 회사가 겪고 있는 문제를 해결할 수 있다는 사실에 크게 기뻐했다. 아페얀과 모더나 이사회, 회사의 초기 후원자들도 모두 같은 반응을 보였다. 백신은 모더나가 선택한 의약품이 아니었지만, 신약 개발 연구가 난항에 빠진 상황에서 나온 황과 호지의 데이터는 분명 굉장히 놀라운 결과였다. 인플루엔자 백신을 만들 수 있다면 다른 백신도 가능할 것이다. 어쩌면 아주 특별한 백신을 만들지도 모른다.

8장

2015-2017

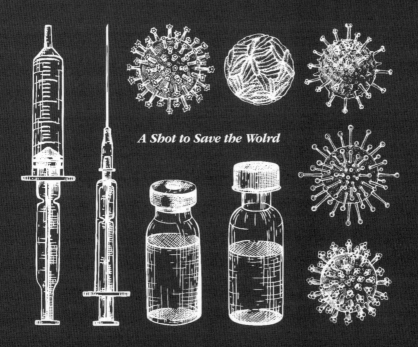

A Shot to Save the Wolrd

제이슨 맥렐란Jason McLellan은 대학원을 졸업한 지 겨우 몇 년 만에 혁신적인 의학 연구에서 중요한 역할을 맡게 되었다. 미국 국립보건원에서 짧지만 생산적으로 보낸 시간이 이 분야에서 누구나 부러워할 만한 길을 밟는 초석이 되었다. 2015년에는 서른두 살의 나이로 뉴햄프셔 하노버에 있는 다트머스대학교 가이젤 의과대학 부교수라는 명예로운 자리를 얻고 연구실도 직접 운영할 수 있게 되었다.

하지만 연구비를 구할 수가 없었다. 몇 달 동안 연방정부와 다른 기관에 신청서를 넣었지만 탈락했다는 소식만 거듭 받았다. 2015년 가을까지 연구비를 구하지 못하자 맥렐란은 연구실도 커리어도 모두 위태로운 상황이라는 생각에 진심으로 불안해졌다.

맥렐란은 카탈린 카리코나 데릭 로시, 모더나에서 일하는 대부분의 과학자와는 유형이 달랐다. 구조생물학자인 그는 단백질과 핵산, 탄수화물의 원자 형태와 이 형태를 바꿔서 기능과 동태를 변화시키는 방법을 연구해 왔다. 오래전부터 학계는 질병과 관련 있는 분자의 구조를 상세히 파악하면 병원체를 효과적으로 공격할 치료제와 백신 설계에 도움이 되리라는 희망을 품었다. 확실한 성공의 징후를 확인한 사람들도 일부 있지만, 맥렐란을 포함한 다른 학자들은 계속 연구를 이어 가는 중이었다.[1]

맥렐란은 구조를 새로 만들고 분해하면서 많은 시간을 보냈다.

어릴 때 집에는 레고 세트가 많았고, 몇 시간 동안 다양한 색깔의 플라스틱 조각만 들여다보며 깜짝 놀랄 만한 속도로 멋진 건물을 만들고는 했다. 운동을 좋아했고 특히 축구에서 출중한 실력을 발휘했지만 여러 가지 모양을 쌓는 테트리스 게임에서 축구보다 더 뛰어난 실력을 보였다. 공간 시각화와 추론 능력이 필요한 다른 비디오게임도 마찬가지였다. 그때는 알지 못했지만, 구조생물학자가 되어 아미노산이라는 작은 분자로 구성된 기다란 단위를 이리저리 회전시켜 단백질 구조를 만드는 일을 하게 됐으니 일찍부터 연구에 필요한 기술을 갈고 닦은 셈이다.

맥렐란은 디트로이트에서 20킬로미터쯤 떨어진 세인트 클레어 쇼어스라는 도시에서 자랐다. 부모님 두 분은 식료품 판매점 관리자였고 파트타임 사무관리자로 일했다. 주로 중하위층이 모여 살던 이 지역에서 그는 고등학교 졸업생 대표로 선정될 만큼 성적이 우수했지만 부모님은 사립 대학교나 미시건대학교에 아들을 진학시킬 경제적 여유가 없었다. 그래서 맥렐란은 전액 장학금을 받고 디트로이트 주의 공립대학인 웨인 주립대학교에 입학했다. 2003년에 그곳에서 화학 전공으로 과학 학사 학위를 받아 가족 중 최초로 대학 졸업자가 된 맥렐란은 존스홉킨스 의과대학에서 박사 과정을 시작했다.

널찍한 어깨에 어려 보이는 얼굴 가득 보기 좋은 미소를 짓곤 하는 맥렐란은 2008년 국립보건원 백신 연구센터의 유명 과학자인 피터 쾽Peter Kwong의 연구실에 합류했다. 당시에 쾽은 HIV 단백질 구조를 변형시키는 기술로 백신을 만드는 방법을 연구했다. 건물 4층에 있던 그의 연구실에 공간이 부족해 맥렐란은 2층에 마련된 부속 연구실에서 지냈다. 감염질환 전문가인 바니 그레이엄Barney Graham의 연구실과 가까운 곳이었다.

그레이엄은 백신 연구센터에서 존재감이 아주 뚜렷한 인물이었다. 무려 198센티미터의 장신에 깔끔하게 정리한 두툼하고 희끗한 턱수염을 기른 모습은 배우 제프 브리지스와 비슷했다. 몇 년 앞서 백신 연구센터를 방문한 조지 W. 부시는 그레이엄의 커다란 체구를 보고는 느릿한 텍사스 말투로 이렇게 불렀다. "키다리 바-아-니Big Baaahney." 이후 키다리 바니는 그의 별명이 되었다. 보통 카키색 바지에 버튼다운 체크무늬 셔츠를 입는 그는 다른 동료들보다 옷차림이 단정한 편이었다. 가끔 스포츠재킷 안에 셔츠와 넥타이를 입기도 했다. 극심한 스트레스와 야근에 지친 날이 허다한 동료들은 그레이엄과 과학에 관해 이야기를 나누거나 그가 들려주는 가족 이야기를 좋아했다. 특히 그레이엄의 아프리카 여행 이야기는 아주 인기가 좋았다. 듣고 있으면 마음이 편안해지는 말투라, 그의 이야기를 듣고 있으면 꼭 온 가족이 모닥불 앞에 둘러앉아 다정한 할아버지의 옛날이야기를 듣는 기분이 들었다.

겉보기에는 마냥 차분하고 침착한 사람 같았지만 사실 그레이엄은 힘들고 어려운 일을 즐기는 사람이었다. 2008년에 맥렐란이 그와 수다를 떨려고 실험실 의자를 하나 끌고 와서 자리를 잡은 그때는 그레이엄이 근 20년째 인류를 괴롭혀 온, 가장 다루기 힘들고 치명적인 바이러스 두 가지에 대응하기 위한 백신 연구에서 연이어 실패를 겪던 시기였다. HIV와 호흡기세포융합바이러스RSV가 바로 그 주인공이었다. RSV는 매년 수백만 명의 영유아가 감염되어 입원 치료를 받

225

8장

는다. RSV 감염은 생후 1개월부터 1년 영아 사망률의 약 7퍼센트를 차지할 정도로 혼하고 무서운 호흡기 바이러스다. 노년층에 치명적인 영향이 발생하는 경우도 있다.[2]

오래전 RSV 백신을 개발하려는 노력이 비극적인 사태로 이어진 적이 있다. RSV 바이러스가 발견되고 10년 지난 1966년에 국립보건원 연구진이 이 바이러스를 사멸해 만든 백신으로 임상시험을 시작했는데, 어린아이 두 명이 접종을 받고 두 달 후 RSV 감염으로 숨졌다. 희망은 공포로 변했다. 접종 후 입원 치료를 받은 아이들도 있었다. 이때 만들어진 백신은 감염을 막는 효과가 없고 오히려 감염을 강화할 가능성이 있는 것으로 드러났다. 이 재앙과 같은 사태로 제약업계와 그 외 대부분의 관련 업체는 수년간 RSV 바이러스를 막으려는 어떠한 시도도 하지 않았다.

하지만 그레이엄은 초기 백신이 실패한 이유를 파악하려고 애쓰면서 계속 해결 방법을 찾았다. 경주마로 키우던 말들, 소와 돼지 수천 마리를 기르던 캔자스 농장에서 지내던 어린 시절부터 그는 어려운 문제일수록 마음이 끌렸다.

"농장에서는 반나절 동안 고장 난 기계를 고치고 남은 시간 동안 그 기계로 일을 합니다." 그레이엄의 말이다.[3]

RSV를 처음 접한 건 1980년대 중반 밴더빌트대학교에서 공부할 때였다. 마우스에 인위적으로 감염시킬 RSV를 배양하는 일을 맡게 된 그는 비좁은 정육면체 모양의 실험 공간에서 7개월간 씨름하다 이 일에 애착을 갖게 되었다.

"일이 잘되면 소유의식이 생기죠." 그레이엄이 말했다. "저는 RSV

연구자가 됐어요."

2008년의 어느 날, 맥렐란은 그레이엄의 사무실로 슬쩍 찾아와서 RSV 이야기를 나누기 시작했다. 그레이엄은 마침 팀에 구조생물학 전문가가 한 명도 없는데, 혹시 합류해서 백신 연구를 해 볼 생각이 없느냐고 물었다. 큉이 별로 주목받지 못하는 바이러스를 연구하거나 이력서에 너무 다양한 경력이 기재되어 있으면 커리어에 전혀 도움이 안 된다고 경고한 말이 생각났지만, 맥렐란은 그의 제안이 솔깃했다.

그레이엄과 맥렐란이 보기에 문제는 명확했다. 실패한 RSV 초기 백신은 F 단백질이라는 RSV의 핵심 단백질을 인체 면역계에 성공적으로 전달했다. F 단백질이라는 명칭은 RSV가 인체 세포에 감염될 때 바이러스와 세포를 융합시키는fuse 기능을 한다는 의미에서 붙여졌다. 또한 초기 백신으로 RSV 입자 표면에 존재하는 F 단백질과 결합하는 항체도 다량 생성됐다. 문제는 이렇게 만들어진 항체가 감염을 막는 중화 항체가 아니었다는 점이다.

맥렐란과 그레이엄은 바이러스가 세포에 침입하는 과정에서 F 단백질의 구조가 바뀌고, 이로 인해 항체가 표적으로 삼는 부분, 즉 바이러스 입장에서는 공격에 취약한 부분이 눈에 띄지 않게 된다고 추정했다. 그래서 항체는 세포와 융합이 끝난 다음 구조가 바뀐 F 단백질을 공격하는데, 이는 세포와 융합되기 전 F 단백질과 다르므로 RSV 백신을 투여하면 중화 활성이 없는 항체가 폐에서 대폭 늘어나 염증이 생기고 RSV 바이러스에 자연적으로 감염될 때보다 병을 더 심하게 앓는다. 한마디로 초기 백신에 사용된 단백질의 종류는 정확했지만 형태나 구조가 잘못됐다.

그레이엄과 맥렐란은 감염을 막는 백신을 만들기 위해서는 RSV의 F 단백질 구조가 세포와 융합되기 전 상태로 유지되도록 만들어야 중화 항체가 활성화될 수 있다고 보았다. 하지만 말이 쉽지 간단한 일이 아니었다. F 단백질은 불안정하기로 악명이 높았다. 즉 형태가 수시로 바뀌어서 통제하기가 힘든 단백질이다.

맥렐란은 HIV 외피 단백질을 연구해 온 학자들이 개발한 기술을 비롯해 다양한 엑스선 결정분석 기술을 활용하여 1년 동안 연구한 끝에 RSV F 단백질의 융합 전 구조를 높은 신뢰도로 최초 분석하는 데 성공했다. 그는 자신이 밝혀낸 이 단백질의 형태가 꼭 장난감 회사 너프Nerf에서 만든 풋볼공처럼 생겼다고 설명했다.[4] 2013년 초, 맥렐란과 그레이엄, 쾅은 백신 연구센터의 다른 연구자들과 함께 맥렐란의 분석으로 얻은 이미지를 활용하여 새로운 F 단백질을 설계했다. F 단백질의 구조에서 뚫려 있는 공간이 채워지고 분자가 단단히 결합된 상태로 유지되도록 아미노산 4개가 다른 것으로 바뀌도록 유전자 염기서열을 조정했다. 그래야 융합 후에 형태가 바뀌지 않는다.[5]

맥렐란은 이렇게 변형된 DNA를 포유동물 세포에 감염시켜 세포와 융합되기 전의 형태가 유지되는 F 단백질을 만들었다. 이를 항원으로 삼아 새로 만든 백신을 동물에 투여한 결과, 기존 RSV 백신을 투여했을 때보다 중화 항체가 최대 40배까지 증가한 것으로 나타났다. 단백질 구조를 안정화한 과정을 밝힌 이 연구 결과는 2013년 11월 〈사이언스〉에 게재됐다. 그해 선정된 가장 혁신적인 연구에서도 2위를 차지했다. 2021년 여름 현재 몇몇 업체가 맥렐란, 그레이엄 연

과학은 어떻게 세상을 구했는가

구진의 성과를 토대로 RSV 백신 개발의 거의 막바지 단계에 이른 것으로 알려졌다.

그러나 다트머스대학교에 처음으로 교수 자리를 얻은 2013년, 맥렐란은 연구비를 구할 수가 없었다. 1년 동안 국립보건원에 RSV 관련 연구를 해 보겠다는 제안서를 세 차례 제출했지만 전부 탈락했다. 미래가 암담해진 그는 이러다 자신이 데리고 있는 박사 과정 학생들과 박사후 연구원들에게 월급도 못 주는 지경에 이를까 봐 초조해졌다.

"제 인생에서 가장 암울했던 시기였습니다." 맥렐란의 이야기다.

맥렐란은 조언을 구하고자 그레이엄에게 전화를 걸었다. 듣는 사람을 안심시키는 특유의 말투로, 그레이엄은 그에게 다른 병원체를 연구해 보면 어떠냐고 제안했다. 그가 제안한 건 코로나바이러스였다. 별로 주목받지 못하는 바이러스, 과학자들도 크게 관심을 기울이지 않는 바이러스지만 그레이엄은 계통상 RSV의 상위 바이러스이므로 그가 최근까지 해 온 연구가 유용하게 쓰일 수 있을지 모른다고 말했다. 유전체가 RNA라는 점, 바이러스 단백질이 세포와 융합되어야 침입이 가능하다는 점, 작은 바이러스 입자를 통해 감염이 확산된다는 점도 RSV와 코로나바이러스의 공통점이다. 그레이엄은 약 10년 단위로 위험성이 높은 코로나바이러스가 확산되는 동향이 나타난다는 점도 강조했다. 실제로 두 사람이 이런 대화를 하던 시점에 중동에서 새로운 종류의 코로나바이러스가 나타났다는 불안한 소식이 전해졌다.

맥렐란은 그레이엄의 조언을 따르기로 했다. 그리고 얼마 지나지 않아, 자신이 과학계에서도 손꼽을 만큼 침체된 분야를 택했다는 사실을 깨달았다.

✦✧✦

코로나바이러스는 수십 년간 별로 알려진 것이 없고 그다지 중요하지 않은 바이러스로 여겨졌다. 돼지, 닭, 개, 고양이, 쥐에 감염되면 심각한 병을 일으킬 수 있지만 사람에게 감염되면 일반 감기 정도에 그치는 것으로 알려졌다.

코로나바이러스 전문가들은 학계가 자신들의 연구에 주목하지 않아도 개의치 않았다. 유전자와 단백질이 독특한 방식으로 발현되는 특이하고 흥미로운 바이러스라서 연구에 뛰어든 사람들의 지적 호기심은 만족스럽게 충족됐다. 오히려 이 바이러스가 상대적으로 잘 알려지지 않았다는 점 때문에 '더' 매료된 학자들도 있었다. 코로나바이러스 연구에 매진해 온 전문가들은 자신만의 영역에서 새로운 발견을 해낼 기회를 더 많이 누렸다. 과학자는 보물을 찾아다니는 사람들과 비슷한 면이 아주 많다. 새로운 것을 발견했을 때 가장 큰 행복을 느낀다는 점도 그렇다. 새로운 무언가를 찾아낼 수 있다는 가능성은 70대, 심지어 80대 연구자도 실험복을 걸치고 연구실에 영원히 머물게 만든다.

언론의 헤드라인을 장식하거나 수십억 달러가 오가는 스타트업을 차린 잘나가는 학자로서 세상의 뜨거운 관심을 받는 것에는 별 관심 없는 여러 미생물학자가 코로나바이러스 분야로 모여들었다. 이들이 제출한 논문이 유명 학술지에 실리는 경우는 드물고 보통 이 바이러스에 관심을 가진 사람들이 주로 읽는 학술지에 게재됐다. 논문이 채택될 확률 면에서는 코로나바이러스 연구가 오히려 유리한 경우도 있었다.

"아무도 관심을 갖지 않아서 저는 좋았어요." 1970년대 말부터 코로나바이러스를 집중 연구했고 나중에는 펜실베이니아대학교 교수가 된 수전 웨이스Susan Weiss의 말이다.

세계 곳곳의 대학에 흩어져 코로나바이러스를 쫓는 학자들은 가끔 힘을 모으기도 했지만 다른 과학 분야 못지않은 극심한 경쟁을 벌였다. 1980년에는 모두 합쳐 60명 정도인 전 세계 코로나바이러스 전문가들이 독일 뷔르츠부르크의 옛 성에 모여 학회를 열었다. 서로 돈독한 사이가 될 기회가 되었던 이날 행사에서 맛있는 음식과 와인만큼 참석자들의 마음을 사로잡은 발표가 이어졌다.

19세기경 아마도 소에서 인간으로 넘어오면서 처음 나타난 것으로 추정되는 OC43라는 인체 코로나바이러스가 문명사회에 확산되어 일반 감기의 원인 중 하나가 되었다는 견해가 그 즈음에 제기됐다. 동그란 구 모양의 코로나바이러스 표면 전체에는 단백질이 왕관 비슷한 형태로 돌출되어 있으며 이 돌출부는 침처럼 뾰족하다. 영국의 바이러스 학자 데이비드 타이렐David Tyrrell과 준 알메이다June Almeida가 1968년 이 바이러스에 왕관을 뜻하는 라틴어 '코로나corona'라는 이름을 붙인 이유를 충분히 이해할 수 있는 특징이다.[6]

타이렐은 일반 감기의 치료법을 찾던 학자였다. 1957년에는 영국 월트셔 시가 감기 환자의 표본을 확보하기 위해 만든 '감기 분과'의 총괄을 맡아 어린이를 비롯한 자원자의 코 분비물을 수집했다. 이 분과의 연구진은 감기 바이러스가 얼마나 쉽게 확산되는지 증명하기 위해 연구자 한 명의 코에 형광염료가 포함된 액체를 바르고 여러 명이 둘러앉아 카드게임을 하는 실험을 실시했다. 나중에 불을 끄고 형광램프를 켜자 카드와 게임을 함께한 사람들의 손가락, 탁자는 물론 방 곳곳 여러 장소에 염료가 묻어 있는 충격적인 광경이 펼쳐졌다.[7]

감기를 일으키는 코로나바이러스를 어떻게 해야 막을 수 있는지 관심을 갖는 사람이 너무 없다는 사실에 타이렐은 점점 좌절했다. 의사들이 가장 흔한 이 병원체를 무시하고 감기는 그냥 두면 알아서 낫는다는 소리를 들을 때마다 화가 치밀었다. 그럴 때 타이렐은 영국의 유머 작가 A. P. 허버트A. P. Herbert의 시를 인용하곤 했다.

하지만 나는 분한 마음을 솔직히 담아 대답합니다
"그 빌어먹을 것이 왜 시작되도록 두어야 합니까?"[8]

일부 가축에 감염되어 호흡기관과 위·장관을 공격하는 코로나바이러스를 막기 위한 백신이 마침내 개발됐지만, 콧물이나 인후통, 그밖에 좀 성가시긴 해도 별것 아닌 증상을 일으키는 병에 귀중한 자원을 쓰는 건 우스운 일이라고 여기는 사람이 대부분이었다. 그런 상황에서도 코로나바이러스에 대한 과학적인 지식은 계속 늘어났다. 1970년대에는 캐스린 홈스Kathryn Holmes를 비롯한 여러 학자들이 코로나바이러스가 쥐에 어떤 방식으로 영향을 주는지 알아냈다. 바이러스 입자의 표면에 있는 스파이크 단백질이 바이러스가 숙주 세포에 달라붙는 지점이라는 사실도 밝혀졌다. 홈스는 이 스파이크 단백질의 끝부분이 숙주 세포 표면에 있는 수용체와 결합하며, 스파이크 단백질마다 맨 아랫부분에 바이러스 막과 숙주 세포의 막을 융합시키는 장치가 있고 이 융합 과정을 통해 감염이 시작된다고 밝혔다. 코로나바이러스의 유전체가 다른 RNA 바이러스 유전체보다 길다는 사실도 확인됐다. HIV와 비교하면 약 3배, 인플루엔자 바이러스 유전체보다는 2배 더 길다.

2002년, 중국 남부 광동성에서 기존에 알려진 것과는 크게 다른 종류의 코로나바이러스가 나타났다. 박쥐 분비물에 존재하던 것으로 추정되는 이 바이러스는 사향고양이 등 고양이와 유사한 포유동물을 통해 인간에게도 전파됐다. 처음에는 음식을 취급하던 사람들에게 감염됐고 병원 직원들에게로 감염이 확산됐다. 이들 중 한 명이 감염 사실을 모른 채 홍콩의 한 호텔에 묵은 후 아시아 여러 국가로 확산된 데 이어 전 세계로 퍼져 나갔다. 문제의 바이러스에는 '사스코로나바이러스SARS-associated coronavirus' 또는 'SARS-CoV'라는 이름이 붙여졌다. 사스SARS는 이 바이러스 감염으로 발생하는 '중증급성호흡기증후군'의 줄임말이다. 곧 사스로 인한 사망자가 나타나기 시작했고 사망률은 10퍼센트에 이르렀다.

이전부터 코로나바이러스 연구에 매진해 온 사람들은 엄청난 충격에 빠졌다. 그토록 열정적으로 연구해 온 바이러스가 종류에 따라 사람의 목숨을 앗아갈 수도 있다는 건 생각지도 못한 일이었다. 게다가 사스 사태가 일어나자 난데없이 과학계는 물론 더 넓은 범위에서 사람들의 관심이 쏟아졌다.

"이게 코로나바이러스라는 사실이 믿어지시나요?" 웨이스는 그 때 한 동료에게 이런 이메일을 보냈다고 했다.

SARS-CoV는 약 8개월 만에 사라졌지만, 1000명 가까이가 사스로 목숨을 잃었다. 그나마 마스크 쓰기, 손 씻기, 체온 측정 같은 조치를 조기에 도입한 덕분에 유행을 중단시킬 수 있었다. 대부분 감염자를 통해 확산됐고 증상이 없는 사람을 통해서는 확산되지 않아 환자 격리와 접촉자 추적 등 공중보건 조치가 효과를 발휘한 것도 유행을 중단시키는 데 도움이 되었다. 글락소스미스클라인을 비롯한 몇몇 업체가 사스 백신 개발에 나섰고 게일 스미스가 메릴랜드에 설립한 작은 생명공학 회사 마이크로제네시스도 그 대열에 합류했지만 유행이 신속히 종료되면서 모두 불필요한 노력이 되었다.

그러나 이후 과학자들은 오랜 시간에 걸쳐 SARS-CoV를 상세히 탐구했다. 연구 결과 이 바이러스의 스파이크 단백질 말단이 인체 세포막에 존재하는 ACE2라는 효소를 통해 세포와 결합한다는 사실이 밝혀졌다. 스파이크 단백질이 바이러스 전용 수용체 역할을 하는 것이다. 코로나바이러스 백신을 개발한다면 이 스파이크 단백질이 중요한 표적임을 알 수 있는 결과였다. 코로나바이러스에도 돌연변이가 일어난다는 사실, 그리고 동물에서 사람으로 전파될 수 있고 사람에서 다른 사람에게 전염된다는 사실도 명확히 밝혀졌다.

사스가 진정되자 코로나바이러스 연구에 쏟아지던 연구비는 차츰 줄고 과학계의 구도는 다시 예전 상태로 돌아왔다. 그러다 2012년, 사우디아라비아에서 열이 나고 기침, 호흡 곤란 증상을 보이는 사람들이 늘어나기 시작했다. 바이러스 감염에 따른 호흡기 질환으

과학은 어떻게 세상을 구했는가

로 밝혀진 이 중동호흡기증후군MERS(메르스) 역시 새로운 코로나바이러스가 원인으로 드러났다. 박쥐에서 생겨난 메르스 바이러스는 이번에는 낙타를 통해 인체 감염으로 이어졌고, 치사율이 36퍼센트에 이를 만큼 사스보다 훨씬 치명적이지만 사람 간 감염은 사스만큼 쉽게 일어나지 않는 것으로 확인됐다.

곧 전 세계가 다시 공중보건 위기 상황에 처했고 중동호흡기증후군 코로나바이러스MERS-CoV는 수십 개국으로 확산됐다. 이 일을 계기로 코로나바이러스 연구 지원이 다시 되살아나 맥렐란도 마침내 다트머스 연구실을 꾸리는 데 필요한 연구비를 확보할 수 있었다.

맥렐란과 그레이엄은 메르스 백신을 개발하기로 뜻을 모았다. 그리고 중국의 한 젊은 연구자도 두 사람의 연구에 중요한 힘을 보태기로 했다.

❖✪❖

니안슈앙 왕Nianshuang Wang은 1990년대 중국 동부 해안에 자리한 산둥성 작은 마을에서 자랐다. 부모님은 남의 땅을 빌려 밀과 옥수수, 다른 여러 작물을 재배하면서 지역 공장에서도 일했다. 먹고살 식량은 충분했지만 부모님은 고기나 우유를 구입하는 건 사치스러운 일이라고 여겼다. 왕은 겁이 나서 학교에 가기 싫었던 때가 많았다고 전했다. 특히 겨울은 혹독한 추위가 찾아와도 교실에 난방이 전혀 되지 않아서 아이들이 한데 모여 벌벌 떨어야 했다. 어떤 날은 손발이 고통스러울 정도로 차가워서 연필을 쥘 수도 없었다. 당시에는 선생님이 낸 문제를 맞히지 못하면 체벌을 당하던 때라, 왕은 맞지 않으려고 애를 쓰다가 공부를 잘하게 된 것 같다고 인정했다.

"공부에 도움이 된 건 맞지만 상처가 된 것도 사실입니다." 왕이 말했다.

마을과 마을 주변 지역을 돌아다니며 자연에서 가르침을 얻는 시간이 왕에게는 가장 즐거운 수업이었다. 이웃 마을까지 가서 전갈, 메뚜기와 여러 곤충을 잡기도 했고 물고기와 식물도 관찰했다. 동물과 식물을 지배하는 과학적인 규칙과 원칙은 무엇일까, 머릿속에서 궁금증이 끝없이 솟아났다.

"동물들에게 어떤 이야기가 숨어 있는지 알고 싶었어요. 학자가 되는 것에는 별로 관심이 없었지만 과학이 재밌었습니다."

고등학교 입학시험에서 아주 우수한 성적을 받은 덕분에 전액 장학금을 받고 용돈도 조금 생겼다. 고등학교 졸업 후에는 중국 해양대학교에 입학해 어린 시절부터 간직했던 여러 가지 궁금증이 해소되기를 바라며 생물학을 전공했다. 학교가 있는 칭다오는 인구가 900만 명에 이르는 항구 도시였고, 그곳 생활은 녹록하지 않았다. 난생처음으로 슈퍼마켓에 간 왕은 편리하게 장을 보라고 입구에 놓인 장바구니를 사용하지 않았다. 물건을 훔쳤다고 의심을 받고 잡혀 갈까 봐 겁이 났기 때문이다. 버스 요금을 어떻게 내야 하는지도 몰라서 한참을 헤맸다. 룸메이트는 비디오 게임기를 다룰 줄 모른다며 왕을 놀리곤 했다.

"다들 절 바보라고 생각했어요." 왕이 말했다.

하지만 우수한 성적이 자신감을 되찾아 주었다. 2009년에는 중국에서 명문 대학으로 꼽히는 베이징 칭화대학에서 구조생물학 박사 과정을 시작했다. 그리고 2013년에 코로나바이러스를 집중 연구하기로 결심했다. 10여 년 전 사스의 중심지였던 중국에서는 5000명 이상이 감염되고 349명이 목숨을 잃었다. 그 일로 사회경제적인 불안감도 커졌다. 사스는 마오쩌둥이 "역병을 일으키는 신에게 작별 인사를 고한다"고 말한 지 50년도 지나지 않아 아무 대비도 없이 겪은 유행병이었다.[9]

메르스 코로나바이러스가 중동에 확산될 조짐이 나타나자 칭화대학에는 이 새로운 바이러스의 스파이크 단백질이 세포 표면의 수용체와 결합하는 부분이 어떤 구조로 되어 있는지 밝혀내기 위한 연구진이 꾸려졌다. 왕도 그 일원이 되었다. 바이러스가 인체 세포에 감염되는 정확한 지점을 찾는 것이 목표였다. 왕이 속한 연구진은 같은 목표로 경쟁을 벌이던 다른 연구진들을 제치고 결승선에 도달했다. 왕에게는 처음으로 얻은 커다란 과학적 성취였다.

큼직한 얼굴에 짙은 색 머리카락이 삐죽삐죽 뻗은 모습의 왕은 코로나바이러스가 전 세계인의 건강을 계속 위협할 것이라 확신했다. 그만큼 이 바이러스가 거의 관심을 얻지 못한다는 사실이 불안했다. 맥렐란이 RSV 연구에서 거둔 성과를 논문에서 읽은 후, 그는 다트머스에 있는 맥렐란 연구실에 합류하고 싶다는 뜻을 밝혔다. 이 분야에서 쌓은 전문 지식과 기술을 계속 활용하고 코로나바이러스 백신을 만들 수 있을지도 모른다는 희망으로 내린 결정이었다.

왕은 다트머스에 오자마자 편안함을 느꼈다. 맥렐란의 유쾌한 유머감각이나 다들 티셔츠에 청바지 차림으로 출근하는 편한 분위기도 마음에 들었다. 맥렐란은 다른 사람의 생각에 동의할 수 없을 때도 대부분 눈썹을 치켜올리는 정도로 감정을 표현하는 게 다였다. 무엇보다 맥렐란은 에너지를 얻어야 한다며 하루 종일 군용 카페인 껌을 씹는 별난 습관이 있었지만 연구실에서 무슨 일이 일어나든 침착해서 정말 좋았다. ("커피는 작용 속도가 너무 느려요. 카페인은 위와 장으로 흡수되어야 합니다." 맥렐란은 카페인을 껌으로 섭취하는 이유를 설명했다. "껌을 씹으면 카페인이 위로 유입되어 5분 내로 혈액을 통해 순환합니다. 게다가 칼로리도 없고요.")

다트머스대학교의 한적한 캠퍼스도 왕에게 큰 만족감을 주었다. 가끔 근처에서 곰, 박쥐, 무스가 출몰하던 뉴햄프서 하노버의 울창한 숲에 자리한 캠퍼스에 있을 때면 고향에서 자연을 벗 삼아 지내던 시절이 떠올랐다.

왕과 맥렐란은 2015년 초부터 메르스 코로나바이러스 백신 개발 연구를 시작했다. 면역계가 이 바이러스의 스파이크 단백질을 인식하도록 가르치는 방법을 찾는 것이 주된 목표였다. 이런 목표를 잡은 데에는 그럴 만한 이유가 있었다. 인체의 적응 면역 기능은 가끔 적과 친구를 구분하지 못해서 도움이 필요한 경우가 있지만 일단 제대로 배우고 나면 잘 기억해 두었다가 처음 훈련을 받은 뒤 수개월, 심지어 수년이 지나도 적이 나타나면 전투태세에 돌입한다. 그러므로 인체가 병원체를 탐지하도록 가르칠 수 있는 방법을 찾는 것이 관건이다. 바이러스에 굉장히 독특한 특징이 있어서 면역계가 한눈에 알아보고 바이러스 전체가 아닌 일부만으로도 금세 알아볼 수 있다면 가장 좋다. 턱의 푹 파인 자국만 보고 미식축구 선수 톰 브래디라는 사실을 알아채거나 두꺼운 입술로 앤젤리나 졸리를, 엉덩이 윤곽으로 킴 카다시안을 곧바로 알아볼 수 있는 것처럼 면역계도 바이러스의 작지만 독특한 요소를 단서로 삼아 그 바이러스를 인식할 수 있다.[10] 그러려면 브래디의 턱이나 졸리의 입술, 카다시안의 엉덩이처럼 바이러스의 어떤 부분을 그런 단서로 활용해야 가장 효과가 있는지부터 알아내야 한다.

코로나바이러스의 가장 두드러진 특징은 스파이크 단백질이다. 맥렐란과 왕은 메르스 코로나바이러스의 스파이크 단백질을 만들어서 인체 면역계가 이 단백질에 노출되도록 하면 감염을 막는 항체가 만들어질 것이라고 보았다. 그러면 막아 내려는 실제 바이러스의 일부나 다른 버전의 바이러스로 백신을 만들지 않아도 된다고 생각했다.

몇 개월 동안은 실망스러운 결과만 나왔다. RSV의 F 단백질처럼 메르스 코로나바이러스의 표면에 있는 스파이크 단백질도 처음 상태가 유지되지 않고 세포에 감염되기 전과 후에 형태가 달라졌다. 뚜껑을 열면 용수철에 달린 인형이 툭 튀어나오는 장난감처럼 뚜껑을 열기 전과 후의 상황이 달라지는 것이다. 이에 왕과 맥렐란은 그레이엄 연구실의 다른 연구자들과 함께 사람의 태아 세포나 중국 햄스터 난소 세포에 스파이크 단백질의 유전 암호를 전달해서 단백질을 만들어 보려고 했다. 하지만 이렇게 얻은 단백질은 백신으로 활용할 수 있을 만큼 면역 반응을 강하게 일으키지 못했다.

연구진은 유전 암호를 이리저리 바꿔보았다. 새로운 버전 하나를 만들고 시험하는 데 몇 주씩 걸렸지만 큰 진전은 없었다. 바이러스의 스파이크 단백질이 세포와 결합하기 전 상태 그대로 유지되어야 감염을 막을 수 있는 항체가 생산되는데, RSV에 적용한 방법을 활용해서 형태가 고정되도록 단백질을 변형시켜 보았지만 메르스 코로나바이러스의 스파이크 단백질에는 아무 효과가 없었다. 전통적인 기법도 동원해 보았지만 결과는 마찬가지였다.

그때 그레이엄이 새로운 제안을 했다. 잠시 쉬면서 영향력이 독감을 일으키는 정도에 그치는, 메르스보다 약한 HKU1이라는 코로나바이러스를 연구해 보라고 한 것이다. 그레이엄의 연구실에서 일하던 한 젊은 연구자가 HKU1에 감염된 적이 있어 항체도 쉽게 얻을 수 있었다. 맥렐란과 왕은 캘리포니아 라졸라에 있는 스크립스 연구소의 앤드류 워드Andrew Ward라는 젊은 교수와 손잡고 초저온 전자현미경을 사용하여 HKU1 스파이크 단백질의 분자 구조를 처음으로 상세히 밝혀냈다. 또한 이 단백질의 줄기 부분에 형성된 나선 모양의 핵심부까지 밝혀졌는데, 연구진은 메르스 코로나바이러스 스파이크 단백질의 줄기 부분도 이와 비슷한 형태일 것으로 추정했다.

스파이크 단백질의 구조가 상세히 밝혀지자 자신감이 생긴 맥렐란과 왕은 다시 메르스 코로나바이러스 연구로 돌아갔다. 세포와 융합하기 전의 단백질 구조가 그대로 유지될 수 있다면 어떤 결과가 나올지 확인하고 싶었다. 왕은 컴퓨터 앞에 앉아 메르스 코로나바이러스 스파이크 단백질의 줄기 부분에 해당하는 염기서열에 프롤린이라는 단단한 아미노산을 끼워 넣었다. 건물을 짓는 사람들이 전체 설계를 조정하듯, 왕과 맥렐란은 이 단백질의 구조가 무너지지 않도록 비계飛階를 덧댄 것이다.

2016년 2월, 왕은 이렇게 변형된 유전 암호를 배양한 인체 세포에 삽입했다. 그 결과 스파이크 단백질이 안정적으로, 그것도 다량 만들어졌다.

"우리가 해냈습니다." 그는 맥렐란에게 이메일로 결과를 알렸다.

그레이엄의 연구실에 얼마 전 합류한 바이러스 면역학자 키즈메키아 코벳Kizzmekia Corbett은 이 새로운 백신을 마우스에 투여하는 실험을 진행했고 그 결과 안정화 과정을 거치지 않은 스파이크 단백질보다 항체 역가가 최대 5배 높아진 것으로 확인됐다. 인체 시험은 물론 다른 동물에도 실험해 보고 정말로 보호 효과가 있는지 확인해야 하는 절차가 남았지만, 맥렐란과 그레이엄은 메르스 코로나바이러스의 효과적인 백신 항원을 찾은 엄청난 성과가 나왔다고 확신했다.

딱 한 명을 제외한 팀 전체가 기뻐했다. 그 사람은 왕이었다.

❖¤❖

미국에 머문 기간은 짧았지만 왕은 HKU1 연구에도 힘을 보탰고 이 바이러스를 공격할 방법을 찾는 연구에도 참여했다. 이어 메르스 코로나바이러스의 스파이크 단백질을 인체 면역계의 대응에 활용할 수 있는 완벽한 형태로 만들기 위한 유전자 염기서열 설계도 도왔다. 왕과 동료들은 향후 스파이크 단백질이 중요한 기능을 하는 다른 코로나바이러스나 비슷한 바이러스의 감염이 갑자기 확산될 경우 이 기술을 적용할 수 있다고 확신했다.

이러한 성과가 나오고 한 달 뒤인 2016년 3월에는 영어 이름이 조이Joy인 아내와 왕에게 새 식구가 생겼다. 첫 아이 그레이스가 태어난 것이다. 왕에게는 또 하나의 경사였다.

하지만 왕은 기뻐할 겨를이 없었다. 오히려 크게 낙심했다.

왕은 맥렐란과 코벳, 그레이엄 연구실과 앤드류 워드 연구실의 다른 연구자들과 공동으로 메르스 연구 내용을 상세히 보고한 논문을 작성하여 학술지에 제출했다. 코로나바이러스 스파이크 단백질을 안정화할 수 있는 기술을 찾았고, 이는 보편적으로 활용 가능성이 있으며, 향후 이 기술로 효과적인 백신을 만들 수 있다는 사실이 입증됐다는 내용이 담긴 논문이었다. 그러나 유명 학술지 다섯 곳에서 연달아 게재 거부 의사를 밝혔다. 심사위원 중에는 "오류"로 나온 데이터라고 이야기한 사람도 있었고 "개념을 발전시킨 과정을 광범위하게 설명하지 않았다"는 의견을 밝힌 심사위원도 있었다.

왕은 이런 반응에 굉장히 실망했다.

선임 연구자가 되어 언젠가는 직접 연구실을 이끌고 싶다는 꿈을 가졌던 그는 정식 발표된 논문 없이는 커리어를 키울 수 없다는 사실을 잘 알았다. 아내도 맥렐란도 기운 내라고 응원했다. 맥렐란은 다른 학자들이 새로운 연구 결과를 받아들이기까지 시간이 좀 걸리기도 한다고 말했다. 하지만 왕의 기분은 점점 나빠지기만 했다. 연구실 밖에서도 스트레스가 가중됐다. 메르스 백신 연구가 정리되자 이번에는 논문을 쓰는 데 너무 많은 시간을 할애했고, 아내와 새로 태어난 아기와 보낼 시간이 거의 없었다.

"가족들한테 신경 좀 썼으면 좋겠어." 어느 날 저녁 아내는 그에게 말했다.

과학은 어떻게 세상을 구했는가

왕은 그러겠다고 약속하면서도 논문이 나올 때까지는 좀 기다려 달라고 말했다.

"우리 연구 결과가 이 분야를 대대적으로 바꿔 놓을지도 몰라. 다음에 대유행병이 생긴다면 도움이 될 수 있고." 왕은 아내에게 설명했다.

그만큼 매진했기 때문에 학술지에서 논문이 채택되지 않았다는 연락이 올 때마다 한 방 크게 얻어맞은 기분이었다. HKU1 연구 논문에 제1저자로 이름이 올라가지 않았다는 점도 신경 쓰였다. 결국 왕은 자신이 제1저자로 쓴 논문을 발표해야 한다고 생각하고 새로운 연구를 시작하기로 했다. 지난 수년간 연구에 매진했는데 또 새로운 논문을 써야 하는 상황이었다. 맥렐란이 오스틴에 있는 텍사스대학교 선임교수로 가게 됐을 때 왕은 함께하자는 그의 제안을 어쩔 수 없이 받아들였지만, 자리를 옮기자마자 다트머스의 고요한 환경이 그리웠다.

걱정은 나날이 늘어만 갔다. 박사후 연구원 자격으로는 돈을 충분히 벌 수 없는데 아이를 키우느라 지출은 계속 늘어났다. 그도, 아내도 영주권을 받지 못한 상태라 비자가 만료되면 미국에서 고생만 하고 그럴듯한 성과 없이 중국으로 돌아가야 될 수도 있었다. 생각만 해도 두려운 일이었다.

HKU1 연구 논문은 마침내 학술지에 실렸다. 괜찮은 학술지였지만 최고로 꼽히는 곳들보다 한 단계 수준이 낮은 곳이었고, 그 결과에 주목하는 과학자는 거의 없었다. 코로나바이러스는 여전히 재미없는 연구 주제로 여겨졌다. 왕은 이런 반응을 보며 다시 한 번 낙담했다.

"사람들도 나중에는 알게 될 겁니다." 맥렐란은 힘을 북돋아 주고 싶어서 말했다.

왕은 불면증에 시달렸다. 아침마다 서글픈 마음과 피로감에 짓눌려 자리에서 겨우 일어났다. 아내는 그가 우울증을 겪고 있음을 깨닫고 치료사를 만나 보라고 했다. 맥렐란도 돕기로 했다.

왕은 가까운 곳에 있던 치료 시설을 찾아갔고, 그곳에서 항우울제를 처방받았다. 기분은 한결 나아졌지만 약 때문에 생각이 유기적으로 잘 정리되지 않아서 복용을 중단하기로 했다. 그러나 그때부터 감정이 한껏 날카로워졌고 아내나 맥렐란과 다투는 일이 잦아졌다.

"굉장히 예민해졌어요. 두 사람은 저를 도우려고 했는데, 저는 그들과 갈등을 빚었습니다." 왕이 전했다.

하지만 시간이 흐르고 왕은 암울한 감정에서 천천히 벗어났다. 가족에게 최선을 다하고, 동료들이 자신이 하는 연구에 관해 뭐라고 떠들든 신경 쓰지 않기로 마음먹었다. 논문이 학자의 재능과 성취를 다 증명할 수 있는 건 아니라는 사실도 깨달았다.

"저 자신을 받아들이고 밑바닥에서 다시 위로 올라가려고 안간힘을 썼습니다." 왕이 말했다. 2017년이 끝나갈 무렵부터 그와 맥렐란의 연구는 전보다 인정받기 시작했다. 최소한 코로나바이러스 전문가들 사이에서는 그랬다. 왕, 맥렐란, 그레이엄, 그리고 이들과 함께 연구한 동료들은 코로나바이러스의 구조를 밝히고 불안정한 스파이크 단백질을 안정화하는 방법을 찾았다. 또한 효과적인 메르스 백신을 만들 수 있는 청사진도 제시했다.

하지만 이러한 접근 방식을 확실하게 검증하지는 못했다. 정말로 효과적인 백신을 만들기 위해서는 더 많은 도움이 필요했다. 건축가가 종이 위에 아무리 멋지고 훌륭한 설계도를 그려도 실제 결과물을 만드는 건 다른 일인 것처럼, 메르스 백신을 만들어서 인체 세포에 일정하고 효과적으로 전달할 방법을 찾을 회사가 필요했다.

스테판 방셀과 모더나에 관해 알게 된 그레이엄은 크게 반기며 메신저RNA 기술이야말로 이상적인 백신 기술이라 확신했다. 그는 모더나가 아주 특별한 일을 하고 있다고 보았다. 모더나가 어떤 문제와 씨름하고 있는지 그는 전혀 알지 못했다.

9 장

2014-2017

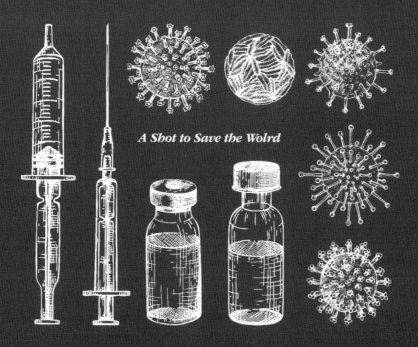

A Shot to Save the Wolrd

케리 베네나토Kerry Benenato는 모더나에 찾아온 가장 큰 문제를 해결하기 위해 고투했다.

3년 전인 2014년에 에릭 황과 스티븐 호지의 설득으로 스테판 방셀을 비롯한 모더나 경영진은 회사의 사업 방향을 치료제에서 백신으로 변경했다. 이 변화는 실패의 늪에 빠진 회사를 살릴 기점이 될 것으로 여겨졌다. 2017년에 모더나는 국립보건원의 바니 그레이엄 연구진과 파트너십을 체결하고 메신저RNA 백신을 함께 개발하기로 했다. 모더나 경영진은 이 새로운 협력이 꼭 가치를 발휘하길 기대했다.

하지만 모더나가 넘어야 할 큰 장애물이 남아 있었다. 그해 마흔 살이던 유기화학자 베네나토에 손에 떨어진 바로 그 문제는 도저히 해결 방법을 찾을 수 없을 것 같았다. 베네나토는 3년 전 모더나에 입사했을 때 이미 이 문제의 조짐을 느꼈다. 동료가 안내하는 대로 회사 이곳저곳을 둘러보다가 모더나의 수석 과학 책임자 조셉 볼렌Joseph Bolen과도 만났는데 볼렌은 의아할 정도로 베네나토를 크게 반겼다.

"오, 굉장하군요! 전달 문제를 해결할 바로 그분이시죠." 볼렌은 환하게 웃으면서 말했다.

볼렌의 웃음에서 진심이 느껴졌다. 그는 그렇게 농담인지 뭔지 알 수 없는 말을 건넨 후 사라졌지만, 베네나토는 뭔가 심각한 일이 있구나 하고 감지했다.

'전달 문제를 해결한다고?'

그렇지 않아도 불안하고 자신에게 확신이 없는 젊은 과학자에게는 너무 과한 기대였다. 베네나토는 하버드대학교에서 박사후 연구원 과정을 마친 후 모더나에 합류하기 이전에 아스트라제네카에서 일할 정도로 실력을 인정받은 연구자였다. 하지만 이런 매력적인 이력과 증명서에도 불구하고 자존감은 자꾸 추락하기만 했다. 때로는 앞길을 가로막을 만큼 위축되기도 했다. 이전 직장에서도 윗사람들 모두가 베네나토의 업무 성과를 긍정적으로 평가하면서도 비슷한 조언을 했다. 목소리를 좀 내라, 아이디어를 더 확실하게 밝혀 봐라, 더 자세히 알려 달라는 이야기였다.

자그마한 체구에 목소리가 조곤조곤한 베네나토는 가끔 말을 더듬기도 하고 너무 긴장하면 "음……" 또는 "어……" 하는 소리만 내기도 했다. 특히 여러 사람 앞에서 말해야 할 때 더 그랬다. 발표가 항상 불편하고 어렵게 느껴지는 것도 이런 이유 때문이었다.

"저는 내성적인 사람이에요. 그래서 항상 자신감이 문제가 됐습니다." 베네나토가 말했다.

2014년 말, 모더나에 합류한 베네나토는 회사가 도움이 절실한 상황임을 금방 알 수 있었다. 지방산으로 이루어지고 현미경으로 봐야 확인할 수 있을 만큼 작은 지질나노입자_{LNP}를 mRNA에 보호막처럼 잘 감싸서 세포로 투여한다는 백신 개발 계획은 가능성이 꽤 높다고 생각했다. 이렇게 만든 백신을 투여하면 단백질이 충분한 양만큼 만들어져야 하고 지속 시간도 길어야 한다. 하지만 마우스 근육 깊숙

250

과학은 어떻게 세상을 구했는가

이 주사한 결과 과학자들이 크게 놀란 결과가 발생했다. LNP는 낯선 물질인 만큼 마우스 면역계에서 급격한 반응이 일어난 것이다. 현미경으로 봐야 보이는 이 작은 외피 물질을 도저히 받아들일 수 없다는 듯한 생체 반응이 일어났고, 특히 반복 투여 시 더더욱 극심한 반응이 일어났다.

모더나가 만든 mRNA가 면역계를 휘저어 놓은 것은 분명한 사실이었다. 황이 몇 년 전에 발견하고 오히려 반색한 것도 바로 이 특징이다. 문제는 LNP로 인한 면역계 반응 때문에 극심한 부작용이 따른다는 것이다. 백신이든 치료제든 극심한 통증이나 심한 발열 증상이 동반된다면 기꺼이 이용하려는 사람이 없을 것이므로, 모더나 개발팀에게는 이 같은 독성 영향이 심각한 문제였다.

mRNA를 세포로 무사히 전달하는 일은 오래전부터 과학자들을 괴롭혀 온 숙제였다. 카탈린 카리코와 드류 와이즈먼은 mRNA를 생체 내에 투여했을 때 면역계를 활성화하지 않고 세포막을 통과해 세포질로 들어가도록 mRNA의 화학적 기초 단위를 바꾸었다. 제이슨 슈럼과 모더나의 다른 연구자들이 카리코와 와이즈먼의 방법을 한 단계 더 발전시켰지만 문제는 완전히 해결되지 않았다. 세포 내에서 단백질이 충분한 양만큼 만들어질 확률을 높이려면 지방으로 된 나노입자로 mRNA를 감싸야 하는데, 이 mRNA 외피로 인해 발생하는 문제는 모더나에 큰 절망을 안겨 주었다.

과학계는 mRNA 분자를 감쌀 완벽한 물질을 찾기 위해 오랫동안 애를 썼다. 모더나의 공동 창업자인 로버트 랭거는 1970년대에 DNA, RNA처럼 크기가 큰 분자를 세포 내로 전달할 방법을 앞장서서 연구하던 학자들 중 한 명이었다. 당시에는 많은 사람들이 몸 바깥에서 인체 세포 안으로 크고 약한 분자를 전달하려는 시도를 아주 회의적인 시선으로 보았다. 랭거를 비롯해 그런 방법을 찾던 사람들은 아주 작은 중합체나 지질 입자 등 초소형 입자로 핵산을 감싸서 체내 효소의 작용으로 파괴되지 않도록 보호하는 기술을 개발했다.

이후 30여 년이 흐르는 동안 여러 학자와 업체를 통해 이 기술도 향상됐다. 앨나일람 파마슈티컬스Alnylam Pharmaceuticals라는 회사는 2000년대에 RNA 분자를 지질나노입자로 감싸 세포 내로 전달해서 건강에 악영향을 주는 특정 유전자의 발현을 막는 데 성공했다. RNA 간섭으로 불리는 이 기술은 지질나노입자의 장점을 부각한 중대한 초기 성과였다. 캐나다의 한 회사도 mRNA 보호 기능이 우수한 다른 종류의 지질 외피를 개발했다. 모더나가 바로 이 기술의 라이선스를 구입했다.

그러나 이 캐나다 업체가 개발한 것을 포함한 모든 지질나노입자는 주사 부위에 지질이 축적되어 이상 반응을 일으킬 수 있다. 모더나 연구진도 이 문제에 맞닥뜨렸다. 문제를 해결하려면 세포 내로 진입한 직후 mRNA를 감싼 외피가 바로 사라지도록 만들 방법을 찾아야 했다. 그래야 오한, 두통 같은 달갑지 않은 부작용을 피할 수 있다. 그러나 괜찮은 방법을 찾을 수 없어 좌절감만 쌓여 갔다. 아주 작은 공 모양의 지방, 콜레스테롤, 그 밖의 다른 성분들로 이루어진 외피를 만들어서 mRNA를 옮기되 목적지에 도착하면 십대 자녀를 파티에 데려다주고 가는 부모처럼 얼른 사라지도록 만들 방법을 찾아야만 했다. 그래야 RNA와 그 RNA로 만들어진 단백질이 세포 내에

과학은 어떻게 세상을 구했는가

머물 때 면역계가 원치 않는 방향으로 활성화되지 않는다.

베네나토는 그 해결책을 찾아야 했다.

사실 크게 놀라운 문제는 아니었다. 베네나토가 갑자기 나타난 이 회사에 입사하기로 마음먹은 이유도 물질의 전달 기술을 개발하고 싶어서였다. 하지만 이 일이 얼마나 부담감이 큰 일인지, 연구자들에게 얼마나 큰 좌절감을 주고 있는지는 알지 못했다. 모더나 이사회가 이 문제에 누구보다 크게 낙담하고 있다는 것 또한 베네나토는 전혀 몰랐다. 이사회 회의에서 몇몇 이사는 로슈와 노바티스 같은 거대 제약회사도 비슷한 문제를 겪고 해결 방법을 찾아보려 했지만 효과를 충분히 발휘하면서도 체내에서 이상 반응을 일으키지 않는 지질나노입자를 결국 개발하지 못했다는 점을 지적하며 모더나라고 해낼 수 있겠느냐고 의문을 제기했다.

스티븐 호지는 그래도 모더나가 해결책을 찾을 수 있을지 모른다고 주장했다.

"지질나노입자의 혁신을 소수의 학자나 작은 캐나다 회사에만 맡길 수는 없습니다." 호지는 베네나토의 채용이 이 문제를 해결하는 데 도움이 될 수 있다며 경영진을 설득했다.

본격적으로 일에 착수한 베네나토는 모더나가 보스턴 지역에서 주목받는 스타트업인 건 맞지만 지질나노입자 문제를 해결하는 데 꼭 필요한 화학적 연구 기반이 전혀 없다는 사실을 깨달았다. 회사에 있는 장비는 대부분 오래됐거나 고물이고, 지질이 아닌 mRNA를 다루는 데 적합한 종류였다.

"정말 겁이 났어요." 베네나토가 말했다.

그나마 회사에 핵자기공명 분광분석기가 있다는 사실에 안도했다. 이 장비가 있으면 화학자가 물질의 분자 구조를 볼 수 있다. 베네나토는 얼른 분광분석기의 상태를 확인했고, 곧 이 장비도 고물이라는 사실만 확인했다. 알고 보니 건물의 이전 세입자가 쓰던 것으로, 이사를 가면서 너무 낡아 가져가지 않고 해체만 해 놓은 크고 오래된 기계였다. 일단 베네나토는 모더나가 사용할 지질나노입자의 화학적 조성을 이리저리 바꿔 실험을 시작했지만 분광분석기가 없으니 매일 정오까지 표본을 만들어서 분석을 대신 해 줄 외부 업체에 보내야 했다. 그렇게 몇 주가 지나자 외부 업체에서 엄청난 청구서를 보냈고, 그것을 본 윗사람들은 회사에 있는 낡은 분광분석기가 다시 돌아갈 수 있도록 하는 데 필요한 비용을 내놓기로 했다.

몇 개월을 매달려도 진전이 없자 베네나토는 초조해졌다. 원래 성과가 나올 때까지 스스로를 다그치는 편이기도 했고, 새로 입사한 회사의 윗사람들에게 강렬한 인상을 남기고 싶은 욕심도 있었다.

하지만 회사 일 외에도 신경 써야 할 일들이 많았다. 베네나토는 유치원에 다니는 딸과 이제 태어난 지 18개월 된 아들을 키우는 엄마이기도 했다. 아스트라제네카에 다닐 때는 보스턴 외곽 윌섬에 있던 사무실까지 집에서 20분이면 갈 수 있었는데 케임브리지에 있는 모더나 사무실까지는 한 시간이 걸렸다. 지질나노입자로 인한 이 진퇴양난에서 얼른 벗어나려면 업무 시간을 늘려 매진해야 하는데, 두 아이까지 돌봐야 하는 상황이었다. 이런 생각에 베네나토는 불안감마저 들었다. 모더나로 회사를 옮긴 건 실수였을지 모른다는 생각도 들었다.

과학은 어떻게 세상을 구했는가

남편과 아버지에게 도움을 요청하자 두 사람은 베네나토가 지금까지 얼마나 헌신적으로 노력해서 커리어를 쌓아 왔는지 이야기하면서 회사가 겪고 있는 문제를 해결하지 못한다면 베네나토에게도 창피한 일이 될 것이라고 말했다. 다행히 남편이 집에서 아이들을 돌보기로 했고 걱정거리를 일부 덜어낼 수 있었다.

베네나토는 일에 전념하기 시작했다. mRNA를 감쌀 지질을 투여한 후 인체 효소가 작게 잘라내기 쉽도록 만드는 것이 목표였다. 모더나를 포함한 대부분 업체들은 지질나노입자가 한 덩어리로 뭉쳐 있게 하려고 여러 가지 복잡한 화학물질을 사용했다. 하지만 이 입자는 자연적으로 생겨난 물질이 아닌 만큼 체내에서 분해되려면 오랜 시간이 걸렸고 그로 인해 독성 영향이 발생했다.

그래서 베네나토는 보다 단순한 화학물질로 외피를 만드는 실험에 돌입했다. 우선 외피 구조에 화학적으로 둥근 형태인 '에스테르 결합'을 포함시켜 인체 효소가 마치 '손잡이'처럼 붙들고 분해할 수 있도록 만들었다. 에스테르 결합에는 두 가지 장점이 있다. 물에 기름을 한 방울 떨어뜨리면 섞이지 않고 그대로 유지되듯 지질나노입자가 안정적으로 유지되도록 만든다는 점, 그리고 세포 내에 유입된 직후 체내 효소의 표적이 되어 분해되도록 만들어서 지질나노입자의 성분으로 인한 해로운 영향을 신속히 없앨 수 있다는 점이었다. 베네나토는 이 방법으로 mRNA 전달 물질로 쓰일 지질나노입자의 제거 속도를 높일 수 있다고 보았다.

의약화학의 관점에서 아주 전통적인 방식을 적용한 아이디어였다. 대부분 에스테르 결합은 별로 정교하지 않다는 이유로 사용하지 않는데, 베네나토는 복잡한 물질이 먹히지 않는다면 단순한 물질로는 가능할 수 있으므로 확인할 필요가 있다고 생각했다.

베네나토가 정한 또 한 가지 목표는 면역계를 활성화해 원치 않는 반응을 일으키는 지질나노입자의 인공 화학물질을 다른 것으로 대체하는 것이다. 이러한 요건을 충족할 수 있도록 새로운 조합으로 개선된 화학물질을 만들기 시작한 베네나토는 에탄올아민에 주목했다. 자연계에 존재하는 무색 화학물질인 에탄올아민은 모든 화학자가 복잡한 화학결합을 만드는 시작 재료로 활용하는 물질이고 이 물질만 있는 그대로 사용하는 사람은 아무도 없었다. 하지만 베네나토는 에탄올아민과 에스테르 결합이라는 단순한 구성으로 지질나노입자를 만들면 어떤 결과가 나올지 궁금했다.

이 초간단한 새로운 결합물로 mRNA를 감싸서 세포 내로 전달해 본 결과, 동물의 몸속에서 단백질이 어느 정도 만들어진다는 사실이 금방 확인됐다. 단백질의 양이 그리 많지는 않았지만 놀랍고 유망한 결과였다. 이후 베네나토는 1년여에 걸쳐 에탄올아민과 에스테르 결합을 활용한 결합물을 100종 이상 만들며 기술을 개량시켰다. 이 새로운 지질나노입자의 기능은 점점 발전했다. 102번째로 만든 지질나노입자 SM102까지 확인한 후, 베네나토는 이 기술이 호지와 다른 사람들에게 자신 있게 알려도 될 만한 수준에 이르렀다고 판단했다.

결과를 본 사람들의 얼굴에 화색이 돌았다. 베네나토의 팀은 지질 외피의 조성을 계속 바꿔 가며 개선했고 2017년에는 mRNA 분자에 적용해서 마우스와 원숭이에게 주사하는 실험이 실시됐다. 그 결과 베네나토와 동료들이 오매불망 바라던 결과가 나왔다. 이 지질로

과학은 어떻게 세상을 구했는가

mRNA를 감싸서 투여하면 강력한 효과를 발휘하는 단백질이 다량 생산되는 '동시에' 투여 후 지질은 신속히 제거됐다. 마침내 특별한 재료를 찾은 것이다.

베네나토는 방셀과 아페얀, 그리고 모더나의 경영진 앞에서 이 결과를 발표하면서 새로 만든 더 단순한 구조의 지질나노입자를 모더나가 만들 모든 mRNA 백신에 활용해야 할 이유를 설명했다. 외피 물질을 변경하려면 경영진의 승인이 필요했다. 발표를 앞두고 너무 걱정돼서 연구를 처음 시작했을 때 한창 시달렸던 불안감이 다시 엄습하는 것 같았지만 막상 경영진 앞에 서자 이상할 정도로 차분해졌다. 베네나토는 그동안 간과되던 기초적인 화학물질로 어떤 결과를 얻었는지 설명했고 자신이 우연히 모더나가 봉착한 문제의 해결책을 찾은 것 같다고 말했지만 경영진은 타개책을 찾는 데 꼭 필요한 노력이었다고 생각했다. 이사회는 베네나토가 얻은 결과를 칭찬하며 백신 성분을 이 새로운 지질나노입자로 교체해야 한다는 데 동의했다. 베네나토는 큰 자부심을 느끼며 환하게 웃었다.

"과학자의 한 사람으로서 우연한 발견만큼 좋은 친구는 없다고 생각합니다." 이날 발표에서 베네나토는 이렇게 말했다.

❖ⵊ❖

바니 그레이엄은 모더나가 2017년에 이룩한 발전을 흥미롭게 지켜보았다. 백신 연구자인 그는 오래전부터 mRNA 백신을 향상할 수 있는 아이디어를 접할 때마다 큰 관심을 기울였다. 새로운 유행병이

나 그보다 더 큰 대유행병이 발생했을 때 단시간에 출시해서 문제를 해결할 수 있는 백신이 필요하지만 유서 깊은 백신 개발 방식은 너무 느리고 비용도 많이 들었다. 실제 바이러스를 사멸하거나 약화한 다음 세포를 배양하고 백신 생산 시설을 마련해서 단백질을 만드는 전통적 과정으로는 백신이 나오기까지 짧아야 수개월, 보통은 몇 년씩 걸렸다.

미국에서는 댄 바로치가 아데노바이러스인 Ad26으로 보다 나은 HIV 백신을 연구 중이고, 영국 옥스퍼드에서는 에이드리언 힐이 침팬지 아데노바이러스를 백신에 활용할 방법을 꾸준히 연구 중이라는 사실을 그도 잘 알았다. 그레이엄은 모두 가능성 있는 방법이라고 생각했지만, 2000년대 초 머크가 개발한 Ad5 HIV 백신이 끔찍한 실패로 끝났다는 사실을 상기했다. 당시 임상시험에 참여한 피험자 중에는 백신 접종 후 상태가 악화된 사람들도 있었다. 그레이엄은 바로치와 힐이 백신에 활용하려는 아데노바이러스가 그때와는 전혀 다른 종류라는 사실을 확인했지만 세포에서 벡터에 맞서는 면역 반응이 발생할 수 있다는 점, 그리고 전체 인구군 중 일부에서는 아데노바이러스를 공격하는 항체가 이미 발달했을 가능성이 있다는 점을 우려했다. 머크의 에이즈 백신도 바로 그런 문제가 불거져서 비극적인 결과로 끝났다.

반면 mRNA 분자로 유전 정보를 세포에 전달해서 인체가 단백질을 만드는 백신 공장이 되도록 하는 기술은 엄청나게 매력적인 방법이라는 생각이 들었다.

"이 기술을 활용하면 독감, RSV, HIV, 메르스 등을 해결할 수 있는

과학은 어떻게 세상을 구했는가

백신 항원 설계가 더 신속히 진행될 수 있습니다." 그레이엄은 2015년 9월에 모더나가 하는 일을 처음 알게 되었을 때 한 동료에게 이런 글을 보냈다. "DNA보다 강력하며, 벡터를 사용하는 방식보다 더 신속하게 결과를 얻을 수도 있습니다."

mRNA 백신은 세포에 특정 유전학적 지시를 전달하기만 하면 세포가 알아서 백신 항원이 될 단백질을 만드는 기술이다.

"RNA는 단백질을 만드는 가장 간단한 방법입니다." 그레이엄의 말이다.

모더나가 2017년에 완성한 mRNA 독감 백신의 초기 버전은 전망이 상당히 밝은 것으로 확인됐다. 그러나 지카 백신 개발에서는 난항이 계속되어 도움이 필요했고, 이에 모더나는 2017년 그레이엄 연구진과 손을 잡고 백신 개발을 함께하기로 했다. 그레이엄 연구진이 백신의 핵심이 되는 유전 암호를 설계하고 모더나는 그 설계대로 mRNA를 만든 다음 베네나토가 개발한 새로운 지질을 입히기로 했다.

모더나와 그레이엄 연구진은 곧 메르스의 원인 바이러스인 메르스 코로나바이러스에 맞설 백신을 만들었다. 마우스와 원숭이 실험에서 체내 항체 농도가 크게 증가한 것으로 나타났으나, 임상시험을 앞둔 시점에 메르스의 유행은 끝났다. 그러나 두 팀은 임상시험을 그대로 진행했다면 분명 백신의 효과가 입증되었을 것이며 바이러스 확산을 충분히 막을 수 있었으리라 자신했다.

그리고 비슷한 바이러스가 또 나타난다면 다시 한 번 협력하기로 약속했다.

9장

방셀은 모더나가 계속 발전하고 있다고 확신했다. 그러나 외부에서는 미심쩍은 시선을 던졌다.

방셀과 모더나에는 오래전부터 부정적 의견이 꾸준히 제기됐다. mRNA 분자를 체내에 전달해서 의약품 기능을 할 단백질을 만들어내는 일은 이전까지 누구도 성공한 적 없는 일이었다. 그래서 회사가 설립된 초기에는 모더나가 그런 일에 총력을 기울이는 것을 이상하게 보는 사람들이 많았다. 몇 년 전 모더나의 선임 과학자인 오른 알마르손Orn Almarsson은 의약계 베테랑인 제임스 커닝햄James Cuningham이 모더나에 합류하도록 설득하려고 서부 해안으로 향했다. 하지만 커닝햄은 모더나에서는 일할 생각이 없다고 직설적으로 말했다.

"전 그런 일이 가능하다고 생각하지 않습니다. 아마 안 될 거예요." 알마르손은 커닝햄이 이렇게 말했다고 전했다. "mRNA를 어떻게 만든다는 말이죠? 당신들이 과연 할 수 있을까요?"

시간이 흐를수록 사람들이 던지던 회의적 시선은 노골적인 의혹으로 바뀌었다. 생명공학 업계와 학계 연구자 대다수가 방셀을 좋아하지 않았다. 그가 과학자가 아니라는 점도 이유 중 하나였다. 게다가 방셀과 모더나는 굉장히 철저하게 기밀을 유지하려고 했다. 학회에도 참석하지 않고, 학술지에 논문도 내지 않았다. 처음에는 혁신적인 치료제를 개발한다고 하더니 돌연 백신으로 사업 방향을 바꾼 것을 이상하게 여기는 사람들도 있었다. 방셀이 외국인 CEO라는 점, 말투에 프랑스 억양이 짙은 점도 호감을 얻는 데 별 도움이 되지 않았을 것이다.

모더나가 '벤처 투자를 모으기 위한 수단'일 뿐이라고 비웃는 사람들도 있었다. 누바 아페얀과 플래그십 파이어니어링을 비롯한 설립자들이 모더나를 내세워서 선풍적인 관심을 얻고 투자자를 끌어모은 다음 상장으로 큰 이윤을 얻는 것이 회사를 설립한 주된 목적이라는 의미였다. 방셀이 자신이 투자를 얼마나 끌어모았는지 수시로 강조하는 것도 비난거리가 되었다. 회사 크리스마스 파티에서까지 그런 말을 한 적이 있었는데, 사람의 생명을 구하는 일을 하는 회사와는 분명 전혀 어울리지 않는 발언이었다.

다른 문제도 있었다. 2015년 10월, 〈월스트리트저널〉의 존 캐리루John Carreyrou 기자는 혈액을 이용한 진단검사법으로 급성장한 스타트업 테라노스 사Theranos Inc.와 이 회사의 최고경영자 엘리자베스 홈스Elizabeth Holmes에 의혹을 제기한 탐사 보도를 시리즈로 발표했다. 결국 테라노스가 사기를 벌였다는 사실이 드러났다.

그러자 기자, 투자자, 과학계 인사들은 제2의 테라노스가 될 가능성이 있는 곳을 찾기 시작했다. 홈스와 방셀은 말 주변이 좋고 방송에 잘 맞는 탁월한 장사꾼인 데다 어마어마한 규모의 투자를 끌어낸 공통점이 있었다. 게다가 투자자들 중에는 과학과는 거리가 먼 사람들도 포함되어 있다는 점, 회사를 은밀하게 운영한다는 점도 동일했다. 애플 창립자인 스티브 잡스처럼 둘 다 터틀넥을 즐겨 입는다는 점 또한 기이한 공통점이었다. 모더나는 세상을 바꿔 놓겠다고 단언하면서도 무슨 근거로 그런 주장을 하는지 공개하지 않았다. 그러니 결코 좋은 인상을 줄 리가 없었다.

모더나를 폄훼하는 사람들의 이야기가 우수한 연구자 채용에 걸림돌이 되기도 했다. 생명공학 분야는 재능 있는 사람이 귀해서 서로 데려가려고 치열하게 경쟁을 벌여야 한다는 점에서 굉장히 치명적인 문제였다. 2015년에 모더나의 mRNA 의약품 개발에 흥미를 느끼고 선임 연구자로 입사하려던 멜리사 무어Melissa Moore는 모더나를 테라노스와 비교하는 세간의 이야기가 영 신경이 쓰여 마음이 불안했다. 무어의 아내도 방셀과 모더나를 둘러싼 의혹을 거론하며 그런 곳에서는 일하지 말라고 설득했다. 매사추세츠대학교 의과대학에서 종신 교수로 일한 덕분에 2008년 경제 위기도 겨우 이겨낼 수 있었는데, 그런 자리를 포기하고 사기꾼 회사일지도 모르는 모더나에 굳이 들어가야 하느냐는 말도 들었다.

"배우자를 설득하는 데 1년이나 걸렸어요." 무어의 이야기다.

여기저기서 쑥덕이는 소문은 모더나의 선임 과학자들, 경영진에게 정서적으로 큰 부담이 됐다. 호지도 마찬가지였다. 과학적으로는 성과가 계속 나오고 있는데 왜 의혹이 끊이지 않는지 이해할 수 없었다.

'왜 사람들은 우리를 이토록 싫어할까?'

2016년에는 공개적으로 의혹이 제기됐다. 2월에 생명과학 분야에서 최고의 학술지로 꼽히는 〈네이처 바이오테크놀로지〉에 모더나가 의약품 관련 연구 결과를 밝힌 논문이 단 한 편도 없다는 점을 지적하며 회사가 무슨 일을 하고 있는지 공개하지 않는다는 사실을 혹독하게 비난한 글이 실렸다. 몇 년 앞서 모더나 공동 창업자인 케네스 치엔이 이 학술지에 논문을 한 편 발표한 적이 있고, 그것이 아스

과학은 어떻게 세상을 구했는가

트라제네카와 파트너가 된 바탕이 되었지만 그건 굉장히 드문 예외였을 뿐 모더나는 경쟁사가 사업 진행 상황을 알아챌까 봐 힌트를 조금도 내놓지 않으려고 최선을 다했다.

'공개할 수 없는 연구'라는 제목으로 실린 〈네이처 바이오테크놀로지〉의 글에는 방셀과 모더나를 홈스와 테라노스에 비교하는 데 그치지 않고 모더나가 새뮤얼 왁살Samuel Waksal이 설립한 제약회사 카드몬 홀딩스Kadmon Holdings와도 비슷하다는 주장이 제기됐다. 새뮤얼 왁살은 2000년대 중반에 내부자 거래를 비롯한 여러 범법 행위로 연방 교도소에서 5년을 복역한 악명 높은 인물이다.[1]

"모더나, 테라노스, 카드몬 같은 업체들은 자신들이 하는 일이나 기술을 아무도 모르는 편이 낫다고 생각하는 것 같다." 또한 그 주장에는 이런 내용도 있었다. "하지만 공동체를 믿고 데이터를 공개해야만 하는 때가 반드시 올 것이다. 그러지 않으면 이 회사가 과연 믿어도 되는 곳인지 사회가 묻기 시작할 것이다."

2016년 9월에는 의료보건 분야 정보가 제공되는 유명 웹사이트인 STAT에도 혹독한 비난의 글이 실렸다. 기사 제목부터 모더나를 향한 질책이 가득했다. "자존심, 야망, 소란: 생명공학 분야에서 가장 비밀스러운 스타트업의 내부 사정."[2] 작성자인 데미안 가르드Damian Garde는 약 3000단어 분량의 이 기사에서 모더나의 "가혹한 업무 환경"이 인재를 내쫓고 있다고 밝혔다. 그는 20명이 넘는 전·현직 직원들과의 인터뷰를 인용하며 모더나가 여러 백신 사업에서 문제를 겪고 있는 징후가 보인다고 전했다.

"방셀의 자존심과 사람들을 통제하려는 의지, 참을성 없는 성격은 모더나의 발전에 방해가 되고 있다." 가르드는 이렇게 설명하면서, 모더나 내부에는 "서로를 비난하는 문화"가 형성되어 있다고 밝혔다. 그리고 방셀은 "과학보다는 연이은 증가세로 현재 50억 달러에 가까워진 회사의 가치를 더 소중하게 생각한다"고 언급했다.

모더나의 운영 방식, 방셀의 리더십을 거의 모든 면에서 비난한 이 기사로 방셀과 모더나가 돈에 굶주린 변절자이며 언젠가 무너지고 말 회사라는 사람들의 생각은 더욱 공고해졌다.

2017년 1월, 방셀은 JP 모건 체이스 은행이 매년 주최하는 초대형 학회에서 연설을 하기 위해 샌프란시스코로 향했다. 의료보건 산업 분야의 초대형 록 페스티벌과도 같은 이 행사에서 모두가 주목하는 건 돈이었다. 학회가 열리는 주에는 유니언 스퀘어에 자리한 웨스틴 세인트프랜시스 호텔로 관련 업계 경영진, 투자자 수천 명이 모여들어 시내 주변 호텔 전체가 붐볐다. 일주일 동안 전 세계 제약업계의 대표들이 직접 전하는 제품 홍보와 사업 계획을 듣기 위해 하룻밤 1000달러가 넘는 객실료를 내고 머무르는 사람들이 많았다.

STAT의 비난 기사가 나온 지 4개월쯤 지난 그때 방셀은 이 행사가 모더나가 거둔 발전을 세상에 알리고 사람들에게 확신을 심어 줄 기회가 되기를 바라는 심정이었다. 그동안 회사 주식의 합의매매로 수십억 달러가 생겼고, 모더나의 가치는 수십억 달러로 평가되고 있었지만 지출은 계속 늘어났다. 백신이나 치료제를 생산하려면 초기 주식공모에서 주식이 충분히 팔려야 한다는 사실을 방셀도 잘 알고 있었다. 그러려면 무엇보다 투자자의 관심을 얻는 것이 중요했다.

행사 연설에서 방셀은 모더나가 개발한 백신과 아스트라제네카

과학은 어떻게 세상을 구했는가

와 공동 개발하여 1상 시험에 들어간 심혈관 질환 환자용 혈관내피 성장인자 치료법 등 모더나에서 처음으로 출시될 여러 의약품에 관한 낙관적인 전망을 전했다. 모더나의 밝은 미래에 큰 관심을 쏟는 참석자들도 있어서, 방셀은 이제 자신도 회사도 나쁜 평판에서 벗어날 수 있으리라 기대했다.

하지만 바로 다음 날 STAT에 가르드의 새로운 기사가 실렸다. 모더나가 대형 생명공학 회사 알렉시온 파마슈티컬Alexion Pharmaceuticals과 함께 개발 중인 크리글러 나자르 증후군 치료제에 "우려스러운 안전 문제"가 있다는 내용이었다. 가르드는 환자의 심신을 쇠약하게 만드는 이 희귀질환의 치료제로 두 회사가 개발 중인 제품의 개발 일정이 무기한 연기되자 모더나가 어쩔 수 없이 "수익이 덜 나는" 백신 사업에 집중하는 것이라고 전했다.

생명공학 분야 투자자 브래드 론카Brad Loncar는 그날 모더나가 투자자들과 따로 회의를 하기 위해 빌려 둔 근처 호텔 방에서 잔뜩 풀이 죽은 방셀과 만났다. 원래 사업 이야기를 하려고 만났지만 론카는 방셀의 기운을 북돋아 주려고 맥주 한 병과 병따개를 직접 준비해 왔다. 방셀은 그가 건네는 맥주를 기꺼이 받아 들었고 두 사람은 한 병을 나눠 마셨다.

"너무 안됐더라고요." 론카의 이야기다.

비난의 목소리가 거세진 것을 감지한 누바 아페얀은 공개적으로 방셀을 두둔할 필요가 있다고 판단했다.

"스테판은 자신이 확보한 투자 규모를 언급할 때가 많습니다." 그가 내보낸 모더나 보도자료에는 이런 내용이 포함됐다. "그러나 그 엄청난 액수에 가려져 모더나가 mRNA 치료 기술을 선도하고 있고 그것이 우리 회사의 근간이라는 사실은 잘 드러나지 않을 때가 많은 것 같습니다."

그러나 아페얀은 이 글에서 회사가 무슨 연구를 하는지 상세한 내용을 전혀 밝히지 않았고, 대부분의 과학자는 그의 말을 귀담아 듣지 않았다.

✦¤✦

물론 트집과 비난은 방셀의 귀에도 들어갔다. 업계에서 그가 엄청난 사기 행각을 벌인다고 의심하는 사람들도 있다는 사실 또한 알고 있었다. 이런 비난은 모더나 경영진, 호지를 비롯한 과학자들을 곤란하게 만들었다. 가족들과 친구들도 우려했지만 방셀은 별로 신경 쓰지 않았다. 자기 확신이 굉장히 강한 사람답게 회사의 다른 동료들보다 이런 상황을 금세 털어낼 수 있었다.

방셀이 걱정하는 문제는 따로 있었다. 2017년 말에 이르자 그는 경쟁이 임박했음을 감지했다. 모더나에서 다양한 mRNA 백신 개발이 착착 진행되고 있었고 효과적인 치료제를 개발할 가능성도 커졌지만 모더나가 충분히 빠른 속도로 앞서가지 못할까 봐 두려웠다. 하지만 이런 마음을 동료들에게는 거의 드러내지 않았다.

때때로 모더나 경영진들은 반쯤 농담 삼아 대형 제약회사가 mRNA 사업에서 가능성을 발견한다면 모더나가 심각한 상황에 처할 것이라고 언급했다.

"화이자가 냄새를 맡고 이 사업에 돈을 쏟아부을 수도 있어요." 모더나의 한 중역은 동료에게 이렇게 말하기도 했다. 그런 일이 정말로 일어나리라고 '예측'한 것은 아니었다. mRNA는 여전히 세간에서 별로 관심 없는 사업이라 대형 제약회사가 투자 손실의 위험까지 감수하면서 mRNA로 백신이나 치료제를 개발할 가능성은 거의 없어 보였다.

그러나 시간이 갈수록 방셀은 모더나를 따라잡을 경쟁자가 나타날 것 같다는 강한 확신이 들었다. 회사의 성공을 목표로 삼은 적은 없었다. 이미 재산도 충분하고, 성취감도 마음껏 맛본 그가 생각한 목표는 제넨텍도 꿈꾸지 못한 수준으로 새로운 산업을 '지배'하는 것이었다. 회사 자금을 확보하려고 그렇게 애쓴 것도 그 목표를 이루기 위해서였다. mRNA 산업을 완벽하게 거머쥐려면 돈이 필요했다.

"여러분의 적은 시간입니다." 방셀은 직원들에게 수시로 말했다. "앞서가지 못하면 뒤처집니다."

방셀은 우버 테크놀로지의 성장 과정을 소개한 책도 읽었다. 이 책을 읽은 많은 독자들이 승차 공유 서비스를 처음 개발한 최고경영자 트래비스 캘러닉Travis Kalanick이 얼마나 무자비하고 거칠게 사업을 꾸려 나갔는지에 주목했지만 방셀은 다른 부분에 주목했다. 경쟁은 불가피한 일이었고, 뜨거운 경쟁이 시작되기 전 우버가 시장 점유율을 얼마나 신속히 거머쥐었는지가 그의 관심사였다. 회사에서 회의를 할 때마다 방셀은 우버 이야기를 꺼냈다.

"우버가 택시를 발명한 것도 아니고, 승차 공유를 맨 처음 시작한 것도 아닙니다." 그는 선임 경영진에게 설명했다. "그럼 뭘 했을까요?"

맞춰 보라는 듯 회의실에 모인 사람들을 쭉 둘러본 후, 그는 자신이 생각하는 답을 내놓았다.

"그 누구보다 빨리 정상에 오른 겁니다!"

그는 모더나가 경쟁에서 이겨야 한다고 매분 매초 강조하고 또 강조했다.

그의 훈계가 좀 과하다고 생각하는 중역들도 있었다. 심지어 진부하다고 여기기도 했다. '알겠어요, 스테판. 빨리 움직여야죠. 하지만 우리를 깔아뭉갤 곳은 아무 데도 없어요. 좀 진정하시죠.'

"방셀의 말에 놀란 사람들이 많았어요. 우리를 이기려고 경쟁을 벌이는 주자는 없어 보였으니까요." 방셀의 경영대학원 동기이자 모더나에서 희귀질환 치료제와 백신 개발 업무를 총괄한 그렉 니콜라이Greg Nicholai의 이야기다. "펩시 같은 존재는 없는데 자꾸 우리가 코카콜라인 것처럼 이야기를 하더라고요."

직원들은 무슨 소린지 모르겠다는 반응을 보였지만, 방셀은 직감했다. 그곳에서 약 6400킬로미터 떨어진 곳, 거대한 바다 너머에서 mRNA 기술을 발전시키고 있는 또 다른 회사가 정말로 있었다. 방셀이 가장 두려워한 시나리오대로, 얼마 지나지 않아 그 회사는 모더나의 막강한 라이벌이 되었다.

10장

2001-2017

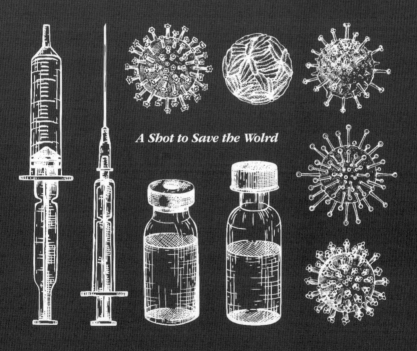

A Shot to Save the Wolrd

우구르 사힌은 자신에게 무슨 일이 벌어질지 전혀 알지 못했다.

1968년 여름, 세 살 꼬마였던 사힌은 시리아 국경과 멀지 않은 지중해 연안 터키의 산악 도시 이스켄데룬의 좁은 골목에서 축구공을 차고 있었다. 이웃 사람 대다수가 그렇듯 우구르의 가족도 수십 년 전 크레타섬에서 이곳으로 온 이주민이었다. 인구가 7만 5000여 명인 이스켄데룬에서는 이슬람교도, 기독교도, 유대교도 모두가 희한할 정도로 친하게 잘 지냈다.

해가 기울기 시작하는 늦은 오후가 되자 우구르는 느릿느릿 길을 걷기 시작했다. 길가에는 나이 지긋한 여성 여럿이 힘든 일과를 마치고 나무의자에 모여 앉아 쉬면서 수다를 떨고 있었다. 그때 갑자기 자동차 한 대가 무서운 속도로 코너를 돌아 소년을 향해 달려왔다. 일촉즉발의 상황에서 할머니 한 분이 의자에서 벌떡 일어나 팔을 내밀어 소년을 홱 끌어당겼다. 그때는 다른 사람의 손에 가까스로 목숨을 구했지만, 소년은 자라서 남을 구하는 일에 헌신하며 살아가는 사람이 되었다.

그 놀라운 사건이 있고 얼마 지나지 않아 우구르는 어머니 카드리예와 함께 터키의 다른 도시 니데로 갔다가 다시 우구르의 아버지 이흐산이 있는 서독으로 갔다. 경제가 한창 호황이던 서독은 이주 노동자로 일할 터키인들을 초청했다. 서독의 저렴한 새 노동력이 된 터키 출신 이민자들은 그곳에서 경제적인 기회를 얻었다. 사힌의 가족은 우구르의 아버지가 일하던 포드 자동차 회사 공장이 있는 쾰른에 정착했다. 어머니는 아버지가 일하는 회사 식당에 일자리를 구했다.

어린 시절 우구르의 최대 관심사는 축구와 과학 두 가지였다. 친구들과 함께 처음에는 6 대 6으로 사이좋게 경기를 시작했다가 다들 경쟁심이 치솟아서 양 팀이 15명씩 붙어서 싸우는 치열한 싸움으로 가열되곤 했다. 우구르는 쾰른 청소년 축구단에서 최고의 실력을 자랑하는 미드필더로 활약했지만, 경기에서 얻은 좋은 결과가 고통으로 변질되기도 했다.[1] 동네 소년들이 욕을 하고 폭력을 휘두르기도 했기 때문이다. 나중에 우구르는 한 친구에게 그 시절에 멍이 들 때까지 맞은 적도 있다고 털어놓았다. 우구르는 이렇게 살기 힘든 곳을 꼭 벗어나서 유명한 사람이 되리라 다짐했다.

축구를 할 때부터 우구르는 같은 팀 선수들이 깜짝 놀랄 만큼 뜨거운 경쟁심을 드러냈다. "경기에서 지면 속상해하고 울기도 했습니다." 그 시절의 친구였던 레셉 아이딘Recep Aydin이 말했다. "그러고는 더 큰 열의를 보였어요."

집에서는 예민하고 관찰력이 굉장히 뛰어난 아이였다. 먼 친척 중 누가 암으로 몹시 아프다는 이야기를 들었을 때, 우구르는 어른들이 병이 생길까 봐 두려워하며 산다는 사실을 깨닫고 크게 놀랐다.

'왜 암을 해결하지 못할까?' 그는 의아했다.

암이 생겨도 인체의 방어 기능으로 이겨 내는 경우도 있다는 사실에 흥미를 갖기 시작한 그는 면역계를 상세히 설명해 주던 독일의 텔레비전 프로그램에 푹 빠졌다. 얼마 후에는 지역 도서관에 가서 로

켓, 기차, 비행기의 기본 구조와 함께 인체가 어떻게 구성되어 있는지 배울 수 있는 책들을 찾아서 열심히 읽었다.

"호기심이 많은 편이었어요. 알고 싶은 것들이 많았습니다." 우구르가 말했다. "원칙, 기초, 작동 원리 같은 것들이 좋았어요. 축구도 좋아했고 책도 좋아했습니다."

우구르는 친구들에게 나중에 의사가 되고 싶다고 말했다. 부모님도 응원해 준 덕분에 소년은 남다른 자신감을 가진 사람으로 자랐다. 하지만 성적이 고만고만한 수준이라 대학 입학에 필요한 공부를 할 수 있는 상급 고등학교인 김나지움에는 들어갈 수 없었다. 그대로 있었다면 하는 수 없이 육체노동자로 일하게 될 상황이었는데, 우구르의 잠재력을 알아본 한 이웃 사람이 나서서 쾰른의 에리히 케스트너 김나지움에 들어갈 수 있도록 도와주었다. 우구르는 이주 노동자의 자녀로는 최초로 그 학교의 신입생이 되었다. 그곳에서 우구르는 활짝 피어났다. 지역 대회에 나가 우승을 차지하고, 1984년에는 학급 최고 성적으로 졸업했다.

쾰른대학교에 진학해 암 면역학으로 박사 학위를 취득한 후 독일 자를란트 주의 병원에서 수련의로 일할 기회가 생기자 우구르 사힌은 1990년대 초부터 그곳 암 병동에서 일했다. 어느 날 암 환자가 그에게 암을 치료하지는 못하지만 좀 더 오래 살 수 있는 신약의 임상 시험에 참여하면 어떤 장점이 있는지 물었다. 어떻게 대답해야 좋을지 몰라 고민하던 사힌은 암 환자들에게 도움이 될 수 있는 더 좋은 방법을 찾고 말리라 마음먹었다. 무엇보다 인체 면역계를 활성화해 암세포를 파괴하도록 만들 방법을 찾고 싶었다.

"지금보다 더 나은 약이 있어야만 합니다." 한 동료에게 이렇게 말하기도 했다.

사힌이 데리고 일하던 사람들 중에는 같은 터키 사람인 외즐렘 튀레지도 포함되어 있었다. 튀레지의 가족은 터키 수도인 이스탄불 출신이다. 과학을 향한 애정, 환자들에게 도움이 되는 방법을 찾고 싶은 같은 열망을 가졌던 두 사람은 금세 가까워졌다. 튀레지는 어려서부터 의학의 세계를 접했다. 아버지가 라스트룹의 작은 병원에서 외과의사로 일하면서 개인 병원을 운영했고 어머니도 생물학자인 덕분이다. 집이 병원 바로 길 건너에 있어서 아버지가 출근할 때 따라가서 여섯 살의 나이에 맹장 수술을 직접 보기도 했다.[2]

튀레지는 어린 시절 수녀가 되겠다고 선언해서 온 가족을 깜짝 놀라게 했다. 종교에 별로 관심을 보인 적 없던 아이의 입에서 그런 소리가 나왔기 때문이다. 하지만 부모님은 튀레지가 왜 그런 말을 했는지 곧 그 이유를 알게 되었다. 아버지가 일하는 병원은 수도원을 개조한 곳이라 그곳 수녀들이 환자를 돌보는 일을 포함한 병원의 다양한 일을 담당했다. 어린 튀레지는 환자들의 병을 낫게 해 주는 수녀가 최고의 직업이라고 생각한 것이다.

"제 어린 시절의 꿈이었어요. 아주 단단히 오해를 한 거죠." 튀레지의 설명이다.

몇 년 후 튀레지는 자신이 의사나 과학자에 더 알맞은 사람임을 깨달았다. 독일 함부르크의 자를란트대학교 의과대학에서 의학 공부를 하던 중, 튀레지는 새로운 의학 기술을 탐구하는 일에 큰 매력을 느꼈다. 사힌과 진지한 관계로 발전하고 유대감을 느끼게 된 것도 그 시기였었다.

분자생물학 연구 논문으로 박사 학위를 취득한 튀레지는 암의 메커니즘이 의학계에서 계속 더 깊이 밝혀지고 있지만 치료제의 개발 속도는 엄청나게 느리다고 생각했다. 암 병동에서 환자를 직접 치료해 본 것도 점점 확장되는 이 분야의 지식이 신약 개발에 활용될 방법을 찾고 말겠다고 다짐하는 계기가 되었다.

'환자들에게 지금보다 훨씬 더 많은 걸 해 줄 수 있어야 해.' 튀레지는 생각했다.

사힌과 튀레지는 눈에 띄는 커플이었다. 사힌은 짧게 깎은 헤어스타일에 숱 많고 짙은 눈썹에 목에는 아라비아어로 나자르라 불리는, 악마를 막아 준다는 터키의 전통 부적을 매고 다녔다. 녹색 눈에 안경을 쓴 튀레지는 짙은 색 곱슬곱슬한 머리카락을 늘 짧게 유지했다. 둘 다 167센티미터쯤 되는 키에 조곤조곤한 말투로 농담을 주고받았다. 두 젊은 과학자는 서로의 일과 꿈을 깊이 존중하고 응원했다.

두 사람은 사힌의 학위논문 지도교수였던 림프종 전문가 미하엘 프로인트슈Michael Pfreundschuh가 함부르크에 꾸린 작은 연구팀의 구성원으로 선발됐다. 그곳에서 사힌과 튀레지는 암세포에 단백질이나 분자 형태로 존재하는 종양 특이 항원을 찾는 새로운 방법을 연구했다. 다른 연구원들은 학술지에 실릴 만한 논문을 쓰는 데 몰두했지만, 둘은 지식을 암으로 고통받는 환자들에게 도움이 될 만한 구체적인 방법으로 바꾸는 방법을 찾는 데 주력했다.

그러나 두 사람이 친밀한 사이라는 점과 강한 경쟁심이 문제가됐다. 프로인트슈 교수는 구성원 간의 갈등과 압박감이 큰 발전을 낳는다는 믿음으로 연구실의 젊은 과학자들이 치열한 경쟁을 벌이도록 했다. 매주 열리는 회의에서는 다른 사람의 연구를 비판하도록 해서 연구원들 사이에 충돌이 빚어졌다. 이런 스트레스가 심한 환경도 기꺼이 받아들이는 사힌과 튀레지가 다른 연구원들의 눈에는 열정이 과한 사람들로 비쳤다. 같은 연구실 동료끼리는 각자 맡은 다양한 프로젝트의 진행 상황이나 기술을 서로 의논하곤 했는데 사힌과 튀레지는 연구 내용을 거의 상세히 밝히지 않는 것도 동료들이 불만을 품는 불씨가 되었다.

"그 둘은 자기들끼리만 어울렸고, 다른 연구원들보다 경쟁에 더 진지하게 임했어요." 당시 두 사람의 동료였던 비에른 코클로비우스 Björn Cochlovius가 말했다.

사힌은 연구실 밖에서도 그런 면모를 보였다. 해마다 연구실 전체가 근처 공원에 가서 운동도 하고 즐거운 시간을 보내며 쉬는 날이 있었는데, 이 행사의 하이라이트는 네 사람이 100미터씩 달리는 이어달리기였다. 대부분 이 행사를 다른 연구원들과 친해지고 모처럼 긴장을 푸는 드문 기회로 여겼지만 사힌은 아니었다. 매년 이어달리기에서 우승을 차지하려고 안간힘을 썼고 보통 그 목표를 이루었다. 한 번은 사힌의 팀이 달리기에서 한 끗 차이로 지고 말았는데, 그날 마지막 주자는 다름 아닌 사힌 자신이었다. 경기가 끝나고 우승을 못 했다는 사실을 깨닫고 큰 충격을 받은 그는 마음을 추스르지 못하고 팀원들에게 진정할 시간이 필요하다고 말했다. 그러고는 화를 가라앉히려고 30분간 산책을 다녀왔다.

그가 연구실로 돌아오자 누군가 괜찮으냐고 물었다.

과학은 어떻게 세상을 구했는가

"전 괜찮아요." 말은 그렇게 했지만, 목소리에 짜증이 고스란히 묻어났다.

"그 이어달리기는 사힌에게 중요한 일이었습니다." 연구실 동료였던 토머스 브런크Thomas Brunk가 말했다.

사힌의 그런 반응을 불쾌하게 여기는 사람들도 있었지만, 브런크는 그가 과학계에서 장차 큰 인물이 되리라 생각했다.

"연구는 경쟁이 심한 세계니까요." 브런크가 말했다.

1990년대에 프로인트슈의 연구실에서 선임 연구자가 된 사힌과 튀레지의 연구에서 성과가 나왔다. 다양한 암성 종양이 면역계의 작용에 특이적인 반응을 나타낸다는 사실을 증명한 SEREX(재조합 cDNA 발현 클로닝을 통한 종양 항원의 혈청학적 분석)라는 기술도 개발했다. 인체 면역계가 암과 싸우도록 만드는 백신의 개발 가능성을 엿볼 수 있는 기술이었다. 사힌과 튀레지는 피부에 항원을 주입할 방법을 연구했고, 확실한 결과는 나오지 않았지만 같은 분야를 연구하던 사람들은 이 창의적인 발상에 주목했다.

시간이 흐르면서 두 사람은 연구실에서도 다정한 사람들이 되었다. 후배 과학자들의 연구를 도와주고, 연구원들의 개인적인 일을 돕기도 했다. 브런크가 여자친구와 헤어지고 힘든 시간을 보낼 때는 업무량을 줄여 주고 브런크가 박사 학위 논문을 무사히 마치도록 격려해 주었다. 다 끝난 연애사를 늘어놓을 때도 열심히 귀 기울여 주었다.

"그때 저는 상태가 썩 좋지 않았는데 두 사람은 절 가족처럼 대해 줬어요." 브런크의 이야기다.

얼마 후 사힌과 튀레지는 라인 강변의 도시 마인츠로 갔다. 현대 인쇄술의 아버지라 불리는 요하네스 구텐베르크의 고향으로 잘 알려진 곳이다. 프로인트슈 교수의 라이벌이자 마인츠 요하네스 구텐베르크 대학교에서 혈액학과와 종양학과 학과장을 맡고 있던 크리스토퍼 후버Christopher Huber는 일찍부터 두 사람에게 자신의 연구실로 오라고 설득했는데 이를 받아들인 것이다. 오스트리아 비엔나 출신인 후버는 대학 도시인 마인츠를 면역치료 연구의 허브로 만들겠다는 목표로 이곳에 자리를 잡았다. 그는 사힌과 튀레지에게 정부 기관과 다른 기관의 지원을 받아 직접 연구진을 꾸려 볼 수 있는 기회를 제공했다. 카리스마가 넘치고 든든한 연줄을 보유한 후버는 두 과학자의 멘토가 되어 정치인들과 친밀한 관계를 유지하는 방법과 투자자나 다른 사람들의 경제적 후원을 받아 과학의 발전을 이루는 방법을 가르쳐 주었다.

사힌과 튀레지, 후버는 몇 년간 면역계의 중요한 세포인 림프구를 유전학적으로 변형시키고 면역계를 활성화할 수 있는 종양 표지 인자를 찾는 연구에 매진했다. 암과 싸우도록 면역계를 훈련시킬 수 있는 방법을 찾는 연구도 진행했다. 2000년에 사힌은 취리히대학교로 가서 1996년 노벨상 수상자인 롤프 칭거나겔Rolf Zinkernagel의 연구실에서 일했다. 그곳에서 만난 쾌활한 면역학자 한스 헨가트너Hans Hengartner는 사힌의 남다른 면모를 알아보았다. 박사후 연구원들 중에는 논문 내용을 줄줄 꿰고 있는 사람들도 있고 연구실에서 혁신적인 아이디어를 발전시키는 능력이 뛰어난 사람들도 있지만, 사힌은 기존에 있던 데이터를 분석하고 논문에 담긴 가장 중요한 아이디어를 찾아 자신의 연구에 적용하는 독특한 능력을 가졌다.

튀레지까지 알고 난 후 헨가트너는 이 두 사람이 엄청난 팀이라는 사실을 깨달았다.

"외즐렘은 아이디어를 현실로 만드는 능력이 탁월한 사람입니다. 목표를 정하고, 그 목표를 이룰 수 있는 방법을 찾죠." 헨가트너가 말했다. "우구르는 상상력과 창의력이 뛰어난 사람이에요. 머릿속으로 떠올리는 생각은 굉장히 뚜렷하지만 그걸 외즐렘만큼 입 밖으로 명확하게 꺼내지 못해요. 그래서 두 사람은 서로가 서로를 보완합니다."

연구실 사람들은 사힌과 튀레지가 이민자 가정에서 자랐다는 사실을 알고 나면 독일의 이민 정책과 터키의 정책, 그 밖의 관련 쟁점에 관해 어떻게 생각하는지 이야기를 나누고 싶어 했지만 그런 주제가 나오면 둘 다 불편한 기색을 비쳐 대부분 원하는 대로 대화가 이어지지 않았다. 두 사람 다 가끔 마지못해 몇 마디를 하는 정도였다. 헨가트너는 독일 정부의 정책에 관해 개인적인 비판 의견을 내놓곤 했지만 사힌의 입을 열게 만들지는 못했다. 사힌과 튀레지의 관심은 오로지 연구에 있었다.

"두 사람은 국적이 달라서 생기는 여러 가지 일에는 관여하려고 하지 않았어요." 두 사람과 가까운 지인이 전했다. "저는 둘이 좀 더 목소리를 냈으면 하는 바람이 있었지만 이런 문제에 관해서는 절대 언급하지 않으려고 했죠."

2001년, 사힌과 튀레지는 연구 성과가 실질적인 치료제가 되도록 만든다는 오랜 목표를 이루기 위해 암 치료법을 개발할 회사를 차리기로 결심했다. 회사 이름은 '가니메트 파마슈티컬스Ganymed Pharmaceuticals'로 정했다. 힘든 싸움에서 얻은 결과물, 트로피라는 뜻의 터키어 '가니메트ganimet'와 그리스 신화에 등장하는 트로이의 젊고 잘생긴 인물 '가니메데Ganymede'에서 따온 이름이다. 인터넷 비즈니스의 호황이 얼마 전 거품처럼 사그라지고 대형 제약업계는 독일의 이 생명공학 스타트업이 추진하는 사업에 별로 관심을 보이지 않아 두 사람의 회사는 자금이 거의 없었다. 헨카트너가 나서서 독일의 부유한 가문과 그 밖의 여러 사람들에게 두 사람의 새 회사에 투자하도록 설득했다. 미생물학과 생화학 박사인 알프레드 샤이데거Alfred Scheidegger가 세운 스위스 벤처캐피털 넥스텍 인베스트Nextech Invest도 그중 한 곳이다. 가니메트와 넥스텍은 커다란 야망을 공유하는 한 팀이 되었다. 사힌은 독일에 방셀이 지대한 관심을 기울인 곳이기도 한 미국 샌프란시스코의 강력한 생명공학 회사 제넨텍과 같은 회사를 만들겠다는 꿈을 꾸었지만 자금이 턱없이 부족한 상황이었는데, 넥스텍이 약 2000만 유로를 투자하기로 했다. 사힌, 튀레지를 비롯한 회사 구성원들이 십시일반으로 내놓은 돈도 모두 합쳐 약 5만 유로였다.

당시에 튀레지는 서른네 살, 사힌은 서른여섯 살이었다. 둘 다 생명공학 회사를 경영해 본 경험은 고사하고 이 분야 업체에서 일해 본 적도 없었다. 게다가 둘 다 학술 연구를 계속 하고 싶었다. 이에 샤이데거는 가니메트를 전문 관리자가 경영하도록 조치했다. 가니메트는 단클론항체 치료제, 그리고 암세포나 특정 단백질과 결합해서 암세포의 활성을 억제하도록 실험적으로 설계한 물질, 체내에서 자연

과학은 어떻게 세상을 구했는가

적으로 형성되는 항체 기능을 모방한 물질을 연구했다. 암 외에도 다발성 경화증을 포함한 다양한 질병을 해결하는 것이 가니메트의 목표였다.

튀레지와 사힌은 새로운 기술을 찾고 싶었다. 후버와 함께 일할 때 연구했던 메신저RNA 분자도 후보 중 하나였다. 하지만 mRNA 기술은 아직 준비가 덜 된 기술이라 투자자들이 치료 효과가 있는 새로운 기술로 다듬어질 때까지 인내심을 보일지 확신할 수 없었다. 그래서 가니메트의 과학자들은 다양한 질병의 항원을 치료제나 백신으로 활용해서 면역계를 활성화할 수 있는 방법을 연구했다. 주류 의학계에서 좀 더 많이 쓰는 전략이었다.

초기에는 진행 속도가 더뎠다. 나중에는 튀레지가 가니메트의 최고경영자가 되고 사힌은 회사의 연구개발 사업을 이끌며 공동 파트너로서 회사를 운영하게 되었다. 후원자들의 격려 속에서 튀레지는 회사의 과학적 활동을 매력적으로 설명하면서 투자자들의 우려를 가라앉혔다. 더 큰 생각을 할 줄 아는 사힌은 가니메트의 야심 찬 목표를 밝히며 자신감과 결단력을 드러냈다. 사힌은 과학적으로 너무 어려운 내용을 장황하게 하는 편이었지만 튀레지는 그 내용을 잘 나눠서 투자자들이 이해할 수 있는 쉬운 말로 설명했다.

두 사람은 독일의 전형적인 제약업계 경영진과는 사뭇 다른 면모를 보였다. 사힌은 여름 내내 티셔츠를 입고 날씨가 추워지면 도톰한 체크무늬 셔츠를 즐겨 입었다. 그리고 사계절 청바지를 입고 스니커즈를 신었다. 업무 중에도 격식을 덜 차린 독일어를 쓰고 직원들과도 친근하게 지내며 가니메트가 큰 가족이라는 분위기를 풍겼다.

하지만 튀레지도 사힌도 일부 직원들과 갈등을 겪었다. 두 사람은 항상 밤늦게까지 일했고 동료들도 자신들처럼 일하길 기대했다. 학회에 참석하는 날도 행사가 끝나고 동료들 모두 저녁식사를 하러 갈 때 사힌은 호텔 방으로 돌아와서 논문을 쌓아 놓고 읽었다. 연구를 할 때 더 행복하고 힘이 나는 사람이라, 직원들에게도 자신은 일을 '안 할 때' 더 스트레스를 받는다고 말했다. 한 번은 동료에게 일과 무관한 것을 인생에서 전부 다 '없애는' 것이 목표라고 말했다.

어느 날 마이클 코슬로프스키Michael Koslowski라는 선임 연구자가 사힌을 찾아와 직원들에게 품고 있는 기대치를 낮추라고 이야기했다.

"우구르, 이 일을 직업으로 생각하는 사람들도 있다는 걸 이해하셔야 합니다. 퇴근하고 집에 가면 일 생각을 하지 않는 사람도 있어요." 코슬로프스키는 이렇게 설명했다.

사힌은 진심으로 충격을 받은 것 같았다.

"그에게는 도저히 이해할 수가 없는 일이었던 겁니다." 코슬로프스키가 말했다.

나중에 일부 직원이 가니메트의 지분을 충분히 받지 못했다는 불만을 내놓자 그때도 사힌은 깜짝 놀랐다.

"돈이 일하는 동기가 되어서는 안 됩니다." 그는 코슬로프스키에게 말했다.

사힌은 한 직원에게, 회사 투자자들이 직원에게 지분을 더 나눠 주지 못하게 한다고 설명했다. 그 말을 듣고 동료가 말했다. "그럼 자네 지분을 좀 나눠 주면 되지 않을까, 우구르."

사힌에게서 큰 재산을 모으려는 의지는 전혀 엿볼 수 없었다. 그

과학은 어떻게 세상을 구했는가

와 튀레지에게 물질은 별 가치가 없었다. 두 사람은 마인츠 시내에 있는 소박한 아파트에 살았고 텔레비전도 자동차도 없었다. 심지어 사힌은 운전면허증도 없었다. 출근할 때는 낡은 트렉Trek 자전거를 이용하고 공항에 가야 하거나 다른 곳에 갈 때 필요하면 파비즈Parviz 라는 택시 운전기사에게 연락했다. 좀먹은 흔적이 그대로 남아 있는 셔츠에 팔꿈치가 찢어진 재킷을 입은 모습을 보고 동료들이 새 옷을 좀 사라고 했을 때도 사힌은 그냥 미소 지을 뿐이었다. 옷이든 뭐든, 물질적인 건 과학과 상관없는 귀찮은 일일 뿐이라고 말하고 싶은 것 같았다.

하지만 가니메트의 지분은 두 사람에게 회사에 대한 통제력을 지키는 수단이었으므로 지분만은 꼭 쥐고 있었다. 성과가 실망스러워 투자자들이 암 연구를 더 이상 못 하게 하거나 자신들을 회사에서 쫓아낼 수도 있다는 우려도 영향을 주었다.

2002년의 어느 날, 튀레지와 사힌은 어쩐 일로 연구실에서 잠시 나갔다 오기로 했다. 점심시간에 마인츠 시청에 가서 결혼식을 하기로 한 것이다. 결혼식에는 두 사람을 포함해 총 네 명이 참석했다. 코슬로프스키가 들러리를 서고, 가니메트에서 행정 보조로 일하는 직원이 두 번째 증인이 되었다. 예식은 15분 만에 끝났고 모두 연구실로 돌아와 하던 일을 계속했다.

"두 사람에게 딱 어울리는 결혼식이었습니다. 그 이상이 되었다면 거추장스럽다고 여겼을 겁니다." 코슬로프스키가 말했다.

모두가 힘들게 일했지만 가니메트는 그렇다 할 성과를 내지 못했다. 식도암 치료제와 다른 연구에서 나온 진전도 모두 전임상시험 결과에 그쳤다. 임상시험을 시작도 하지 못했으니 수익을 얻으려면 아직 수년을 더 기다려야 하는 상황이었다.

2007년, 더딘 진전은 회사에 큰 압박이 되었다. 회사의 자금 부족 문제가 심각해진 것이다. 이미 여러 투자자로부터 투자를 받았고, 그중에는 독일의 억만장자 쌍둥이인 토마스 슈트륑만과 안드레아스 슈트륑만Thomas and Andreas Strüngmann이 제공한 수백만 유로도 포함되어 있었다. 투자를 한 번 받을 때마다 튀레지와 사힌이 보유한 가니메트 지분이 줄어든 것도 두 사람에게 좌절감을 안겨 주었다. 돈은 여전히 부족했고, 치료제가 나오려면 몇 년을 더 기다려야 하는 상황에서 넥스텍은 투자자들에게 경제적 수익을 제공해야 했다.

"모두가 예상한 것보다 더 오랜 시간이 걸렸습니다." 샤이데거의 이야기다.

사힌과 튀레지는 어쩌면 회사를 매각해야 할 수도 있다는 압박에 시달렸다. 직원들도 앞으로 어떻게 될지 우려했다. 이 길이 어디서 끝날지 깜깜하기만 했다.

❖❌❖

2007년 9월 말, 사힌과 튀레지는 토마스 슈트륑만을 만나기 위해 400킬로미터 넘게 떨어진 뮌헨으로 향했다. 당시에 토마스와 안드레아스 형제는 같은 벤처 투자자이자 가니메트의 지분을 조금 보유하던 친구 마이클 모츠만Michael Motschmann의 권유로 가니메트 지분을 약 3퍼센트 사들였다. 억만장자인 형제가 보유한 자산에 비하면 극히

과학은 어떻게 세상을 구했는가

작은 투자라서 사실 어떤 회사인지 깊이 찾아보지도 않고 투자했지만 가니메트의 두 젊은 과학자를 꼭 만나 보고 싶었다.

슈트링만 형제의 사무실이 있는 고층 빌딩이 가까워지자, 사힌과 튀레지는 어쩌면 토마스가 가니메트 투자를 늘릴 수도 있고 현재 가장 큰 압박이 되고 있는 넥스텍의 지분을 사들일지도 모른다는 희망을 품었다. 하지만 회의를 앞두고, 모츠만이 두 사람에게 가니메트가 어떤 회사인지 제대로 발표하는 게 어떠냐고 제안했다. 평소와 같이 티셔츠와 스니커즈 차림으로 온 사힌과 깔끔한 블라우스와 함께 정장을 차려입은 튀레지는 커다란 회의실에서 토마스 슈트링만과 마주했다.

"이 '다음'엔 무엇을 할 계획인가요?" 가니메트의 항체 연구에 별로 큰 관심이 없던 슈트링만은 이렇게 물었다.

사힌과 튀레지는 그와 모츠만 그리고 회의실에 함께 앉아 있던 사람들에게 3쪽짜리 인쇄물을 나눠 주고 두 사람이 꿈꿔 온 진짜 목표를 이야기하기 시작했다. 면역계가 암과 싸우도록 만들 수 있는 새로운 회사를 세우는 것이 '진짜' 꿈이라고 전했다. 튀레지는 슈트링만에게 암은 교활하고 적응 능력이 뛰어나지만 인간 면역계도 마찬가지라고 설명했다. 현재 사용되는 치료법은 대부분 실망스럽다는 견해도 전했다. 사힌은 유방암 치료제 허셉틴Herceptin이 엄청나게 팔려 나갔지만 정작 이 약이 도움이 된 환자는 20퍼센트에 불과하며, 의사들은 자신이 치료하는 유방암 환자 중 어느 20퍼센트가 이 약으로 도움받을 수 있는지조차 거의 예측하지 못한다고 설명했다. 이와 함께 사힌은 환자마다 암이 조금씩 다르다고 강조했다.

사힌은 환자 개개인의 종양을 표적으로 삼는 개인 맞춤형 암 치료가 답이라고 주장했다. 나란히 앉은 두 과학자는 mRNA 분자를 활용하는 기술과 같은 혁신적인 치료제 개발 기술을 활용해서 면역계가 암과 맞서도록 만드는 면역요법 회사를 설립하고 싶다는 뜻을 밝혔다. 그리고 언젠가 세워질 그 회사의 이름은 신기술New Technologies을 뜻하기도 하고 영어에서 알파벳 대문자 N으로 표기하는 자연수라는 의미를 담아 'NT'라고 부를 것이라고 밝혔다. 사힌은 NT가 제약 산업을 완전히 바꿔 놓을 것이라고 말했다.

당시 50대 후반이던 토마스 슈트륑만은 180센티미터쯤 되는 키에 말쑥한 흰색 드레스셔츠를 차려입고 열심히 귀를 기울였다. 들으면 들을수록 두 과학자가 새로 제시하는 지점마다 관심이 쏠렸다. 2년 전 그와 쌍둥이 형제는 복제약 업체 헥살Hexal을 스위스 거대 제약회사 노바티스에 80억 달러 이상을 받고 매각했다. 원래 복제약 산업은 그렇게 돌아가지만, 두 사람은 이 매각을 둘러싸고 사람들이 빈정대는 이야기를 오랫동안 들어야 했다. 의료보건 분야의 저명한 인사들은 복제약 회사를 해적, 복사기, 때로는 더 심한 말로 불렀다. 그런 말에 지친 슈트륑만은 제대로 된 혁신에 참여하고 싶었다. 부친과 안드레아스는 의사지만 토마스는 경영학을 공부하면서 자신이 제공할 수 있는 기회로 의학적 발전이 이루어지도록 과학자들을 돕는 일을 하기로 결심했다.

그런 그의 앞에, 지금껏 그 사무실에서 만난 어떤 사람보다 야심만만하고 호감이 가는 두 사람이 가능성이 충분히 엿보이는 의학적 혁신에 참여할 수 있는 기회를 제시했다. 슈트륑만 형제에게 투자를

과학은 어떻게 세상을 구했는가

부탁하러 찾아왔던 다른 사람들처럼 자신의 능력을 부풀리거나 노벨상을 받게 될 것이라 단언하지 않는다는 점도 마음에 들었다. 사힌과 튀레지가 소개한 접근 방식을 토마스는 전부 이해할 수 있었다. mRNA를 활용한다는 기술이 머릿속을 계속 맴돌았고, 무조건 함께 하고 싶다는 생각이 들었다.

슈트륑만은 활짝 웃으며 두 손님을 쳐다보았다.

"사힌 박사님, 그리고 튀레지 박사님." 그는 두 사람에게 물었다. "두 분의 꿈을 이루는 데 돈이 얼마나 필요하십니까?"

둘 다 이런 질문을 받게 되리라곤 생각하지 못했다. 사힌은 독일 투자자들이 보통 생명공학 회사에 투자를 꺼린다는 사실을 알고 있었는데, 토마스가 던진 질문의 답은 굉장히 큰 액수였다. 잠시 튀레지를 바라본 후 사힌은 대답했다.

"제 생각에 1억 5000만 유로면 가능할 것 같습니다."

슈트륑만은 곧바로 자리에서 일어나 옆 사무실로 가서 안드레아스에게 전화를 걸었다.

"암 치료를 변화시킬 두 사람이 지금 내 사무실에 와 있어."

그는 형제에게 들뜬 마음을 전했다.

몇 분 후, 회의실로 돌아온 그는 힘을 보태기로 했다는 소식을 전했다. 사힌과 튀레지는 너무 놀라 의자에서 떨어질 뻔했다.

"진심으로 하시는 말인가요?" 사힌은 모츠만에게 물었다.

"제가 장담합니다. 진심이에요." 모츠만이 대답했다.

사힌과 튀레지는 마침내 꿈을 좇을 기회를 얻었다. (그날 사힌과 튀레지의 이야기를 함께 듣고 큰 관심이 생긴 모츠만도 슈트륑만 형제의 투자에 가담해서 1500만 달러를 내놓기로 했다.)

✧�✧

슈트륑만의 후원을 받게 됐지만, 사힌과 튀레지에게 가니메트의 미래는 계속 골칫거리였다. 샤이데거와 넥스텍은 두 사람을 일거수일투족 감시하며 회사를 매각하라고 압박했다. 2008년 봄, 마인츠 힐튼 호텔에서 가니메트 이사진과 만난 샤이데거는 회사를 팔아야 할 때라고 주장했다. 슈트륑만은 샤이데거가 회사를 매입할 사람을 찾지 못하면 새로운 경영진이 들어오고 튀레지와 사힌은 쫓겨날 것임을 알아챘다.

마음에 쏙 드는 두 과학자가 구설수에 오르는 걸 원치 않았던 슈트륑만은 가니메트를 매각하는 건 실수라고 맞섰다. 임상시험이 한 건도 진행되지 않은 상황에서 누가 회사에 큰 관심을 주겠냐고도 말했다.

"투자에서 빠지고 싶으시면, 제가 그쪽의 지분을 사들이겠습니다." 슈트륑만은 샤이데거에게 말했다.

얼마 지나지 않아 슈트륑만 형제는 가니메트를 좌지우지하던 넥스텍의 지분과 가니메트에서 발을 빼고 싶다는 뜻을 밝힌 다른 투자자들의 지분까지 사들였다. 튀레지가 가니메트를 계속 운영하고 사힌은 새로 설립할 회사를 이끌기로 했다. (2016년에 가니메트는 10억 달러 가까운 값을 받고 일본 아스텔라스 파마Astells Pharma에 매각됐다. 슈트륑만 형제는 이로써 투자한 돈을 충분히 돌려받았지만 가니메트 지분이 아주 적었던 튀레지와 사힌은 큰 수익을 올리지 못했다.)

하지만 사힌은 아직 NT를 시작할 준비가 되어 있지 않았다. 우선 슈트룅만의 투자회사에서 일하는 헬무트 제글Helmut Jeggle과 새로 문을 열 스타트업의 설립 조건을 놓고 힘든 협상을 시작했다. 대화가 진전 없이 지체되자 두 사람은 함부르크 시내 거리를 걸으면서 새 회사의 지분을 사힌과 튀레지가 몇 퍼센트 보유해야 하는지를 두고 계속 논쟁을 벌였다. 사힌은 가니메트에서 겪은 안 좋은 기억에 사로잡혀 있었다. 부부의 지분이 갈수록 줄어 결국 샤이데거와 그의 회사의 결정에 휘둘릴 수밖에 없었던 상황을 다시 겪고 싶지 않았던 사힌은 새로 설립할 회사에서는 지분을 더 늘리기로 마음먹었다. 사힌은 절대 물러서지 않으려고 했고, 제글도 마찬가지였다.

긴 산책이 끝나갈 무렵, 제글은 이러다 합의가 불가능하겠다는 생각이 들어 마지막 제안을 했다.

"20퍼센트로 하고, 나중에 토마스가 동의하면 지분을 25퍼센트로 올리는 건 어떨까요?" 제글은 이렇게 제안했다.

사힌은 고개를 저었다. 그 제안이 마음에 들지 않는 눈치였다.

"안 됩니다." 사힌이 답했다. "25퍼센트로 하고, 나중에 토마스가 마음이 바뀌면 20퍼센트로 내리는 걸로 합시다."

두 사람은 마침내 합의점을 찾았다.

✦☓✦

2008년, 사힌과 새로운 투자자들은 마침내 회사를 설립했다. 튀레지는 가니메트를 계속 운영하면서 힘을 보탰다. 처음에 새 회사의 이름은 '바이오파마슈티컬 뉴 테크놀로지'로 정해졌다가 짧게 줄여서 '바이오엔텍BioNTech'으로 확정됐다. 사힌은 인체가 종양을 없앨 수 있도록 하는 개인 맞춤형 암 치료법 개발에 착수했다.

환자에게서 종양 검체를 채취한 후 검체에서 발견된 종양 표지물질을 토대로 특이적으로 작용할 분자를 설계해서 이를 환자에게 다시 투여하는 것이 목표였다. 암 검체를 활용하여 면역계가 종양을 공격하게 하는 이 방식은 바이러스 단백질을 활용해서 인체가 바이러스를 공격하도록 만드는 백신 기술과 원리가 매우 비슷했다. 마이크로제네시스의 과학자였던 게일 스미스가 개발한 기술에도 적용된 원리였다. 전통적인 백신과 치료제 개발 방식은 너무 느리고 매번 효과가 있는 것도 아니므로 더 나은 방법을 찾아야 한다는 의견에 사힌과 튀레지도 깊이 공감했다. 이에 사힌은 특정 분자의 유전학적 암호를 설계하고, 아데노바이러스를 이용해서 이 암호를 체내로 전달하는 방법을 살펴보기 시작했다. 댄 바로치와 에이드리언 힐의 바이러스 백신과 비슷한 방법이었다. 하지만 사힌은 아데노바이러스에 의존하는 방식은 주의를 요한다고 보고 이 방법은 제외하기로 했다.

신기술에 대한 관심은 여전히 뜨거웠으므로, 그와 튀레지는 mRNA 기술로 암과 관련된 단백질이 만들어지고 면역계를 활성화하는 방법을 찾아보기로 했다. 어쩌면 이 방법으로 인체가 종양을 파괴할 수 있을지도 모른다는 생각이 들었다. 카탈린 카리코와 드류 와이즈먼이 펜실베이니아대학교에서 혁신적인 연구를 진행하던 시기였지만, 당시에 주류 과학계는 대부분 mRNA로 병이나 질환을 치료하거나 예방할 수 있다는 아이디어를 무시하는 분위기였다. 하지만 독일에서는 이 개념이 널리 알려진 편이라 사힌, 튀레지를 비롯해 같은 기술에 관심을 두는 회사들이 몇몇 있었다.

엘리 길보아가 듀크대학교에서 동료들과 함께 메신저RNA로 마우스 종양을 축소시킬 수 있었다는 연구 결과를 논문으로 발표한 1996년에 독일 튀빙겐대학교에서 한스 게오르그 라멘제Hans-Georg Rammensee라는 면역학자는 mRNA로 백신을 개발할 수 있다는 아이디어에 사로잡혔다. 그는 잉마르 호에르Ingmar Hoerr라는 학생에게 이 연구를 맡겼고, 나중에 호에르는 이 연구를 토대로 2000년 독일에 생명공학 회사 큐어백을 설립했다. 이들은 존 울프가 과거 위스콘신대학교에서 실시한 마우스 실험처럼 mRNA를 인체에 직접 투여하는 방법을 택했다. 큐어백의 공동 창립자 중 한 사람인 스티브 파스콜로 Steve Pascolo는 이 기술이 정말 효과가 있는지 확인하기 위해 반딧불이 단백질의 유전 암호가 담긴 mRNA를 자기 몸에 직접 주사했다. 다행히 그가 반딧불이로 변하거나 다른 슈퍼히어로로 변신하는 일은 일어나지 않았다.

하지만 mRNA 연구를 막 시작한 사힌과 튀레지는 이 연구에 관해 의논할 만한 과학자가 많지 않다고 느꼈다.

"작은 공동체였는데, 그 작은 사회에서도 서로를 무시했어요." 사힌은 당시 mRNA 분야에 매진하던 사람들에 관해 이렇게 말했다.[3]

가니메트와 마찬가지로 마인츠에 자리를 잡은 사힌의 새 회사는 직원 채용 과정에서도 다소 어려움을 겪었다. 마인츠는 로마 제국시대의 유적과 포도밭, 훌륭한 와인, 요하네스 구텐베르크로 유명한 도시지만 혁신을 일으킬 스타트업과는 어울리지 않았다. 안드레아스 쿤Andreas Kuhn을 비롯해 독일의 다른 지역에서 일하던 젊은 연구자들의 눈에도 사힌의 새 회사는 영 구미가 당기지 않았다. 마인츠에서 300킬로미터 정도 떨어진 괴팅겐의 한 연구소에서 몇 년간 mRNA를 연구해 온 쿤은 사힌의 연구팀 모집 공고를 보고 찾아와 면접을 보는 자리에서 이러한 의구심을 숨김없이 드러냈다.

"mRNA를 사람에게 어떻게 투여해서 기능을 발휘하도록 만들 계획입니까?" 쿤은 사힌에게 직설적으로 물었다.

사힌은 쿤에게 동료들과 mRNA로 동물실험을 해서 진전이 있었다는 사실을 데이터로 보여 주면서 함께하자고 설득했다.

"그 기술로 치료제가 나올 수 있다는 생각은 들지 않았습니다." 2008년 바이오엔텍에 선임 연구자로 합류한 쿤은 이렇게 말했다. "하지만 우구르와 세 시간 동안 이야기를 나눈 끝에 확신을 갖게 됐어요."

몇 년이 흐른 뒤에 사힌의 새 회사는 젊고 재능 있는 과학자들을 자석처럼 끌어모으는 곳으로 떠올랐다.

✧¤✧

사힌과 바이오엔텍은 암 백신을 사상 최초로 개발하기 위해 노력했다. 바이오엔텍이 mRNA 기술 한 가지만 다룬 건 아니었지만 여러 젊은 과학자들이 이 mRNA 기술에 큰 흥미를 보였다. 바이오엔텍의 mRNA 연구는 미국 매사추세츠 주 케임브리지 모더나 팀의 연구와 비슷한 양상으로 흘러갔다. 즉 mRNA를 안정적으로 유지하는 방법과 세포 내로 일정하게 전달되어 단백질이 종양을 없앨 수 있을 정도로 충분히 만들어지도록 하는 방법을 찾는 것이 관건이었다. 사힌의 팀은 mRNA의 뉴클레오티드 중 구아닌을 변형해서 말단에 '뚜껑'을 씌우는 방법 등 세포 내에서 일어나는 분해를 막기 위한 나름의 해결책을 개발했지만 큰 성과는 없었다. 사힌은 mRNA 연구에서 바이오엔텍의 가장 무서운 경쟁자로 보이는 모더나의 활동 정보를 얻어 보려고 했지만 모더나는 워낙 은밀하게 사업을 운영하는 곳이라 별 소용이 없었다.

곧 새로운 압박에도 시달렸다. 슈트륑만 형제로부터 1억 5000만 유로의 자금을 지원받았지만 그 돈이 영원할 수는 없었다. 시간이 흐르면 성과를 내서 일부는 갚아야 하는 투자였다. 가니메트 때와 마찬가지로 치료제 임상시험이 자꾸 지연되자 바이오엔텍의 새 후원자들도 실망감을 나타냈다. 어쩌면 생명공학 산업에 너무 많은 돈을 투자한 것인지도 모른다는 우려도 나왔다.

토마스 슈트륑만의 형제인 안드레아스도 그런 속내를 드러냈다. 사힌과 튀레지에게 이끌린 사람은 토마스이지 안드레아스가 아니었다. 두 사람이 억만장자인 건 사실이지만 1억 5000만 유로는 굉장히 큰돈이었다. 게다가 가니메트의 이전 투자자들로부터 지분을 사들이느라 5000만 달러를 더 썼는데, 그쪽의 투자 회수도 계속 늦어지는 상황이었다. 2011년이 되었지만 가니메트와 바이오엔텍 어느 쪽도 임상시험 첫 단계인 1상 시험에 돌입한 제품이 하나도 없었다.

"어째서 이런 회사에 1억 5000만 달러나 투자한 겁니까?" 안드레아스는 슈트륑만 가※가 운영하는 투자팀 회의에서 말했다. "그 사람들을 우리가 왜 믿어야 하죠?"

바이오엔텍은 전 세계를 거머쥔 제약 산업의 막강한 힘에 도전장을 내밀었지만 어떤 면에서는 아마추어처럼 굴었다. 직원 중에는 사힌의 노트북이 회사의 백업 서버로 쓰인다고 의심하는 사람들도 있었고, 그가 초록색 줄을 달아 목에 걸고 다니는 휴대용 저장장치에 바이오엔텍의 핵심 데이터가 전부 들어 있다고 말하는 직원도 있었다.[4]

취리히에서 사힌과 함께 일한 후부터 믿음직한 조언자가 되어 준 면역학자 한스 헨가트너가 끼어들어 사힌과 튀레지의 입장을 설명하고 슈트륑만 형제를 포함한 대표들에게 인내심을 발휘해야 한다고 설득했다.

"시간이 필요해요." 헨가트너는 말했다. "지금 이 사람들이 하고 있는 건 굉장한 일입니다."

❖亚❖

사힌과 튀레지가 mRNA 분자를 활용하는 기술 개발에 큰 진척이 없어 고심하던 그때, 이 분야의 선구자 중 한 사람은 더 심각한 문제를 겪고 있었다.

2012년, 카탈린 카리코는 여전히 펜실베이니아대학교에서 mRNA 분자를 질병 치료에 활용할 수 있는 방법을 찾고 있었다. 효과적인 치료제를 만들거나, 미국 국립보건원에서 연구비를 반드시 얻어 내야만 하는 상황이었다.

그래도 카리코의 가족 중 한 사람은 큰 성공을 거두었다. 그해에 카리코의 딸 수전 프랜시아Susan Francia가 런던에서 개최된 하계 올림픽에 출전할 여자 8인 조정 종목의 미국 대표팀으로 선발됐고, 2008년에 이어 두 번째로 금메달을 따낸 것이다. 카리코와 남편은 이번에도 함께 현장에서 경기를 지켜보며 딸을 응원했다. 하지만 다시 돌아온 미국에서 카리코의 앞날은 그 어느 때보다 깜깜해졌다. 2013년에 일본 다케다 제약Takeda Pharmaceutical Company에서 연구비로 80만 달러를 확보하는 데 성공했지만 윗선에서는 만족하지 않았고, 결국 펜실베이니아 신경외과에 있는 연구실을 비우고 20년 묵은 다른 건물인 슈테플러 홀의 동물 실험시설 바로 옆, 낡은 연구실로 옮기라는 지시가 떨어졌다. 오랫동안 함께 일한 동료들과 멀리 떨어진 곳인 데다 그곳에는 카리코의 연구에 관심이 있거나 그 연구가 중요하다고 생각하는 사람이 한 명도 없었다. 카리코는 연구자용 강제 수용소로 쫓겨난 기분이었다.

지칠 대로 지친 카리코는 2013년, 사인의 회사에서 부대표로 일할 기회를 얻었다. 24년 동안 일했던 펜실베이니아대학교에서 퇴직한 카리코는 곧장 독일 마인츠로 떠났다. 학교 사람 대부분이 60세가 다 되어 가던 카리코를 이제 두 번 다시 볼 일은 없을 것이고, mRNA가 얼마나 대단한 물질인지 떠드는 이야기도 더 이상 들을 일이 없다고 생각했다.

"제가 떠난다고 말했을 때 그곳 동료 중에 몇몇은 웃으면서 '바이오엔텍은 회사 웹사이트도 없는 곳이에요'라고 하더군요." 카리코가 말했다.

❖ㅍ❖

　우구르 사힌의 팀은 mRNA 분자를 활용하는 기술과 함께 암을 무찌를 수 있는 다른 방법을 찾는 데 매진했다. 미국 매사추세츠 주 케임브리지에서는 모더나의 스테판 방셀과 그의 연구자들이 mRNA 로 감염질환과 맞서는 기술을 발전시켜 나갔다.

　사힌과 방셀은 아데노바이러스로 유전학적 메시지를 인체에 전 달하는 백신 기술에는 별로 관심이 없었다. 그리고 두 사람 다 보스 턴에서는 댄 바로치가, 옥스퍼드에서는 에이드리언 힐이 거둔 놀라 운 성과와 이들에 관한 논란에 관해서도 알지 못했다.

11 장

2009-2017

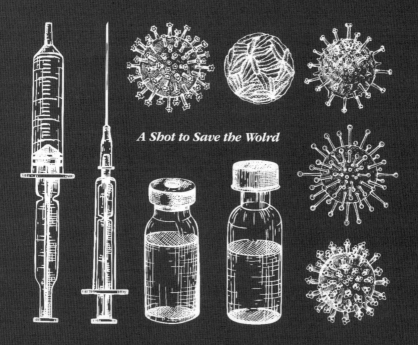

A Shot to Save the Wolrd

연단에 오른 댄 바로치는 발표 원고에 눈길을 주고 연설을 시작했다.

2009년 10월 말, 바로치는 HIV 백신 개발에 뛰어든 과학자들이 한자리에 모인 연례 회의에서 1000명 가까운 청중에게 연설하기 위해 파리로 왔다. 미국 보스턴의 베스 이스라엘 디코니스 메디컬센터 Beth Israel Deaconess Medical Center 소속 바이러스 학자인 그는 이 연설에서 보스턴 지역에 거주하는 건강한 성인 자원자를 대상으로 HIV 백신을 투여한 임상시험 결과를 발표했다.

독일 업체 크루셀이 개발한 바로치의 백신은 HIV 단백질 세 가지가 만들어질 수 있도록 합성된 유전학적 지시를 인체에 드물게 감염되는 아데노바이러스 혈청형 26Ad26을 통해 체내로 전달했다. Ad26에 실린 유전학적 화물이 세포로 전달되면 인체에 무해하지만 면역계를 활성화해 항체와 면역 세포가 만들어지는 HIV 단백질이 생산된다. 이 면역 반응으로 인체는 나중에 끔찍한 HIV에 노출됐을 때 바이러스를 알아보고 파괴할 수 있게 된다.

바로치가 택한 방법은 큰 논란을 일으켰다. 머크가 개발한 백신이 에이즈 연구자들과 동성애자들을 비롯한 여러 사람의 희망을 무너뜨린 지 겨우 2년밖에 지나지 않은 때였다. 머크에서도 비슷한 유전물질을 체내로 전달하기 위해 바로치가 사용한 것과 종류가 다른 아데노바이러스를 사용했고 무익한 결과만 얻었다.

회의 참석자들 중에 머크의 임상시험에서 발생한 충격적이고 당혹스러운 결과를 잊은 사람은 거의 없었다. 그날 회의에서 바로치의 발표가 있기 전, 미군 연구진은 야생 조류에 감염되는 카나리폭스 바이러스canarypox virus를 활용한 HIV 백신으로 거둔 놀라운 성과를 공개했다. 바로치가 개발한 백신의 라이벌이라 할 수 있는 이 백신에 적용된 전략은 훌륭한 성취를 거둔 것 같았다. 하지만 어린 시절에는 신동이라 불렸고 이제 겨우 30대인 바로치가 자신의 연구진이 만든 백신의 초기 데이터라며 꺼내 든 결과는 머크의 실패한 백신과 비슷한 점이 많았다. 상황이 영 불리하게 돌아가는 것 같았다.

바로치는 청중을 쳐다보며 말을 이어갔다. 1상 시험에서 백신의 안전성이 입증되었고, 이로써 투여 용량이 적절했다는 것을 알 수 있다고 설명했다. 바로치와 동료들이 거둔 가장 중요한 성과는 이 백신에 면역원성이 있다는 점, 즉 면역계를 활성화할 수 있다는 사실을 확인했다는 것이다. 최초 접종 또는 1차 접종 후 피험자의 체내에서 B세포와 함께 CD4+, CD8+ T세포가 모두 골고루 형성됐고 2차 접종 후에는 면역계 활성이 더욱 증가했다.

바로치는 이 사실을 전하면서 살짝 미소지어 보였다. 그가 만든 백신은 성공 가능성이 충분히 있었다.

"예비 결과에서 이처럼 고무적인 사실이 확인되었으므로, HIV와 다른 병원체에 맞설 수 있는 벡터 백신이 더욱 발전할 수 있는 길이 열렸다고 볼 수 있습니다." 그는 청중을 향해 이렇게 말했다. 일부는 동의한다는 듯 고개를 끄덕였다.

과학은 어떻게 세상을 구했는가

이후 2년간 바로치는 크루셀과 함께 HIV 백신을 더욱 향상시켜 아프리카의 건강한 자원자들에게도 투여했다. 면역계를 활성화할 수 있다는 증거를 추가로 얻기 위해 마우스와 원숭이 실험도 실시했다. 아직은 1상 시험 결과였지만, 바로치는 전망이 밝다고 보았다.

머크에서 발생한 재앙과도 같은 사건에도 불구하고, 마침내 동료 과학자들은 바이러스 벡터 백신 기술과 Ad26의 가능성을 인정하기 시작했다. 하지만 비난하는 과학자들도 있었다. 대부분 질투심에서 비롯된 것으로 보이는 트집이었다. 바로치는 성적을 줄곧 A만 받아서 마치 모든 시험이 너무 쉬웠다는 인상을 주는 같은 반 학생과도 같은 존재였다. 보스턴에서 구성원이 70명이나 되는 실험실을 문제없이 이끌고 있고, 가족들과도 충분한 시간을 보내고, 학술지에 주기적으로 논문을 내는데 심지어 최고로 꼽히는 학술지이고, 모든 동료가 놀랄 만큼 빠른 속도로 연구에서 성과를 냈다.

"댄만큼 일 속도가 빠른 사람은 본 적이 없어요." 월터 리드 군 연구소에서 백신을 연구해온 선임 연구자이자 백신 전문가인 넬슨 마이클Nelson Michael은 말했다. "대부분 밤낮으로 3일은 걸려야 나올 논문을 주말에 뚝딱 쓸 수 있는 사람입니다. 게다가 그런 논문을 쓰는 동안 우리 같은 사람들처럼 스무 번 넘게 산책을 다니지도 않아요."

바로치는 바른 생활을 하고 수도승 못지않게 자기 수양에 엄격한 사람이다. 텔레비전을 보거나 늘어져서 게으름을 피우는 일은 전혀 없었다. 네 살 때 시작한 바이올린 연주를 놓지 않고 주말을 포함해 매일 한 시간 이상 연습을 했다. 친구들에게는 그 시간이 정신적인 환기에 도움이 된다고 이야기한 적도 있다. 보통 다른 연구자들은 제

자리에 꽂혀 있지 않고 지저분하게 흩어진 파일과 산더미처럼 쌓인 책들로 사무실이 엉망진창인데 바로치는 예외였다. 책상도 사무실도 늘 깔끔하고 청결하게 잘 정리되어 있다. 노란색 파일 폴더와 색색으로 나눈 색인으로 임상시험 과정을 계속 추적하며 언제든 필요한 데이터가 어디에 있는지 단번에 찾을 수 있도록 체계적으로 관리했다. 정리정돈이 워낙 잘 되어 있어서 동료들은 갑자기 바로치의 사무실에 벌컥 찾아가서 파일을 마구 어질러 놓고 약 올리고 싶은 충동마저 느꼈다. 하지만 바로치라면 난처한 미소를 짓고는 어질러 놓은 파일을 금방 제자리에 꽂을 것이 뻔했다.

바로치가 데이터를 조작했다거나 번듯하게 꾸몄다고 비난하는 사람은 아무도 없었다. 하지만 라이벌들은 연구 결과가 지나치게 완벽하다고 수군댔다. 단시간에 나오고도 결점이 거의 없다시피 한 논문을 '바로치스럽다'고 하는 새로운 표현까지 등장했다.

"댄이 밝힌 통계 결과는 전부 너무 깔끔하고 잘 정리되어 있었습니다." 한 선임 면역학자의 말이다. "보통 원숭이 연구를 해 보면 진짜 엉망이거든요. 하지만 댄의 연구에서는 바닥에 나뒹구는 털 한 가닥도 없죠."

한 점도 흐트러지지 않은 깔끔한 사람이라는 평가를 바로치도 대체로 기분 좋게 받아들였다. 하지만 시간이 갈수록 그에게 불편함을 느끼는 과학자들이 생겼다. 2010년에 미국 필라델피아 위스타 연구소The Wistar Institute의 아데노바이러스 전문가 힐데군트 에르틀Hildegund Ertl은 학술지 〈바이러스학 저널Journal of Virology〉에 낸 논문에서 바로치의 연구에 의문을 제기했다. 바로치는 Ad26의 효과가 뛰어난 이유

과학은 어떻게 세상을 구했는가

중 하나로 희귀성을 꼽았다. 머크 연구진이 사용한 Ad5가 굉장히 흔한 바이러스였던 것과 달리 전 세계에서 Ad26에 노출된 적이 있는 사람은 극히 드물고, 따라서 이 바이러스에 면역력이 생긴 사람도 드물었다. 그러나 에르틀 연구진이 전 세계 7개 지역에 사는 사람들의 혈액 검체를 분석한 결과 Ad26은 전혀 희귀한 바이러스가 아닌 것으로 나타났다. 최소한 아프리카는 예외였다. 이 논문에서 에르틀은 이같은 결과로 볼 때 아데노바이러스는 가장 훌륭한 백신 운반체가 아닐 수 있다고 주장했다.

중요한 지적이었다. 2007년에 머크의 Ad5 HIV 백신이 실패한 이유 중에는 이미 많은 사람이 이 인체 아데노바이러스에 노출된 적이 있기 때문이라는 추정도 포함되어 있었다. 면역계가 과거에 만난 적이 있는 아데노바이러스는 다시 만났을 때 맞설 수 있도록 이미 훈련이 되어 있을 것이므로 Ad26에 실린 유전학적 화물이 체내에서 단기간 순환하며 백신 기능을 효과적으로 발휘하지 못할 수도 있다. 심지어 아예 백신 기능이 시작되지 못할 수도 있다.

"이전에 발표된 논문들과 달리 우리 연구진은 인체 Ad26가 사람들에게 흔히 감염되는 바이러스이며 특히 사하라사막 이남 아프리카, 즉 새로운 백신 전략이 가장 절실한 지역에서 그러하다는 사실을 발견했다." 에르틀은 이렇게 주장했다.

에르틀은 이 논문이 발표된 후 바로치가 자신에게 불만을 품었으며 한 학회에서 만났을 때는 그 주장이 유효한지 따졌다고 전했다. 2010년 10월에는 에르틀에게 이메일로 그 연구 결과는 "우리 연구에 대한 심각한 공격"이라는 입장을 밝히며 "그 논문으로 중대한 문제가 발생했고, 해결하려면 시간이 꽤 걸릴 것 같다"고 했다.

하지만 바로치는 에르틀이 경쟁자였지만 대놓고 화를 내거나 학회에서 찾아가 따진 적은 없다고 밝혔다. 나중에 바로치도 아프리카와 아시아 일부 국가에 거주하는 성인의 절반 정도가 Ad26에 이미 면역력이 있는 것으로 밝혀졌다는 논문을 발표했다. 앞서 에르틀이 발견한 것과 비슷한 결과였다. 그러나 바로치는 후속 연구에서 Ad26에 노출된 적이 있다고 해서 바이러스 벡터 백신의 효과가 감소할 가능성은 없다는 결과를 발표하며 그의 기술을 지지해 온 사람들을 안심시켰다.

바로치는 가까운 곳에서도 힘든 갈등을 겪었다. 과거 멘토였던 하버드 의과대학의 노먼 레트빈Norman Letvin 교수와 다툼이 생긴 것이다. 두 사람의 불화에 관한 소문은 연구자들의 입을 통해 빠르게 퍼져 나갔다.

저명하고 영향력 있는 에이즈 전문가이자 연주회에 나갈 정도로 실력이 출중한 클라리넷 연주자이기도 한 레트빈은 다른 과학자들의 연구를 호되게 비판하는 인물로 악명 높았다. 그런 그가 세 사람에게 바로치가 발표한 논문 중 일부는 결론이 과장된 것 같다는 우려를 드러낸 것이다. 그가 지적한 논문 중에는 Ad26 백신 플랫폼과 관련된 연구도 포함되어 있었다. 레트빈 교수의 비판이 바로치에게는 개인적인 상처가 되었다.

그러나 레트빈 교수의 측근들은 겨우 서른아홉밖에 안 된 수제자가 누리는 찬사가 교수를 화나게 만들었다고 말한다. 바로치가 자신이 진행하던 연구와 비슷한 연구를 하고 있다는 사실을 알고는 제자

과학은 어떻게 세상을 구했는가

에게 논문 발표 일정을 늦추라고 요구한 적이 있다고 전한 사람도 두 명이다. 레트빈, 바로치와 모두 가까이 지낸 사람의 말에 따르면, 바로치는 교수의 요구대로 논문 발표 일정을 늦췄고 결국 두 연구진은 거의 동시에 논문을 냈지만 레트빈은 바로치가 논문을 냈다는 사실에 분개했다고 한다.

한때는 가까운 사이였다가 치열한 경쟁자가 되어 우정에 금이 간 건 바로치와 레트빈 모두에게 힘든 일이었다. 게다가 사무실이 불과 몇 미터 거리에 있을 때라 더욱 어색한 상황이었다.

2010년경 레트빈은 췌장암 진단을 받았다. 키가 167센티미터이던 교수는 병마와 싸우면서도 연구를 놓지 않았고 몸이 계속 나빠지던 시기에도 비행기를 타고 워싱턴 D.C.로 가서 백신 전문가 회의에 참석해 동료들을 놀라게 했다. 2012년 5월에는 연구실 식구들을 데리고 레드삭스의 야구 경기를 보러 펜웨이 파크로 향했다. 하지만 경기장을 나온 뒤 몸 상태가 영 좋지 않아 병원으로 향했고, 그로부터 얼마 후 예순두 살의 나이로 세상을 떠났다. 수많은 에이즈 연구자들이 그의 부고에 큰 충격을 받았다. 그 즈음에는 바로치와의 관계도 전보다 좋아진 상태였다.

레트빈이 사망하고 석 달이 지났을 때 바로치는 베스 이스라엘 디코니스에 마련된 새로운 의료센터의 대표를 맡게 되었다. 바로치가 이끌던 백신 연구 분과와 레트빈이 운영하던 바이러스 발병 기전 연구 분과를 통합해 새로 탄생한 이곳을 바로치가 총괄하게 됐다는 소식은 그의 백신 연구에 진전이 있다는 소식과 함께 많은 동료가 분통을 터뜨리는 또 한 가지 이유가 되었다.

✧✠✧

바로치의 인생에 불안한 일들은 계속됐다. 2011년, 거대 제약회사 존슨앤존슨이 20억 달러가 넘는 가격에 크루셀을 매입했다. 단클론항체 개발 사업에서 협력해 온 두 회사의 경영진은 이제 간염과 장티푸스, 콜레라, 황열병, 결핵, 말라리아, 독감을 해결하는 일에 힘을 모으기로 했다. 바로치 연구진과 크루셀이 함께 해 온 에이즈 연구도 계속 진행될 예정이었지만, 회사에 별 도움이 안 되는 사업이라서 월 스트리트 분석가와 투자자 등이 모인 자리에서 발표된 존슨앤존슨과 크루셀의 합병 소식에서는 거의 언급되지 않았다.

바로치에게는 그다지 반가운 소식이 아니었다. 크루셀의 핵심 협력자였던 얍 고즈미트Jaap Goudsmit가 합병 후 새로운 연구를 하게 됐다는 사실은 더욱 그랬다. 대형 제약회사가 에이즈 연구에 끼어들어 바로치가 그간 해 온 노력을 방해하고 심지어 다 망가뜨릴지 모르는 상황이 다시 벌어진 것 같았다.

하지만 존슨앤존슨을 비난할 수는 없었다. 바로치 연구진은 겨우 1상 시험을 했을 뿐이고, Ad26 백신을 인체에 투여해서 감염을 막을 수 있다는 사실을 입증하려면 아직 몇 년이 더 걸릴 텐데, 그 연구 비용으로 존슨앤존슨의 금고에 든 수억 달러가 쓰일 가능성이 높았다. 바로치가 독자적으로 백신을 개발하는 건 불가능했다. 연구비를 신청하고 끌어모으는 일은 누구보다 잘하는 편이었고, 100여 명의 과학자들이 일하는 연구실을 꾸리는 비용도 그렇게 마련해 왔지만, 실제로 쓰일 수 있는 백신을 만들고 검증하려면 반드시 제약회사와 손

과학은 어떻게 세상을 구했는가

을 잡아야 했다.

2012년, 존슨앤존슨 최고위 경영진과 오후에 회의를 하기로 한 날, 바로치는 뉴저지 주 뉴브런즈윅으로 향했다. 존슨 대로에 자리한 16층 높이의 밝은 아이보리색 건물이 가까워지자 긴장감도 커졌다. 존슨앤존슨의 과학부 최고 책임자이자 글로벌 과학 연구·개발부 부서장인 폴 스토펠스Paul Stoffels에 관해서는 별로 아는 것이 없었다. 스토펠스를 포함한 존슨앤존슨 경영진이 자신의 백신 개발 사업에 관해 얼마나 알고 있는지도, 과연 계속 지원을 해 줄 것인지도 알 수 없었다. 아는 것이라곤 존슨앤존슨이 크루셀을 사들인 지 1년이 지난 지금 스토펠스가 자신과 이야기를 나누고 싶어 한다는 것이 전부였다. 그다지 좋은 예감이 들지 않았다.

가구가 드문드문 놓인 커다란 회의실에서, 바로치와 크루셀 소속 과학자 몇 명은 스토펠스와 얀센으로 이름 붙여진 존슨앤존슨 제약 부문의 선임 경영진 10여 명 앞에서 최근 연구 상황을 발표했다. 얀센에서도 자체적으로 에이즈 연구를 진행 중이었다. 바로치는 자신이 연구해 온 백신 사업의 과학적 원리와 향후 계획을 전하고 최대한 낙관적이고 희망적인 목소리로 Ad26를 활용하는 기술이 효과 있을 것이라 강조했다.

발표가 끝나자 스토펠스가 입을 열었다. 존슨앤존슨 경영진들은 그가 에이즈 연구 사업에 관해 무슨 생각을 하는지 무척 궁금한 듯 의자를 조금 당겨 앉았다. 쉰 살인 스토펠스는 외모부터 눈길을 사로잡았다. 건장한 체구에 둥그스름한 얼굴에는 숱 많은 짙은 색 눈썹이 눈에 띄고 머리카락은 희끄무레했다. 멋들어진 둥근 안경도 쓰고 있었다. 어린 시절을 벨기에에서 지낸 사람이라 입을 열자 억양에서 티가 났다. 스토펠스는 먼저 자신이 어떤 삶을 살았는지 잠시 이야기했다. 의대생이던 1980년대에 중앙아프리카로 가서 에이즈 치료를 도왔고, HIV 확산이 가장 심각했던 시기에 유명한 에이즈 연구자이자 사회운동가인 피터 피오트Peter Piot와 함께 일했다고 말했다. 한 지역에서 병원에 찾아오는 환자 세 명 중 약 한 명이 HIV 양성 판정을 받고, 길거리를 오가는 사람 여덟 명 중 한 명이 바이러스 보균자일 만큼 상황이 심각했던 때도 있었다. 스토펠스는 작은 마을에서 집집마다 방문하던 어느 날 부모가 모두 죽어 앞마당에 묻혀 있는 집에서 열두 살 아이가 자신보다 어린 형제들을 고생하며 돌보던 모습을 본 적도 있다고 말했다. 1987년, 스토펠스의 가장 친한 친구이자 같은 의사인 옌스 반 로이Jens Van Roey는 아프리카에서 에이즈 환자들을 돌보다 그만 에이즈에 감염되고 말았다. 이후 반 로이는 결핵, 호지킨 림프종, 피부암, 혀에 생긴 편평상피세포암 등 에이즈와 관련된 각종 병에 시달렸다.[1]

스토펠스는 감정이 가득 담긴 목소리로, 바로치에게 아프리카에서 본 환자들의 모습이 지워지지 않는다고 말했다. 자신이 제약회사에서 경영진으로 일하게 된 이유도 그것 때문이라고 설명했다. 치료제도 도움이 되지만, 백신이 있어야 에이즈 유행에 종지부를 찍을 수 있다. 효과적인 에이즈 백신을 개발한다면 길이 남을 유산이 될 것이다.

"우리는 이 일을 해야 합니다." 그는 바로치와 사람들을 향해 말했다. "잘 될지는 알 수 없지만 노력해 볼 만한 가치가 있습니다.

과학은 어떻게 세상을 구했는가

(……) 우리에게 이보다 중요한 일은 없습니다."

바로치는 기운을 되찾았다. 그의 백신 사업이 새 생명을 얻은 순간이었다.

✧✧✧

스토펠스가 무작정 Ad26 기술을 신뢰한 건 아니었다. 2년 전인 2014년에 서아프리카 지역에 에볼라가 사상 최대로 번져 감염자의 절반 이상이 목숨을 잃는 사태가 발생하자 존슨앤존슨은 서둘러 해결책을 찾기 시작했다.[2] 그때 존슨앤존슨은 정부 과학자들과 함께 총 두 차례 접종하는 에볼라 백신을 개발하면서 Ad26 바이러스 벡터 기술을 적용했다. 2차 접종 백신에는 폭스 바이러스가 활용됐다. 백신의 안전성이 입증된 데 이어 면역 반응을 일으킬 수 있다는 사실도 확인됐지만 에볼라는 1만 1000명 이상의 목숨을 앗아간 뒤 백신의 효능 데이터가 확보되기 전에 진정세로 접어들었다.

이후 수년간 존슨앤존슨은 콩고, 르완다를 중심으로 10만 명 이상의 팔에 백신을 접종했다. 유럽 집행위원회도 마침내 존슨앤존슨의 에볼라 백신을 승인했지만, 면역 반응을 일으킬 수 있다는 사실만 토대로 한 승인이었고 백신이 감염에 충분한 보호 효과가 있는지 확인할 수 있는 데이터는 없었다.

바로치는 원래 에볼라 바이러스에 관심을 기울일 시간이 없었다. 그동안 에이즈 백신을 계속 다듬고 보스턴의 연구실을 운영하느라 여념이 없었다. 그러나 얼마 전 새롭게 등장한 문제는 그의 관심을 끌었다. 2015년 초, 모기로 전염되는 지카 바이러스가 처음에는 아프리카와 서태평양의 몇몇 오지 섬에서 열대 질환처럼 퍼지다가 아메리카 대륙까지 확산된 것이다. 결과는 충격적이었다. 수천 명의 아기가 끔찍한 기형을 갖고 태어났고, 브라질에서는 뇌와 머리가 비정상적으로 작은 선천성 소두증 진단을 받는 아기가 급증했다. 감염자 대부분은 바이러스의 영향이 경미한 수준에 그쳤지만 심각한 경우도 많아 불안감이 증폭됐다. 엘살바도르 정부는 여성들에게 2018년까지 임신을 피하라고 권유했다. 미국의 정부 기관들도 지카 바이러스가 확산될지 모른다는 두려움을 감추지 못했다.

"위험 수준이 굉장히 높은 상황입니다." 세계보건기구WHO 총장 마거릿 챈Margaret Chan은 2016년 초, 집행이사회 회의에서 이렇게 밝혔다. "서둘러 해결책을 찾아야만 합니다."[3]

그해 3월 말, 바로치는 이른 아침 사무실에서 월터 리드 군 연구소의 의사 겸 과학자 넬슨 마이클Nelson Michael에게 전화를 걸었다. 두 사람은 지난 몇 년간 Ad26 HIV 백신 개발을 위해 협력했지만 다른 질병에 관해서는 거의 대화를 나눈 적이 없었다.

"군 연구소에서 지카 연구를 하고 있나요?" 바로치가 물었다.

출근길에 휴대전화로 전화를 받은 마이클은 얼른 주차장에 차를 댄 다음 대답했다.

"매일 하고 있죠."

"HIV 담당이신 줄 알았는데요." 바로치가 말했다.

"바로치 씨도 그렇잖아요." 마이클이 답했다.

"일단 얘기 좀 합시다." 바로치가 말했다.[4]

과학은 어떻게 세상을 구했는가

그 즈음에 월터 리드 연구소의 마이클과 동료들은 푸에르토리코에서 나온 감염자에게서 확보한 지카 바이러스를 전달받아 메릴랜드 주 베데스다의 산하 연구소에서 배양 중이었다. 백신 개발에 필요한 첫 단계였다. 월터 리드 연구소에서는 원인 바이러스를 불활성화하여 백신을 만드는 전통적 방식을 택하기로 했다. 바로치 연구진은 HIV 백신과 다른 백신을 마우스와 원숭이에 투여해 실험할 수 있는 준비를 이미 마친 상황이었으므로, 월터 리드 연구소가 만든 지카 바이러스의 동물실험을 맡아서 진행하기로 했다.

이후 몇 개월에 걸쳐 바로치 연구진은 두 가지 백신의 동물실험을 실시했다. 월터 리드 연구소가 불활성 지카 바이러스로 만든 백신, 그리고 지카 바이러스의 DNA 염기서열 중 일부를 유전공학 기술로 끼워 넣은 플라스미드로 만든 백신이었다. 이와 함께 바로치 연구진은 지카 바이러스 표면 단백질의 염기서열을 합성해서 Ad26 바이러스에 실어 전달하는 방식의 백신도 개발하기로 했다. 바로치 연구진은 이 세 번째 백신까지 동물실험을 해 봐도 문제될 것이 없다고 보았다.

그 일을 하기 전에는 바로치도 Ad26을 이용한 백신 개발 기술을 HIV 외에 다른 바이러스에 적용해 볼 생각을 한 적이 없었다. 그도 동료들도 오로지 에이즈에 모든 관심을 집중해 왔다. 그러나 에이즈 백신의 진행 상황이 너무 더디고 진척이 없자, 바로치는 Ad26 바이러스 벡터 기술을 HIV처럼 인체 면역계를 능숙하게 파고들지 않는 다소 '얌전한' 바이러스에 적용하면 더 큰 효과가 나타날 수 있는지 궁금해졌다.

바로치 연구진이 다양한 지카 백신을 마우스와 붉은털원숭이에 투여하고 위약을 투여한 대조군 동물들과 비교한 결과, 백신을 접종한 마우스와 원숭이는 모두 면역력이 생긴 것으로 확인됐다. 백신을 접종한 후 지카 바이러스에 노출하자 바이러스 감염 징후는 전혀 나타나지 않았다. 하지만 가장 놀라운 결과는 따로 있었다. Ad26-ZIKV라고 이름 붙인, Ad26 지카 백신의 면역 활성이 가장 컸다는 점이다. 이 결과로 바로치는 Ad26 백신 기술로 다른 바이러스를 물리칠 수 있다는 가능성을 확인했다.

그로부터 몇 개월 후 리스본에서 에이즈 학회가 열렸다. 행사가 끝나고 어느 바에서 존슨앤존슨의 제약 부문인 얀센 백신 사업부 대표 요한 반 후프Johan Van Hoof와 맥주잔을 기울이던 바로치는 혹시 존슨앤존슨이 지카 백신을 개발할 계획이 있느냐고 물었다.

반 후프는 얼굴을 찡그리더니 대답했다.

"기다리는 중입니다. 아직 과학적인 근거가 충분히 나오지 않았으니까요." 그러자 바로치는 노트북을 꺼내 동물실험 데이터를 보여주었다.

"과학적인 근거가 있어요." 바로치가 말했다.

반 후프는 휴대전화를 꺼내 상사인 스토펠스에게 곧바로 전화를 걸었다. 존슨앤존슨은 1년이 다 가기도 전에 Ad26 기술로 지카 백신을 생산했다. 백신 효능을 확인하기 위한 임상시험 계획도 수립했지만 2017년에 확산세가 자연스레 거의 잠잠해지면서 백신 시험도 불가능해졌다. 전 세계 사람들에게는 다행스러운 일이었지만 과학자들에게는 아니었다. 그래도 바로치와 존슨앤존슨 팀은 중요한 교훈

과학은 어떻게 세상을 구했는가

을 얻었다. Ad26 백신은 단시간에 개발이 가능하고 안전하다는 것, 짧은 기간 내로 수백만 회 투여할 분량을 생산할 수 있다는 사실을 확인했다. 정부 기관 과학자들과 면밀하게 협력하면 더욱 신속하게 진행할 수 있다는 점도 이 일로 알게 된 사실이다. 더불어 Ad26 기술을 적용한 지카 백신은 한 번 투여하는 것으로 감염을 막는 항체가 충분히 형성되고 면역 반응도 장기간 지속되는 장점이 있는 것으로 확인됐다.

지카 백신은 개발까지 약 1년이 걸렸다. 역사적으로 개발된 다른 대부분 백신과 비교하면 빛의 속도에 가깝지만 바로치, 스토펠스와 동료들은 모두 언젠가 대유행병이 발생한다면 이보다 더 신속하게 대응해야 한다는 사실을 알고 있었다. 그래도 효과적인 백신 개발 기술이 생겼다는 확신을 갖게 됐다. 새로운 바이러스가 등장해서 이 기술을 확실히 증명할 수 있기를 기다리기만 하면 된다.

에이드리언 힐도 성공을 기다리고 있었다.

옥스퍼드대학교 제너 연구소를 설립하고 운영해 온 분자유전학자들은 20년간 힐의 동료인 사라 길버트Sarah Gilbert와 말라리아 백신을 연구해 왔다. 이들은 침팬지에 감염되는 아데노바이러스를 활용해 말라리아 유전자를 체내로 전달하는 기술을 쭉 선호했다. 하지만 아직까지 그렇다 할 성공의 기미는 전혀 나타나지 않았다.

힐과 길버트는 ChAdOx라 이름 붙인 침팬지 아데노바이러스 기술 플랫폼의 가능성을 굳게 믿고 이 기술을 C형 간염, HIV, 결핵, 인플루엔자, 호흡기세포융합바이러스 백신 개발에도 적용했다. 이러한 병원체의 유전물질을 침팬지 바이러스에 끼워 넣는 방식으로 백신을 만들고 면역계가 반응하는지 살펴본 결과 성공의 징후가 일부 나타났지만 방법이 쉽지 않아서 어느 한 가지도 백신으로 승인을 받지 못했다.

연구 성과는 제자리걸음이었지만 힐은 여전히 이 분야에서 주목받는 인물이었다. 2011년이 되자 과학계에서 가장 큰 논란을 일으키고 미움받는 사람 중 하나가 되었다. 대부분 동료 연구자들을 향해 그가 내뱉는 날카로운 비판과 신랄하고 때로는 불쾌한 행동이 원인이었다.

힐은 학회에서 누군가 발표를 하면 가장 먼저 자리에서 벌떡 일어나 마이크를 쥐고 발표 내용에서 의문점을 찾아 질문을 던지는 사람이었다. 게다가 상대를 비하하거나 모욕적인 표현을 쓰는 경우가 많았다. 여러 과학자가 몇 년 동안 힐의 입에서 나온 말이라고 전한 예시 일부만 봐도 어느 정도였는지 짐작할 수 있다.

"정말 멍청한 아이디어군요."

"당신 데이터는 개판이에요."

"이런 무식한 소리는 처음 듣습니다."

학회에 참석하는 연구자들은 힐의 직설적이고 심지어 악의적으로 느껴지는 공격에 단단히 대비해야 했다. 그가 목소리를 가다듬기만 해도 다들 곧 포악한 공격이 시작될 것임을 알리는 예고라고 여길 정도였다. 힐이 날리는 펀치가 사실 정곡을 찌른 내용인 경우가 많다는 사실을 인정하고 오히려 감사하는 사람들도 있었지만, 나이가 어리거나 준비가 덜 된 과학자들은 당혹감을 느꼈고 지나친 사적 공격이라 여기기도 했다.

때때로 힐은 거친 비난을 너무 격렬히 쏟아내느라 얼굴색이 머리카락 색깔처럼 시뻘겋게 변했다. 연구 데이터와 결론은 연구자가 느끼는 자부심의 원천이기도 하지만 앞으로 계속 쌓아 가야 할 커리어와 직결되므로, 힐의 조롱 섞인 의견은 큰 타격이 될 수 있었다.

"아이들이 축구를 할 때 누가 내 아이의 실력을 비난하는 소리를 들으면 속상할 수 있죠. 하지만 개인적인 공격으로 받아들이면 안 됩니다." 넬슨 마이클의 이야기다.

동료 연구자들이 가장 불쾌하게 생각한 점은 힐이 자신의 연구보다 다른 사람의 연구에 훨씬 더 비판적인 태도를 보인다는 사실이었다. 힐은 말라리아 백신과 다른 병원체와 맞서기 위한 백신 개발에 몇 년을 할애했고 자신의 연구소가 진행 중인 이 사업을 쉴 새 없이 떠벌렸다. BBC, CNN 등 여러 방송으로도 해마다 힐과 길버트가 이런저런 질병에 맞설 방법을 연구 중이고 어떤 진척이 있었는지 소식이 전해졌다. 힐의 라이벌들은 그가 밖에서는 성공 가능성을 부풀리고 안에서 자기 팀에게는 연구를 계속하라고 종용한다고 생각했다. 하지만 힐은 의학계 학회가 열리는 곳마다 어김없이 나타나서 다른 과학자의 발표를 듣고 왜 그게 실패할 수밖에 없는 방식인지 지적했다. 길버트는 학회에서 조용하고 신중한 편이었지만 힐은 할 말이 있으면 참지 못했다.

한 번은 열대 감염질환 전문가들이 모인 연례 회의에서 크리스

플로웨Chris Plowe라는 학자가 힐이 청중에 제시한 답이 잘못됐다며 바로잡는 일이 있었다. 이때 플로웨는 메릴랜드대학교의 젊은 연구자 조아나 카르네이루 다 실바Joana Carneiro da Silva의 연구 결과를 언급했고, 이 말을 들은 실바는 자리에서 일어나 마이크를 쥐고 청중에게 자신의 연구 데이터를 설명한 후 힐이 어떤 부분을 잘못 말했는지 밝혔다. 회의장에 모인 모두의 예상대로 힐은 실바의 비판을 들으려 하지 않고 무시하는 태도를 보였다.

실바는 신입 연구자라 공개적인 자리에서 이런 무례한 반응과 맞닥뜨릴 줄은 예상하지 못했다. 그래서 다시 마이크 앞으로 나가서 살짝 떨리는 목소리로 힐의 말을 다시 바로잡았고, 행사에 참석한 과학자들은 깜짝 놀랐다. 이번에는 자신의 말이 왜 맞는지 더 자세한 근거도 덧붙였다. 그러나 힐은 이번에도 실바의 말을 무시했다. 실바는 다시 나가서 힐에게 훨씬 더 강력하게 문제를 제기했고, 사람들은 조용히 실바를 응원했다. 줄곧 남들을 괴롭혀 온 말썽쟁이의 소행에 다들 익숙해져 있는데 갑자기 신입생이 와서 맞서는 것 같았다.

"그분은 자신의 주장이 옳다는 걸 보여 주는 걸로 명성을 유지해 왔어요. 정말 불쾌하고 거슬렸습니다." 실바의 이야기다.

당시에 제너 연구소는 백신 개발의 성과와 더불어 외부 연구진이 개발한 백신의 임상시험을 대부분 신속히 진행하는 기관으로 높은 평가를 받았다. 힐에게 큰 자부심을 주는 자랑거리이기도 했다. 2014년에 힐은 자신의 사무실로 찾아온 영국 학술지 〈랜싯The Lancet〉 저술가와의 인터뷰에서 셔츠 소매를 걷어 올린 차림으로 글락소스미스클라인과 미국 국립보건원으로부터 에볼라 백신 임상시험을 도와달

과학은 어떻게 세상을 구했는가

라는 요청을 받은 적이 있다고 말했다.

"그 두 곳에서는 최대한 빠른 일정으로 시험을 해 달라고 요청했습니다." 힐은 헝클어진 붉은 머리카락을 쓸어 넘기면서 말했다. "그래서 제가 9월 중순부터 임상시험을 시작할 수 있다고 했죠. 정말 웃기게도 그렇게 된 겁니다."[5]

그를 지지하던 사람들마저 과하다고 느낄 정도로 너무 지나친 자신감이었다.

"에이드리언은 출중한 과학자고 인류를 돕기 위해 진심으로 노력하는 사람입니다. 저는 그분을 좋아하지만, 자신이 모든 걸 다 안다고 말할 수 있는 건 하나도 없다는 걸 아는 겸손한 사람이 진짜 위대한 과학자라고 생각합니다. 에이드리언 힐과 겸손은 결코 공존할 수 없어요." 힐데군트 에르틀이 말했다.

사람들이 영국인에게 반감을 느끼는 전형적인 특징 중 하나를 힐이 거의 살아 있는 화신처럼 고스란히 드러낸다는 것도 이런 분위기에 전혀 도움이 되지 않았다. 바로 옥스브리지 출신이라는 콧대 높은 태도였다. 힐은 자신이 옥스퍼드대학교에서 보낸 시간이 40년 가까이 된다는 사실을 과시했고 머리카락이 축 늘어지고 헝클어진 것까지 자랑스러워했다. 트위드코트도 즐겨 입었다. 밝은 빨간색 바지까지 입지는 않았지만 과학자들은 아마 집에 가면 그런 바지가 잘 다려져 옷장에 걸려 있을 거라고 놀렸다.

힐에게는 다른 사람들을 당황하게 만드는 다른 면모도 있었다. 에볼라 대유행 시기에 미국 국립보건원 연구진이 개발한 백신의 1상 시험을 옥스퍼드대학교의 힐 연구진이 맡아서 진행하고 있을 때, 힐은 BBC 텔레비전 프로그램에 출연해 옥스퍼드 라벨이 붙은 백신 병을 들고 이제 에볼라의 위기 상황은 끝날 것이라고 자랑스럽게 말했다. 함께 출연한 미국 과학자 두 사람이 에볼라 백신을 만든 곳은 미국 국립보건원이라고 말했지만 힐은 무시했다. 국립보건원 과학자들은 힐이 마치 자신이 직접 개발한 백신처럼 말한다고 느꼈다.

과학자들은 힐의 오만한 태도를 비웃으며 여러 가지 별명으로 그를 부르곤 했다. 힐의 이름이 정식으로 전부 쓰면 에이드리언 비비언 신튼 힐Adrian Vivian Sinton Hill이라는 것을 아는 일부는 '힐링턴의 에이드리언 V. S. 힐 경Lord Adrian V. S. Hill'이라고 부르거나 간단히 '에이드리언 경'이라고 불렀다. 반면 함께 술을 마시거나 저녁식사를 할 때는 꽤 유쾌한 사람이라고 말한 연구자들도 있었다. 경쟁을 벌이는 사이가 아니면 힐이 상대방을 충분히 존중할 줄 안다고 느낀 사람들도 있었다. 옥스퍼드 내에서 힐은 젊은 과학자들을 열심히 도와주고 응원해주면서 충성심을 얻었다. 이들은 오히려 힐의 연구 파트너인 사라 길버트가 냉담하고 때로는 대하기 힘든 사람이라고 생각했다. 길버트는 동료들에게 퉁명스러운 이메일을 보내는 사람으로 악명이 높았지만 힐은 많은 동료들이 아끼는 존재였다.

"에이드리언은 마마이트Marmite 같은 사람입니다." 그와 동료인 한 선임 연구자는 톡 쏘는 냄새로 유명한, 빵에 발라 먹는 갈색 스프레드를 언급하며 말했다. 영국인들은 이 음식을 사랑하지만 전 세계 다른 대부분 지역에서는 극히 싫어한다. "힐을 알게 된 사람은 아주 좋아하거나 증오해요."

힐을 비난하는 사람들도 그의 인내심은 높이 샀다. 힐과 길버트

과학은 어떻게 세상을 구했는가

는 치료 방법이 없고 해결하기 힘든 질병을 연구했고 빈곤 국가의 사람들을 위해 백신을 저렴하게 만들 수 있는 방법을 탐구했다. 모두 충분히 칭찬받을 만한 일이었다.

"힐만큼 1상 시험을 많이 진행해 본 사람은 없습니다." 선임 면역학자 리노 라푸올리Rino Rappuoli의 말이다.

힐의 친구이기도 한 라푸올리의 이 말은 엄청난 칭찬이다. 과학자들은 의약품 임상시험에 실패는 있을 수 없으며 모든 임상시험에서 중요한 교훈을 얻는다고 이야기한다. 1상 시험은 치료제나 백신을 승인받기 위한 중요한 첫 단계이고, 연구자는 이 1상 시험을 진행하는 사실 자체에 자부심을 느낀다. 힐의 동료들은 그가 지휘하는 기관이 신속하고도 효율적으로 백신 투여를 시작하고 전 세계에서 가장 빨리 결과를 얻는다는 사실에 깊은 인상을 받았다.

그러나 1상 시험을 순조롭게 진행할 줄 안다는 것은 축구선수가 슈팅을 잘하는 것과 같다. 슈팅이 골로 연결되어 득점할 때도 있지만, 힐이 개발한 백신이나 치료제 중에 정식 승인 단계에 가까이 간 것은 하나도 없었다.

❖ⵏ❖

2017년 말, 댄 바로치는 자신이 개발한 Ad26 백신이 단 한 번 접종으로도 다양한 병원체에 충분한 보호 효과를 발휘할 수 있다고 생각했다. 힐과 길버트는 침팬지 아데노바이러스를 활용하는 고유한 기술에 자부심이 있었다. 그러나 바로치도 힐도 정말로 백신이 효과가 있는지 증명할 수 있는 확정적인 데이터를 얻어서 전문가 검토까지 마친 적은 없었다. 각자 자신이 만든 백신이 효과가 있을 것이며 심지어 아주 골치 아픈 새로운 질병이 나타나더라도 효과가 있을지 모른다고 '생각'했을 뿐이다. 확신은 할 수 없었다.

위험천만한 새로운 병원체가 분명 출현할 것으로 전망됐다. 인간은 해마다 자연에 더 깊숙이 침투하고, 그만큼 동물 질병이 종의 경계를 넘어 인류에게로 넘어올 위험도 커지는 상황이었다. 현대에 발생한 모든 대유행병의 핵심 원인이 바로 거기에 있었다. 해외여행의 확대, 특히 국제선 항공기를 이용한 여행으로 새로운 병원체가 과거 어느 때보다 쉽게 확산될 수 있는 환경이 조성됐다. 전에 없던 그런 병원체가 나타난다면, 바로치와 힐의 기술로 확산을 막을 수 있는지 시험해 볼 기회가 생길 것이다.

과학은 어떻게 세상을 구했는가

12 장

2005-2018

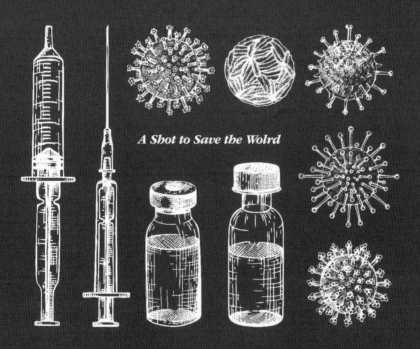

A Shot to Save the Wolrd

라울 싱비Rahul Singhvi는 아이디어가 도무지 떠오르지 않았다.

2005년, 싱비는 주식회사인 노바백스Novavax Inc.의 최고경영자가 되었다. 당시에 그의 나이는 겨우 마흔 살이었고 필라델피아 교외에 자리한 이 의료 분야 업체에 들어온 지 고작 1년밖에 안 됐으니 굉장히 놀라운 일이었다. 하지만 싱비가 최고경영자가 된 이유는 누구도 그 자리를 원치 않았기 때문이다. 노바백스는 판매 수익이 거의 없었고 은행 잔고는 500만 달러에 불과한데 매월 200만 달러 이상 지출이 발생하는 상황이었다. 회사를 살려야 했지만 어떻게 살려야 할지 아이디어가 떠오르지 않았다.

몇 년 전만 하더라도 노바백스는 경제적으로 풍족했다. 9년에 걸쳐 개발한 에스트로겐 대체 크림 제품 에스트라소브Estrasorb가 폐경기 여성들이 많이 겪는 홍조를 진정시키는 효과를 나타내는 것으로 알려지면서 폭발적인 인기를 끈 덕분이다. 회사 경영진도 사람들이 왜 이렇게까지 열광하는지 어리둥절할 정도였다. 에스트라소브의 효과가 그 정도로 엄청나지는 않았기 때문이다. 알고 보니 일부 여성이 제품 사용법대로 이 로션을 허벅지에 바른 다음에 손에 남은 크림을 얼굴에 발랐는데, 어찌 된 영문인지 눈가 잔주름이 옅어진 것으로 알려졌다. 그것도 밤늦은 시각 텔레비전 광고에 등장하는 마법의 약물처럼 거의 하룻밤 새 그런 효과가 실제로 나타난 것이다. 여성들에게 에스트라소브는 기분도 좋아지고 외모도 더 젊어지는 특효약처럼 여겨졌다. 노바백스에서 에스트라소브가 주름에 미치는 영향을 시험해 본 적이 없었으므로 미국 식품의약국은 마치 보너스처럼 발견된 이 효과를 광고할 수 없다고 했지만 입소문은 계속 퍼졌고 노바백스의 주가는 치솟았다.

그러나 2000년대 초부터 에스트로겐 대체요법과 에스트로겐 제품에 관한 우려가 높아지기 시작했다. 여러 연구에서 뇌졸중과 암 발생률이 높아질 수 있다는 결과가 나온 것이다. 두려움이 확산되자 에스트라소브의 수요도 급감했다. 질병과의 연관 가능성은 전혀 밝혀진 것이 없었지만 상황은 달라지지 않았다. 소비자들은 얼굴에 주름이 생기는 건 분명 아쉬운 일이지만 암과 비교할 수는 없다는 결론을 내렸다. 비슷한 시기에 노바백스의 또 다른 핵심 제품이던 태아용 비타민도 복제약 제조사들과의 경쟁에서 밀려 매출이 뚝 떨어졌다. 싱비가 2005년 8월 CEO 자리에 앉기 전 노바백스의 분기 매출은 고작 100만 달러에 그쳤다.

싱비는 파산을 막을 방법을 찾아야 했다. 먼저 직원을 절반 이상 줄여 서른여덟 명만 남겼다. 하지만 회사 주가가 70센트로 떨어진 만큼 추가 조치가 필요했다. 이에 싱비는 메릴랜드 주 게이더스버그에 있는 노바백스의 작은 연구소로 전화를 걸어 게일 스미스와 통화하고 싶다고 말했다. 곤충 바이러스 연구와 곤충세포 연구의 선구자로 10년 전 프랭크 볼보비츠와 함께 에이즈 백신을 연구했던 스미스는 한 해 전 노바백스의 식구가 되었다. 큰 키에 마른 몸매, 이제는 머리가 벗어진 이 연구자는 노바백스로 오기 전 마이크로제네시스를 계

과학은 어떻게 세상을 구했는가

승한 업체 프로틴 사이언스Protein Science에서 자신이 개발한 바큘로바이러스 시스템을 활용해 독감 백신을 성공적으로 개발했다.

노바백스는 여성 건강과 관련된 제품 개발에 주력해 왔지만 오래전부터 백신 개발도 시도했다. 노바백스라는 회사 이름에도 백신이 오랜 목표라는 사실이 새겨져 있다. 어느 정도 진척이 생겨 2상 시험까지 진행한 적도 있지만 규제 기관의 승인을 받기란 쉬운 일이 아니었다. 연구진에게 가장 막강한 라이벌보다 더 신경 써야 하는 문제가 있었다는 점도 백신 개발 노력에 방해가 되었다. 당시에 연구소가 있던 곳 근처에 골프장이 있어서 잘못 날아온 공이 수시로 유리창을 깨고 연구실 안으로 들어와서 일하던 연구자들이 기겁했다.

바큘로바이러스 기술을 개발하고 라이선스로 수백만 달러를 벌어들인 스미스 같은 사람이 왜 노바백스 같은 불안정하고 별로 눈에 띄지 않는 회사로 왔을까? 경영진이 그에게 노바백스의 백신 부문을 일임하고 일절 간섭하지 않겠다고 약속하자 스미스는 독특한 시각으로 백신을 개발해 볼 수 있겠다는 사실에 마음이 끌렸다. 달걀로 백신을 만드는 방식은 이미 한계점이 명확히 드러났는데 독감, 홍역 등 아직도 수많은 질병의 백신이 그러한 방식으로 만들어진다는 사실을 그는 도저히 납득할 수 없었다. 자신이 대학원 시절에 동료들과 함께 개발한 곤충 백신 기술이 더 낫다고 확신했다.

"노바백스는 제 기술을 활용했고, 저는 잠재성이 있다고 믿었습니다." 스미스의 설명이다.

스미스의 진짜 목표는 새로운 질병과 대유행병을 중단시킬 수 있는 백신을 만드는 일이었다. 이를 위해 바이러스나 바이러스의 핵심 단백질과 비슷한 유사 입자, 또는 분자를 만들어서 인체 면역계가 적을 인식하고 나중에 적이 위협할 징후가 보이면 쫓아내도록 가르치는 백신으로 활용했다. 바이러스 단백질을 몸에 투여한다는 점은 전통적인 백신 개발자들이 택한 방식과 비슷하다. 하지만 스미스의 기술은 재조합 단백질이나 실험실에서 진짜 바이러스와 '닮았지만' 감염성이 없도록 인위적으로 만든 물질을 사용했다. 이러한 재조합 단백질은 모든 의약품에 사용되고 있었고 머크에서도 이미 인유두종 바이러스HPV 백신에 재조합 단백질을 사용했다. 스미스는 다른 바이러스를 막는 백신도 이와 비슷하게 만들 수 있으리라 확신했다.

싱비는 수화기를 받아든 스미스에게 회사의 미래가 불안하다는 말과 함께 이렇게 물었다. "이제 어떻게 해야 할까요?!"

스미스와 연구실 동료들은 치사율이 높은 페럿의 조류 인플루엔자 바이러스 감염을 막는 백신을 개발했고 이 백신의 효과를 상세히 밝힌 연구 결과를 논문으로 작성해서 얼마 전 발표했다. 스미스의 단출한 연구팀과 미국 질병통제예방센터의 협력으로 진행된 이 연구에서 노바백스의 기술로 효과적인 인체 독감 백신도 나올 수 있다는 가능성이 입증됐다. 아직 인체 독감 백신은 전임상시험 단계가 진행 중이라 임상시험까지는 갈 길이 멀었다. 하지만 스미스는 이 연구를 위해 이미 국립보건원과 다른 정부 기관으로부터 20만 달러의 연구비를 받았다. 노바백스의 다른 대부분 사업부에 남아 있는 돈을 전부 합친 것보다 많은 액수였다.

싱비는 노바백스를 백신 회사로 만들기로 결심했다. 그리 어려운 결정이 아니었다. 사실 다른 선택권도 없었다.

과학은 어떻게 세상을 구했는가

'적어도 이건 뭔가 될 수 있어.' 싱비는 이렇게 생각했다.

아주 영리한 결정이었다. 이후 몇 년 동안 노바백스는 독감 백신으로 1700만 달러에 달하는 계약을 체결했고 한국의 한 제약회사와도 라이선스 계약을 맺었다.[1] 그 외에도 싱비는 7000만 달러의 투자를 확보했다. 회사 주가는 6달러로 껑충 뛰었다. CNBC 경제 프로그램에 초대 손님으로 출연해 회사의 창창한 미래에 관해 이야기하기도 했다. 비용을 절감하기 위해 회사 홍보 담당자를 전부 내보낸 때라 보도자료와 홍보 자료를 전부 직접 작성해야 했지만 그가 손대는 것마다 활짝 피어나는 것 같았다.[2]

싱비의 전략은 믿기 힘들 정도로 잘 풀려 나갔다. 2011년이 되자 그는 이사로 물러나 계속 백신 사업을 지키고 최고경영자 자리에는 더 숙련된 사람을 앉히기로 결정했다. 그리하여 나름 굴곡 많은 삶을 살아 온 스탠리 어크Stanley Erck가 예순두 살의 나이로 노바백스의 새로운 최고경영자가 되었다. 30년도 더 전에 어크는 베트남전쟁에 참전해 1년 동안 폭약 전문가로 복무했다. 수시로 정찰을 돌면서 즉석에서 만든 폭발물을 터뜨리고 적의 포격을 피하던 이 시기에 그는 통신 강좌로 학위도 땄다. 참호에서 과제를 하기도 하고, 피와 진흙으로 얼룩진 과제를 미국에 있는 채점자들에게 우편으로 제출한 적도 있다.

고향에 돌아온 후에는 시카고대학교 경영대학원에서 공부를 마치고 여러 제약회사에서 일했다. 그러다 월터 리드 군 연구소 소속 의사였던 그레고리 글렌Gregory Glenn과 함께 아이오마이 코퍼레이션Iomai Corporation이라는 회사를 설립했다. 이곳에서 어크와 글렌은 여행자들이 흔히 겪는 설사병 등 다양한 질병을 예방하는 피부 패치 형태의 백신을 개발했다. 나중에 회사를 매각해서 둘 다 어느 정도 돈을 벌었지만 백신 패치는 전혀 성공하지 못했다.

노바백스를 이끌게 된 어크는 곧바로 글렌을 연구개발부 총괄자로 채용했다. 그는 글렌이 백신에 각별한 열의를 품고 있다는 사실을 잘 알고 있었다. 인디애나 주의 가난한 시골 지역에서 자란 글렌은 군에 입대해 독일에 주둔한 미군 기지에서 소아과 의사로 일하다가 마이애미의 병원에서 수련의로 일했다. 백신이 처음 개발되어 놀라운 효과를 발휘하는 과정을 글렌은 현장에서 모두 지켜보았다. 특히 어린아이들에게 발생하는 치명적인 뇌 감염질환인 B형 헤모필루스 인플루엔자 감염 백신이 등장하여 접종이 시작되자 너무나 많은 어린 환자들, 그 부모들에게 비통한 아픔을 안겨 주던 병이 사라진 일이 그에게 깊은 인상을 주었다. 글렌은 직업을 바꾸고 직접 백신을 개발해 보기로 결심했다.

"정말 기적 같은 일이었습니다." 글렌이 말했다.

어크와 글렌은 스미스의 기술이 마음에 들었다. 이후 노바백스 연구진은 몇 년 동안 HIV, 사스, 돼지독감, 에볼라, 중동호흡기증후군 등 다양한 질병의 백신을 개발했다. 워싱턴 D.C. 외곽으로 자리를 옮긴 노바백스에서 개발한 백신은 초기 실험에서 정부 기관과 빌 앤 멜린다 게이츠 재단 같은 비영리단체의 지원을 받을 수 있을 만큼 낙관적인 결과가 나왔다. 그러나 모든 절차가 잘 진행되는 것 같다가도 매번 도저히 해결할 수 없는 걸림돌이 생겨 규제 기관의 승인은 받지 못했다. 병이 한창 유행하다가 자연히 사그라지거나, 백신이 충분히

과학은 어떻게 세상을 구했는가

효과를 발휘하지 못해서 최종 승인까지 가지 못하는 상황이 반복되자 회사 주가도 떨어지기 시작했다. 너무 작은 회사에서 백신을 개발하려고 애쓴다는 이야기도 들렸다.

붙임성 좋고 늘 사람들에게 힘을 북돋아 주려고 노력하는 어크는 거의 매일 청바지에 골프셔츠 차림으로 회사 복도를 걸어 다니며 분위기를 띄우려고 노력했다. 매주 금요일 점심시간에는 직원들과 가까운 볼링장에 가서 서른 개쯤 되는 레인을 전부 차지하고 닭날개 튀김과 맥주를 걸고 시합을 하기도 했다. 내기를 할 때마다 어크가 사비를 털어 우승팀에 대신 밥을 사는 경우가 많았다. 직원 수가 100명 이상으로 늘어난 후에도 모든 직원의 이름을 기억해서 사람들을 놀라게 하기도 했다. 누군가 중요한 일을 해내면 축하하며 티셔츠를 선물하고, 실패하면 등을 토닥여 주었다.

"실험을 하다 보면 실패를 합니다." 어크는 직원들에게 말했다. "실패를 하지 않으면 실험이라고 부를 수도 없어요."

글렌은 노바백스의 거듭되는 실패를 타개할 방법을 찾느라 골머리를 앓았다. 회사 전체가 하나로 뭉칠 수 있는 창의적인 해결책을 찾아야 한다는 생각이 들었다.

"고귀하고, 재미있고, 돈도 벌 수 있는 일이 이것 말고 또 있습니까?" 글렌은 연구자들에게 말했다.

글렌은 실패를 안고 살아갔다. 백신 개발의 다음 단계를 생각하고, 목적지에 도달하는 것에만 집중하지 말고 그곳까지 나아가는 여정을 소중하게 여기려고 노력했다. 하지만 과학은 길고 힘겨운 여정이고 진척이 생기기까지 몇 년씩 걸릴 수도 있다. 그래서 야심만만하고 인내심이 없는 사람에게는 굉장히 힘든 일이 될 수 있다. 글렌은 메릴랜드 주 교외에 자리한 농장에서 포도를 재배하고 플리머스 수탉과 로드아일랜드레드 닭을 비롯한 다양한 닭과 염소, 작은 동물들을 키우며 살았다. 노바백스의 연구에서 좌절감을 느낄수록 그가 농장에서 보내는 시간도 길어졌다. 매일 저녁 그리고 주말의 대부분은 동물의 배설물을 치우고 축사를 관리하면서 보냈다. 동물을 돌보는 일이 그에게는 도움이 됐다. 몇 주 만에 알을 깨고 부화하는 병아리를 보고 있으면 사무실에서 거듭 겪은 절망을 잊고 잠시나마 기쁨을 느꼈다.

"결과를 기다리는 건 정신적으로 굉장히 힘든 일입니다." 글렌이 말했다.

일과를 마치고 퇴근해서 오래된 빵을 들고 닭장으로 가면 삼삼오오 모여들며 반기는 닭들을 지켜보는 일이 무엇보다 즐거웠다. 그가 계획했던 목표를 달성하지 못했다는 사실이나 과학적으로 큰 걸림돌을 만났다는 사실을 알 리 없는 닭들은 그저 그가 집에 돌아왔다는 사실 하나로 반겨 주는 것 같았다.

"닭들이 저를 좋아해요. 저를 보면 항상 신나게 달려오죠." 글렌이 말했다. "그 모습을 보면 기분이 정말 좋아졌습니다."

스미스와 연구실 동료들은 실수와 실패에서 교훈을 얻으며 꾸준히 노력했다. 백신 개발에 도움이 필요하다는 사실도 깨달았다. 2014년, 노바백스는 백신으로 활성화되는 면역 반응을 더 증대시킬 수 있는 물질을 생산해 온 스웨덴 업체를 매입했다. 면역 증강제라 불리는 이 물질은 칠레의 나무껍질에서 얻는데, 원래 비누 같은 제품이나 루

과학은 어떻게 세상을 구했는가

트 비어 거품을 내는 데 많이 쓰이던 물질이다.

시간이 갈수록 연구진은 백신을 더 나은 방법으로 만들 수 있게 되었다. 원래는 바큘로바이러스에 특정 바이러스의 외피 단백질이 암호화된 DNA를 삽입하는 방식을 활용했는데, 이제는 바이러스 단백질을 만들고 이것을 스웨덴 업체가 만든 면역 증강제와 섞어서 나노입자로 만든 다음 투여하는 방식을 적용했다. 즉 mRNA 백신이나 아데노바이러스 백신처럼 유전물질을 체내로 도입해서 단백질이 만들어지도록 하는 대신 단백질을 투여하는 방식을 택한 것이다. 이렇게 새로 조정된 노바백스 백신은 기존에 만든 백신보다 만들기가 쉽고 면역 반응을 활성화하는 효과도 더 우수한 것으로 나타났다. 스미스와 연구진에게는 힘이 되는 결과였다.

2015년에 노바백스는 NIAID 백신 연구센터의 바니 그레이엄이 오랫동안 연구해 온 호흡기세포융합바이러스RSV 백신 개발에 착수했다. 미국에서 해마다 어린이 약 5만 8000명이 이 바이러스에 감염되어 입원 치료를 받고 노인 감염자도 거의 그만큼 발생하는 상황이었다. 때때로 목숨을 잃는 환자도 있었다. 글렌은 이 질병에 각별한 관심을 기울였다. 소아과 의사로 일할 때 RSV에 감염된 생후 2개월된 아기를 치료한 적이 있었는데, 감염된 일부 아기들이 호흡을 못하는 상태에 이르러 결국 세상을 떠나는 바람에 망연자실했던 기억이 남아 있었다. 그래서 노바백스가 이 바이러스를 막을 수 있는 방법을 꼭 찾길 바랐다.

2015년 노바백스 주가는 RSV 백신 개발에 대한 전망으로 두 배나 껑충 뛰었다. 어크는 로이터와의 인터뷰에서 RSV 백신이 "수익 면에

서 역사상 가장 많이 팔리는 백신"이 될 가능성이 있다고 언급하며
투자자들의 기대에 불을 지폈다.[3]

임상시험이 가까워질 때쯤, 노바백스 직원 중 일부는 어크와 글
렌이 스미스와 스미스가 지휘하는 백신 사업부를 지나치게 신뢰한
다고 생각했다. 아직 면역 증강제를 활용하는 기술을 적용해 보지
도 않았는데 RSV 백신 개발을 지나치게 서두른다고 보는 시각도 있
었다. 대형 제약사들이 노바백스 매입에 관심을 갖고 있다는 소문도
돌았지만 구체적인 인수 제안은 나오지 않았다. 노바백스가 세상을
RSV로부터 구할 수 있으리라는 어크의 확고부동하지만 근거 없는
믿음이 그러한 소문의 원인이 되었을 수도 있다.

"우리가 해내고 말 겁니다." 어크는 동료들에게 이렇게 말하기도
했다.

2016년에 어크와 글렌 그리고 백신 연구팀은 성인 1만 2000여 명
을 대상으로 실시한 RSV 백신의 3상 시험 결과를 기다렸다. 초기 결
과는 상당히 좋았고, 개발팀은 탄력을 받아 백신이 최종 출시될 때
를 대비하여 신규 직원도 100명 넘게 채용했다. 핵심 결과가 나오는
9월 중순의 어느 금요일 이른 저녁, 어크는 도무지 마음을 가라앉힐
수가 없었다. 집에 있는 사무실에서 글렌이 결과를 전해 주기만을 초
조하게 기다렸다.

그러다 인내심이 바닥난 그는 수화기를 들고 글렌에게 전화를 걸
었다.

"결과가 좋지 않습니다." 글렌이 전했다.

이어 글렌은 수치를 다시 한 번 확인한 다음에 전화할 생각이었

과학은 어떻게 세상을 구했는가

다고 말했다. 그리고 방금 확인 결과를 받았는데 처음과 그대로였다고 전했다. 완전한 실패였다.

"안타깝지만 우린 실패했습니다." 글렌이 말했다. "조금이 아니라 큰 실패예요……. 이렇게까지 되리라곤 생각도 못 했어요."

침묵만 흘렀다. 둘 다 너무 충격이 커서 아무 말도 할 수 없었다. 몇 년 동안 해 온 일이 모두 헛수고가 됐다.

노바백스가 만든 RSV 백신은 가장 심각한 증상을 물리치는 데 효과가 꽤 좋은 것으로 나타났다. 그러나 그해는 RSV 확산세가 이례적으로 잠잠해서 백신의 효능을 확인하는 데 필요한 신규 감염자의 수, 즉 '발병률'이 전체적으로 줄었다. 결과가 발표된 바로 다음 날 노바백스 주가는 곤두박질쳤다. 바이러스가 크게 확산되지 않아 백신 효과를 확인하기 어려운 건 사실이었지만, 투자자들은 단기 투자를 생각했을 뿐 노바백스가 RSV 백신 임상시험을 새로 시작할 수 있을 때까지 기다릴 계획은 없었다.

그로부터 두 달이 채 지나지 않아 2016년 미국 대통령 선거에서 도널드 트럼프가 힐러리 클린턴 후보를 제치고 대통령으로 당선됐다. 선거 바로 다음 날 아침에 노바백스 직원들은 터덜터덜 출근했다. 회사에서 많은 수를 차지하던 민주당 지지자들이 선거 결과의 충격에서 아직 헤어나지 못했다. 그런데 출근하자마자 또 다른 충격적인 소식이 기다리고 있었다. 회사 이메일로 해고 통지서가 전달된 것이다. 그날 전체 직원 중 3분의 1이 직장을 잃었다. 남은 직원들은 짐을 싸서 나가는 사람들을 보며 온몸을 떨었다. 사무실 전체에 암담한 공기만 가득했다.

어크는 30년간 경영자로 일하는 동안 직원을 해고한 적이 단 한 번도 없었기에 그에게도 이 결정은 큰 절망으로 남았다. 글렌도 서글픈 심정을 나름의 방식으로 이겨냈다. 도저히 감정을 추스를 수가 없어서 집으로 차를 몰고 가다가 도중에 멈추고 차 안에서 울음을 터뜨렸다.

'우리는 살아남을 수 있을까? 그럴 만한 가치가 있을까?'

"지나치게 열정을 부리다가 사람들을 실망시켰다는 생각이 들었습니다." 글렌이 말했다. "떠나는 사람들을 도저히 볼 수가 없었어요."

스미스와 동료들은 자신들이 개발한 백신 기술을 여전히 신뢰했다. 글렌, 어크도 마찬가지였다. 생명공학 업체를 운영하는 친구들은 어크에게 임상시험이 무참히 실패하는 경우는 흔하며, 작은 회사에서는 더욱 그렇다며 위로했다.

"우리 회사도 그랬어요." 이렇게 말한 사람도 있었다.

2018년 말, 노바백스 연구진은 RSV 백신 임상시험을 다시 시작했다. 이번에는 바이러스가 태아도 보호할 수 있다는 사실을 증명하기 위해 출산을 앞둔 임산부를 시험 대상으로 모집했다. 못 말리는 긍정주의자인 어크는 투자자들에게 RSV 백신의 전 세계 판매량이 최대 15억 달러 규모에 이를 수 있으며, 노바백스는 백신의 효능이 입증되고 승인이 떨어지면 이듬해부터 백신을 판매할 수 있도록 준비를 시작했다고 밝혔다. 스미스와 연구진은 노바백스에서 개발 중인 독감 백신에도 자신감을 드러냈다.

그러나 이런 낙관적인 전망에 공감하는 사람은 별로 없었다. 노바백스의 금융 자문을 맡은 JP 모건 체이스 은행은 해마다 샌프란시

과학은 어떻게 세상을 구했는가

스코에서 개최하는 의료보건 분야 투자 콘퍼런스에 노바백스에는 발표 시간을 배정하지 않았다. 굉장히 실망스러운 일이었다. 어크는 투자자들과 만날 수 있는 다른 행사들에 참석했지만 기껏 서너 명 정도가 관심을 보이는 데 그쳤다. 참석자가 너무 적어서 소용없다고 판단해 다 준비해 온 발표를 취소하는 날도 있었다.

"그런 상황에서 대체 무슨 말을 할 수 있을까요?" 어크가 되물었다.

모더나와 바이오엔텍은 mRNA 분자 기술을 발전시키고 있었다. 댄 바로치와 에이드리언 힐은 아데노바이러스 백신이 효과가 있다고 확신할 만한 근거를 얻었다. 백신 전문가인 이들은 다른 대부분의 사람과 마찬가지로 노바백스에 관해서는 전혀 알지 못했다.

노바백스는 그만큼 작은 회사였다.

13장

2017-2019

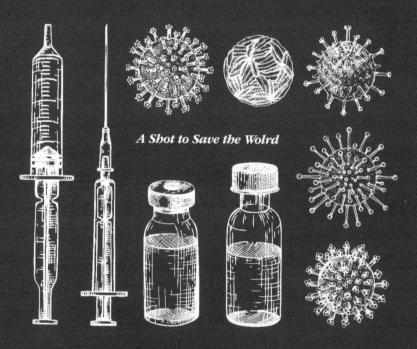

A Shot to Save the Wolrd

스테판 방셀은 예감이 좋았다.

지난 몇 년 동안 모더나 과학자들은 메신저RNA로 체내에서 강력한 기능을 발휘할 단백질이 충분히 많이 만들어지도록 하는 기술을 붙들고 씨름했다. 2013년 말부터 모더나는 에릭 황의 제안으로 백신 생산에 주력하기 시작했고, 아직 초기 데이터이긴 하지만 여러 감염 질환 백신에서 긍정적인 결과가 나왔다. 케리 베네나토가 개발한 지질 외피로 모더나의 mRNA를 감싸서 세포에 mRNA에 담긴 유전학적 지시를 전달하면서도 해로운 면역 반응을 피할 수 있게 된 것도 중요한 성과였다.

2017년 말에는 직원들도 방셀의 불같은 성격과 잘 맞는 사람들로 구성됐다. 대부분 그의 넘치는 의욕과 강도 높은 요구에 보조를 잘 맞추었고 업무 속도가 느리다며 방셀이 쏟아내는 말에는 크게 신경 쓰지 않는 것 같았다. 모더나가 언젠가는 수백만 회 분량의 백신을 만들 것이라 확신한 방셀은 이사회에 1억 1000만 달러를 들여 매사추세츠 주 노우드의 모더나 사무실에서 30분 거리에 있던 폴라로이드 필름 공장을 개조해서 백신을 대량 생산할 수 있는 시설을 확보하자고 설득했다.

mRNA 기술 경쟁에서 모더나가 누구도 범접하지 못할 만큼 앞서고 있다고 판단한 방셀은 마침내 학술지에 연구 결과를 발표하라고 회사 연구진을 독려했다. 방셀 자신도 외부 사람들과 터놓고 정보를 공유하기 시작했다. 11월에는 mRNA 전문가들이 한자리에 모이는 가장 중요한 연례 행사인 국제 mRNA 보건 학회에 참석하기 위해 모더나 이사회 의장인 스티브 호지와 함께 베를린으로 향했다.

행사에 참석한 과학자들, 업계 고위 간부들은 몇 년 전 같은 행사에서 사람들에게 이 분야 연구를 망치지나 말라는 경고를 뱉고 누가 말이라도 걸려고 하면 내쫓기 바빴던 방셀의 행태를 기억하며 여전히 그를 불쾌하게 생각했다. 하지만 방셀은 달라진 모습을 보였다. 임상시험 데이터를 사람들에게 공개하고, 동료 학자들과 즐겁게 수다를 떠는 그를 보고 깜짝 놀란 사람들도 있었다. 심지어 모더나가 mRNA를 전달하기 위해 지질나노입자를 어떻게 활용하는지도 상세히 발표해서 또 한 번 충격을 주었다.

호지가 모더나의 감염질환 백신 사업에 관한 발표를 마친 후, 바이오엔텍에 합류한 mRNA 연구의 선구자 카탈린 카리코가 그에게 다가왔다.

"정말 멋진 발표였습니다. 우리도 같은 연구를 시작했어요."

호지는 카리코의 말이 무슨 의미인지 잠시 생각했다. 그때까지 그도 모더나에서 일하는 사람 대부분과 마찬가지로 바이오엔텍은 그저 암 전문 업체라고만 생각했다. 카리코와 드류 와이즈먼이 앞장서서 개발한 변형 mRNA 기술의 라이선스를 바이오엔텍이 갖고 있다는 사실은 알고 있었다. 몇 년 전에 모더나도 이 라이선스를 얻으려고 했지만 펜실베이니아대학교에서 거절하는 바람에 가까스로 변형 기술을 개발했다. 하지만 바이오엔텍은 mRNA 분자에 그 기술을 적용하지 않은 것으로 알려졌고, 그건 그 회사가 개발한다는 암 백신에 필요하지 않기 때문이라고 여겨졌다. 또한 모더나 백신에 활용되는 최신 지질나노입자 외피가 바이오엔텍 백신에 사용된다는 이야기는 들어본 적이 없었다. 이런 이유로 방셀, 호지, 모더나 사람 모두가 우구르 사힌의 회사를 거의 신경 쓰지 않았다.

그런데 지금, 카리코가 나타나 호지에게 바이오엔텍이 감염질환에 뛰어든 경쟁자라는 사실을 아무렇지 않게 밝힌 것이다. 하지만 호지는 크게 염려하지 않았다. 헛말일 수도 있다고 생각했다. 카리코가 바이오엔텍에서 얼마나 큰 영향력을 발휘하고 있는지도 확신할 수 없었다. 심지어 그날 행사가 끝나고 호지와 방셀은 사힌 그리고 바이오엔텍의 사업·영업부 수석 책임자인 션 매럿Sean Marett과 함께 커피를 마시며 두 회사가 언젠가 함께 일할 수 있을지 모른다는 이야기도 나누었다.

그런데 회의 마지막 날, 방셀과 호지는 호텔 로비를 지나다가 사힌과 매럿이 캐나다의 지질나노입자 생산 업체 고위 간부와 이야기를 나누는 모습을 목격했다. 모더나가 mRNA 전달 기술을 처음 연구할 때 협력했던 바로 그 회사의 간부였다. 호지는 그제야 걱정이 되기 시작했다. 상황이 어떻게 돌아가고 있는지 전부 이해가 됐다. 바이오엔텍은 mRNA로 감염질환 백신을 개발하고 있으며, 모더나를 따라잡으러 나섰다. 그는 방셀에게도 이런 생각을 전하며 경고했다.

방셀은 느긋하게 답했다.

"저 사람들은 암에 엄청나게 몰두하고 있어요. 그리고 우리가 크게 앞서 있지 않습니까. (……) 저쪽에서 우리를 따라잡을 리가 없어요."

방셸은 자신감이 넘쳤지만 모더나의 다른 구성원들은 걱정이 점점 깊어 갔다.

2018년에 공개된 모더나의 새로운 생산 시설에 이미 어마어마한 돈이 들어간 상황에서 그 지출을 충당할 만한 기록적인 이윤이 나올 곳은 없는 데다 연구비 등의 비용은 늘어만 갔다. 물론 방셸은 회사의 이 모든 비용을 충당할 만한 거액의 수표를 건네줄 투자자를 계속 찾고 있었다. 그가 자신만만한 태도를 유지한 이유이기도 했다. 2018년 2월에 그는 스위스 제네바의 픽텟 그룹Pictet Group과 아부다비 국부 펀드, 뉴욕 헤지펀드 사 바이킹 글로벌 인베스터스Viking Global Investors로부터 5억 달러를 확보했다. 하지만 최근에 모더나와 새로 손을 잡은 후원사는 의료보건 전문가들이 아니었다. 이로 인해 방셸과 모더나에 드리워졌던 회의적인 시선은 노골적인 조롱으로 바뀌었다. 이런 여론의 변화는 회사에 문제가 될 수 있었다.

2018년 3월에 과학 저널 STAT에는 모더나가 가장 최근에 투자자를 모으면서 회사 가치를 75억 달러로 제시했고 "동료들은 어리둥절한 반응을 보였다"는 내용의 기사가 실렸다. 기사에는 모더나가 투자자의 관심을 얻기 위해 제시한 홍보 자료에는 이제 겨우 마우스 실험만 끝난 의약품을 두고 "수십억 달러의 수익이 예상된다"는 설명이 나와 있으며, STAT가 인터뷰한 투자자들은 이에 대해 "상당히 터무니없는 소리"라는 예측을 내놓았다는 사실도 포함되어 있었다.[1]

너무 순진하거나 미숙해서 이런 장밋빛 미래에 관한 약속을 의

심할 줄 모르는 투자자들에 모더나가 의존하고 있다는 지적도 있었다. 방셀과 모더나를 향한 조롱을 더욱 부추기는 내용이었다.

"이런 내용으로 슬라이드를 만들어서 과거 테라노스 투자자들을 노린 것이 분명하다." 트위터에는 이런 글도 게시됐다.

"이건 완전히 몽상 아닌가." 이렇게 비웃는 트윗도 있었다.

4월이 되자 생명공학 분야 투자자 중 일부가 방셀의 허풍에 질린 속내를 드러내기 시작했다. 이들은 mRNA 분자가 일관성 있게 세포 내로 들어가서 단백질이 큰 가치를 기대할 수 있을 만큼 충분히 만들어지는 것이 정말로 가능한지 확신할 수 없다는 입장을 밝혔다. 미덥지 못하다는 반응을 보인 투자자들로 인해 모더나는 크리글러-나자르 증후군 치료를 위한 백신 개발을 포기했다. 이들은 모더나가 불과 1년 전 투자자들에게 약속한 메틸말론산증과 프로피온산증 백신에서도 뚜렷한 진전이 거의 없다는 점을 지적했다.

뉴욕에서 개최된 생명공학기술 분야 행사에서는 이 분야 업체의 헤지펀드를 전문적으로 운영해 온 퍼셉티브 어드바이저Perceptive Advisors의 유명한 수석 투자 담당자 애덤 스톤Adam Stone이 mRNA가 의약품이나 백신의 기반 기술이 될 가능성을 직설적으로 평가했다.

"절대 될 리가 없습니다." 행사에 참석한 사람들은 스톤이 100명이 넘는 청중 앞에서 이렇게 말했다고 전했다. (스톤은 그런 말을 했는지 기억이 나지 않는다고 밝혔다.)

2018년 말에 이르자 모더나의 미래를 확고히 믿는 사람들과 확고히 불신하는 사람들이 분명하게 나뉘어 논쟁은 더 가열됐다. 12월 첫 주에 진행된 주식 공모에서는 방셀의 주장이 설득력 있다고 판단한 사람들이 모인 덕분에 뮤추얼펀드와 기타 투자가 충분히 모여 생명공학 분야에서는 사상 최대 규모를 기록했지만 연말이 가까워지자 주가는 34퍼센트 폭락했다. 게다가 생명공학 분야 주식 가운데 가장 잘 팔리는 주가 되었는데, 이는 주가 하락에 따른 차익을 노린 '공매도' 거래자들이 모더나의 주가가 지나치게 높이 책정되었고 과장된 주장이 반영되었음을 그만큼 확신한다는 의미였다. 모더나는 신규 상장으로 6억 2000만 달러를 모았지만 시장에 제품을 내놓으려면 훨씬 많은 돈이 필요했다.

곧 방셀은 어디에서 그 돈을 마련해야 할지 고민에 휩싸였다.

⟡¤⟡

그 사이 바이오엔텍은 2018년에 과학적으로 발전했다. 동시에 사힌의 비전통적 경영 방식에 회사 연구자들은 너나 할 것 없이 고개를 가로저었다.

그와 외즐렘 튀레지는 예전부터 늘 그랬듯이 거의 쉬지 않고 일에만 몰두했다. 저녁에 퇴근하면 커피나 차를 마신 후 다시 야간 근무를 하듯 연구를 하거나 글을 썼다. 연구자들에게도 일을 너무 열심히 하느라 밤에 잠을 자는 시간이 4시간 정도밖에 안 된다고 말했다. 회사 간부 중에는 일에 중독된 사람들이 많으니 거기까진 그렇다 쳐도, 사힌과 튀레지가 말하는 이 4시간은 그냥 4시간이 아니었다. 한 직원은 이 부부가 매일 밤 한 침대에 동시에 누워서 자는 시간은 2시간에 불과하다고 전했다. 두 사람에게 왜 이런 희한한 수면 습관이 생겼는지 정확히 아는 사람은 없었지만, 일부 직원은 이런 사실을 알리는 건 회사의 연구가 최우선이라는 사실을 연구자들에게 은근히 강조하는 일종의 의도된 메시지라고 여겼다.

"우구르는 '잠이 부족해? 그럼 날 좀 봐'라고 하는 식이었어요." 과거 바이오엔텍에서 선임 과학자로 일했다는 사람은 이렇게 말했다. "회사에 헌신하길 바라는 겁니다."

바이오엔텍 직원들은 사힌이 얼마나 별난 사람인지 이야기를 주고받았다. 대부분 그가 연구에 완전히 심취해서 살고 있다는 내용이었다. 사힌은 이루고 싶은 일이 있으면 전부 목록으로 작성해 두었다. 새로운 컴퓨터 언어를 배운다는 항목도 있었는데, 10분이라도 짬이 나면 그 일을 했다. 가끔 사무실 바닥에 매트를 깔고 5분 정도 쪽잠을 자기도 했는데 사람들은 그가 이 잠깐의 휴식을 누구도 모르길 원한다고 말했다.

사힌과 튀레지는 딸 델핀과 함께 카나리아 제도로 휴가를 떠나면서 모든 것이 갖추어진 리조트를 숙박 시설로 선택했다. 하지만 이 가족이 휴가를 떠나는 모습은 일반적인 모습과 판이하게 달랐다. 27인치 모니터를 포함한 컴퓨터를 서너 대씩 싣고 갔고 캐리어도 여섯 개 정도 가지고 갔는데, 그중 최소 한 개는 논문으로 꽉 채워졌다. 사힌은 휴가 기간에도 대부분 숙소에서 글을 읽거나 쓰면서 보냈고 튀레지는 아이를 봐 줄 사람 한두 명과 함께 수영장에서 지냈다. 가끔 사힌도 함께 시간을 보내기도 했지만 그때도 수영장까지 논문을 갖고 왔다.

2018년에는 새로운 투자자들을 확보해서 바이오엔텍의 가치가 크게 높아졌지만 두 사람은 예전부터 살던 마인츠의 아파트를 떠나지 않았다. 사힌의 머릿속에 재산이나 풍족한 생활 같은 건 거의 들어온 적이 없었다. 회사 직원들과 회의를 거쳐 바이오엔텍의 의료 부문 수석 책임자가 된 튀레지는 자축의 의미로 목걸이를 하나 구입했다.

"남편은 절대 사 줄 리가 없으니까 제가 직접 샀어요." 튀레지의 말이다. 비난하는 뜻은 전혀 없었다. 그저 사힌이 사치나 물질적인 보상에 아무 관심이 없다는 사실을 놀린 말이었다.

한 동료가 사힌에게 무슨 동기로 이 일을 하느냐고 물었을 때 그는 이렇게 답했다. "이타주의죠. 환자를 위해서. 그리고 영예로운 일을 하기 위해서."

어떤 면에서 그는 생명공학이라는 분야만 다를 뿐 미국 텔레비전 드라마 〈오피스The Office〉의 주인공 마이클 스콧Michael Scott과 비슷한 구석이 있었다. 이 드라마에서 마이클이 그러듯 사힌도 바이오엔텍 구성원 모두가 행복한 거대한 가족이 되기를 소망했다. 수년간 그는 나이 차가 큰 어린 직원들을 포함한 전 직원에게 자신을 부를 때 성이 아닌 이름으로 부르도록 했고, 회사 연구자들이 가족이며 대인관계 등 다른 문제로 고민하면 깊은 인내심을 발휘해 함께 고민했다. 크리스마스가 되면 사힌과 튀레지의 주최로 화려한 파티가 열렸다. 초콜릿 분수도 등장하고, 이국적이고 값비싼 각종 육류 요리와 함께 시끌벅적한 밴드까지 동원됐다. 직원들이 춤을 추고 식사하는 동안 두 사람은 자랑스러움과 즐거움이 피어난 얼굴로 앞에서 바라보곤 했다.

하지만 사힌은 팀원들이 자신과 튀레지만큼 회사와 일을 맨 앞에 두길 요구했다. 일에 충분히 헌신하지 않는 사람은 해고했다. 사힌이 직접 쫓아낸 적도 있다.

"꼭 마피아 같았어요. 가족이 되거나 아무것도 아닌 존재가 되거나 둘 중 하나만 가능했죠." 바이오엔텍에서 6년간 일하고 나온 과학자 비욘 필립 클로케Björn-Philipp Kloke의 말이다. "저는 사힌을 좋아합니다. (……) 심성은 정말 착한 사람이에요. 하지만 인생을 전부 회사에 바친 사람입니다. 모두가 그렇게 살지는 않아요."

❖☗❖

사힌과 바이오엔텍은 수년간 암 백신 개발에 집중했지만 호지가 깨달은 대로 목표가 바뀌고 있었다. 2018년 봄, 사힌은 마인츠의 바이오엔텍 본사로 찾아온 손님 두 명을 맞이했다. 미국의 거대 제약회사 화이자에서 백신 연구개발 사업을 운영하던 카트린 얀센Kathrin Jansen과 화이자의 바이러스 백신 연구개발부 총괄자인 얀센의 동료 필립 도르미트제Philip Dormitzer가 그 주인공이었다. 화이자의 이 두 간부는 제약 업계의 차세대 주요 혁신을 찾아내야 한다는 압박을 느끼고 있었다. 화이자는 여전히 전 세계적으로 막강한 영향력을 발휘하고 있었지만 몇 년간 수익이 감소했고, 과거 엄청난 성공을 거둔 제품은 특허가 만료되고, 신약 개발은 더딘 상황이었다. 사람들에게 인기가 많았던 화이자 최고경영자 이안 리드Ian Read는 자리에서 물러날 준비를 하는 중이었다. 그리스 출신 수의학자 앨버트 불라Albert Bourla

가 그 자리를 이어받아 화이자의 혁신을 더 강하게 밀고 나갈 예정이었다.

얀센과 도르미트제는 화이자가 mRNA 치료제나 백신 사업에 참여하길 바랐지만 몇 년 전에 회사의 감염질환 부서는 없어졌고 그동안 mRNA 연구는 거의 하지 않아서 모더나나 다른 회사의 속도를 따라가기가 힘든 상황이었다. 이에 얀센과 도르미트제는 파트너를 찾기 시작했고, 사힌과 얼마간 대화를 나눈 후 직접 그와 연구팀을 보기 위해 독일로 날아왔다.

바이오엔텍을 둘러보던 두 사람은 좋은 인상을 받은 동시에 깜짝 놀랐다. 화이자는 베테랑 과학자 수만 명이 밀집한 회사인 반면 바이오엔텍에서는 머리가 희끗한 사람이 거의 보이지 않았다. 바이오엔텍의 직원이 전부 대학을 갓 졸업한 사람들 같다는 생각에 둘 다 마음이 불안해졌다.

"어른들은 다 어디에 계시죠?" 도르미트제는 반쯤 농담으로 이렇게 물었다.

하지만 몇 달 후에는 그도 얀센도 사힌과 직원들을 한결 편하게 느꼈다. 사힌이 자신들과 마찬가지로 과학계에서 발표되는 새로운 논문에 굉장히 관심이 많다는 점과 mRNA 분자로 효과적인 백신을 만들겠다는 열정이 마음에 들었다. 2018년 8월에 두 회사는 mRNA로 독감 백신을 함께 만들기로 했고, 기존 백신보다 보호 효과가 더 뛰어난 기술을 개발하기로 뜻을 모았다. 이 일을 계기로 한 팀이 되면서, 언젠가 나타날지 모를 다른 병원체를 mRNA로 해결할 방법을 바이오엔텍과 화이자가 함께 찾을 가능성도 열렸다.

스테판 방셸은 오랫동안 mRNA 분야에서 치열한 경쟁이 일어날까 봐 두려워했는데, 모더나가 여유 있게 우위를 점했다고 생각하자마자 강력한 라이벌이 나타났다. 방셸은 몰랐겠지만 사힌도 압박감을 느끼고 있었다. 바이오엔텍이 백신이나 치료제를 만들고 최종 승인을 받으려면 아직 몇 년은 더 걸릴 것이고, 이 사업으로 수익을 크게 올릴 가능성은 아직 윤곽조차 보이지 않았다. 화이자가 파트너가 되었지만 그와 상관없이 기술을 발전시키려면 연구를 해야 했고, 그러려면 아주 많은 돈이 필요했다. 언제까지 슈트룅링 형제나 다른 개인 투자자가 제공하는 돈에만 의존할 수는 없었다. 이에 사힌과 동료들은 1년 앞서 모더나가 했던 것처럼 일반에 주식을 내놓는 주식 공모를 실시하기로 했다.

2019년 여름, 사힌과 바이오엔텍의 동료 몇몇은 2주에 걸쳐 유럽 전역과 뉴욕을 오가며 그해 10월로 예정된 바이오엔텍 주식 공모에 많은 투자자가 관심을 가지도록 홍보했다. 총 24개 도시를 방문해 헤지펀드, 뮤추얼펀드 사와 그 밖의 투자자 사무실 수십 곳을 찾아가서 암과 감염질환을 물리칠 수 있는 백신과 치료제 개발 계획을 소상히 설명했다. 조곤조곤한 말투에 화려한 수식어를 쓰지 않는 사힌은 방대한 지식과 바이오엔텍 과학자들이 면역계가 병과 직접 싸우도록 만들기 위해 활용할 창의적인 기술, 회사를 향한 깊은 열정으로 선명한 인상을 남겼다.

투자자들은 데이터를 살펴보기 시작했다. 당시 설립된 지 9년째인 바이오엔텍은 임상시험 중간 단계인 2상 시험까지 실시된 치료제가 단 한 건뿐이었다. 그것도 제넨텍과 공동 개발한 흑색종 치료제였고 나중에 이 치료제로 수익이 나더라도 나눠 가져야 한다는 의미였다. 바이오엔텍이 개발한 백신으로 치료가 실시된 환자도 250명에 불과했다. 독감 백신은 첫 번째 임상시험이 2020년 말까지는 시작될 수 있기를 '기대'하는 상황이었다.

코네티컷 그리니치에서 의료보건 분야 투자자로 활동해 온 제프리 제이Jeffrey Jay는 사힌의 발표 내용이 마음에 들었지만 주식은 사지 않기로 결정했다. 독감 백신을 또 만든다는 계획은 "지루하다"는 반응을 보인 그는 바이오엔텍의 암 연구에 더 확실한 진전이 있다는 근거가 나오면 그때 주식을 살 생각이었다.

"데이터가 더 나오면 좋겠네요." 제이는 말했다.

홍보에 나선 사힌과 동료들에게 투자자들이 거의 비슷한 반응을 보인다는 사실을 깨달았다. 바로 회사가 하는 일이 '너무 복잡하다'는 반응이었다. 바이오엔텍은 총 25종이 넘는 백신과 치료제를 개발 중이었고, mRNA 분자를 이용하는 기술 외에도 인체 면역계가 암을 공격하도록 만드는 기술인 키메릭 항원 수용체 T세포CAR-T 등 세 가지 기술을 추가로 활용했다. 투자자 중에는 이걸 전부 시도하는 건 과하다고 여기는 사람도 있었다.

"우리 회사의 비전에 의구심을 품는 사람들이 있었습니다." 사힌이 말했다.

주식 공모가 예정된 10월 초가 가까워졌을 때 더욱 불운한 분위기가 감돌았다. 사무실 임대사업을 하던 위워크WeWork가 파산 위기에 처했고 미국과 중국의 무역 분쟁이 심화됐다. 모더나를 포함한 생명공학 업계의 주가는 뚝 떨어졌다. 바이오엔텍이 주식시장에 데

뛰할 날을 며칠 앞둔 10월 2일에는 암 치료제 개발 사업을 추진하던 스위스의 스타트업 ADC 테라퓨틱스ADC Therapeutics가 주식 공모 일정을 연기한다는 결단을 내렸다. 사힌과 바이오엔텍 모두에게 당황스러운 소식이었다.

금요일이던 10월 4일 밤, 션 매럿은 뉴욕에서 바이오엔텍 선임 동료들과 술을 마셨다. 상황이 얼마나 어려운지 다들 잘 알았지만 주식 공모나 그와 관련된 암울한 이야기는 되도록 피했다.

매럿은 얼마 전에 한 대형 투자자로부터 주가가 폭락하는 시기인 만큼 바이오엔텍 주식은 구입할 의향이 없다는 답을 들은 터라 더더욱 기분이 가라앉았다.

"속이 울렁거릴 정도였어요." 매럿이 말했다.

결국 사힌과 바이오엔텍 팀은 힘든 결정을 내리기 위해 JP 모건 은행 관계자들과 만났다. 주식 공모 계획을 철회하고 다음에 다시 시도하거나 주식 가격과 규모를 줄여서 더 많은 투자자를 얻는 것, 둘 중 하나를 선택해야 했다. 사힌은 일단 해 보자는 쪽이었다.

"해 보지도 않고 돌아갈 순 없습니다." 매럿도 동의했다.

선택권이 그리 많지 않다는 사실은 다들 잘 알고 있었다. 바이오엔텍은 돈이 필요했다. 주식 공모로 얻을 수 있는 수익이 예상보다 적더라도 일단 공모를 하면 나중에 주식을 추가로 팔아서 더 수월하게 자금을 확보할 수 있었다. 바이오엔텍은 주가와 판매 규모를 줄이기로 했고 최종적으로 처음 기대했던 금액의 절반을 조금 넘긴 1억 5000만 달러를 모았다.

사힌은 바이오엔텍과 회사의 기술을 굳게 믿었다. 하지만 얼마나 많은 사람이 그와 같은 마음인지는 명확히 알 수 없었다.

✧✤✧

댄 바로치와 에이드리언 힐도 여전히 각자 택한 백신 기술을 굳게 믿었다.

2019년 가을, 바로치의 파트너인 존슨앤존슨의 얀센은 아데노바이러스로 만든 에볼라, HIV, 지카 백신을 11만 명이 넘는 피험자에 투여했다. 이상 반응은 최소 수준으로 발생했고 시험을 실시한 모든 백신이 접종 후 병원체와 맞서는 B세포와 T세포가 활성화되어 상당한 면역 반응을 일으킨 것으로 나타났다.

또한 백신을 소량만 주사해도 면역계를 충분히 가동시킬 수 있다는 사실도 밝혀졌다. 바이러스를 사멸시키거나 약화시켜서 만든 전통적인 백신보다 아데노바이러스로 유전학적 화물을 체내로 전달하는 방식이 더 안전하다는 사실도 확인됐다. 게다가 존슨앤존슨의 기술은 향후 나타날 수 있는 다른 병원체를 제압하는 데도 활용할 수 있을 것으로 전망됐다. 겉으로 보면 일반 감기 바이러스인 Ad26와 비슷하지만 속을 자세히 들여다보면 존슨앤존슨 과학자들이 끼워 넣은, 새로운 바이러스의 핵심 단백질이 암호화된 유전물질이 포함된 Ad26로 새로운 백신을 만들 수 있을 것이다.

그러나 임상시험 첫 단계의 목표는 백신의 효능을 입증하는 것이 아니다. 즉 백신을 접종한 사람들과 위약을 접종한 사람들을 비교해서 에볼라나 지카 바이러스 감염으로 생기는 병에 걸릴 확률을 확인하는 시험이 아니었다. 존슨앤존슨은 이러한 질병이 치명적인 위세를 떨치는 상황에서 백신을 접종하지 않은 위약군이 포함된 임상시험을 진행하는 건 현실적으로 불가능하다고 판단했다. 바로치와 존슨앤존슨은 수년간 연구를 하고도 백신이 정말로 사람들을 감염으로부터 보호할 수 있는지는 입증하지 못했지만 그래도 이 기술에 희망을 품고 있었다.

옥스퍼드대학교에서는 힐과 사라 길버트의 팀이 아데노바이러스 기반 백신 전략을 그에 못지않게 낙관적으로 전망했다. 바로치와 존슨앤존슨이 개발한 백신처럼 저렴한 비용으로 쉽게 생산할 수 있고 일반적인 냉장 온도에 장기간 보관할 수 있다는 특징 덕분에 저온 설비가 갖추어지지 않은 빈곤국에서 활용하기에 적합한 백신이 될 것으로 예상했다. 그러나 침팬지 아데노바이러스로 만든 옥스퍼드 연구진의 백신을 접종한 피험자는 겨우 336명에 불과했다. 비슷한 다른 백신도 약 1500명에 투여한 상황이라 아직 충분한 근거가 확보되지 않았다.

옥스퍼드 연구진은 침팬지 아데노바이러스로 백신 물질을 전달하는 전략이 메르스에 얼마나 효과가 있는지 확인하기 위한 시험을 시작했다. 이 시험으로 백신 기술의 효용성은 확인할 수 있지만 백신의 효능을 입증하기 위해 인체에 백신이 투여된 사례는 아직 한 건도 없었다. 규제 기관의 최종 승인에 근접한 백신도 전혀 없었다. 최소한 서구 세계의 상황은 그랬다.

2019년 11월 말, 힐은 전 세계 감염질환 전문가들이 모이는 회의에 참석하기 위해 워싱턴 D.C. 남부의 메릴랜드 주 내셔널 하버로 향했다. 이 행사에서도 힐은 여느 때와 같이 다양한 병원체와 이상적인 백신 기술에 관해 자신만만하게 의견을 내놓았다. 힐은 알지 못했지만, 그때 수천 킬로미터 떨어진 곳에서 위험천만한 사태가 시작됐다.

✧❉✧

2019년 새해에 게일 스미스와 노바백스는 고유한 백신 기술로 다시 한 번 성공을 노렸다.

노바백스가 개발한 RSV 백신이 임상시험에서 완전히 실패하고 스탠리 어크와 그레고리 글렌이 비용 절감을 위해 전 직원의 3분의 1을 어쩔 수 없이 해고해야 한 지 겨우 3년이 지났다. 그 당시만 해도 회사를 도저히 지킬 수 없을 것 같았다.

그런데 어크가 빌 앤 멜린다 게이츠 재단으로부터 어찌어찌 9000만 달러가 넘는 지원금을 확보했고, 노바백스는 4년에 걸쳐 임신한 여성들을 대상으로 백신이 태아를 RSV 바이러스로부터 보호할 수 있는지 확인하는 연구를 마칠 수 있었다.

워싱턴 D.C. 외곽의 연구소에서 스미스 연구진이 개발한 이 백신의 임상시험 결과를 기다리던 2019년 초, 노바백스의 주가는 다시 올랐다. 그리고 2019년 2월 28일, 마침내 연구 결과가 발표됐다. 백신 접종자의 아기와 위약을 접종한 사람의 아기를 비교한 결과, 하기도 감염이 방지된 비율이 39.4퍼센트에 그쳤다는 결과였다. 충격적이고 민망한 실패였다. 이로써 노바백스는 오랜 세월 실패만 거듭한

과학은 어떻게 세상을 구했는가

회사가 되었다.

회사 내에서도 불신이 확산됐다. 사무실에서 울음을 터뜨린 사람들도 있고, 다들 일자리가 또 위태로워지거나 아예 회사가 살아남지 못하리라 생각했다. 연구자들은 인생의 오랜 시간을 바쳐 중증 질환으로부터 사람들을 구하기 위해 애썼지만 임상시험 결과로 그 모든 땀과 노력은 헛수고가 되었다.

크게 낙심한 글렌은 매일 아침 침대에서 일어나기도 힘들었다. 그렇게 좋아하던 닭도 이젠 위로가 되지 않았다.

"투자자들, 직원들, 가족들, 이사회와 상대를 해야 했습니다." 글렌의 이야기다. "RSV 분야에서 일해 왔고, 학회까지 만들었는데……. 자, 여러분, 아시다시피 우리는 망했어요라고 말해야 했죠. 정말 너무 힘들었습니다."[2]

스미스와 연구소 동료들도 시무룩했지만 이들은 새로 나온 결과가 여러모로 '좋은' 소식이라고 보았다. 물론 기쁜 소식은 아니었지만 대부분이 생각하는 것만큼 끔찍한 실패는 아니라고 생각했다. 노바백스의 백신 접종자의 아기 중 44퍼센트는 하기도 감염으로 인한 입원 치료를 피할 수 있었고, 이는 현재 시중에 나온 다른 어떤 방법보다 RSV 감염 관련 입원 치료를 방지하는 효과가 뛰어났다. 또한 RSV 감염 관련 중증 저산소혈증도 줄어든 것으로 나타났다. 저산소혈증은 인체 세포와 조직에 산소가 크게 줄어드는 심각한 문제로, 노바백스 백신을 접종한 경우, 이 증상이 60퍼센트 줄어든 것으로 나타났다.

규제 기관에서 임상시험의 성공 여부를 판단하는 최저 기준은 40

퍼센트 이상 효과가 나타나야 한다는 것인데, 이번 임상시험 결과는 이 최저 기준과 매우 근접한 39.4퍼센트였다. 연구진은 피험자 한 명으로 이 40퍼센트를 넘지 못했다는 사실을 알아냈다. 미국보다 RSV 감염자가 더 많이 발생하는 남아프리카에서 실시된 효능 시험에서는 동일한 백신으로 시험한 결과 접종자의 76퍼센트에서 효과가 확인됐다. 스미스는 동료들에게 아직 포기할 때가 아니라고 주장했다.

그와 동료 연구자들은 다시 연구실로 돌아와서 면역 반응을 일으킬 수 있는 더 나은 방법을 찾기 시작했다. 가장 알맞은 면역 증강제의 양을 찾고, 감염을 막으려면 백신의 표적이 되는 바이러스 단백질이 얼마나 만들어져야 하는지도 알아냈다. 또한 바이러스를 구성하는 부분 중 인체 면역계가 대부분 알아채지 못하는 부분이 드러나게 만드는 방법도 찾았다.

그러나 투자자들은 그런 사실에 관심이 없었다. 2019년 5월에 노바백스의 주가는 36센트까지 떨어져 나스닥 시장에서 쫓겨날 위기에 처했다. 결국 노바백스는 주식 20주를 1주로 합치는 주식병합을 선택했다. 이 결정으로 주식 한 주의 가격이 6달러 이상으로 증가했지만 직원들과 투자자들이 보유한 주식은 100주가 5주로 줄었다. 게다가 이 조치는 별로 도움이 되지 않은 것으로 나타났다. 투자자 대부분이 주식을 팔고 떠나는 바람에 2019년 말, 노바백스의 주가는 39퍼센트 하락했다.

현금이 절박해진 노바백스는 생산 시설을 매각했다. 이제 백신 생산을 다른 사람 손에 맡겨야 한다는 의미였다. 경영진은 이러다 최종 승인까지 가는 백신을 하나도 만들지 못할지도 모른다고 우려했다. 어크는 회사 전체 인력의 4분의 1에 해당하는 100명을 해고하는 고통스러운 조치도 단행했다.

외부에서는 노바백스가 왜 참패를 인정하고 포기하지 않는지 모르겠다는 반응이 나왔다.

"사기를 치는 곳도 아니고 무능한 곳도 아닌데, RSV 백신에 처음 실패한 후에도 왜 그걸 계속 밀고 나가는지 의아해하는 분위기였습니다." 뉴욕의 의료보건 분야 투자사 RTW 인베스트먼트RTW Investments 사장 로드 웡Rod Wong이 말했다. "시간이 가면서 투자자들의 관심도 끊어졌습니다."

2019년 12월, 어크와 글렌은 축 처진 분위기를 살리기 위해 연말 휴가철에 회사에서 파티를 열기로 했다. 예전에는 직원들을 위해 공들여 파티를 준비하고 신나게 볼링 시합도 열고 멋진 트로피도 선사했지만 이제 회사 금고가 거의 텅 비어서 그런 재미있는 일이나 시합을 할 만한 여유가 없었다. 그 대신 모두 회의실에 모여서 피자와 콜라를 먹었다. 선물도 즐거움도 없는 초등학교 생일파티 같았다.

몇 주 뒤에 경영진을 제외한 직원들만 록빌에 있는 어느 술집에 모였다. 어떻게 해야 회사를 지킬 수 있는지 함께 의논하기 위한 자리였다. 맥주와 다른 여러 가지 술이 오가고 침울한 분위기 속에서 직원들은 이직 정보를 교환하기도 하고 노바백스의 미래에 관해 이런저런 토론을 벌였다. 다들 회사에 남은 돈이 앞으로 몇 개월 버틸 수 있는 정도에 불과하고 주가가 한 주당 4달러도 안 된다는 사실을 잘 알았다. 그 시점에 노바백스의 가치는 호화 요트 한 대 가격에도 못 미치는 1억 2700만 달러였다.

회사의 백신 기술에 아직 희망이 있다고 보고 일단 회사에 남겠다고 말하는 사람들도 있었다. 회사를 나가진 않겠지만 조만간 스톡옵션이 확정되면 바로 나갈 생각이라고 밝힌 직원들도 있었다.

얼마 후 일부 직원이 사직서를 내자, 어크는 다 이해하며 전혀 서운하게 생각하지 않는다고 말했다. 자신이 제공할 수 있는 것보다 더 안정적인 곳을 찾아야 하는 직원들의 심정을 그도 알고 있었다.

2020년 새해가 시작되자, 인원이 20명 미만으로 줄어든 스미스 연구진이 개발한 또 다른 백신의 임상시험 후반 단계가 시작됐다. 이번에 개발한 건 독감 백신이었다. 초기 데이터는 상당히 훌륭했지만 기존에 나온 독감 백신 중에도 효과가 좋은 제품이 많아서 노바백스의 사업에 굳이 투자하려는 사람은 없었다.

"인력은 줄고, 생산 시설도 없고, 돈도 없고, 자신감도 잃었습니다." 글렌이 말했다.[3]

이 독감 백신이 회사의 마지막 기회였다. 어크는 10년 넘게 노바백스를 이끌면서 실패와 좌절을 겪을 때마다 구성원들이 어떻게든 견딜 수 있게끔 애를 썼다. 그런 그도 이제는 암담하기만 했다.

"우리 머리 위로 시커먼 먹구름이 낀 것 같았습니다."

✧✿✧

2019년 말, 방셀과 모더나에도 암울한 상황이 찾아왔다. 투자가 뚝 끊기고 머크와 다른 업체와 맺었던 파트너십은 종료되었다. 어쩔 수 없이 연구비와 다른 비용을 줄여야 했다. 방셀은 임원 회의에서 한

푼이라도 아껴야 한다고 강조하며 직원들에게 출장과 다른 지출을 줄이라고 했다. 앞으로 몇 년은 절약하며 살아야 한다고도 당부했다.

"돈 문제로 다들 바짝 긴장했습니다." 호지의 말이다.

방셀과 호지를 비롯한 최고위급 간부들은 직원들이 돈 걱정 때문에 연구에 몰두하지 못하는 상황이 생기지 않도록 노력했지만 해 줄 수 있는 일이 별로 없었다. 직원들은 회사의 돈이 앞으로 2년쯤 버틸 정도만 남아 있다는 사실을 알고 있었다. 그나마 해고를 감행하지 않은 건 다행이라고 생각하면서도 앞으로 어떻게 될까 걱정했다.

방셀과 동료들은 유전학적 지시가 담긴 mRNA 분자로 인체가 면역계 훈련에 필요한 단백질을 생산해 이를 통해 질병을 막는 기술의 가능성을 여전히 확신했다. 600여 명에 이르는 모더나 과학자들과 직원들은 지카 바이러스와 치쿤구니야열을 일으키는 바이러스, 인플루엔자, 그 밖의 다른 바이러스와 질병을 해결할 수 있는 백신을 개발했고 임상시험을 진행 중이거나 실시할 계획이었다. 빌 앤 멜린다 게이츠 재단의 후원도 받았다.

무엇보다 바니 그레이엄이 모더나의 확고한 팬이라는 사실이 가장 중요했다. 백신 연구센터의 선임 과학자인 그레이엄은 모더나가 겪고 있는 자금 문제는 알지 못했고 방셀이나 모더나에 관해 끊임없이 제기되는 의혹도 개의치 않았다. 모더나의 mRNA 기술에 깊은 인상을 받은 그레이엄은 이 기술로 향후 발생할 수 있는 위협적인 바이러스도 퇴치할 수 있는지 알고 싶었다.

2017년에 모더나와 정부 과학자들은 함께 메르스 백신을 개발했고 마우스와 원숭이 실험에서 항체가 놀라운 수준으로 형성된다는 사실이 확인됐다. 1년 후에는 치사율이 높은 니파 바이러스 백신 개발에도 진척이 있었고, 2019년 9월에 실시한 거대세포 바이러스CMV 백신의 1상 시험에서도 최상의 결과가 나와서 모더나에서 최초로 진행할 2상 시험 계획이 수립됐다.

같은 해 가을에 그레이엄과 백신 연구센터의 센터장인 존 마스콜라John Mascola는 노우드의 모더나 생산 시설을 둘러보고 좋은 인상을 받았다. 모더나와 정부 과학자들은 2020년 초, 향후 새로운 바이러스 감염이 발생했을 때 백신을 얼마나 빨리 개발할 수 있는지 확인하기 위한 모의실험을 진행하기로 했다. 대유행병에 대비한 일종의 훈련으로 계획했지만 mRNA 기술의 효과도 함께 확인할 수 있을 것으로 예상했다.

그러나 수년간 누적된 비판 여론은 모더나에 타격이 되었다. 2019년 말, 주가는 상장 첫날 가격보다 15퍼센트 떨어졌고 방셀은 사업에 필요한 돈을 새로 마련하기 힘든 상황에 처했다. 바이킹 글로벌 인베스터스Viking Global Investors 등 이전까지 지원해 준 곳들마저 주식을 처분했다. 2018년 말까지만 해도 모더나 주식의 5퍼센트에 해당하는 290억 달러 규모를 운영하던 뉴욕 헤지펀드도 보유 주식을 거의 다 처분했다. 방셀과 모더나에 관한 회의적 의견이 꾸준히 나오고 있음을 보여 준 일이었다.

❖♯❖

2019년 말, 방셀은 휴가철을 맞아 가족과 함께 고향인 프랑스 남

과학은 어떻게 세상을 구했는가

부로 갔다.

아침 일찍 일어나 차를 마시던 그는 중국 남부에서 폐 질환이 확산되고 있다는 기사를 발견했다.

기사를 읽은 후 방셀은 백신 연구센터의 그레이엄에게 이메일을 보냈다.

"이 소식 보셨습니까?" 방셀은 물었다.

그레이엄은 자신과 연구진도 중국에서 발생한 사태를 알고 있다고 답했다. 트위터와 중국 소셜미디어인 웨이보에서는 중국 남부에 있는 우한이라는 도시에서 감염 환자가 집단적으로 늘고 있다는 소식이 흘러나왔다. 그레이엄은 방셀과 연락하기 전에 연구실의 젊은 과학자였던 키즈메키아 코벳에게 이메일을 보내 중국 사태에 필요한 것이 있는지 알아보고 준비하라고 일러 두었다. 하지만 자세한 정보가 부족했다. 그레이엄은 감염원이 바이러스인지 세균인지도 알 수 없었다.

방셀은 중국의 확산 상황이 머릿속에서 떠나지 않았다.

그레이엄과 몇 차례 더 연락을 주고받고, 원인이 확인되는 대로 알려주겠다는 약속을 받았다. 며칠 뒤에 가족들과 보스턴으로 돌아왔을 때도 이 문제가 계속 생각났다.

방셀과 회사 과학자들은 세균 감염을 다루어 본 경험이 없어서 만약 감염원이 세균이라면 모더나가 할 수 있는 일이 별로 없을 것으로 예상했다. 그러나 새로운 바이러스가 나타난 것이라면 뭔가 할 수 있을지 모른다고 생각했다. mRNA 기술이 효과가 있다는 사실을 증명하고, 그동안 제기된 회의적인 견해가 전부 틀렸음을 마침내 증명할 수 있을지 모른다. 어쩌면 모더나가 새로운 바이러스의 확산을 막는 데 도움이 될 수도 있다.

과학은 어떻게 세상을 구했는가

14장

2020년 1-2월

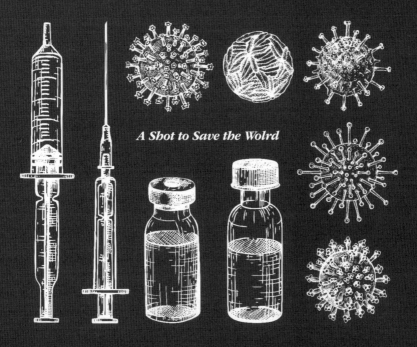

A Shot to Save the Wolrd

．
．
．

인류가 지구에서 계속 우위를 점하는 데
가장 큰 위협이 되는 단일 요소는 바이러스다.

조슈아 레더버그Joshua Lederberg, 1958년 노벨 생리의학상 수상자

．
．
．

우한은 아름다운 곳이다. 그리고 위험도 가득하다.

중국의 중앙에 자리한 후베이 성 수도인 우한은 인구가 1100만 명인 거대 도시다. 뉴욕과 시카고 인구를 모두 합한 규모다. 멋진 호수, 수풀이 무성한 수많은 공원이 있는 이곳에는 장대한 양쯔강과 함께 중국 역사에 중요한 의미가 있는 한강이 도시를 가로질러 흐른다. 기차역 세 곳과 대형 국제선 공항을 통해 중국 전역의 다양한 도시를 잇는 고속열차와 전 세계로 향하는 항공편이 오가는 곳이라 방문객이 꾸준히 찾는 도시이기도 하다.

우한은 민물이 가까이 있어 각종 생선 요리로도 유명하고 러간미엔이라는 따뜻한 국수 요리도 인기가 좋다. 그리고 중국의 다른 몇몇 대형 도시와 마찬가지로 다양한 생육, 과일, 해산물, 채소를 판매하는 시장이 도시 곳곳에 수십 군데 형성되어 있다. 이러한 시장에서는 살아 있는 동물을 그 자리에서 바로 도축해서 판매하기도 한다. 너구리, 사향고양이, 밍크, 오소리, 토끼, 고슴도치, 악어 새끼, 크기가 닭만큼 큰 박쥐 등 다양한 동물이 그렇게 판매되어 식재료로 쓰이거나 특별한 의식을 치를 때, 또는 의학적인 목적으로 활용된다.[1] 야생동물 거래는 대부분 불법이고 우한 시장에서 판매되는 동물 중 3분의 1은 정부가 보호하는 생물 종에 해당하지만 실제로 단속이 집행되는 경우는 거의 없다.[2]

우한 시장에서 도축되는 동물은 감염질환과 바이러스가 전파되기 쉬운 원천이다. 게다가 비좁고 비위생적인 환경에 보관되는 경우가 많아 병원체가 서로 다른 생물 종으로 넘어가기도 쉽다. 중국 다른 지역에서 이와 비슷한 환경이 심각한 문제를 일으킨 적이 있으므로 동물을 이렇게 보관하고 취급하는 것에 오래전부터 우려가 제기됐다. 2002년에는 우한에서 1000킬로미터쯤 떨어진 중국 남부의 포산 시의 비슷한 환경으로 운영되던 시장 내부와 주변에서 사스코로나바이러스가 처음 등장했다. 당시에 초기 감염 환자의 절반 가까이가 식품을 취급하던 사람들이었고 시장에서 취급하던 동물과 밀접 접촉했을 가능성이 있었다.[3]

2019년 12월, 우한에서 수수께끼 같은 질병이 확산되기 시작했다는 소문이 돌았다. 소셜미디어 등을 통해 수십 명이 호흡기에 영향을 주는 바이러스에 감염됐다는 소식이 전해졌지만 원인을 아는 사람은 아무도 없었다. 1월 초, 〈월스트리트저널〉은 이 병을 "발열과 호흡 곤란"을 일으키는 "미스터리한 바이러스성 폐렴"이라고 묘사했다.[3] 감염자 중 일부는 우한에 형성된 여러 시장 중에서 규모가 가장 큰 화난 수산물 도매시장의 상점들과 관련이 있었다. 가판대와 복도가 복잡하게 자리한 이 시장이 정말로 근원지인지, 아니면 이 시장도 병이 확산된 곳 중 하나일 뿐인지는 확실하지 않았지만 당시에 중국 정부는 아프리카돼지열병과 싸우던 중이었고 문제가 알려지자 화난 수산물 도매시장의 폐쇄를 지시했다.

1월 3일 금요일 정오쯤에 푸단대학 산하 상하이 공중보건 의학센터에서 감염질환 전문가로 일하던 쉰다섯의 연구자 장용젠은 간절히 기다리던 우편물을 받았다. 금속 상자 안에 드라이아이스와 함께 포장된 시험관에는 우한의 한 병원에서 문제의 신종 바이러스에 감염된 환자 일곱 명에게서 확보한 폐 세척물이 담겨 있었다. 환자는 모두 우한 시장에서 지냈거나 근처에 거주하던 사람들이었다. 동료들과 함께 곧바로 연구에 착수한 장은 이틀 밤을 내리 실험실에서 지내며 40시간 동안 쉬지 않고 분석을 실시했다. 1월 5일 일요일 새벽 2시, 장의 연구진은 유전체 분석을 마치고 바이러스의 유전학적 정보를 전부 확인한 결과 "사스 유형의 코로나바이러스와 매우 유사하다"고 밝혔다.[5] 이 바이러스에는 과거 사스코로나바이러스가 인체 세포와 결합할 때 활용하는 것으로 밝혀진 것과 비슷한 스파이크 단백질 유전자가 있다는 사실도 발견됐다.

광장히 나쁜 소식이었다. 사스는 중국에 엄청난 피해를 일으켰고 정부 당국이 밤낮으로 비상 상황에 대비할 만큼 사회적으로 큰 동요가 있었다. 새로운 병원체가 사스 바이러스와 비슷하다는 건 심각한 문제라는 의미였다. 지역 과학자들과 정부 당국은 모두 이런 사실을 알고 있었다. 그러나 중국 정부는 그다음 주까지도 국민들이나 다른 곳에서 터져 나온 불안감을 가라앉히려고 노력했다. 우한 보건 당국은 지난 한 주 동안 신규 감염자가 발생하지 않다는 건 긍정적 징후이며 사람과 사람 간의 "유의미한" 확산은 없었다고 밝혔다. 그러나 '유의미하다'는 표현이 구체적으로 무슨 의미인지는 밝히지 않았다.[6]

전 세계의 건강을 특별 관리하는 UN 기구인 세계보건기구도 중국 공중보건 기관의 자료와 자체 시스템을 통해 모니터한 감염 상황을 종합할 때 안심해도 된다는 성명을 발표했다. 우한은 중국 최초로 생물안정 4등급에 해당하는 특수 연구실이 마련된 곳으로, 과학적 수준이 뒤떨어지지 않았다. 전문가들은 정말로 신종 코로나바이러스가 나타났다고 하더라도 사스 같은 영향이 발생할 가능성은 없다고 보았다. 2002년 사태로 깨달은 교훈이 많았으니 중국 정부가 그때보다 잘 대응할 것이라고 전망했다.

보건 당국과 그 외 많은 사람들이 차분하게 반응하고 자신감을 드러낼 때 장용젠과 중국의 과학자들은 우한에서 벌어지는 상황을 점점 심각하게 우려했다. 특히 우한에서 1000킬로미터 이상 떨어진, 우한보다 훨씬 크고 특징이 다른 도시에서 일가족 여섯 명이 감염된 사례에 주목했다. 이 가족은 새해 직전에 우한을 방문하여 일주일간 머무르다 돌아갔는데, 여섯 명 중 다섯 명이 우한에서 나타난 새로운 바이러스에 감염됐다. 감염자마다 발열, 상기도 또는 하기도 감염 증상, 설사 등 다양한 문제를 겪었다.

여행을 하다 보면 병에 걸리는 경우가 많지만, 이 사례가 유독 우려된 이유는 우한에 함께 다녀오지 않은 식구도 가족들이 돌아온 후 며칠 뒤에 이 새로운 바이러스에 감염됐다는 사실 때문이었다. 또 한 가지 섬뜩한 사실은 이 가족 구성원 중에 의학 학술지 〈랜싯〉이 "부모의 말을 잘 듣지 않은"이라고 표현한 열 살배기 아이가 한 명 있었고 이 아이는 우한에서 지내는 동안 함께 여행한 다른 어린이 한 명과 마찬가지로 마스크를 착용하지 않았는데 이 아이도 감염 확진을 받았지만 증상이 전혀 나타나지 않았다는 점이다.[7] 아이에게는 잘된 일이지만 다른 모든 사람에게는 끔찍한 일이었다. 이런 무증상 환자가 중국과 다른 곳 어디든 더 많을 수 있다는 것, 감염 사실을 감염자 자신도 주변 사람도 알아채지 못한 채로 신종 바이러스가 이미 확산되고 있다는 것을 암시하는 결과였다.

중국 질병통제예방센터CDC 소속이기도 했던 장용젠은 무엇을 해야 하는지 고심했다. 며칠 앞서 중국 CDC의 상위 기관인 중국 국무원 산하 국가위생건강위원회는 각 연구소에 보낸 내부 통지문에서 분석이 완료된 신종 바이러스 검체는 모두 폐기하거나 정부에 제출하고, 이 바이러스에 관한 연구 결과는 공개하지 말 것을 지시했다.[8]

장은 에디 홈스Eddie Holmes가 보낸 이메일을 떠올리며 휴대전화를 물끄러미 쳐다보았다. 며칠 전부터 홈스에게서 계속 메일이 왔지만 장은 계속 모른 척했다. 호주 시드니대학교의 감염질환 전문가인 홈스는 새로 출몰한 여러 바이러스의 진화에 관해 장과 여러 편의 논문을 함께 쓴 사람이다. 특히 과거에 우한에서 발생한 호흡기 질환에 관한 논문도 함께 쓴 적이 있다. 바로 그 도시에서 신종 바이러스가 나타났다는 소문이 퍼지자 홈스는 어떤 병원체인지 얼른 알고 싶어서 장에게 연락했다.

"지금 그 연구를 하고 계신가요?" 홈스는 이메일로 물었다.

장은 이 새로운 바이러스에 관한 조사 내용을 그와 일절 공유하지 않았다. 하지만 1월 5일 일요일, 바이러스 유전체 분석을 모두 끝낸 장은 이른 시간에 홈스에게 이메일을 보냈다. 홈스는 아내 그리고 영국에서 온 친지들을 차에 태우고 시드니의 어느 해변으로 가던 길에 장의 이메일을 받았다.

"바로 전화 주세요!" 이게 장이 보낸 내용이었다.

홈스는 일행에게 잠시 실례한다고 양해를 구한 뒤 장에게 전화를 걸었다. 그리고 신종 병원체와 이전에 나타난 치명적인 바이러스의 유사한 점에 관해 상세히 의논했다. 두 사람은 거의 동시에 같은 결론을 내렸다.

"이건 사스입니다, 사스요!" 장이 말했다.

'젠장, 또 나타났어.' 홈스는 무시무시한 위세를 떨쳤던 사스코로나바이러스를 떠올렸다.

장과 동료들은 중국 정부에 경고의 메시지를 보내기 시작했다. 국가위생건강위원회에 감염 상황이 위급하다고 알린 후, 장은 비행기로 직접 우한에 가서 그곳 공중보건 기관의 선임 담당자에게 그달 말 음력설 연휴 전에 바이러스 확산을 막으려면 서둘러 비상조치를 실시해야 한다고 말했다.[9]

홈스는 장에게 그 정도로는 부족하다고 말했다. 우한과 홍콩, 다른 곳에서도 감염자가 계속 늘어나고 있었다. 사스와 유사한 이 병원체가 정말로 확산하는 중이라면 당장 며칠 내로 검사 키트부터 만들어야 했다. 백신도 필요할 수 있다. 하지만 바이러스의 유전학적 구성을 모르면 검사 키트도 백신도 만들 수가 없다.

장은 큰 갈등에 빠졌다. 지금까지 과학자로 일하면서 바이러스 유전체를 수천 번 분석한 노련한 전문가인 그는 자신이 가진 신종 바이러스의 유전학적 데이터가 수준 높은 유명 학술지에 실릴 수 있다는 사실을 잘 알고 있었다. 홈스도 동의한 사실이고, 그건 연구자라면 누구나 꿈꾸는 목표였다. 장과 홈스가 썼던 논문이 명망 있는 학술지로 꼽히는 〈네이처〉에 게재되어 큰 관심을 모은 적도 있다. 장이 가진 정보는 분명 전 세계 과학자들에게 도움이 될 것인데, 중국 정

과학은 어떻게 세상을 구했는가

부는 이 신종 바이러스에 관한 정보를 통제했다. 다른 정부 기관 산하 연구소에서도 이 바이러스의 유전 정보를 해독했지만 1월 8일까지도 정부는 신종 코로나바이러스에 잘 대처하고 있다는 입장을 밝혔고[10] 바이러스의 유전학적 정보는 계속 통제했다. 장은 이상하다는 생각이 들었다. 중국 정부가 바이러스 정보의 공개를 원치 않는 것은 공개될 경우 정부의 신종 바이러스 대처 상황이 엄격한 평가를 받을 수 있다는 우려에서 비롯된 것 같았다.

장은 개인적으로도 이겨내야 할 큰 고통을 안고 있었다. 몇 달 전에 아내가 암으로 세상을 떠났고 아직 그리워하며 큰 상실감에 시달렸다. 이 비극적인 일 외에도 스트레스가 많았다. 바이러스 연구에 몰두하느라 일주일에 이틀 내지 사흘은 사무실에서 밤을 새우는 경우가 많았다. 그래서 스트레스를 더 늘릴 만한 일은 절대로 하고 싶지 않은 심정이었다. 신종 바이러스의 확산을 막으려고 이만큼 애를 썼으니 윗선이 정한 선을 넘지 말고 바이러스 유전 정보에 관해서는 더 이상 아무것도 하지 않는 편이 현명한 처사인 것 같았다.

하지만 홈스는 좌절했다. 바이러스 유전 정보가 없으면 검사 기술이 개발되는 시점도 늦어질 것이다. 전 세계인의 건강에 영향을 줄 수도 있는 일이었다. 게다가 그와 장은 다른 연구자들보다 이 정보에 관한 한 크게 앞서 있음에도 이대로라면 선두를 빼앗길 것이 뻔했다. 바이러스 염기서열분석 데이터가 있고 논문도 작성됐지만 발표를 하지 않고 있다는 소문이 돌기 시작했다. 전 세계에서 규모가 가장 큰 재단 중 한 곳으로 꼽히는 영국의 대형 연구 단체 웰컴 트러스트Wellcome Trust의 대표 제러미 파라Jeremy Farrar는 1월 10일 트위터로 만

약 소문이 사실이고 정말로 그런 중대한 정보를 누군가 공개하지 않고 있다면 "뭔가 단단히 잘못된 것"이라는 입장을 밝혔다.

'세상에, 이건 내 얘기잖아!' 홈스는 생각했다.

홈스는 파라에게 전화를 걸어 중국 CDC가 염기서열 정보를 공유하도록 할 방법이 있는지, 장을 설득해 볼 수 있는지 물었다. 그런 다음 장에게 전화를 걸어 다시 한 번 직접 설득했다.

"그건 정말 너무 절실한 정보입니다." 그는 장에게 말했다.

1월 11일 토요일 아침, 장은 상하이 홍차오 국제공항에서 비행기에 올랐다. 베이징으로 가서 정부에 다시 한 번 신종 바이러스에 관해 경고해 볼 생각이었다. 비행기가 활주로에 있을 때 홈스에게서 전화가 걸려 왔다.

"공개하실 수 있나요?" 홈스가 물었다.

"다시 전화드리겠습니다." 장은 이렇게 대답했다.

승무원이 기내에서 통화 중인 장을 발견하고 휴대전화 전원을 끄라고 요청했다.

"저에게 보내 주셔야 합니다." 홈스가 다시 말했다.

침묵이 흐른 뒤, 장이 작게 대답했다.

"알겠습니다."

장은 서둘러 연구실 직원에게 전화를 걸었다. 몇 분 뒤, 홈스의 이메일로 첨부파일이 포함된 메일이 한 통 도착했다. 얼른 계산해 보니 '바이롤로지컬(virological.org)'이라는 웹사이트를 운영 중인 학자 앤드류 람바우트Andrew Rambaut가 살고 있는 스코틀랜드 에든버러는 자정이 지난 시각이었다. 홈스는 만약 장이 이 정보를 제공할 경우 모두

과학은 어떻게 세상을 구했는가

에게 공개된 사이트인 바이롤로지컬에서 신종 바이러스 염기서열을 공개하기로 람바우트와 이미 얘기해 둔 상황이었다. 밤잠이 없는 편인 람바우트는 홈스의 전화를 곧바로 받았다. 홈스는 염기서열이 준비됐다고 말했다. 이메일에 첨부된 문서는 아직 열어 보지도 않았다. 그럴 틈이 없었다.

"검정파리 DNA 염기서열일 수도 있었지만 확인해 볼 틈이 없었습니다." 홈스가 말했다.

52분 뒤, 미국 동부 해안 기준 1월 10일 금요일 저녁에 신종 바이러스의 염기서열 정보가 공개됐다. 전 세계 과학자들이 몰려들어 나중에 제2형 중증급성호흡기증후군 코로나바이러스SARS-CoV-2로 명명된 이 새로운 바이러스의 염기서열을 다급히 다운로드했다. 하루 뒤에는 중국 CDC에서도 공식적으로 이 바이러스의 유전학적 정보를 공개해서 홈스는 크게 안도했다. 마침내 세계가 문제의 바이러스를 막아낼 준비를 할 수 있게 된 것이다.

"무거운 짐을 내려놓은 기분이었습니다." 홈스의 말이다.

장도 처음에는 기뻐했다. 하지만 하루가 지나자 중국 정부의 압박이 시작됐다. 새로운 바이러스에 대한 중국의 대처를 두고 비판하는 목소리가 반가울 리 없었고 장이 정부 허가 없이 염기서열 정보를 공개한 것도 정부 입장에서는 불쾌한 일이었다. 홈스는 중국 고위 간부들에게 이메일을 보내 장의 행동은 전 세계의 과학과 보건에 이로운 일이었다는 견해를 전했다. 그리고 중국에도 중차대한 시점인 만큼 장을 처벌하지 말 것을 촉구했다.

그러나 얼마 지나지 않아 장과 가까운 사람을 통해 장의 연구실이 '재인가 절차'가 필요하다는 이유로 임시 폐쇄됐고 연구비 지원도 중단됐다는 소식이 전해졌다.

✦✠✦

바니 그레이엄은 발 빠르게 움직이고 싶었다.

미국 국립보건원의 백신 연구센터 부센터장인 그레이엄은 1월 6일, 과거 함께 일한 적이 있는 제이슨 맥렐란에게 전화를 걸었다. 오스틴에 있는 텍사스대학교에서 연구실을 운영 중이던 맥렐란은 마침 딱 좋은 타이밍에 전화를 받았다. 유타 주 파크시티의 스키장에서 스노보드 부츠를 발에 딱 맞게 맞추느라 열 성형을 맡겨 놓고 기다리던 중이었다. 그레이엄과 맥렐란은 두 가지 코로나바이러스인 HKU1과 메르스 바이러스 연구를 함께 진행했었다. 그레이엄은 그에게 얼마 후 2019년 신종 코로나바이러스Covid-19로 명명된 새로운 바이러스 감염과 감염에 따른 질병을 막기 위한 백신 개발에 협력할 의향이 있는지 물었다.

"다시 일할 준비가 되셨나요?" 그레이엄은 맥렐란에게 물었다.

그레이엄의 음성에서 긴장감보다는 어쩐지 신난 기색이 느껴졌다. 그때만 해도 신종 코로나바이러스는 우려되는 문제였지만 미국과는 동떨어진 곳의 일로 여겨졌고 그레이엄은 이 바이러스가 그리큰 피해를 일으킬 것이라는 염려는 하지 않았다. 그보다는 새롭게 나타난 이 병원체가 자신의 연구진이 효과적인 백신을 신속히 만들어낼 수 있다는 사실을 입증할 완벽한 기회라고 생각했다.

맥렐란은 그레이엄이 제안한 프로젝트에 관심을 드러냈지만, 새로운 바이러스에 대해서는 그레이엄보다도 염려하지 않았다. 주변에는 해가 쨍쨍한 겨울날에 스키와 스노보드를 즐기러 온 친구들, 가족들이 서로를 따뜻하게 껴안기도 하면서 친근한 분위기 속에서 즐거운 시간을 보내고 있었다. 유타 주의 그 스키장에 건강에 문제가 있는 사람이 있다면 독감 유행 철이니 독감에 걸렸거나 슬로프에서 부상을 당해서지 신종 바이러스 감염은 아주 머나먼 곳의 일일 뿐이라고 생각했다.

그래도 그레이엄과 맥렐란은 중국과 다른 지역에 사는 사람들을 감염으로부터 보호하고 중요한 가치가 있을 것으로 예상되는 연구 논문을 쓰고, 메신저RNA 분자로 효과적인 백신을 단시간에 개발할 수 있다는 사실을 보여 줄 수 있도록 빠르게 움직이기로 했다. 맥렐란은 곧바로 연구실 소속 중국인 과학자인 니안슈앙 왕과 석사 과정 학생 대니얼 랩Daniel Wrapp에게 왓츠앱 메시지를 보내 그레이엄과의 통화 내용을 상세히 전했고 새로운 백신을 만들 수 있도록 팀 전체가 연구에 돌입할 것이라고 알렸다.

"이제 경주를 하게 될 겁니다." 맥렐란은 설명했다.

며칠 뒤 토요일 아침에 장과 홈스가 새로운 병원체의 유전체 정보를 세상에 공유하자 왕은 자신의 스바루 포레스터에 올라 15분 거리에 있는 맥렐란의 연구실로 가서 백신 후보물질을 설계하기 시작했다. 바이러스 검체가 없어도 분자 수준의 골격, 즉 장이 공개한 유전자 염기서열대로 결합된 아데닌A, 티아민T, 구아닌G, 시토신C의 골격만 있으면 할 수 있는 일이었다.

왕과 그레이엄, 맥렐란은 사스, 메르스, 그 밖의 다른 코로나바이러스의 백신 후보물질을 이미 개발해 본 경험이 있었다. 세 사람은 그 경험을 토대로 할 때 이 신종 바이러스 백신도 인체 면역계가 스파이크 단백질을 인식하고 공격하도록 가르칠 수 있는 백신으로 만들어야 한다고 확신했다. 이전에 개발한 여러 백신 항원과 마찬가지로 신종 코로나바이러스가 숙주 세포와 단단히 결합하는 핵심 부위가 바로 스파이크 단백질이기 때문이다. 왕은 간단한 소프트웨어를 이용하여 신종 코로나바이러스의 스파이크 단백질 전체를 구성하는 1273개의 아미노산을 뉴클레오티드 서열로 작성했다.

다음은 까다로운 단계였다. 면역계의 이상적인 표적이 되려면 이 단백질의 유전 암호를 바꿔야 한다. 4년 전 왕과 맥렐란이 메르스 코로나바이러스의 스파이크 단백질로 백신을 연구할 때는 단백질이 숙주 세포에 감염되기 직전의 형태 그대로 유지되도록 프롤린이라는 아미노산 두 개를 추가했다. 왕은 이번에도 단단한 아미노산인 프롤린을 스파이크 단백질의 아미노산 서열에 추가해서 스파이크 단백질이 인체 세포와 결합하기 전 상태가 유지되도록 만들었다. 단백질을 수용성으로 만들고 단백질이 두 개로 쪼개지는 위치인 퓨린 분절 부위를 제거하는 등 다른 특징도 추가로 조정했다. 금요일 밤부터 토요일 아침까지 이러한 유전학적 변형에 몰두한 왕은 일요일에도 하루 종일 이 일에 매달렸다. 끼니는 거의 대부분 달걀을 넣고 물을 부어 전자레인지로 익힌 라면으로 때웠다. 연구실에 드나드는 사람이 거의 없어서 더욱 집중해서 완벽한 백신을 설계할 수 있었다. 그동안 다양한 분자의 유전학적 구조를 수백 번도 넘게 설계했지만, 오류 없이 신속히 끝내야 한다는 압박감이 무겁게 따랐다.

'하나라도 실수하면 큰 재앙이 될 수 있어.' 왕은 생각했다.

월요일 아침까지 왕은 제각기 다른 구성 또는 버전의 스파이크 단백질 염기서열을 열 가지 이상 설계했다. 완료 후 점검 과정에서 왕은 신종 코로나바이러스의 RNA 염기서열을 토대로 설계한 이 DNA 염기서열이 백신 생산업체가 신속히 백신을 만들기에는 너무 길고 복잡하다는 사실을 깨달았다. 그래서 좀 더 수월하게 합성할 수 있도록 길이를 짧게 바꾸었다. 그리고 이렇게 완성된 염기서열을 DNA로 제작해 줄 유전자 합성 업체로 보냈다. 며칠 뒤, 왕이 설계한 염기서열대로 만들어진 유전물질이 가득 담긴 튜브가 배달됐다. 이후 일주일 동안 왕은 대니얼 랩과 함께 DNA를 플라스미드에 삽입한 후 이 플라스미드를 인체 세포에 집어넣어서 제각기 다른 10가지 버전의 스파이크 단백질을 만들어 냈다. 단백질마다 각각 nCov 1부터 10으로 이름을 붙였다.

새벽 4시까지 일이 끝나지 않을 만큼 연구에 온 정신을 쏟고 지내느라, 왕은 1월 21일에 미국 CDC가 워싱턴 주에서 미국 최초로 신종 코로나바이러스 감염 확진자가 나왔다고 발표한 사실도 몰랐다. 문제의 바이러스가 확산되고 있음을 알 수 있는 우려스러운 소식이었다. 정신없는 연구 중에 잠시 몇 분 짬을 내어 우한과 멀리 떨어진 마을에 사는 부모님과 통화를 하기도 했다. 부모님이 계신 지역에서 감염자가 나왔다는 소식을 접하자마자 마스크를 사서 중국에 보낸 왕은 짧은 통화에서 지금 신종 코로나바이러스의 백신을 연구 중이라고 전했다. 그러나 곧 괜한 말을 했다는 사실을 깨달았다. 부모님은 아들이 무슨 연구를 한다는 건지 잘 이해하지 못했고 위험한 바이러스를 다룬다는 말에 건강에 이상이 생기면 어쩌나 걱정을 쏟아내기 시작했다. 하지만 백신의 작용 방식을 부모님께 일일이 설명할 여유가 없었다. 초조하게 미국 영주권을 거머쥘 날만 기다리는 중국인인 자신이, 고국에서 처음 나타난 것으로 추정되는 병원체로부터 전 세계를 보호하기 위해 바쁘게 움직이고 있다는 사실을 그 스스로도 새삼 상기해 볼 여유조차 없었다.

1월 23일 목요일, 왕은 유전물질을 잘 포장하고 새지 않도록 꼼꼼하게 확인한 뒤 그레이엄의 연구실에서 일하는 과학자인 키즈메키아 코벳 앞으로 보냈다. 코벳과 그레이엄, 존 마스콜라는 가장 적합한 스파이크 단백질 염기서열을 선정해서 모더나로 보냈다. 모더나 과학자들도 맥렐란과 왕의 이전 연구를 참고해서 스파이크 단백질의 염기서열을 나름대로 설계해 두었는데, 정부 과학자들이 보낸 것과 비교해 본 결과 일치했다. 염기서열을 제대로 선정했다는 사실이 재차 확인된 것이다. 모더나는 정교한 컴퓨터 소프트웨어를 활용하여 이 염기서열대로 안정화된 스파이크 단백질이 만들어질 수 있도록 mRNA 분자를 설계했다. 모더나의 백신 항원으로 쓰일 분자였다.

맥렐란과 그레이엄의 연구실에서 만들어진 플라스미드는 지구촌 과학계가 신종 코로나바이러스 검사, 백신, 치료제 개발에 곧장 뛰어들 수 있도록 전 세계 여러 연구실에서 일하는 200명 이상의 과학자들에게도 전달됐다. 왕이 서두른 덕분에 검사법과 치료제 개발이 몇 주는 더 앞당겨질 수 있었다. 하지만 그때는 얼마나 서둘러야 하는지, 그리고 다급히 만들기 시작한 진단법이나 치료제 중 어느 하나라도 실제로 효과가 있을 것인지 누구도 장담할 수 없었다.

❖ ♖ ❖

스테판 방셀도 계속해서 새로운 질병을 추적했다. 시간이 갈수록 걱정되는 문제가 훨씬 많아졌다.

방셀은 지난 20년간 두 종류의 코로나바이러스를 목격했다. 사스 코로나바이러스 그리고 메르스코로나바이러스였다. 서구 사회에서는 이 두 가지 모두 나타났다가 대부분 사라졌다. 방셀은 그레이엄과 신종 코로나바이러스에 관해 이메일로 계속 의견을 나누면서 정부 과학자들과의 백신 개발 사업을 계속 추진했다. 모더나는 해야 할 다른 사업이 많아서 손이 부족했으므로 국립보건원 연구진이 백신의 초기 임상시험을 주도하기로 한 것도 반가웠다. 아직 지구 반대편의 일로만 여겨지던 코로나바이러스 사태보다 방셀의 어깨를 짓누르는 더 큰 걱정거리가 있었다.

2020년 초까지 모더나의 지출은 매년 5억 달러에 이르렀다. 2년 앞서 주식 공모를 통해 6억 달러가 넘는 자금을 확보했지만 그때 방셀은 곧 다시 투자를 모아야 한다는 사실을 인지했다. 그러나 주가가 공모가보다 크게 떨어진 19달러가 되자 회사 경영진 사이에서는 과연 투자 확보가 가능할지 확신할 수 없다는 목소리가 나왔다.

1월 12일, 방셀은 JP 모던 체이스 은행의 연례 의료보건 콘퍼런스에 참석하기 위해 샌프란시스코로 갔다. 영유아에서 흔히 발생하는 거대세포 바이러스 감염을 막기 위한 백신과 두 가지 암 백신, 아동 희귀질환 백신 등 이 행사가 모더나의 성과를 참석자들에게 알릴 기회가 되기를 기대했다.

방셀은 발표를 할 때나 투자자 등 다른 참석자들과 이야기를 나눌 때 중국에서 확산 중인 새로운 병원체에 관해서는 언급하지 않았다. 이 행사를 위해 샌프란시스코까지 찾아온 수천 명의 의료보건 전문가들은 중국의 상황에 별로 관심이 없었다. 대부분 제약 시장을 뜨겁게 달굴 새로운 신약을 찾고 있었다. 행사가 열린 3일 동안, 제약 업계 전문가들은 서로 친분을 다지고 인사를 나누었다.

방셀의 발표에는 뜨뜻미지근한 반응이 나왔다. 일부 참석자는 왜 모더나가 치료제 연구에서 백신 연구로 방향을 틀었는지 잘 모르겠다는 반응을 보였다. 시판 단계까지 가는 건 고사하고 임상시험 마지막 단계인 3상 시험에 이른 백신이 아직 하나도 없는 상황을 답답해하는 사람들도 있었다.

"사람들은 우리 회사의 일에 별로 관심이 없었습니다." 방셀이 말했다.

1월 17일 금요일, 야간 항공편으로 스위스 다보스로 이동한 방셀은 세계경제포럼에 참석해 수천 명의 전 세계 지도자들과 만났다. 그곳에서 그는 신종 코로나바이러스에 더 주목하게 되었다. 포럼 참석자들은 주로 경제, 정치, 환경에 관한 주제를 토의했고, 그는 투자자들이 모더나에 큰 관심을 갖지 않는 이유를 찾아보려고 애썼다.

몇 달 전 모더나 주식을 거의 다 팔아 치운 헤지펀드 사 바이킹 글로벌스의 경영진인 안드레아스 할보르센Andreas Halvorsen, 브라이언 카우프만Brian Kaufmann과도 만났다.

"왜 우리 주식을 다 처분하신 겁니까?" 방셀은 두 사람에게 물었다.

주가가 첫 공모 후 거의 변동이 없었기 때문이라는 대답이 돌아왔다.

JP 모건 체이스 행사에 참석하지 않았던 이 두 사람은 방셀에게 바이킹 글로벌스가 생각하는 모더나의 문제점을 한 가지 지적했다. 방셀이 "홍보는 엄청나게 하면서 툭 터놓고 이야기하는 경우는 별로 없다"는 점이었다. 돌려 말했지만, 한마디로 회사의 잠재력을 과장하는 것 같다는 말이었다.

행사가 이어지는 동안 방셀은 투자자, 정치인과는 떨어진 여러 회의실에서 대부분의 시간을 보냈다. 그곳에서 웰컴 트러스트 대표 제러미 파라, 그리고 백신 개발을 지원해 온 재단인 '전염병 혁신연합CEPI'의 운영자이자 역학자 리처드 해쳇Richard Hatchett과 만났다. 파라와 해쳇은 중국의 감염 상황에 관한 정보를 계속 전달받느라 손에서 전화기를 놓지 않았다. 방셀도 두 사람과 가까운 곳에 앉아 최신 정보를 함께 들었다.

파라와 해쳇은 옆 테이블에서 냅킨을 집어오더니, 뒷면에 신종 코로나바이러스의 감염 재생산지수를 계산하기 시작했다. R0(영어로는 '알 나트R naught'로 읽는다)로 표기하는 감염 재생산지수는 전염병에 걸린 사람 한 명에게서 발생할 수 있는 새로운 감염자가 평균 몇 명인지를 나타낸다. 파라와 해쳇은 곧 같은 결론에 도달했다. 지금까지 나타난 코로나바이러스를 통틀어 최악의 사태가 벌어질 것이라는 전망이었다.

방셀은 그제야 진지하게 걱정이 되었다. 아이패드를 꺼내서 우한

이 어떤 도시인지 찾아본 그는 엄청나게 큰 도시라는 사실을 깨달았다. 우한의 공항에서 아시아의 모든 중심 도시와 유럽 전역은 물론 미국 시애틀, 샌프란시스코, 로스앤젤레스 등 서부 해안 도시를 오가는 항공편이 운행된다는 사실도 확인했다. 점점 더 불길한 예감이 들었다.

"모든 곳과 연결된 곳이군요." 방셀이 말했다.

"네, 맞습니다." 파라가 대답했다.

'젠장, 1918년과 같은 사태가 일어날 수도 있어(감염자 수만 전 세계 5억 명이 넘은 것으로 추정되는 스페인독감을 의미한다—옮긴이).' 방셀은 생각했다.

세계경제포럼 셋째 날인 1월 23일, 중국 정부는 우한을 포함한 도시 네 곳을 봉쇄했다. 중국 역사상 가장 대규모로 실시된 검역 조치였다. 방셀은 중국이 이번 사태가 심각하다는 사실을 알고 있었지만 그런 사실을 공개하지 않은 것이 분명하다고 확신했다. 주변을 둘러보니 일터의 미래와 블록체인의 추적 가능성, 포용성에 관한 열띤 토론이 한창이었다. 쓰나미가 코앞에 다가왔는데 다들 해변에서 신나게 놀고 있다는 생각이 들었다.

1월 25일 토요일, 방셀은 아침에 일어나자마자 더럭 겁이 났다. 대유행병이 다가오고 있는 상황에서 모더나는 아무런 준비가 되어 있지 않았다. 국립보건원이 모더나가 개발한 백신의 임상시험을 계획하고 있지만 과연 정부 기관이 신속하게 움직일 수 있을지, 자신도 스위스에 와서야 이 새로운 바이러스를 걱정하기 시작했는데 정부가 이 바이러스를 두려운 존재로 여기기나 할지 확신이 들지 않았

과학은 어떻게 세상을 구했는가

다. 모더나는 백신을 생산해 본 적이 없는데 어쩌면 수억 회 분량에 달하는 백신을 만들어 내야 할 수도 있다. 개인적인 걱정거리도 떠올랐다. 혈액암으로 투병 중인 어머니 생각을 한 것이다. 강력한 바이러스가 전 세계를 휩쓴다면 면역 기능이 약화된 어머니는 위험할 수 있다.

방셀은 케임브리지의 연구팀에 화상 회의를 소집하고 신종 코로나바이러스 백신 개발에 착수해야 한다고 말했다.

"유행병이 아닙니다. 대유행병이에요." 방셀은 고조된 음성으로 전했다.

원래는 독일로 가서 이사회 회의에 참석할 계획이었지만 일정을 취소하고 워싱턴 D.C.로 가는 직항기에 올랐다. 1월 27일 월요일 오전 8시, 방셀은 국립 알레르기·감염질환 연구소NIAID 본청 건물 7층 회의실에 들어섰다. 그리고 기다란 가짜 원목 테이블을 사이에 두고 그레이엄, 마스콜라, 그리고 NIAID 소장인 앤서니 파우치와 마주한 가죽 의자에 앉았다.

회의가 시작되고 몇 분도 지나지 않아 파우치와 참석자들은 백신 1상 시험을 신속히 시작할 수 있도록 준비하겠다는 입장을 밝혔다. 애초에 국립보건원이 모더나와 손을 잡기로 한 이유도 대부분 달걀로 바이러스를 배양하거나 세포를 대량 배양해서 단백질을 생산하느라 시간이 수개월씩 걸리는 백신 기술보다 mRNA 백신 기술로 단시간에 백신을 설계하고 생산할 수 있다는 확신이 있었기 때문이다. 오히려 파우치는 모더나가 진행할 백신 개발 단계가 지체될 가능성은 없는지 확인하고 싶어 했다.

14장

"임상까지 얼마나 걸릴 것 같습니까?" 파우치의 질문이었다. 백신 시험의 첫 단계인 1상 시험이 언제 시작될 수 있을지 물은 것이다.

"60일이면 됩니다." 방셀은 자신 있게 대답했다.

회의는 낙관적인 분위기로 마무리됐다. 국립보건원과 모더나는 임박한 위기를 막기 위해 총력을 기울일 것이다. 방셀은 이제 회사 경영진과 이 계획을 확정할 것이라고 말했다.

✧✧✧

회사로 돌아온 방셀은 모더나 이사회 의장인 스티븐 호지와 다른 구성원들에게 해야 할 일이 많다고 전했다. 백신 효능을 검증하는 2상 시험과 3상 시험에 필요한 분량을 생산할 수 있도록 준비해야 하고, 생물반응기도 구입해야 하며 노우드와 다른 시설의 생산 용량도 늘려야 했다. 방셀은 백신이 개발되면 한 해 동안 10억 회분 이상 필요하리라 확신하고 모더나의 생산량을 그만큼 늘리려면 다른 조치가 필요하다고 판단했다.

호지는 그렇게 서두른다고 되는 일이 아니라고 말했다. 모더나 직원은 과학자, 생산 직원을 통틀어 고작 800명이고 최종 승인된 백신이나 치료제는커녕 임상시험 마지막 단계를 진행해 본 경험도 없었다. 그런데 방셀은 정부에 백신을 기록적인 시간 내로 만들겠다고 약속한 것이다.

호지와 다른 사람들은 방셀에게 모더나가 진행해 온 다른 백신 개발이 잘되고 있는 상황에서 코로나19 백신을 개발한다면 큰 방해요소가 될 수 있다고 언급했다. 그러다 코로나19 바이러스가 흐지부지 사라지면? 게다가 가장 중요한 문제가 있었다. 그만 한 분량의 백신을 만들려면 비용이 족히 20억 달러는 들 텐데 모더나는 그런 돈이 없었다. 코로나19 백신 개발에 나섰다가 실패하면 회사가 망할 가능성이 컸다. 잘 진행하던 다른 사업을 전부 중단하고 기껏 만든 백신이 효과가 없거나 라이벌에게 시장을 빼앗긴다면 투자자들은 절대로 용서하지 않을 것이다.

"이 일을 정말로 우리가 해야 합니까?" 호지가 방셀에게 물었다. "회사를 걸고 해야 하는 일이에요."

방셀의 고집은 꺾이지 않았다. 대유행병이 목전에 이른 지금, 효과적인 백신을 개발한다면 모더나에 엄청난 기회가 될 수 있다. 지난 10년간 고생한 일들이 마침내 빛을 볼지 모른다.

방셀은 동료들을 겨우 설득했다. 모더나는 새로운 바이러스를 막을 수 있는 백신 개발에 전력을 다하기로 했다.

✧ ✕ ✧

2월 말, 방셀은 회사 9층 회의실에서 모더나 최고위급 간부 30여 명과 회의를 열었다. mRNA-1273으로 명명된 코로나19 백신의 첫 번째 배치가 마우스 실험을 위해 국립보건원 소속 과학자인 코빗에게 전달된 후였다. 몇 주 뒤 나온 초기 결과에서 모더나의 백신은 마우스 항체를 활성화한 것으로 나타났다. 다소 이른 결과지만 긍정적인 징후였다.

14장

모더나의 간부들은 자신감 넘치고 때로는 큰소리를 치기도 하는 방셀의 태도에 익숙했다. 방셀은 파우치를 비롯한 국립보건원 사람들과 만나는 자리에서도 자신감을 드러내는 사람이었다. 하지만 이 날 회의에서 참석자들은 그가 평소답지 않게 진지하고 신중하다는 느낌을 받았다.

"백신을 개발해 달라는 요청을 받았습니다." 방셀은 회의에서 말했다. "회사에는 큰 시험이 되겠지만, 모더나는 이런 상황을 계속 준비해 왔습니다."

사람들은 침울한 얼굴로 방셀의 말에 귀 기울였다. 코로나19 바이러스의 심각성을 그제야 처음 인지한 사람들이 많았다. 자신의 건강, 가족의 건강이 위험해질 수 있고 다른 여러 가지 힘든 일이 생기리라는 사실을 깨달았다.

"시도는 해 봐야 합니다." 방셀이 말했다.

❖❖❖

우구르 사힌과 외즐렘 튀레지는 인생을 바꿔 놓을 식사를 앞두고 있었다.

1월 25일 토요일 아침 일찍 세 식구는 독일의 역사적 중심지로 꼽히는 마인츠에 들어선 농산물 직판장으로 향했다. 부부는 주말마다 딸과 함께 아침 식사를 했다. 날씨가 괜찮으면 1000년의 역사를 간직한 로마네스크 양식의 마인츠 성당 근처 식당의 야외 테이블에 자리를 잡았다. 주말에 세 식구가 함께하는 아침식사는 일주일 동안 어떻게 지냈는지 이야기를 나누고 각자 관심 있는 일을 의논하는 기회가 되었다.

차와 잼, 버터를 곁들인 토스트를 주문한 후 사힌은 아내와 딸에게 전날 저녁에 당혹스러운 소식을 접했다고 전했다. 학술지 〈랜싯〉 최신호에 실린 기사를 하나 읽었는데 중국 선전 시에 사는 일가족이 12월 말 우한으로 여행을 다녀온 뒤 신종 코로나바이러스에 감염됐다는 내용이었다. 사힌은 이 가족 중에 아무런 증상이 없었는데도 검사에서 양성이 나온 사람이 있고 이건 굉장히 우려스러운 일이라고 설명했다. 감염자가 뚜렷한 증상을 보이지 않으면 어떻게 격리해야 한단 말인가?

몇 주 전까지만 해도 이 새로운 병원체가 큰 문제가 되지는 않으리라 생각했던 사힌은 이제 불안해졌다.

"내 생각에, 대유행병이 될 것 같아." 그는 가족들에게 말했다.

"정말? 대유행병?" 튀레지는 동의하지 않았다. 하지만 사힌은 그렇다고 다시 한 번 답했다. 우한은 중국에서 다른 지역을 오가는 교통편이 가장 많은 도시 중 한 곳이며, 중국 정부는 이 바이러스를 통제하지 못할 것이라는 설명이 이어졌다. 사힌은 머릿속으로 계산을 돌려 본 후 감염자와 바이러스 노출 가능성이 있는 사람이 계속 늘어날 가능성이 크다고 밝혔다. 상황이 매우 좋지 않다는 것이 그의 견해였다.

튀레지도 곧 상황을 이해했다. 그리고 불안해졌다. 이미 세워 둔 바이오엔텍의 한 해 계획을 전부 버려야 할지도 모른다. 어쩌면 세계 전체가 그래야 할 수도 있다.

사힌에게서 새로운 에너지가 느껴졌다. 아이디어가 떠오른 것이다.

"우리라면 백신을 단시간에 만들 수 있다고 생각해. 힘을 보태야지." 사힌은 말했다.

집으로 돌아온 사힌은 컴퓨터 앞에 앉아 신종 코로나바이러스의 유전자 염기서열을 다운로드했다. 임박한 전염병을 막고 이미 2주 전부터 백신과 치료제 개발에 들어간 다른 과학자들을 따라잡으려면 서둘러야 했다. 그날 하루 종일 컴퓨터 앞을 떠나지 않은 사힌은 그다음 날인 일요일까지 그대로 앉아서 왕과 미국 국립보건원 과학자들, 그리고 모더나 팀과 같은 방법으로 코로나바이러스 백신 후보물질 열 가지를 설계했다. 전부 조금씩 달랐지만 모더나와 마찬가지로 코로나바이러스의 스파이크 단백질이 공통적으로 포함되어 있었다. 맥렐란과 동료들이 과거에 밝힌 대로 단백질 서열에 프롤린을 두 개 추가해서 변형한 것도 공통점이었다.

월요일 이른 아침에 사힌은 바이오엔텍의 선임 경영진 5명과 회의를 했다. 이 자리에서 그는 〈랜싯〉에 실린 기사 내용과 자신이 우려하게 된 상황을 전했다. 큰 문제가 다가오고 있으므로 바이오엔텍은 모든 것을 내려놓고 백신 개발에 착수해야 한다고 설명했다.

"시간이 많지 않습니다. 몇 주 내로 해내야 할 수도 있고요." 사힌은 말했다.

그는 큰 걱정으로 침울했지만 회의실에 모인 사람 중 누구도 그만큼 걱정하는 것 같지는 않았다. 사스와 메르스 바이러스가 자연스레 사라졌다는 사실을 바이오엔텍 경영진도 기억하고 있었다. 게다가 우한이라니. 너무 먼 곳에서 일어난 일 아닌가? 사힌은 우한에 대형 공항이 있고, 이미 신종 코로나바이러스는 확산되고 있다고 설명했다. 주말에 아내와 식사를 하면서 설명했던 수학적 계산 결과도 요약해서 전했다.

"곧 일어날 일입니다. 사망자가 300만 명까지 발생할 겁니다."

그제야 모두가 사힌의 말에 촉각을 곤두세웠다.

"그리고 백신이 필요할 겁니다. 저는 우리 mRNA 기술로 뭔가 할 수 있다고 생각하고요."

회의가 끝나고 사힌은 바이오엔텍의 가장 중요한 투자자인 토마스 슈트륑만과 두 시간 동안 통화하면서 다가올 재난에 관해 설명했다. 그리고 이 새로운 바이러스를 물리치기 위한 바이오엔텍의 도전을 지지해 달라고 설득했다.

그러나 이틀 뒤, 사힌에게 당혹스러운 소식이 전해졌다. 출근길에 직원들이 마인츠 축제에 관해 신나게 이야기하는 소리를 들은 것이다. 해마다 2월 말이 되면 사육제(독일어로 파스나흐트Fastnacht)로도 알려진 이 행사를 기대하는 사람들로 축제 분위기와 떠들썩한 흥분이 점점 고조되곤 한다. 사힌은 직원들이 자신의 지시를 진지하게 받아들이지 않았다는 생각에 돌아 버릴 지경이었다.

"지난 50년의 역사를 통틀어 최악의 대유행병이 찾아올 예정이라고 분명히 말했지만, 제 말을 이해하지 못한 것 같군요." 그는 한 직원에게 말했다. "이해했다면 지금 한 말은 나올 수가 없었을 겁니다."

"지금 제가 하는 말은 농담이 아니에요." 다른 직원에게는 이렇게 말했다.

사힌은 직원들에게 감염을 피할 수 있도록 연휴에 세운 계획을 취소하고 대중교통을 이용하지 말라고 당부했다. 또한 교대 근무를 실시하도록 했다. 직원 중 누군가 코로나바이러스에 걸리더라도 동시에 감염되는 직원을 줄이기 위한 조치였다.[11] 그제야 바이오엔텍 연구진은 어떤 상황인지 제대로 이해했다.

사힌은 화이자 선임 간부인 필립 도르미트제에게 전화를 걸어 바이오엔텍이 코로나19 백신을 개발할 계획이라고 밝혔다. 반응은 썩 좋지 않았다. 화이자에서 일하기 전 노바티스에서 일했던 도르미트제는 그곳에서 코로나바이러스 백신 개발에 나섰다가 백신이 더 이상 필요하지 않은 상황이 되는 바람에 돈만 허비하게 된 일을 직접 경험했다. 또한 바이오엔텍과 함께 개발하기로 한 새로운 독감 백신에 큰 희망을 걸고 있었기에 신종 코로나바이러스 백신 연구는 그 일에 방해가 될 것 같았다. 도르미트제는 우구르에게 시도해 보는 건 좋지만 너무 몰두하지는 말라고 말했다.

"사스가 결국 잠잠해졌다는 걸 잊지 마세요. 메르스도 그랬고요." 도르미트제는 말했다.

"달라요. 이번 건 심각합니다." 사힌이 대답했다. "우리 회사는 이 일을 꼭 하고 싶어요."

2월이 되자 사힌의 우려가 사실로 드러났다. 영국 런던의 임페리얼 칼리지 연구진은 중국을 다녀온 여행객 중 코로나19 바이러스에 감염된 사람 중 3분의 2는 감염 사실이 확인되지 않았고 이들이 전 세계 여러 국가에서 "연쇄적 확산이 시작되는 출발점"이 될 것이라 추정했다.[12] 미국 CDC는 대유행병이 될 가능성을 염두에 두고 준비

중이라고 밝혔다.[13] 그러나 알렉스 에이자Alex Azar 미국 보건복지부 장관은 코로나19 바이러스가 "통제되었다"고 확언했다. 미국 CDC는 검사 키트를 배포하기 시작했다. 상황이 더 심각해진 것 아니냐는 우려가 쌓이기 시작할 때 키트에서 결함이 발견되었고 즉각 회수 조치가 실시됐다.[14]

2월 말, 사힌은 바이오엔텍의 코로나19 백신 개발 사업에 '광속 프로젝트'라는 이름을 붙였다. 그리고 역사상 그 어떤 백신보다 빠른 속도로, 연말까지 백신이 완성되도록 밀고 나가기로 했다. 하지만 바이오엔텍이 가진 돈은 3억 달러 정도에 불과했다. 모더나보다 적은 금액이었다. 백신을 개발하고, 시험하고, 생산하고, 유통하려면 엄청나게 많은 돈이 필요했다.

사힌은 한 가지를 분명하게 깨달았다. 바이오엔텍은 도움이 필요했다.

✧⌘✧

보스턴에서 후안 안드레스Juan Andres는 돌아 버릴 지경이었다.

쉰세 살이던 이 마드리드 출신의 모더나 직원은 매사추세츠 주 노우드에 있는 대규모 생산 시설 운영을 담당했다. 약학 학위도 있고, 다양한 감염질환의 백신과 치료제를 만들어 본 경험이 쌓인 안드레스지만 질병 전문가는 아니었다. 그러나 2009년 돼지독감이 대유행하던 시절 유럽에 살던 그는 H1N1 바이러스가 남긴 끔찍한 기억을 떨칠 수 없었다. 당시 전 세계 74개국에서 3만여 명이 돼지독감에 감염되고 뉴욕과 호주를 비롯한 여러 곳에서 사망자가 발생했다. 홍콩은 정부가 몇 주간 학교를 폐쇄하는 조치를 단행했다.[15]

상황이 다 종료된 후에는 돼지독감을 41년 만에 찾아온 최초의 대유행병으로 선포한 일은 여러 나라의 정치계, 의료보건 분야 리더들의 과도한 반응이었고 심지어 불필요한 우려를 일으켰다고 평가된 것도 사실이다. 안드레스는 특히 일부 국가에서 사람들이 불안감에 생필품을 사재기했던 일을 잊을 수 없었다. 공급 전문가이자 하루 종일 사람의 목숨과 직결된 상품을 다루는 사람의 입장에서 그 일은 선명한 기억으로 각인되었다.

안드레스는 중국에서 새로운 바이러스가 나타났다는 기사를 1월 말에 접했다. 모더나가 그 바이러스의 백신을 생산하기로 계획을 변경했다는 소식을 듣고 그는 불안해졌다. 제약 업계에서 30년 넘게 일했고 모더나로 옮기기 전에는 노바티스의 의약품 생산 시설을 운영해 본 그는 호흡기 질환이 얼마나 단시간에 확산할 수 있는지 잘 알았다. 게다가 2009년 돼지독감 사태 이후 해외여행은 계속 증가했으니 새로운 바이러스가 확산할 위험도 분명 증가했을 것이라는 생각이 들었다.

보스턴 교외 뉴튼에 있는 집에서 안드레스는 스물네 살이던 딸 에네스타에게 뭔가 안 좋은 일이 다가오고 있다고 말했다. 딸은 이해가 안 간다는 반응이었지만 안드레스는 아내 마리나에게 곧 사람들이 물건을 잔뜩 사재기할 것이라고 장담했다. 아내는 무슨 정신 나간 소리냐고 했다.

안드레스는 그런 반응에 개의치 않았다. 그리고 장을 보러 가서는 살균제를 수십 통 담고 화장지와 티슈를 온 가족이 1년간 쓸 만큼 잔뜩 사 왔다. 가족들은 대놓고 그를 놀렸다. 집안에 화장지가 산더미처럼 쌓인 광경만큼 웃긴 일도 없었다.

안드레스는 아마존에서 마스크도 주문했다. 일반 수술용 마스크로는 충분하지 않다고 보고 공기 중에 떠다니는 입자를 95퍼센트 차단하는 N95 등급 마스크를 여러 상자 구입했다. 가족 모두가 배를 잡고 웃었다.

"뭐가 그렇게 웃겨?" 그는 아내와 딸의 반응에 친구들과 맞서는 꼬마처럼 반발했다.

2월 초에는 부엌에 있던 아내에게 코스트코에서 냉장고를 새로 주문했다고 알렸다. 봉쇄 조치가 실시되면 음식을 충분히 구비해 두어야 하니 필요하다는 것이다.

마리나는 더 이상 웃지 않았다.

"그걸 어디다 둬?!"

"지하실에 두면 돼." 안드레스가 대답했다.

"당신 미쳤구나." 아내는 찡그린 얼굴로 그를 쳐다보며 말했다. "거기에 냉장고가 이미 한 대 있잖아!"

일주일쯤 지나 마리나는 어머니를 뵈러 마드리드로 갔다. 그때 다른 딸인 실비아는 런던에서 공부를 하고 있었다. 새로운 감염 소식을 계속 확인하던 안드레스는 며칠 동안 전화를 할까 말까 망설이다가 결국 아내에게 전화를 걸었다.

"내일 집으로 출발해야 해. 그리고 오면서 실비아도 데리고 와요. 이제 전 세계가 1년간 봉쇄될 거니까."

마리나는 성을 냈다. "지금 뭐 하는 거야, 명령이야?" 그러고는 선언했다. "싫어, 난 여기 있을 거야. 엄마랑 일주일 더 지내고 갈게."

　안드레스는 명령조로 들렸다면 미안하다고 사과했다. 그리고 이렇게 고집을 부리는 건 다 이유가 있다고 설명했다.

　"마리나, 지난 30년 동안 내가 당신한테 이런 적이 없잖아." 안드레스는 간청했다. "이번엔 내가 부탁할게. 당신 내일은 비행기를 타야 해."

　실비아는 집으로 돌아왔다. 마리나도 그의 말대로 했다. 두 달 뒤, 마리나의 어머니는 코로나19로 세상을 떠났다.

15장

2020년 2-3월

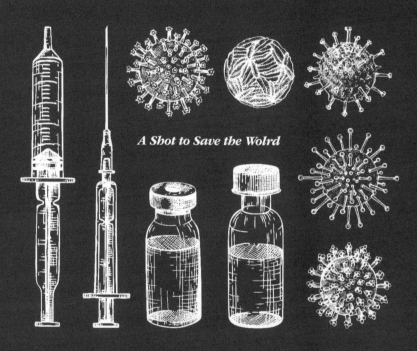

A Shot to Save the Wolrd

.

.

.

수십 년 동안 아무 일도 일어나지 않다가
몇 주 동안 수십 년 치 일이 발생한다.

블라디미르 일리치 레닌Vladimir Ilich Lenin

.

.

.

가벼운 기침이 시작이었다. 로런스 가버즈Lawrence Garbuz는 주말이
던 2월 22일에 장례식이 있어 유대교 예배당에 들렀다가 성년이 된
소년 소녀들을 위한 유대인 성인예식에 참석했다. 쉰 살이던 가버즈
는 뉴욕 시 교외에 위치한 뉴로셸에 살고 있었고 네 자녀의 아버지였
다. 감기가 온 것 같은 기미가 느껴져서 행사에 참석만 했을 뿐 다른
사람들과 어울리지는 않고 금방 나왔다. 중국에서 코로나바이러스
가 확산하고 있다는 소식을 그도 들었고 이탈리아 일부 지역과 유럽
의 다른 지역에서도 감염자가 나타났다는 사실도 알았지만 크게 염
려하지는 않았다.

　그런데 며칠이 지나자 마른기침이 쉴 새 없이 나왔다. 열도 났다.
온몸이 쑤시고 기운이 없어서 말도 하기가 힘들었다. 정신도 혼란해
졌다. 의사가 그를 서둘러 지역 병원으로 옮겼을 때 가버즈는 이런
메모를 남겼다. "이대로 죽는 건가?"

　엑스선 검사 결과 폐에 체액이 가득 차 있고 공기가 극도로 줄어
든 상태가 확인됐다. 가족들은 원인을 모르겠다는 의료진의 말에 당
황했다. 가버즈는 의학적인 방법으로 유도된 혼수상태로 산소 호흡
기를 달고 뉴욕 장로교/컬럼비아대학교 어빙 의학센터 중환자실로
옮겨졌다.

　3월 2일, 의료진은 가버즈의 아내이자 부부가 맨해튼에서 함께

운영해 온 토지신탁 법률회사의 사업 파트너이기도 한 아디나 루이스Adina Lewis에게 충격적인 사실을 전했다. 가버즈가 앓는 병이 코로나19라는 것이다. 소식을 듣고 아이들이 아버지를 보러 달려왔다. 유럽에서 온 자녀도 있었다. 아이들이 뉴욕에 도착하자, 루이스는 다른 사람들이 들으면 안 되니 절대 큰 소리를 내지 말라고 차분하게 주의를 준 다음에 입을 열었다.

"아버지가 코로나에 걸렸어." 루이스는 아이들에게 전했다.

가족 모두 가버즈의 감염 사실을 숨기려고 노력했지만 소문은 빠르게 퍼져 나갔다. 기자들이 집 앞까지 찾아오고, 앤드류 쿠오모Andrew Cuomo 뉴욕 주지사는 확산을 막기 위해 가버즈가 사는 지역 주변을 봉쇄하도록 지시했다. 그러나 가족이 사는 웨스트체스터 카운티에서 곧 100명이 넘는 감염자가 발생했다. 가버즈와 같은 시기에 비슷한 증상을 보인 사람들이 있었고 뉴욕에서 가버즈보다 먼저 코로나19 감염 진단을 받은 여성 환자도 한 명 있었지만 쿠오모 주지사는 가버즈를 뉴욕의 "최초 감염자"라고 칭했다. 가버즈의 감염 사례는 당혹스러운 일이었다. 해외여행을 다녀온 적이 없고, 해외에 다녀온 사람과 접촉한 적도 없었다.

루이스는 목숨을 건 사투를 벌이는 남편 곁에 있어 줄 사람이 간절했다. 자신은 집에 격리된 상황이었으므로, 뉴욕 보건부로부터 허가를 받아 네 자녀 중 코로나바이러스에 노출됐을 가능성이 없는 두 명이 가버즈가 혼수상태에서 깨어날 때 곁에 있을 수 있도록 병원에 다녀오도록 했다. 두 자녀가 병원에 도착해서 만나러 온 환자 이름을 대자, 간호사 한 명이 기겁하더니 벽으로 뒷걸음질치더니 몸을 웅크

과학은 어떻게 세상을 구했는가

렸다. 병원에서 만난 직원 대부분이 전문가답게 대처했고 두 사람을 친절히 대해 주었지만, 또 다른 간호사 한 명은 자녀들에게 대뜸 너희 아버지 때문에 이 지역에 감염이 일어났다고 말했다.

3월 13일 늦은 밤, 가버즈는 2주 가까이 산소 호흡기에 의지한 끝에 겨우 깨어났다. 자신에게 무슨 일이 생겼는지 전혀 알지 못했고, 주변이 온통 공포에 휩싸였다는 사실도 몰랐다. 루이스는 남편과 영상 통화를 하면서 절대로 구글에서 검색을 해 보거나 뉴스를 보지 말라고 당부했다. 하지만 온라인에 접속하지 않아도 곧 무슨 변화가 일어났는지 그도 알 수 있었다. 가까이 있는 의사들, 간호사들 얼굴에 고스란히 나타났다. 전 세계 모든 곳과 마찬가지로 미국도 악몽 같은 일을 겪고 있음을 깨달았다.

"의식을 차렸을 때 제가 본 건 대유행병의 현장이었습니다. 사람들 눈에 두려움이 가득했어요." 가버즈의 이야기다.[1]

몇 주 뒤에 가버즈는 〈투데이 쇼〉에 출연해 달라는 요청을 받았다. 얼굴을 드러내고 싶지 않았고 몸에 힘도 없고 컨디션이 좋지 않았다. 더욱이 더 이상 사람들 입에 오르내리고 싶지 않았다. 그러나 불안에 떠는 사람들을 그가 진정시킬 수 있다는 프로그램 관계자의 말에 가버즈는 마지못해 출연을 승낙했다. 그가 집까지 한참을 걸어서 이동하는 모습은 카메라에 담겨 시청자들에게 전해졌다. 화면에는 병을 딛고 회복된 사람의 희망적인 모습이 등장했지만, 혹시라도 가버즈가 넘어지면 얼른 붙잡기 위해 대기하던 여러 스태프들의 모습은 등장하지 않았다.

새로운 현실을 마주하는 것보다 사람들의 불안을 가라앉히는 것이 그만큼 더 중시됐다.

❖ ♋ ❖

신종 코로나바이러스가 확산하기 시작했을 때는 다른 대부분의 호흡기 질환과 비슷한 것 같았다. 적어도 초반에는 그랬다. 감염된 환자는 열이 나고, 기침을 하고, 호흡 곤란 증상을 겪었다. 그러나 얼마 지나지 않아 아주 위험하고 독특한 증상이 동반된다는 사실이 명확히 드러났다. 새로 나타난 코로나바이러스는 신장, 심장, 간, 호흡기, 위·장관에 영향을 줄 수 있는 것으로 밝혀졌다. 가버즈의 경우처럼 호흡이 불가능할 정도로 폐에 체액이 가득 찬 환자들도 간간이 생겼다. 후각과 미각을 잃은 감염자도 많았다. 어린아이들은 감염되더라도 크게 아픈 경우가 적었지만 노인 환자 그리고 면역계 기능이 취약한 환자가 감염되면 훨씬 급작스럽게 위험한 상태가 되었다. 바이러스에 감염되면 맞서서 대응하는 인체 T세포와 B세포의 기능이 저해되는 것도 신종 코로나바이러스의 고유한 특징이었다. 일부 환자에서는 면역계가 과도하게 활성화되어 인체 세포를 공격하는 위험천만한 '사이토카인 폭풍' 현상이 나타났다.[2]

코로나19 바이러스가 비말을 통해 공기 중으로 확산되며 그러한 비말은 기침과 재채기로 퍼져 나갈 가능성이 가장 높다는 사실도 곧 밝혀졌다. 호흡기 질환은 아주 쉽게 감염될 수 있다는 점에서 굉장히 위험한데, 코로나19는 더더욱 치명적인 것으로 입증됐다. 과거 바이러스가 유행했을 때 활용된 격리와 위생 관리 같은 조치는 큰 도움이

과학은 어떻게 세상을 구했는가

되지 않았다. 감염되더라도 아무런 증상 없이 병을 확산시킬 수 있다는 것이 이유 중 하나였다.

보건 당국은 큰 충격에 빠졌다. 이토록 단기간에 엄청난 규모로 병이 확산되는 상황을 겪어본 사람은 거의 없었다. 감염자와 근처에 있기만 해도 감염될 위험이 있는 것으로 알려졌다. 바이러스 입자가 비강 뒤로 넘어가 목 안쪽 점막에 이르면 금방 전신으로 퍼져 나간다는 사실도 밝혀졌다. 동그란 구 형태인 바이러스 표면에 이 바이러스의 대표적인 특징인 스파이크 단백질이 삐죽삐죽 돌출되어 있고 이 부분이 인체 세포막을 꽉 붙들면 바이러스의 유전물질이 세포 내로 들어간다. 그리고 세포의 대사 기능을 가로채 바이러스 입자가 증식하는 것이다.[3]

20년도 더 전에 발생한 에이즈 대유행 초기와 매우 흡사한 상황이 벌어졌다. 중증 질환과 맞서도록 훈련받은 사람들이 더 심하게 놀라고 불안에 떨었다. 표준 치료법도 없고, 치료제나 병을 치유하는 방법이 없었다. 감염자마다 병이 진행되는 과정도 크게 달랐다.

트레이시 데처트Tracey Dechert는 3월에 보스턴 메디컬 센터 외과 중환자실로 환자가 물밀듯 들어오자 무기력한 기분이 들었다. 그곳 병원의 외상 외과에서 일해 온 이 쉰세 살의 의사는 병원에 마련된 코로나19 전담 병동 중 한 곳을 맡아 스물여덟 개의 병상을 관리했다. 상태가 위중한 감염 환자 수십 명이 밤낮없이 쏟아졌다. 데처트와 동료들은 할 수 있는 모든 방법을 동원했지만 병동 전체에는 절망만 가득했다. 건강을 되찾은 환자도 몇 명 있었다. 하지만 이 잔인한 병에 쓰러진 환자를 지켜봐야 하는 경우가 더 많았다. 그나마 회복될 기회를 붙잡은 몇 안 되는 환자들이 데처트와 동료 의료진에게 위안이 되었다.

"가망이 보이는 환자가 있으면 귀중한 목숨을 어떻게든 살리려고 붙들게 됩니다." 데처트는 말했다.[4]

의료진은 오래전 개발된 치료제를 원래 용도와 상관없이 써 보기도 하고, 아직 검증되지 않은 치료제도 살펴보았다. 데처트를 비롯한 의료진은 항생제인 아지트로마이신azithromycin과 말라리아 치료제 하이드록시클로로퀸Hydroxychloroquine을 써 봤지만 이러한 실험적인 치료가 정말로 환자에게 도움이 되는지 의문이 제기되자 사용을 중단했다. 산소 호흡기가 큰 도움이 되는 환자도 있었지만 그것만으로는 충분치 않은 환자도 있었다. 데처트는 거의 쉴 틈 없이 밤낮으로 주말까지 계속 일했다.

정부 당국은 코로나19 바이러스와 이 바이러스의 감염을 막는 최상의 방법을 찾기 위해 골머리를 앓았다. 마스크, 검사 키트, 각종 보호 장비가 부족해 구하기가 하늘의 별 따기였다. 데처트 같은 의료보건 시설 종사자도 상황은 마찬가지였다. 데처트와 동료 의료진은 하루에 감염자 수백 명과 가까이 접촉하는데도 병원에서는 N95 마스크를 하루에 딱 한 장만 사용하라고 제한했다. 동아시아 여러 나라에서는 검사를 실시하고 추적하는 전략을 마련해서 꽤 도움이 되는 것 같았지만, 미국 정부는 그러한 조치를 거의 시도조차 하지 않았다. 도널드 트럼프 대통령과 그를 지지하는 행정부 사람들이 코로나19 바이러스의 위험성을 우습게 보는 통에 연방기관 간의 협력은 기대할 수도 없었다.

과학은 어떻게 세상을 구했는가

3월 11일, 전 세계 감염 확진자 수가 12만 4663명에 이르고 사망자가 4500명 넘게 발생했다. 세계보건기구는 신종 코로나바이러스가 전 세계 112개국과 지역으로 퍼졌다고 밝히고 HIV/에이즈 이후 처음으로 코로나19를 대유행병으로 선포했다. 중국 외 지역 중 최악의 감염 사태가 발생한 이탈리아는 전국 음식점과 술집, 대부분의 상점에 봉쇄 조치를 내렸다. 미국에서는 주가가 폭락하고 뉴욕 시에서 예정된 성 패트릭의 날 퍼레이드를 비롯해 코첼라 음악 축제 등 야외 행사가 전면 취소됐다. 미국프로농구NBA는 시즌 개막을 보류하기로 했다.

3월 말에 이르자 전 세계 대부분 지역에서 봉쇄 조치가 내려졌다. 대도시마다 영안실에 시신이 넘치고 수백만 명이 공포에 휩싸였다.

❖ ¤ ❖

미리미리 조심하던 사람들도 신종 질환의 위험에 처했다.

운동을 좋아하던 제사민 스미스Jessamyn Smyth는 2005년 무술을 하다가 부상을 입고 몸을 마음대로 움직이지 못하는 상태가 되었다. 나중에는 척추가 망가져 척추 재건 수술도 받아야 했다. 이후 오랫동안 체력과 지구력을 다시 키우기 위해 노력했다. 규칙적인 수영도 어느 정도 도움이 되었다. 보스턴항에서 열린 수영 1마일 경기에 참여해 완주한 데 이어 8마일 경기도 무사히 마칠 수 있게 되자 자신감과 희망이 샘솟았다.

하지만 스미스의 몸에서는 감염을 물리치는 데 필요한 항체인 면역글로불린이 제대로 형성되지 않았다. 신종 코로나바이러스가 나타났다는 소식에 감염을 우려한 스미스는 2월 말부터 자가 격리에 들어갔다. 그가 인문학 강사로 일하던 매사추세츠 주 홀리오크의 대학은 교양학과가 개설된 대학 중 최초로 수업을 온라인으로 전환했다. 당시 마흔일곱 살이던 스미스에게는 정말 다행스러운 일이었다. 하지만 스미스는 2020년 3월에 코로나19 바이러스에 감염됐다. 충분히 주의를 기울이지 않은 주변 사람으로부터 전염됐을 가능성이 가장 컸다.

"감염을 막으려고 최선을 다했지만 결국 감염됐어요." 스미스가 말했다.

처음에는 열이 나기 시작했고 몇 주간 떨어지지 않았다. 그러더니 심장박동이 빨라지고, 혈중 산소가 뚝 떨어져 의식을 잃고 말았다. 장기가 부어서 끔찍한 통증도 겪었다. 어떤 날은 아무 예고도 없이 기력이 완전히 소진되어 아무 일도 할 수 없었다. 스미스는 넉 달 동안 입원 치료를 세 차례 받았다.

스테로이드로 몸에 생긴 염증을 줄인 것이 일부 도움이 되어 마침내 건강은 안정을 찾았지만 완전히 회복되지는 않았다. 스미스처럼 증상이 장기적으로 지속되는 사례를 과학자들은 '만성 코로나'라고 칭한다.

'과연 내가 다시 건강해질 수 있을까?' 스미스는 이런 생각을 하고 있다.

3월까지도 대유행병을 백신에 의존해서 해결하려고 하는 건 어리석은 생각이라고 주장하는 의학계 전문가들이 많았다. 이들은 백신이 대부분 개발에 몇 년씩 걸린다는 점과 함께 HIV처럼 가장 큰 문제를 일으킨 바이러스 중 일부는 보호 효과를 제대로 발휘한 백신이 한 번도 성공적으로 만들어진 적이 없다는 점을 지적했다.

"효과가 있다고 하더라도, 코로나바이러스 백신이 나오려면 최소 18개월이 걸릴 것이다." 3월 초 〈MIT 테크놀로지 리뷰*MIT Technology Review*〉에 실린 기사에는 이런 내용이 실렸다. "백신은 우리를 구할 수 없다."[5]

3월 말, 세계에서 가장 유명한 백신 전문가로 꼽히는 폴 오피트 Paul Offit는 12개월 내지 15개월 내로 백신이 나오리라 기대하는 건 "어이없는 낙관적 전망"이라고 언급했다.[6]

감염이 확산되던 초기에는 아픈 환자들을 효과적으로 치료할 수 있는 약이나 바이러스 감염을 피하는 데 도움이 되는 약이 나올 가능성이 제기됐다. 과학계는 에이즈를 비롯한 여러 바이러스 감염과 질병을 예방하기 위해 과거 활용했던 기술을 토대로 신종 코로나바이러스의 확산을 늦출 방법을 찾기 시작했다.

바이러스를 막기 위한 오래 노력이 축적된 결과가 2020년 초에 나타났다. 캘리포니아 주 산 마테오San Mateo 외곽에 자리한 길리어드 사이언스Gilead Sciences에서는 여러 종류의 항바이러스제를 혼합해서 HIV의 체내 증식을 막는 방법을 찾아냈다. 주로 체내에서 바이러스 유전물질의 복제를 막는 방식이었다. 길리어드 사이언스에서는 몇 년 앞서 2014년에 에볼라 사태가 일어났을 때도 확산을 막기 위해 동일한 기술로 렘데시비르remdesivir라는 약을 개발한 적이 있다. 신종 코로나바이러스의 위세가 갈수록 거세지자 길리어드 사이언스 연구진은 렘데시비르가 이 새로운 적과도 맞설 수 있는지 확인하기로 했다. 그리고 몇 달 만에 렘데시비르가 코로나19로 입원 치료를 받는 환자의 회복 속도를 높인다는 근거를 찾았다.

에이즈 치료법을 연구하던 다른 과학자들도 코로나19로 시선을 돌려 실험실에서 유전공학 기술로 만든 항체를 인체에 침입한 바이러스를 공격하는 치료제의 바탕으로 활용할 방안을 모색했다. 연구자들은 코로나19 바이러스 감염자 중에 혈액에 바이러스를 중화시킬 수 있는 항체를 보유한 사람이 있을 것이라고 인지했다. 시간이 흐르자 이러한 중화 항체를 분리할 수 있는 방법이 나왔고, 치료제로 쓸 수 있도록 그러한 항체를 실험적으로 만드는 방법도 밝혀졌다.

2020년 초, 일라이릴리와 리제네론 파마슈티컬Regeneron Pharmaceuticals에서 신종 코로나바이러스에 감염된 일부 환자에게 도움이 될 수 있도록 이러한 기술로 단클론항체 치료제를 생산하기 시작했다. 덱사메타손이라는 저렴한 스테로이드도 코로나19 감염 시 사망률을 줄일 수 있는 것으로 입증되어 의사들이 이 병을 물리치는 추가 수단으로 활용되었다.

하지만 얼마 지나지 않아 이 방법이 그리 완벽하지 않다는 사실이 명확히 드러났다. 렘데시비르가 생존율에 얼마나 영향을 주는지 의심스럽다는 의견도 제기됐다. 단클론항체도 감염 증상이 10일 이

과학은 어떻게 세상을 구했는가

상 나타난 환자에게 투여하면 큰 효과가 없었다. 코로나19 증상이 경미한 환자에게만 뛰어난 효과를 발휘하는 치료법도 있었다. 결국 점점 더 많은 의사가 이러한 방법을 치료에 선뜻 활용하지 않으려고 하자 약국마다 뜯지도 않은 의약품이 쌓여 갔다.

겨울이 막바지에 이르고 대유행 상황은 갈수록 무섭게 변해 갔다. 이 사태를 해결하려면 효과적인 백신이 반드시 필요하다는 사실이 뚜렷해졌다. 중국, 러시아의 과학자들은 서둘러 백신 개발에 나섰고 완성되면 세계 전체와 공유하겠다고 약속했지만, 의료보건 전문가들은 그 두 나라에서 나온 백신의 효능 데이터를 과연 신뢰할 수 있을지 우려를 나타냈다. 사람들은 서구 사회의 백신 기술에 희망을 걸었다. 머크도 그 대상 중 하나였다.

✧✢✧

신종 코로나바이러스의 출현 소식이 전해지자 머크 경영진은 연구와 생산 시설이 있는 펜실베이니아 주 웨스트포인트와 다른 여러 장소에 모여 어쩌면 현대 역사상 가장 중대한 백신 연구가 될지 모르는 일에 머크도 참여할 것인지 논의했다.

의견은 금방 엇갈렸다. 수석 마케팅 책임자 마이클 널리Michael Nally 와 글로벌 백신 사업부 대표 존 마켈스John Markels를 포함한 일부 경영진과 연구자는 코로나19 백신 개발에 나서야 한다는 입장이었다. 머크는 새롭게 나타난 바이러스를 집중적으로 연구할 수 있는 완벽한 준비가 되어 있다는 것이 이들의 주장이었다. 수두, 풍진, 대상포진

등 여러 질병을 막는 백신이 머크에서 최초로 개발됐다. 머크의 전설적인 백신 학자 모리스 힐먼Maurice Hilleman의 성취는 여전히 직원들의 자랑거리였다. 4년간의 연구 끝에 1967년 출시된 유행성 이하선염 백신은 당시 역사상 가장 단시간에 개발된 백신이었다. 머크 연구진은 전 세계인의 건강을 위험에 빠뜨린 새로운 문제를 누군가 해결해야 한다면, 머크가 그 주인공이 되어야 한다고 말했다.

그러나 윗선은 백신 개발에 뛰어드는 것이 썩 달갑지 않은 눈치였다. 최고경영자 켄 프레이저Ken Frazier와 연구개발부 대표 로저 펄뮤터Roger Perlmutter는 코로나19 백신 개발에 수년이 걸릴 것이라고 주장했다. 그 일에 총력을 기울인다면 암 연구를 비롯해 착착 진행되고 있는 회사의 핵심 사업에 써야 할 자원이 분산될 것이라는 의견도 나왔다. 코로나19 바이러스가 계속 확산할 것인지 확신할 수 없다고 말하는 경영진도 있었다. 결국 머크는 신종 코로나바이러스와 맞서는 일에 매진할 이유가 없다는 결론을 내렸다. 회사가 보유한 다양한 화학적 성분 중에 코로나19 치료제나 백신에 효과가 있을 만한 것을 열심히 찾아본 연구자도 있었지만 회사는 이 일에 총력을 기울이지 않기로 결정했다.

일부 구성원은 이 같은 결정에 괴로운 심정을 나타냈다. 방대한 백신 개발 역사를 지닌 머크 같은 회사가 이번 백신 개발 경쟁에서도 선두에 서야 한다고 생각했기 때문이다.

"이건 머크가 아니야." 머크의 한 과학자는 다른 제약회사에 다니는 친구에게 토로했다.

냉정하고 충분히 납득할 만한 논리에서 나온 결단이었다. 백신 개발은 힘든 일이다. 2007년 HIV 아데노바이러스 백신 개발에 나섰다가 실패한 기억이 여전히 어둡게 드리워져 있고, 최근에는 에볼라 백신 개발마저 실패로 끝났다. 2014년 말, 에볼라가 무섭게 확산하자 머크는 재빨리 대응에 나섰고 5년 동안 회사의 가장 뛰어난 과학자들 손에 백신 개발을 맡겼다. 그러나 백신이 완성되기 전에 에볼라는 시급한 고비를 넘겼다. 2019년 12월, 머크는 에볼라 백신 승인을 마침내 취득했지만, 일부 경영진은 좋은 의도로 그토록 오랜 시간 고생해서 기껏 만든 백신이 더 이상 필요 없게 됐고 금전적 손실만 안게 됐다고 불평했다. 에볼라가 다시 확산할 때를 대비해 백신 공급을 유지하는 데만 연간 약 5000만 달러를 부담해야 했다.

코로나19와 맞서는 노력이 시작부터 순탄하지 않았던 대형 제약 회사가 머크 한 곳으로 그친 것도 아니다. 프랑스의 사노피와 영국의 글락소스미스클라인은 2020년 초부터 서둘러 코로나19 백신 개발에 나섰다. 그러나 생산 과정에서 생긴 계산 착오로 임상시험 첫 단계에서 계획했던 용량보다 더 적은 용량이 투여되는 민망한 실수가 있었다.

코로나19 바이러스는 계속 확산하고, 전 세계가 혼란에 빠졌다. 가장 유력한 구원자로 여겨지던 곳들은 거의 아무런 도움이 되지 않았다.

16장

2020년 2-4월

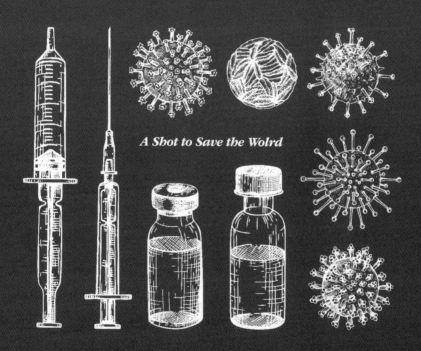

A Shot to Save the Wolrd

2020년 초까지만 해도 에이드리언 힐과 옥스퍼드대학교의 오랜 동료 사라 길버트는 새로운 병원체에 큰 관심이 없었다. 힐은 새해 첫 두 달을 세네갈과 미국 뉴욕을 비롯한 세계 여러 곳을 여행하고 돌아와 말라리아 연구에 매진하면서 보냈다. 새로운 병원체는 힐의 관심사가 아니었다. 또한 동료들에게 드러내던 삐딱한 성향과 달리 본래는 낙관적인 성격이라 신종 코로나바이러스가 과연 세계 전체에 위협이 될까 하는 의구심이 있었다.

길버트도 크게 우려하지 않았다. 1월에 이 새로운 바이러스의 염기서열이 알려지자 ChAdOx 백신 기술을 적용해서 모더나, 바이오엔텍 연구진과 거의 비슷한 방식으로 백신 후보 물질을 설계했지만 길버트와 동료들에게 이 일은 학자로서 일종의 연습에 가까웠다. 이렇게 만든 백신이 임상시험이 7월 정도에 시작되기를 바라면서, 이 정도도 상당히 야심 찬 계획이라고 생각했다. 서둘러야 할 이유는 없다고 보았다.

몇 년 앞서 길버트와 힐이 개발한 중동호흡기증후군 백신은 인체 면역계가 메르스코로나바이러스의 핵심인 스파이크 단백질을 인식하도록 훈련하는 기능을 발휘했다. 그래서 길버트가 그와 비슷한 신종 코로나바이러스 백신을 설계하는 데 그리 오랜 시간이 걸리지는 않았다. 우선 옥스퍼드 제너 연구소의 다른 연구자들과 함께 신종 코

16장

로나바이러스의 스파이크 단백질 전체에 해당하는 유전자 염기서열을 확인하고, 이를 토대로 단백질 생산에 필요한 유전자 클로닝을 시작했다. 그리고 증식되지 않도록 변형된 침팬지 아데노바이러스 유전체에 스파이크 단백질 유전자를 삽입했다. 이 침팬지 아데노바이러스에 삽입된 유전학적 지시가 체내 세포로 전달되어 세포 내에서 신종 코로나바이러스의 스파이크 단백질이 만들어지면 면역 반응이 일어나고, 인체 면역계는 나중에 실제 바이러스에 감염될 경우 공격할 수 있는 태세를 갖추게 된다.

2월 17일, 길버트는 이렇게 만든 백신을 마우스에 투여했다. 제너연구소에는 작은 자체 백신 생산 시설이 갖추어져 있어서 원할 경우 백신을 필요한 분량만큼 만들 수 있었다. 그러나 길버트가 추진하던 다른 연구에 필요한 에볼라 백신을 생산하느라 분주한 상황이었고 길버트는 원래 만들던 백신 생산을 중단시키고 굳이 코로나바이러스 백신부터 만들 필요는 없다고 생각했다. 마음이 에볼라 연구에 더 기울어져 있기도 했고 코로나 백신 생산을 서두르는 건 불필요한 일이라고 판단했다.

옥스퍼드대학교 어디에서도 서두르는 분위기는 느낄 수 없었다. 옥스퍼드 너필드 의과대학의 임원들이 신종 코로나바이러스에 관해 논의하기로 한 자리에도 연구자 서너 명이 참석해 연신 하품만 해댔다. 새로운 병원체가 나타날 때마다 사람들은 잔뜩 겁을 먹지만 시간이 지나면 늘 자연적으로 잠잠해졌다. 반면 런던 임페리얼 칼리지는 일찍부터 백신 개발에 나섰다. 영국에서는 코로나19 감염으로부터 인체를 보호할 수 있는 백신이 나온다면 그곳은 임페리얼 칼리지일 가능성이 가장 높다고 전망하는 사람들이 많았다.

하지만 옥스퍼드의 일부 젊은 과학자들은 시간이 갈수록 불안했다. 주변 사람들이 샌디라고 부르는 알렉산더 더글러스Alexander Douglas도 마찬가지였다. 신종 코로나바이러스에 관한 불안한 기사를 읽은 그는 데이터가 영 심상치 않다고 생각했다. 그래서 힐에게 문자메시지로 백신 개발에 참여하고 싶다는 뜻을 전했다. 길버트에게도 백신 개발을 서둘러야 한다고 말했지만 소용없었다.

신종 코로나바이러스에 관한 새로운 뉴스와 데이터가 나올 때마다 더글러스는 점점 더 초조해졌다. 서른일곱 살이던 그는 함께 일하는 대부분 동료 연구자들과 달리 자금 사정이 늘 빠듯한 영국 국립건강보험에서 일한 경험이 있어서 큰 위기가 발생하면 영국의 국가 보건 서비스가 감당하지 못할 것을 잘 알고 있었다. 과거에 한 스승이 독감 대유행이 발생할 경우 예상되는 피해에 관해 했던 말이 떠오르자 더글러스가 느끼는 두려움은 더욱 커졌다. 암에 걸려 화학요법으로 치료받은 적이 있는 아버지가 하필 신종 코로나바이러스가 급속히 퍼지고 있는 이탈리아 로마로 여행을 간 것도 두려움을 증폭시킨 원인 중 하나였다.

"정말 미칠 것 같았어요." 그가 말했다.

더글러스의 지속적인 재촉도 일부 작용해서, 마침내 힐은 새로운 바이러스에 관심을 가졌다. 2월 말이 되자 그가 직접 동료들에게 최대한 빨리 움직여야 하며 4월에는 백신 시험이 시작되어야 한다고 말했다. "그보다 늦어서는 안 된다"고도 했다. 처음에는 서둘러 백신 시험에 돌입해서 출시 일정을 앞당겨야 한다는 말에 반발하던 길버트도 곧 힐의 말에 동의하고 백신 개발 노력을 선두에서 지휘했다.

길버트는 거의 매일 새벽 4시에 일어나서 백신을 향상할 수 있는 방법을 고민하다가 자전거로 제너 연구소에 출근해 저녁까지 일했다.[1] 몇 주 동안 동료들과 함께 빠듯한 예산으로 몰아붙였지만 곧 연구비가 부족한 상황이 되었다. 동료 연구자들은 농담 삼아 교수 한 명이 기차를 타고 영국 총리 관저가 있는 다우닝가 10번지로 찾아가서 보리스 존슨 총리에게 지금 얼마나 중요한 일을 하고 있는지 설명하고 지원을 요청해야 하는 것 아니냐고 말했다. 다행히 3월 말에 길버트는 정부 기관과 다른 곳에서 백신 개발을 신속히 추진하는 데 필요한 충분한 지원을 받을 수 있었다.

옥스퍼드 연구진은 코로나19 백신 개발에 나선 다른 팀들보다 분명 유리한 위치에 있었다. 길버트와 힐은 그동안 메르스, 독감, 지카 바이러스 백신은 물론 치쿤구니아열 등 열대 질환 백신을 만들었고 모두 자체 개발한 침팬지 아데노바이러스 기술이 적용됐다. 또한 충분히 많은 사람에게 개발한 백신을 접종해서 이들이 만든 백신이 면역계를 활성화할 수 있고 안전하다는 사실도 입증했다.[2]

하지만 옥스퍼드 연구진이 이전까지 만들어 본 백신은 기껏해야 몇 천 회 분량일 뿐 그 이상은 생산해 본 적이 없었다. 수십만 회분, 어쩌면 그보다 훨씬 많은 양이 필요할 수 있다는 전망이 나왔지만 엄두가 나지 않았다. 연구팀의 박사후 연구원이던 카리나 조Carina Joe와 다른 젊은 과학자들은 존슨앤존슨과 머크 등 다른 제약사들이 아데노바이러스 백신을 과거에 어떻게 생산했는지 공부해 보기로 했다. 조가 백신을 더 수월하게 생산할 수 있는 세포 배양 방법과 백신에서

과학은 어떻게 세상을 구했는가

오염물질과 불순물을 제거하는 방법을 발견하자 모두가 기뻐했다.

2월에는 백신이 효과를 예상할 수 있는 초기 결과가 나왔다. 미국 몬태나 주에 자리한 국립보건원 산하 로키마운틴 연구소 연구진이 인간과 가까운 실험동물로 여겨지는 붉은털원숭이 여섯 마리에 옥스퍼드 연구진이 개발한 백신을 단회 투여한 후 원숭이를 엄청난 양의 신종 코로나바이러스에 노출하는 실험을 진행한 결과 28일 뒤 원숭이는 모두 건강해 보였다. 옥스퍼드 백신의 안전성이 확인된 결과였다. 많은 사람이 백신 접종 후 병이 중증으로 악화되는 백신 연관 질병 악화 현상이 일어날 수 있다고 우려했지만 이러한 염려도 가라앉힐 수 있었다.

감염으로부터 인체를 보호하려면 중화 항체가 필요한데, 옥스퍼드 연구진의 초기 시험에서 이 중화 항체가 다량 생성되지 않았다는 지적도 있었다. 그러나 힐은 변함없이 자신만만한 태도를 보였다. 그는 실험 결과를 확인한 후 기쁜 마음을 있는 그대로 드러냈다.

"아주 유망하다고 할 수는 없지만 환상적인 결과입니다." 결과가 나온 뒤 힐이 한 말이다.

옥스퍼드 연구진이 정한 목표는 모두의 존경을 받을 만했다. 길버트와 힐은 저렴하고 개발도상국과 의료보건 체계가 정교하게 갖추어지지 않은 전 세계 어디에서든 손쉽게 생산, 저장, 운반할 수 있는 백신을 만들기로 했다. 영국 정부가 자국의 백신 후보를 열심히 밀어주는 여러 이유 중 하나도 이런 목표가 있었기 때문이다.

그런데 길버트의 연구진은 초반에 몇 가지 다소 의아한 결정을 내렸다. 앞서 맥렐란 연구진이 코로나바이러스 스파이크 단백질의 아미노산 서열에서 프롤린 두 개를 조정하면 단백질이 안정화된다는 사실을 밝혀냈는데, 이 방법을 활용하지 않은 것이다. 옥스퍼드 연구진은 메르스 백신을 만들 때도 이 전략을 쓰지 않았다. 아데노바이러스를 활용해서 신종 코로나바이러스 백신을 개발할 때 해당 전략이 얼마나 유용한지는 명확히 밝혀지지 않았으므로 영 근거 없는 결정은 아니었다. 하지만 코로나19 백신 개발에 나선 다른 대부분 연구진은 스파이크 단백질의 아미노산 서열에 프롤린을 추가하면 질적으로 더 우수한 항체가 생성될 가능성이 높다고 보고 일부러 시간을 들여서 그 전략을 적용했다. 백신 분야의 선임 과학자들 중 일부는 힐과 길버트가 워낙 자만심이 큰 사람들이라 다른 과학자들이 개발한 혁신적인 기술을 쓰지 않는 것 아니냐는 의혹을 던졌다. 백신을 너무 급히 만드느라 실수로 빠뜨린 것 아니냐고 이야기하는 동료들도 있었다.

그런데 옥스퍼드 연구진은 임상시험 준비 과정에서 또 한 가지 의문스러운 결정을 내렸다. 코로나19 백신이 가장 필요한 연령층은 노년층인데, 템즈밸리 지역에서 건강한 자원자를 모집하면서 18세부터 55세 피험자를 선발한 것이다. 신종 코로나바이러스가 사람들의 일상생활에 파고들어 전 세계에 혼란이 확산되던 때라 옥스퍼드 팀은 자신들이 개발한 백신이 효과가 있는지 서둘러 확인하고 싶었다. 노년층을 대상으로 한 임상시험은 결과가 혼란스럽게 나올 때가 있고 이로 인해 효능에 대한 판단이 지연될 수 있다. 또한 어떤 백신이든 노년층에 효과가 있을지 불분명하고, 대규모 임상시험에 쓸 수 있는 자원에 한계가 있다는 것도 이유였다.

길버트와 힐 연구진은 백신 개발 경쟁에서 모더나와 바이오엔텍을 앞지르고 싶은 마음이 간절했다. 하지만 경쟁자들의 연구도 빠르게 진척되고 있었다.

✧¤✧

1월 10일 금요일 오후, 댄 바로치는 베스 이스라엘 디코니스 메디컬센터에 있는 자신의 연구실 구성원 60명과 매년 함께하는 일종의 재충전 시간을 마련했다. 보스턴 과학박물관의 커다란 회의실을 빌려 HIV, 지카, 결핵 백신 개발을 위한 장기 연구가 얼마나 진행됐는지 연구자들과 의견을 나누고 모두 함께 새해 계획을 수립하는 시간이었다. 바닥부터 천장까지 꽉 채운 커다란 창문 밖에는 찰스 강변의 그림 같은 풍경이 펼쳐졌다. 저녁 무렵에는 모두 함께 연신 감탄하며 멋진 일몰을 감상했다.

바로치 연구실에는 중국 우한에 있는 집에 다녀온 지 얼마 안 된 박사후 연구원이 있었다. 이날 모임에서 과학자들은 우한에서 발생했다는 미스터리한 폐렴에 관한 이야기를 나누었다. 이들이 걱정하는 문제는 동일했다. 문제의 바이러스는 이전에 인간에게서 발견된 적이 없어서 누구도 인체 면역 기능을 활성화할 수 있는 항체가 없다는 점, 그리고 사스나 메르스 코로나바이러스보다 전염성이 훨씬 크다는 점이었다. 중증 질환으로 이어지거나 심지어 사망까지 이어질 가능성도 커 보였다.

그날 저녁 늦게 한 연구자로부터 새로 나타난 바이러스의 유전자 염기서열이 공개됐다는 이야기를 들은 바로치는 백신 개발에 참여하기로 결정했다. 바로치의 연구실은 새로운 병원체의 백신을 개발하는 시범 사업에 종종 참여해 왔고 그 결실로 논문을 내거나 원래 하고 있던 연구에서 유익한 통찰을 얻기도 했다. 바로치는 연구자 네 명에게 이메일을 보내 신종 코로나바이러스의 스파이크 단백질 유전자 클로닝을 시작할 수 있는지 물었다.

옥스퍼드의 에이드리언 힐 연구진과 마찬가지로 바로치의 팀도 바이러스 DNA를 인체 세포로 전달하고 체내에서 스파이크 단백질이 생성되어 면역 반응을 활성화하는 기술을 택했다. 바로치가 선택한 건 이번에도 아데노바이러스26$_{Ad26}$였다. 이 감기 바이러스는 그가 HIV와 지카 백신을 개발할 때도 활용됐다.

1월 25일 토요일, 바로치는 존슨앤존슨의 제약 부문인 얀센의 대표 요한 반 후프Johan Van Hoof에게 이메일을 보냈다. HIV와 지카 백신을 개발할 때 협력했던 반 후프에게 그는 물었다. "중국의 코로나바이러스 사태가 심각해 보입니다. 사람 간 전파가 매우 효율적으로 일어나는 것 같고, 열도 나지 않는 무증상 감염자도 있어서 일반적인 공중보건 조치로는 유행을 막기 힘들 것으로 전망됩니다. (……) 지카 백신처럼 Ad를 기반으로 단시간에 백신을 만들어 보려고 하는데, 혹시 관심 있으신가요?"

반 후프는 즉시 답장을 보냈다. "지금 전화 주시겠습니까?"

며칠 내로 두 사람은 코로나19 백신 개발에 협력하기로 합의했다. 바로치 연구진은 HIV 연구를 중단하고 이 새로운 병원체의 백신 항원 설계에 착수했다.

과학은 어떻게 세상을 구했는가

옥스퍼드 연구진은 신속한 진행을 위해 과거 메르스 백신과 동일한 설계를 활용했지만 바로치의 팀은 더 느리고 꼼꼼하게 진행하기로 했다. 먼저 백신 항원을 스파이크 단백질 전체가 만들어지는 버전부터 스파이크 단백질 일부만 발현되는 버전까지 총 12가지 버전으로 설계했다. 단백질의 아미노산 서열을 변형한 버전도 포함되어 있었고, 그중에는 제이슨 맥렐란 연구진이 밝힌 프롤린 변형 기술이 적용된 버전도 있었다. 바로치는 서두를 필요가 없다고 판단했다. 면역 반응을 가장 크게 활성화하는 버전을 찾아서 최종 백신 물질로 선정할 계획이었다.

바로치 연구진은 한 달 이상 시간을 들여 마우스와 원숭이에 여러 백신 항원을 투여하는 시험을 진행했다. 그리고 2월에 존슨앤존슨 과학자들과 함께 면역 반응 활성화 기능이 가장 우수한 백신 후보 물질 몇 가지를 선별했다. 신종 코로나바이러스의 스파이크 단백질 전체가 발현하는 유전자가 포함된 버전이 가장 유력한 후보로 떠올랐다.

3월 말이 되자 보스턴 시 전체가 거의 봉쇄되고 코로나19에 대한 두려움에 재택근무를 하는 사람들이 많아졌다. 바로치 연구진은 감염될 수 있다는 두려움 속에서도 연구실에 나와서 일했다.

곧 희망적인 결과가 나왔다. 동물실험에서 백신이 신종 코로나바이러스와 맞서는 항체 생성을 유도한다는 사실이 확인된 것이다. 이 항체로 코로나19를 충분히 막을 수 있는지, 라이벌들이 개발 중인 백신만큼 안전하고 효과적인지는 아직 알 수 없었다. 꼼꼼히 진행하기로 한 이상 사상 최초의 코로나19 백신이 나오기까지 더욱 고된 과정을 거쳐야 할 것으로 예상됐지만 그래도 가능성은 있었다. 이제 바이오엔텍과 존슨앤존슨에게도 유력한 백신 후보 물질이 생겼다.

✧ ✢ ✧

2월 말에 바이오엔텍의 사힌 연구팀은 각기 다른 20가지 백신 후보물질을 개발했다. 연말까지 백신을 출시하는 것이 목표였지만 그러려면 해야 할 일이 너무 많았다. 세계 여러 곳에서 임상시험을 진행하고, 규제 기관의 승인을 받고, 엄청난 양의 백신을 생산하고, 사람들의 팔에 일일이 접종도 해야 한다. 사힌은 1500여 명의 바이오엔텍 직원만으로는 이 모든 일을 해내기가 힘들다는 사실을 잘 알았다. 그래서 도움을 요청할 때가 됐다고 판단했다.

앞서 사힌이 화이자의 과학자인 필립 도르미트제와 이 이야기를 나누었을 때 그는 사힌에게 코로나바이러스 백신 개발에 발을 들이지 말라고 충고했다. 사힌은 다른 사람과도 대화를 해 보기로 했다. 3월 1일, 그는 화이자의 선임 과학자인 카트린 얀센에게 전화를 걸었다.

바이오엔텍과 화이자가 mRNA 독감 백신을 개발하기 위해 손을 잡은 지도 2년이 지난 때라 사힌과 얀센은 연구 진행 상황을 수시로 논의했다. 하지만 이번에 사힌이 연락한 이유는 따로 있었다. 그는 얀센에게 자신과 바이오엔텍 연구진이 지금까지 진행한 코로나19 백신 연구에 관해 설명하고, 효과적인 백신을 개발할 수 있을 것 같다는 낙관적인 전망도 밝혔다.

과학은 어떻게 세상을 구했는가

"혹시 코로나19 사업에 함께할 의향이 있으십니까?" 사힌은 얀센에게 물었다.

얀센은 거의 주저 없이 답했다.

"우구르, 뭘 물어요. 당연히 관심 있어요."[3]

얀센과 화이자의 동료들은 한 달 전부터 코로나19 대유행을 막는데 도움이 될 만한 치료제나 백신을 화이자가 개발할 수 있을지 논의했다. 코로나바이러스의 스파이크 단백질이 체내에서 생산되도록 만드는 mRNA 백신이 가장 신속하고 간단하게 효과적인 백신을 만드는 방법일 것으로 예상됐다. 아직 새로운 바이러스에 관해서는 밝혀지지 않은 것들이 너무 많아서 과학자들은 인체 면역계의 어떤 부분이 활성화되어야 이 바이러스를 막을 수 있는지 확신하지 못했다. 하지만 mRNA 백신이라면 중화 항체 생산과 T세포 활성을 모두 유도할 수 있다. 화이자 연구진은 이 점이 mRNA 백신의 또 다른 이점이라고 보았다.

바이오엔텍과 화이자는 남은 개발 과정에 들어가는 비용과 잠재적 수익의 배분에 관해 신속히 합의했다. 하지만 화이자 입장에서 이일은 최우선 사업이 아니었다. 관심을 기울여야 할 치료제와 백신 사업이 수십 가지 진행 중이었고, 화이자에는 신종 코로나바이러스가 과연 엄청난 시간과 자원을 투자해야 할 만큼 장기간 위협적인 존재가 될 것인지 확신하지 못하는 과학자들이 많았다.

그러나 사힌이 얀센과 통화한 바로 다음 날, 신종 코로나바이러스가 얼마나 시급히 해결해야 할 문제인지에 관한 화이자의 생각이 싹 바뀌었다.

3월 2일, 전 세계에서 가장 유명한 제약업체 경영진들이 워싱턴 D.C.에 모였다. 도널드 트럼프 대통령과 미국 행정부 관계자들, 그리고 앤서니 파우치를 비롯한 NIAID 사람들과 만나기 위해서였다. 존슨앤존슨, 글락소스미스클라인, 사노피 등 여러 회사 대표가 참석했다. 모더나의 방셀, 노바백스의 스탠리 어크도 명단에 포함됐다. 화이자는 회사에서 가장 우수한 과학자인 미카엘 돌스텐Mikael Dolsten을 대표로 보내기로 했다.

백악관에 도착한 사람들은 여러 단계의 보안 절차를 차례로 거친 다음 대통령 집무실이 있는 웨스트윙으로 향했다. 원래 집무실에서 모일 예정이었지만 초대된 인원이 너무 많아서 회의 직전에 집무실 바로 옆에 있는 큰 회의실로 장소가 변경됐다. 그곳도 비좁게 느껴질 만큼 참석자가 많았다.

트럼프는 회의실을 돌아다니면서 여러 업체가 추진 중인 백신과 치료제 개발이 어떻게 진행되고 있는지 최신 상황을 물었다. 방셀은 실망스럽지 않은 답변을 내놓았다. 트럼프와 마이크 펜스Mike Pence 부통령 건너에 자리한 그는 모더나가 몇 달 내로 코로나 백신 2상 시험을 시작할 예정이며 그 직후에 3상 시험도 시작될 것이라고 자신 있게 말했다.

방셀이 밝힌 일정은 빛의 속도나 다름없어서 너무 비현실적이고 과도한 자신감이라고 생각한 일부 참석자들이 불편한 기색을 내비쳤다. 그러나 트럼프는 눈에 띄게 반색하며 모더나가 백신을 내놓을 것으로 예상되는 정확한 날짜를 캐물었다.

"그럼 1년 내로……." 트럼프가 이렇게 말문을 열자 파우치가 끼어들었다. 파우치는 모더나와 국립보건원이 함께 진행 중인 백신 사업의 진행 속도를 방셀이 지나치게 과장하는 것이 걱정스러웠다.

"1년에서 1년 반 정도 걸릴 것으로 예상합니다." 파우치가 대통령에게 말했다. 별로 달가워하지 않는 반응이 돌아왔다.

돌스텐이 말할 차례가 돌아왔다. 화이자는 얼마 전 바이오엔텍과 협력하기로 결정했지만, 이 자리에서는 코로나19 백신에 관해 일절 언급하지 않았다. 대신 화이자가 신종 코로나바이러스의 영향을 줄일 수 있는 치료제를 개발할 것이라고 밝혔다. 돌스텐은 그날 백악관에서 만난 사람들과 나눈 사적인 대화에서는 백신을 언급했지만, 뉴욕의 회사 동료들 중 상당수가 과거에 너무나 많은 바이러스가 그랬듯 신종 코로나바이러스도 곧 사라질 것이라고 내다보는 상황이라 그도 백신에 큰 기대를 거는 건 부적절하다고 생각했다.

그러나 워싱턴 D.C.에서 비행기에 올라 집으로 돌아오는 길에, 돌스텐은 백악관 회의의 의미와 인류가 맞닥뜨린 이 새로운 위협이 일으킬 문제의 심각성을 다시 고심하기 시작했다. 회의장에 함께 있던 여러 회사 경영진과 과학자들이 했던 말들, 대통령이 던진 질문이 떠올랐다.

"(백악관) 내각 회의실에 앉아 있었던 거잖아요, 전쟁과 평화조약에 서명을 하는 장소 말입니다." 돌스텐이 말했다. "그제야 저는 지금 전 세계가 보이지 않는 적과 전쟁을 치르고 있다는 사실을 분명히 깨달았습니다."

돌스텐은 비행기 안에서 바이러스가 앞으로 어떻게 확산될 것인지 계속 생각했다. 갑자기 걱정이 되기 시작했다.

'1918년과 같은 사태가 또 일어날 수 있어.' 이런 생각이 떠올랐다.

뉴욕에 도착한 돌스텐은 화이자 최고경영자인 앨버트 불라에게 전화를 걸어 백신 개발에 총력을 기울여야 한다고 권고했다. 마침 불라도 같은 결론을 내린 참이었다. 필립 도르미트제를 비롯해 확신을 갖지 못하던 화이자의 다른 구성원들도 마찬가지였다. 한 달 전까지만 해도 사인에게 신종 코로나바이러스에 너무 심취하지 말라고 경고했던 도르미트제는 코로나19 감염이 계속 확산되자 이제 전속력으로 이 일에 매달려야 한다고 촉구했다.

"개종자가 더 열성적인 법이죠. 제가 딱 그랬습니다." 도르미트제의 말이다.

화이자 경영진 중에는 신종 코로나바이러스의 영향을 직접 체감한 사람들도 있었다. 카트린 얀센과 일부 직원은 그때도 맨해튼 미드타운에 있는 사무실에 출근했는데, 오가는 길에 코로나19 사망자의 시신을 임시로 보관해 둔 냉장 트럭을 지나치곤 했다. 그 소름 끼치는 광경을 두 눈으로 목격하자 백신 개발을 서둘러야 한다는 결심은 더욱 공고해졌다.[4]

"무슨 일이 있어도 해내야만 합니다." 불라는 몇몇 선임 경영진에게 말했다.

불라는 연구팀에 화이자가 영향력 있는 성과를 내려면 빨리 움직여야 하며 10월까지는 백신이 나와야 한다고 말했다. 그 말을 들은 여러 화이자 과학자들은 당혹감을 감추지 못했다.

불라는 속도를 높일 수 있는 아이디어를 떠올렸다. 백신 개발에 꼭 필요한 과정을 순차적으로 진행하지 말고 동시에 진행한다면? 즉 코로나19 백신의 연구, 시험, 생산, 유통을 한 단계씩 차례로 성공적으로 끝날 때까지 기다리지 않고 모두 한꺼번에 진행하는 것이다. 그렇게 하면 몇 년이 아니라 몇 달 만에 화이자와 바이오엔텍이 백신을 만들 수 있지 않을까? 비용은 많이 들겠지만, 불라는 그럴 만한 가치가 있는 시도라고 보았다.[5]

"해 보기로 마음먹었다면 전부 다 걸고 해 봐야 합니다." 불라는 연구팀에 말했다.

모더나도 방셀이 대통령에게 약속한 대로 신속하게 움직였다. 백악관 회의 바로 다음 날, 미국 식품의약국은 백신의 효과를 확인하고 싶어 안달이 난 모더나가 신청한 임상시험을 승인했다. 제니퍼 할러 Jennifer Haller는 뭐라도 도움이 되고 싶었다.

시애틀의 어느 머신러닝 업체 운영 관리자이자 십대 아이 둘을 둔 어머니인 마흔세 살의 할러는 새로운 코로나바이러스가 나타나 중국, 이탈리아, 그 밖에 여러 곳에서 피해를 낳고 있다는 소식을 접한 1월부터 마음을 졸였다. 1월 말에는 할러가 사는 곳과 멀지 않은 시애틀 북부에서 중국에 다녀온 남성이 미국 최초 감염자가 되었다. 그리고 2월 말에는 집과 겨우 16킬로미터 거리에 있는 워싱턴 주 커클랜드의 장기요양시설에서 시설 거주자 108명 중 27명이 코로나19에 감염되는 일이 벌어졌다.

그 요양시설과 가까운 곳에 부모님이 살고 계셨다. 특히 새아버지가 크게 걱정됐다. 천식 환자라 코로나19 같은 호흡기 질환에 걸리면 심하게 고생할 가능성이 높은데도 아버지는 감염의 중심지로 떠오른 요양시설 바로 옆에 있는 타코벨 음식점까지 매일 달리기를 했다.

"이번 주에는 그냥 집에 계시면 안 되나요?" 할러의 부탁에 아버지는 마지못해 그러겠다고 했다.

이렇듯 주변에서 감염 사례가 계속 늘어나자 할러는 의료보건 분야에 종사하는 사람들이 얼마나 큰 희생을 하고 있나 하는 생각이 들었다. 뭐라도 힘을 보태고 싶지만 아무것도 해 줄 것이 없다는 생각에 좌절감도 들었다. 재택근무를 하는 자신이 특권을 누리는 것 같았다. 그래서 한 친구가 집에서 멀지 않은 카이저 퍼머넌트Kaiser Permanente의 워싱턴 건강연구소에서 곧 코로나19 백신 임상시험이 시작되고 연구에 참여할 사람을 모집한다며 페이스북 신청서 링크를 보냈을 때, 할러는 이 시험에 참여하기로 했다. 최종 대상자로 선정될 확률은 낮다고 판단했지만 신청서를 내는 것만으로도 보람이 있을 것 같았다.

몇 주가 지나고 친구와 저녁식사를 하고 있을 때 할러의 휴대전화가 울렸다. 모르는 번호였다. 원래 그런 전화는 무시하고 받지 않지만 이번에는 왠지 받아야 할 것 같았다. 임상시험 참가자로 선정됐다는 소식이었다. 할러는 수락하겠느냐는 물음에 주저 없이 그러겠다고 답했다.

위험이 따르는 일이었다. 모더나는 그전까지 여러 바이러스에 맞설 수 있는 mRNA 백신을 개발해서 수천 명에게 시험했고 안전성이

과학은 어떻게 세상을 구했는가

확인된 적이 있지만 이번에 새로 개발한 코로나19 백신은 국립보건원과 함께 진행한 동물실험 결과가 아직 완전히 나오지 않은 상황이었다. 할러는 바로 그 백신을 맞을 예정이었다.

남편은 정말 괜찮겠느냐고 물었다. 친구는 기다려 보는 편이 나을 것 같다고 말했다.

"왜 1등으로 맞으려고 하는 거야?" 친구가 물었다.

할러는 임상시험에 꼭 참여하고 싶었다. 오히려 자신에게 기회가 주어져서 감사하다는 마음이었다.

"선물처럼 느껴졌어요. 내 가족을 보호하고, 제가 처한 상황을 스스로 어느 정도 통제할 수 있고, 뭔가 도움이 되는 일이니까요."

2020년 3월 15일 저녁에는 AP통신에서 속보가 전해졌다. 다음 날 오전에 모더나가 개발한 코로나19 백신의 임상시험이 시작되어 최초 접종자가 나올 것이라는 소식이었다. 할러는 스케줄을 써 둔 달력을 꺼내 다음 날 백신을 맞기로 한 시각이 오전 8시임을 확인했다.

'와우, 뉴스에서 말하는 최초 접종자가 어쩌면 내가 될 수도 있어.'

2020년 3월 16일 아침, 과학자들 손에서 코로나19 바이러스의 RNA 염기서열이 밝혀지고 겨우 66일이 지난 그날 할러는 카이저 연구소로 향했다. 그때는 할러도 마스크를 쓰지 않고 병원 안으로 들어갔고 병원 안에 있던 사람들도 거의 다 마스크를 쓰지 않았다. 아직 마스크 착용이 필수로 여겨지지 않던 때였다. 심지어 일부 보건 당국 관계자는 마스크 착용이 신종 코로나바이러스 감염 위험성을 높일 수 있다고 언급하기도 했다.

그날 코로나19 백신을 맞기로 한 세 명 중에서 할러가 첫 번째 순서였다. 우선 임상시험으로 발생할 수 있는 위험을 모두 숙지했다고 동의하는 두툼한 서류에 서명을 했다. 마침내 접종 시각이 되었다. 할러는 입고 온 두꺼운 스웨트셔츠를 벗고 회색 탱크톱만 걸친 차림으로 진료실 검사대 가장자리에 앉았다. AP통신 기자가 사진을 촬영하는 가운데 약사가 무색 액체가 가득 담긴 주사기를 들고 다가와서 할러의 왼쪽 팔에 주사했다. 할러는 무표정으로 가만히 정면만 응시했다. 아무 느낌 없이 금방 끝났다. 곧 방 안에 희망찬 에너지가 넘치고, 미소 짓는 사람들의 얼굴이 보였다.

"한 줄기 희망을 느꼈습니다." 할러의 말이다.

✧¤✧

3월 초에 백악관에서 트럼프, 파우치에게 향후 계획을 말할 때만 해도 방셀은 자신감이 넘쳤다. 모더나의 백신 기술에 대한 믿음, 모더나의 mRNA 백신 효능이 분명 입증되리라는 확신이 있었다.

그러나 사실 방셀과 동료들의 마음속에 비관적인 생각이 피어나기 시작했다. 낙담하는 사람들도 있었다. 모더나 개발팀은 확실한 기술을 보유했다고 확신했지만 너무 큰 장애물이 생겼다. 백신을 대량 생산하는 데 필요한 자금이 부족했다.

이미 연초부터 시작된 자금 압박은 시간이 갈수록 악화됐다. 2월에는 주당 19달러로 주식을 매각해서 5억 달러를 만들었다. 금액만보면 큰돈이지만 굉장히 민망한 조치였다. 2018년 말, 모더나 주식이 공개 상장됐을 때는 주가가 23달러였다. 이후 몇 년간 거대세포

바이러스 백신을 비롯해 여러 종류의 백신을 개발해 냈고 이제는 전 세계를 손아귀에 넣은 바이러스와 싸우기 위한 백신 개발에 열심인 상황인데도 주가는 떨어졌다. 모더나라는 회사의 가치가 이전보다 '못하다'고 여겨진다는 의미였다.

"초라한 일이었습니다." 스티븐 호지가 말했다.

더 최악은 주식 매각으로 생긴 자금을 어쩌면 코로나19 백신 개발에 사용하지 못할 가능성도 예견됐다는 점이다. 모더나 주식을 보유한 대형 투자자 중 일부가 호지와 다른 경영진에게 코로나19 백신 개발은 성공 가능성이 희박하니 그 일에 치중하지 않으면 좋겠다는 뜻을 전했다.

모더나의 생산 책임자이자 약 한 달 전에 아내의 반발에도 집 지하실에 냉장고를 추가로 들인 후안 안드레스는 수천만회 분, 어쩌면 수억 회분의 백신을 서둘러 생산하게 될 것이라 전망했다. 얼른 생산에 착수해야 규제 기관의 승인이 떨어지자마자 백신을 공급할 수 있다.

하지만 백신의 필수 성분을 구입하는 데 필요한 자금이 부족해서 일을 진행할 수 없었다. 모더나는 적게는 수억 달러, 많게는 약 10억 달러가 필요한 상황이었다. 방셀과 호지는 그 돈을 어디에서 구해야 할지 몰라 난감했다. 시간은 자꾸 흐르고, 라이벌 회사들은 쫓아오고, 감염으로 사람들은 죽어 가는데 모더나는 그저 손 놓고 앉아 있는 것 같다는 생각이 개발팀을 괴롭혔다.

방셀은 2월부터 3월, 4월 내내 돈을 구하러 다녔다. 게이츠 재단의 주요 리더 중 한 사람인 트레버 먼델Trevor Mundel에게도 부탁하고 세계보건기구의 세계 백신 공동분배 프로젝트Covax에도 연락했다. 여러 정부 기관, 자선단체 대표들과도 통화를 하거나 줌Zoom으로 영상회의를 했다. 연락이 닿을 때마다 모더나가 자금 지원을 꼭 받아야 하는 이유를 설명했다. 거절당할수록 절망감은 커졌다. 그리고 점점 더 간곡해졌다.

"자 생각해 보세요. (백신은) 분명히 효과가 있는데도 저희를 돕지 않으시면 수십만 명의 목숨을 그냥 잃는 겁니다. 수천만 명이 될 수도 있고요." 모더나의 동료는 방셀이 이런 말을 한 적도 있다고 전했다. "비극 아닙니까……. 도와주셔야 합니다."

그러나 매번 빈손으로 돌아서야 했다. 때로는 자존심을 억누르고 상대의 마음이 바뀌었을지 모른다는 기대로 한 번 거절당한 곳에 다시 도움을 요청하기도 했다. 하지만 돌아오는 건 또 거절이었다. mRNA는 너무 위험하다고 이야기하는 사람도 있었고, 다른 백신 개발 업체를 이미 지원하고 있어서 불가능하다고 답한 사람도 있었다. 돕고 싶지만 여윳돈이 없다는 대답도 들었다. 미국 정부 기관인 생물의약품 첨단연구개발국Biomedical Advanced Research and Development Authority, BARDA에서 어느 정도 지원을 받게 됐지만 이 돈은 임상시험에 쓰기로 했다. 안드레스의 생산팀까지 올 돈은 없었다.

방셀은 머크의 연구개발부 책임자인 로저 펄뮤터에게도 전화를 걸어 화이자와 바이오엔텍이 손을 잡은 것처럼 모더나와 협력해서 코로나19 백신 개발을 함께할 생각이 없는지 물었다. 주머니가 두둑한 파트너가 생기면 전 세계 수억 명에게 접종할 수 있는 분량도 만들 수 있다는 확신에서 나온 제안이었다. 처음에 펄뮤터는 큰 관심을

과학은 어떻게 세상을 구했는가

보였다. 몇 년 전 머크와 모더나는 다양한 감염질환 백신을 함께 개발한 적이 있었으므로 이번 코로나19 백신에도 힘을 합치는 것이 당연한 수순 같았다.

그러나 머크는 방셀의 설득에 넘어가지 않았다. 나중에 모더나는 머크의 감염질환 연구부 책임자인 다리아 하즈다Daria Hazuda를 비롯한 일부 중역이 mRNA 백신 기술을 검증되지 않은 기술이라 생각하며, 이러한 견해가 두 회사의 협력에 걸림돌이 되었다는 사실을 감지했다.

방셀은 이제 회사도, 회사 주주들도, 전 세계도 다 망했다는 당혹감을 느꼈다. 투자를 기가 막히게 잘 모으는 전문가로 여겨졌지만 정작 돈이 가장 필요할 때 방셀은 실력을 발휘하지 못했다. 사람들의 목숨이 걸린 일을 망쳐 버린 것 같은 기분에 그는 큰 슬픔에 잠겼다.

"백신 개발만으로 끝나는 일이 아니었습니다." 방셀은 말했다.

17장

2020년 봄-여름

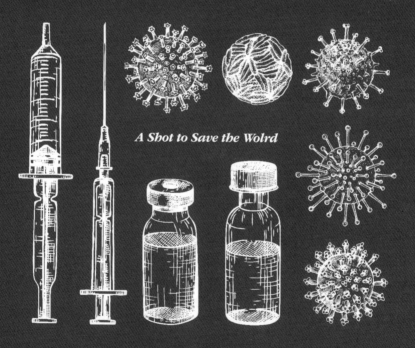

A Shot to Save the Wolrd

바이오엔텍과 화이자는 효과적인 코로나19 백신을 개발하는 일에 전력을 다하고, 모더나는 선두를 지키기 위해 돈을 찾으러 다니느라 여념이 없었다. 존슨앤존슨은 이들을 따라잡기 위해 열심히 달렸다. 그러나 이들이 모르는 사이 에이드리언 힐과 옥스퍼드대학교 연구진이 모두를 따돌리고 선두로 돌진했다.

3월에 힐은 제너 연구소 그리고 옥스퍼드 백신 그룹의 동료 연구자들과 함께 백신 개발 속도를 높일 수 있는 방법을 찾았다. 아직 최종 승인을 받은 백신은 없었지만, 옥스퍼드 연구진은 안전한 방법이라고 확신했다. 개발 초기에 긍정적인 성과가 나오자 연구진은 어쩌면 일반적인 임상시험에 소요되는 시간을 줄일 수 있을지 모른다고 생각했다.

백신도 치료제와 마찬가지로 안전성과 효과가 모두 입증되어야 한다. 규제 기관이 새로운 백신을 개발하겠다는 신청서에 승인 도장을 찍으면 전임상시험인 동물 실험과 사람을 대상으로 한 임상시험을 실시할 수 있다. 임상시험은 안전성을 입증하는 1상 시험과 2상 시험, 그리고 3상 시험으로 구성된다. 3상 시험에서는 2상 시험보다 더 많은 참가자를 대조군과 시험군에 무작위로 배정한 후 백신이 효과가 있는지, 이상 반응은 충분히 관리 가능한 수준인지 증명한다. 미국 식품의약국을 포함한 전 세계 규제 기관은 업체와 후원자가 임상시험을 어느 정도 자유롭게 설계할 수 있도록 허용한다.

옥스퍼드 연구진은 자신들이 개발한 백신의 안전성을 크게 확신했으므로 1상 시험과 2상 시험을 한꺼번에 진행하겠다는 계획을 밝혔고 영국 규제 기관은 이를 승인했다. 연구진은 3상 시험을 신속히 진행하기 위한 계획을 세웠다. 코로나19 백신의 안전성과 이상 반응, 가장 적합한 투여 용량에 관한 데이터를 단시간에 수집한 다음 백신 투여 시 면역 반응이 촉발되고 보호 효과가 발생하는지 확인하는 단계를 기록적인 시간 내에 끝낸다는 계획이었다. 그렇게 된다면, 백신의 비상 배포 승인을 받아서 빠르면 9월부터는 의료보건 분야 종사자와 고위험군 등에 접종을 시작할 수 있다. 서구 지역의 다른 경쟁자들보다 훨씬 앞서갈 수 있는 일정이었다.

실제로 얼마 후 옥스퍼드 연구진은 경쟁자들을 훌쩍 뛰어넘어 선두로 나섰다. 백신 설계자인 사라 길버트는 낙관적인 전망을 감추지 않았다. 4월에는 영국에서 총 1100명이 참여하는 임상시험을 시작하고 이어서 1만 명이 참여할 임상시험을 실시하기로 했다. 길버트는 〈타임〉(런던)에 옥스퍼드 백신을 "80퍼센트 자신한다"고 밝혔다.[1] 스물한 살에 전부 생화학 전공생인 길버트의 세쌍둥이 자녀 모두 초기 임상시험에 자원하기로 했고 길버트도 그러라고 허락했다. 백신에 대한 길버트의 자신감을 보여 주는 일이 되었다.[2]

4월 말, 옥스퍼드 연구진은 영국 케임브리지의 대형 제약업체 아스트라제네카와 손을 잡고 코로나19 백신의 시험, 생산, 유통을 함께하기로 했다. 아스트라제네카는 백신을 개발해 본 경험이 없었지만 오래전부터 치료제를 생산해 온 곳이므로 큰 도움이 될 것으로 전망

과학은 어떻게 세상을 구했는가

됐다. 게다가 아스트라제네카는 코로나19 대유행이 종료될 때까지는 코로나19 백신으로 어떠한 이윤도 얻지 않고 저소득 국가에 제공할 백신 생산을 위해 노력해야 한다는 옥스퍼드 연구진의 협력 조건도 받아들였다.

4월에 이르자 코로나19 바이러스는 전 세계에 닿지 않은 곳이 거의 없을 만큼 대대적으로 확산됐다. 의료보건 시스템이 감당하지 못하는 사태가 벌어진 국가도 많았다. 미국에서는 4월 15일 하루에만 코로나19 감염으로 인한 사망자가 2752명이나 발생했다. 4월 28일에는 미국에서 100만 번째 코로나19 확진자가 나왔다. 3월 초까지만 하더라도 전 세계 일일 신규 확진자 수는 평균 최대 1500명이었지만 4월 말이 되자 이 숫자가 무려 8만여 명에 이르렀다. 정부 기관마다 바이러스 확산을 막을 방법이 절실했다. 미국 질병통제예방센터는 4월에 기존 지침을 변경하고 2세 이상 모든 국민은 집 밖에서 반드시 마스크를 착용하라고 권고했다.

상황이 크게 악화하자 보건 당국은 옥스퍼드 연구진의 백신이 전 세계를 코로나19 바이러스의 손아귀에서 벗어나게 해 줄 가능성이 가장 크다는 기대를 걸었다. WHO 수석 과학자는 옥스퍼드 연구진의 백신이 가장 우수하다는 견해를 밝혔고, 〈이코노미스트〉는 옥스퍼드 팀이 "코로나19와 맞설 백신을 세계 최초로 생산할 가능성이 가장 높은 후보"라고 보도했다. 〈뉴욕타임스〉는 힐과 길버트의 노력이 "선두를 달리고 있다"고 알렸다.[3]

곧 힐과 길버트는 경쟁이라도 하듯 번갈아 가며 자신감과 때로는 오만한 태도를 드러내며 라이벌 회사들이 택한 기술의 결함을 지적했다.

힐은 5월에 로이터와의 인터뷰에서 옥스퍼드/아스트라제네카 백신은 "반응 속도가 빠른 거의 확실한 최고의 단일 투여 백신"이며 라이벌 회사들이 백신에 적용한 mRNA 기술은 "생판 모르는" 기술이며 "예측할 수 없는 와일드카드"라고 말했다.

"검증 안 된 새로운 백신 기술을 왜 활용합니까? 생산 속도는 빠를지 몰라도 생산 비용이 많이 들고 규모를 늘리지 못할 수 있습니다. 게다가 인체에 보호 효과가 있는지도 전혀 밝혀지지 않았는데, 그런 걸 지금 같은 전 세계적 비상 상황에 우선으로 활용한다고요?" 힐은 의문을 제기했다. "굉장히 이상한 일입니다."[4]

길버트도 7월에 다음과 같은 말로 옥스퍼드 백신에 대한 기대감을 높였다. "어떤 이상 반응이 발생할 수 있는지, 용량은 얼마로 정해야 하는지 우리는 알고 있습니다. 예전에도 무수히 해 본 일이에요. (……) 지금 안전성 시험이 진행되고 있지만, 우리는 크게 염려하지 않습니다."[5]

7월에 영국 왕립 생물학회 웹사이트에 실린 글에서 길버트는 옥스퍼드/아스트라제네카 백신에 관한 자신의 생각을 추가로 밝혔다. "이 백신이 효과가 없다면 효과가 있는 백신은 없을 것이라고 생각합니다."[6]

그 무렵에는 옥스퍼드 연구진의 건방진 태도가 충분히 그럴 만하다고 여겨졌다. 초기 시험에서 이들이 개발한 백신은 코로나19 바이러스와 맞서는 두 종류의 면역 반응을 일으키면서도 심각한 이상 반응이 없는 것으로 나타났다. 개발팀은 영국, 브라질, 남아프리카에서 총 3만 명을 대상으로 예정된 3상 시험에 큰 기대를 걸었다.

대서양 건너에서 모더나 경영진도 옥스퍼드 팀이 가장 먼저 코로나19 백신 승인을 받게 될 가능성이 높다는 사실을 인정했다. 개발 절차가 가장 많이 진행됐고, 돈도 충분하고, 영국 정부의 전폭적인 지원도 받고 있다는 것을 모두가 알고 있었다. 옥스퍼드/아스트라제네카 팀은 전 세계 사람들을 신종 전염병으로부터 보호할 수 있도록 20억 회분의 백신을 생산하는 일에 전념했다.

길버트의 팀이 코로나19 백신 생산에 집중하는 동안 옥스퍼드 백신 그룹의 리더인 옥스퍼드대학교의 과학자 앤드류 폴라드Andrew Pollard가 아스트라제네카와 함께 백신 시험을 맡았다. 힐은 즐거운 마음으로 전체 과정을 지원했다.

친구가 전화를 걸어와 잘 되고 있느냐고 물었을 때도 힐은 아스트라제네카의 도움을 받고 있다고 전했다. 친구는 힐의 목소리에서 낙관적인 분위기와 함께 안도감을 느꼈다. 힐은 분명 따라올 자가 없는 승자가 된 것 같았다.

◆✣◆

5월이 되고, 모더나는 아직 백신 생산에 큰 진척이 없었다. 아스트라제네카, 화이자, 존슨앤존슨은 규제 기관이 백신을 승인하자마자 수천만 회분의 백신을 생산할 수 있도록 생산 용량을 대폭 늘리느라 바빴다. 하지만 모더나는 제자리에 멈춰 있었다. 아무것도 진행되지 않고 하루하루가 흐르자 생산 책임자인 후안 안드레스의 좌절감도 커졌다. 백신 생산에 필요한 재료를 구입하고 싶었지만 필요한 돈을 얻을 수가 없었다. 전 세계에서 사망자가 나오고, 안드레스는 충분히 그들을 도울 수 있는데 아무것도 할 수가 없었다. 손이 묶인 기분이었다.

"백신을 생산하려면 주문을 넣어야 합니다." 안드레스는 봄에 한 동료에게 말했다. "지금 당장 해야 한다고요!"

스테판 방셀은 봄에 어쩌면 그토록 바라던 지원을 받게 될지 모른다는 희망을 엿보았다. 5월 15일, 트럼프 대통령이 백악관 잔디밭에서 2021년 1월까지 총 3억 회분 분량의 안전하고 효과적인 코로나바이러스 백신이 나올 수 있도록 백신 개발을 가속화하는 '초고속 작전Operation Warp Speed'을 시작한다고 공식적으로 발표했다. 대통령과 이 계획을 처음 세운 사람들에게 국민의 기대감을 높이고 비합리적일 정도로 목표 기한을 짧게 잡는 건 위험하다는 의견을 제시한 행정부 관리들도 있었지만 트럼프는 그대로 추진하기로 했다. 그리고 제약 분야의 베테랑인 몬세프 슬로위Moncef Slaoui에게 초고속 작전의 지휘권을 쥐어 주었다.[7] 최종 확정된 백신의 생산과 유통은 과거 전 세계 미군에 물자를 제공하는 일을 책임지고 담당했던 4성 장군 구스타브 퍼나Gustave Perna가 맡기로 했다.

모로코에서 태어난 벨기에계 미국인인 슬로위는 글락소스미스클라인 백신 부문을 이끈 경력이 있고 2017년부터는 모더나 이사로 활동해 왔다. 오래전부터 mRNA 분자를 회의적으로 생각했던 인물이기도 했다. 슬로위의 전문 분야는 게일 스미스와 노바백스가 택한 방식, 즉 합성된 단백질로 만드는 백신이었다. 모더나 이사회 회의에서도 슬로위는 회사가 mRNA 백신에 주력하는 것을 수시로 문제 삼곤

과학은 어떻게 세상을 구했는가

했다. 그러나 2019년에 모더나가 개발한 CMV 백신 시험에서 인상적인 데이터가 나온 후부터는 그도 mRNA의 효과에 확신을 가졌다. 그러니 모더나의 코로나19 백신 개발을 적극 도울 가능성도 있었다.

그러나 초고속 작전 팀은 빠르면 10월에 나올 것으로 예상되던 옥스퍼드/아스트라제네카 연구진의 백신 개발과 제조, 생산을 지원하고 최소 3억 회분을 확보하기 위해 이들에게 곧바로 12억 달러를 제공하기로 했다. 영국 팀은 그 시점에 누구보다 앞서가고 있었다. 영국과 다른 곳에서 성인 3만 명을 대상으로 실시될 임상시험 계획이 이미 수립됐고, 더 젊은 층을 대상으로 한 임상시험도 실시될 예정이었다. 모더나 연구진에게는 매우 실망스러운 소식이었지만 초고속 작전 팀은 합당한 결정을 내린 것이다.

모더나 경영진이 기댈 곳은 이제 한 곳뿐이었다. 바로 월스트리트였다. 2020년 초에 20달러에도 못 미치던 모더나의 주가는 5월 15일을 기점으로 코로나19 백신이 대형 상품이 되리라는 기대로 66달러까지 급등했다. 모더나는 투자은행 모건 스탠리를 통해 회사 지분을 추가 매각하기로 했다. 새로 확보한 자금은 백신 생산에 쓰기로 결정했다.

5월 18일 월요일 아침, 모더나는 첫 임상시험 결과를 발표했다. 1상 시험에 참여한 8명에게 코로나19 백신을 투여한 결과, 자연적으로 신종 코로나바이러스에 감염됐다가 회복된 사람들과 비슷한 수준으로 중화 항체가 생긴 것으로 나타났다. 백신의 전반적인 안전성과 내약성도 확인됐다.

시애틀에서 시험에 참여한 제니퍼 할러를 포함한 시험 참가자들로부터 나온 데이터는 아직 초기 결과이고 피험자 수도 적었다. 하지만 효과적인 백신이 나올 것이라는 투자자들의 기대는 더욱 커졌다. 시험 결과가 발표된 하루 동안에만 다우존스산업평균지수가 899포인트나 오르고 모더나 주가는 20퍼센트 급등하여 75달러를 넘어섰다. 모더나는 2상 시험을 시작할 것이며, 빠르면 7월에는 임상시험 마지막 단계를 시작해서 가을까지 백신의 비상 승인을 받을 것이라는 계획을 곧바로 발표했다.

백신 개발에는 희소식이었지만 모건 스탠리는 크게 기쁘지 않았다. 주가 폭등으로 주식 매각이 어려워졌기 때문이다. 가격이 이렇게 껑충 뛴 주식을 누가 산단 말인가? 그래도 모건 스탠리는 모더나가 새로 발행한 지분을 13억 4000만 달러에 매입해서 자사 고객에게 되팔기로 결정했다.

방셀과 백신 개발팀에게는 너무나 소중한 돈이었다. 마침내 백신을 대량 생산할 수 있게 되었다. 안드레스는 지질, 유리, 강철 재료 등 백신 생산에 필요한 재료며 장비를 뭐든 구입해도 된다는 지시를 받았다. '자, 어서 서둘러요.' 방셀과 호지는 안도의 한숨을 깊이 내쉬었다. 이제 희망이 생겼다.

하지만 후폭풍이 찾아왔다. 과학계와 투자 분야에서 반발하는 목소리가 터져 나왔다. 모더나가 전문가 검토 절차도 거치지 않은 예비 시험 결과를 다른 방식도 아닌 보도자료로 공개했다는 지적이었다. 낙관적인 시험 결과가 나왔다는 점을 이용해서 지분을 대거 매각해 놓고 백신으로 얻을 수 있는 보호 효과의 지속성이나 백신 투여로 생성된 항체의 양 등 가장 중요한 세부 결과는 공개하지 않았다는 비판도 제기됐다.

"저는 결과가 간당간당한 수치로 나왔으리라 추측합니다. 그렇지 않다면 공개했겠죠." 예일대학교의 백신 연구자 존 로스John Rose는 STAT와의 인터뷰에서 이렇게 밝혔다. 이 기사로 모더나의 주가는 주식시장 전체가 흔들릴 만큼 폭락했다. 로스는 코로나19 바이러스에 감염됐다가 회복한 사람들의 항체 수치는 환자마다 아주 큰 차이가 있으므로 모더나가 밝힌 것처럼 백신 투여 후 생성된 항체가 자연적으로 감염됐다가 회복한 사람들만큼 많이 생성됐다는 내용만으로는 충분하지 않다고 지적했다.[8]

"지푸라기라도 붙들고 싶은 심정으로 시험 데이터에서 낙관적인 면을 찾으려 한 것으로 보입니다." 미국 베일러 의과대학에서 코로나19 백신을 개발 중이던 피터 호테즈Peter Hotez 교수는 〈파이낸셜타임스〉에 이런 견해를 전했다.

방셀과 모더나의 여러 경영진이 개인적으로 보유한 주식을 대거 매각했다는 사실도 이들이 백신 개발을 얼마나 낙관적으로 전망하는지 보여 주는 근거로 볼 수 있지만 이런 분위기에는 도움이 되지 않았다. 경영진이 몇 개월 전부터 계획을 세우고 지분을 매각한 것은 사실이나, 개발팀이 백신 개발에 여념이 없을 때 경영진이 주식을 대량 처분했다는 건 썩 보기 좋은 모양새가 아니었다. 모더나 경영진이 백신 개발에서 발을 빼려고 한 것 아니냐는 목소리가 나오기 시작했다. 모더나 백신이 그토록 안전하고 보호 효과가 뛰어나다면 왜 경영진이 자기 주식을 팔겠느냐는 의문도 제기됐다.

"정말로 낙관적이라 생각한다면 그럴 수가 없죠." 〈블룸버그 뉴

스)의 칼럼리스트 맷 러바인Matt Levine은 주식 자동매매 계획을 언급하며 말했다.[9]

이미 수년 전부터 방셀과 모더나에 의혹을 제기해 온 과학자들에게는 모더나를 비난할 새로운 근거를 얻었다. 선임 연구자들은 누바 아페얀, 로버트 랭거를 포함한 모더나 창립자들과 모더나 과학자들에게 연락해 회사가 왜 그런 행보를 보였는지 설명을 요구했다. 아페얀과 랭거는 방셀과 백신 개발팀을 두둔하려고 했지만 소용없었다.

"과학을 보도자료로 하는 사람이 어디 있습니까." 한 연구자는 랭거에게 이렇게 말했다.

모더나 개발팀은 격분했다. 모더나 백신의 임상시험은 NIAID에서 진행했으므로 그곳 정부 과학자들이 밝히지 않는 이상 모더나가 공개할 수 있는 정보는 많지 않았다. 게다가 시험 데이터를 가만히 쥐고만 있는 건 모더나 입장에서도 불편한 일이었다. 너무나 중요한 결과인데 이를 공개하지 않는다면 외부에서 보기에는 분명 자산 공개 원칙을 위반한 것으로 보일 수 있다는 사실도 알고 있었다. 연구실의 분위기는 가라앉았고, 아페얀과 경영진은 연구에 지장이 생기면 어쩌나 염려했다.

"우리는 백신을 만들려고 온 힘을 다했는데 왜 이런 설교를 들어야 합니까?" 호지는 동료에게 화를 터뜨렸다.

❖☒❖

우구르 사힌과 바이오엔텍도 최대한 빨리 백신을 완성하고 싶었다. 새로운 파트너가 된 화이자의 최고경영자 앨버트 불라도 같은 마음이었다. 초기 시험에서 모더나 못지않게 인상적인 결과가 나오자, 사힌과 동료들은 더욱 힘을 내어 속도를 높이기 위해 노력했다.

불라는 10월까지 백신 유통 준비를 마치고 2020년 말까지는 5000만 명에게 접종할 수 있는 1억 회분을 생산해야 한다고 판단했다. 화이자와 바이오엔텍은 이 목표가 달성될 수 있도록 임상시험 2단계와 3단계를 합치기로 결정했다. 옥스퍼드/아스트라제네카 팀과 비슷한 전략이었다.

하지만 백신 개발과 유통 속도를 더욱 높여야 한다는 의지가 굳건했던 불라는 또 한 가지 놀라운 결정을 내렸다. 미국 초고속 작전팀의 지원은 받지 않기로 한 것이다. 미국 정부가 원하면 백신을 판매하되 화이자/바이오엔텍 백신 개발이나 생산에 들어가는 돈을 미국 정부로부터 받지 않는 편이 좋겠다고 판단한 것이다. 지원 조건으로 불필요한 형식과 절차를 거치느라 개발 속도가 지연될 수 있다는 우려에서 나온 결정이었다.

화이자 팀은 백신에 규제 기관의 승인이 떨어질 때를 대비하여 전 세계 생산 네트워크를 구축하기 시작했다. 하지만 불라는 진행 속도가 영 성에 차지 않았다. 더운 6월의 어느 날, 뉴욕 교외에 있는 집에서 일하던 불라는 개발팀과 웹엑스webex로 화상 회의를 하면서 화이자의 상업적 생산 용량을 계획한 것보다 최소 10배 더 늘리면 좋겠다고 말했다.

"더 많이, 더 빨리 만들어야 하지 않겠습니까?" 불라는 이렇게 요구했다.

화이자의 생산 책임자인 마이크 맥더멋Mike McDermott이 이미 생산팀은 있는 힘껏 노력하고 있다고 답하며 반발하자 회의 분위기에 긴장감이 감돌았다.

"지금 이렇게 해내고 있는 것도 기적입니다. 너무 과한 요구예요."**10**

결국 맥더멋과 생산팀은 불라가 만족할 만한 일정을 수립했다. 그러나 속도를 높이는 데 전력을 다하던 화이자와 바이오엔텍의 핵심 과학자들에게 중차대한 결정을 내려야 할 순간이 찾아왔다. 여러 백신 후보 중에서 최종적으로 어느 것을 사용할 것인지 정하는 일이었다. 화이자 연구팀과 생산팀은 7월 말부터 가장 중요한 3상 시험을 시작해서 백신의 효능을 시험하자는 계획을 세웠는데, 어떤 백신으로 그 시험을 해야 할지 아직 정하지 못한 상황이었다. 정말로 효과가 있는 백신과 실망스러운 결과로 끝날 백신을 가를 극히 중요한 결정이었다.

사힌은 바이오엔텍에서 코로나19 백신 개발을 처음 시작한 1월에 괜찮은 후보 몇 가지를 선별했다. 인체 세포에서 코로나바이러스의 스파이크 단백질 전체나 그 단백질의 일부가 만들어지도록 mRNA 분자에 유전학적 지시를 담아 세포 내로 전달한다는 것까지는 동일했지만 세부 특징은 제각기 달랐다. 그중에는 인체 면역계의 적대적인 반응을 피할 수 있도록 mRNA 분자의 화학적 기본 골격을 변형한 것도 있었다. 카탈린 카리코와 드류 와이즈먼이 개발한 기술을 발전시킨 변형 기술이 적용되었는데, 몇 년 앞서 모더나도 채택한 기술이었다. 그러나 사힌은 이런 변형이 꼭 필요한 것은 아니라고 판

과학은 어떻게 세상을 구했는가

단했고, 변형을 가하지 않은 자가 증폭 mRNA 분자를 활용한 백신을 만들었다.

사힌이 만든 mRNA 후보 물질 중에는 바이러스 스파이크 단백질 전체가 만들어지는 종류도 있었지만 스파이크 단백질 중 인체 세포 표면과 결합하는 수용체 결합 도메인이라는 부분만 만들어지는 종류도 있었다. 사힌과 동료들이 완성한 백신 후보 물질은 총 20종으로, 모두 조금씩 차이가 있었다. 사힌은 어떤 면에서 방대한 과학 실험과도 같은 과정을 거쳐 어느 후보 물질이 가장 큰 효과를 발휘할 것인지 알아내야 했다.

화이자와 바이오엔텍 연구진은 모든 후보 물질로 동물실험을 실시하고 이어서 인체에 투여하는 시험도 진행했다. 그 결과를 토대로 오한, 발열 등 불쾌한 이상 반응이 따르는 백신 물질은 후보에서 제외했다. 7월에는 최종 후보가 두 가지로 좁혀졌다. 둘 다 뉴클레오시드 변형 기술이 적용된 종류였고, 하나는 스파이크 단백질 중 일부만 만드는 mRNA고 다른 하나는 이 단백질 전체를 만드는 mRNA가 포함된 백신이었다. 시험 결과로는 명확히 결정할 수 없었지만, 사힌과 일부 선임 과학자들은 스파이크 단백질 중 수용체 결합 부분에 해당하는 작은 단백질만 만드는 백신 쪽으로 마음이 기울었다.

사힌이 이쪽을 지지한 데는 그럴 만한 이유가 있었다. 스파이크 단백질 중 아주 작은 조각만 만드는 백신은 생산이 더 수월할 가능성이 높다. 또한 수용체 결합 도메인은 스파이크 단백질에서 활성이 가장 높은 부분이므로 이 부분만 있어도 코로나19 바이러스와 맞서는 항체를 충분히 만들 수 있을 것이라는 전망도 다른 이유였다. 사힌과 바이오엔텍 연구진은 이러한 방식의 효과를 입증한 연구 결과를 학술지에 발표한 적도 있다.

스파이크 단백질 전체가 만들어지는 백신은 이미 다른 라이벌 회사들이 택한 설계이므로 단백질 일부만 만드는 방식이 더 낫다고 보는 연구자들도 있었다. 어쨌든 남들과 다른 방법을 선택하는 편이 좋다고 본 것이다. 7월 1일에 스파이크 단백질 중 일부만 발현되는 백신을 투여했을 때 코로나19 바이러스를 막는 보호 효과가 충분히 나타난다는 인상적인 데이터가 나온 것도 사힌과 일부 과학자가 이 기술을 지지하는 밑거름이 되었다.

7월 중순에 화이자의 맥더멋 팀이 본격적인 생산을 시작하기 위해서는 이제 결정해야 했다. 사힌과 불라 그리고 바이오엔텍과 화이자의 고위급 경영진은 화상 회의를 열고 최종 결단을 내리기로 했다. 스파이크 단백질의 일부만 만드는 백신 쪽으로 의견이 기울어지는 것 같았지만 확실한 최종 결정을 내려야 했다.

회의를 앞두고, 화이자 선임 과학자인 미카엘 돌스텐은 어쩌면 엄청난 실수가 될 수도 있다는 생각에 걱정이 됐다. 모더나, 존슨앤존슨, 그 밖의 코로나19 백신 개발에 나선 다른 연구진이 체내에서 스파이크 단백질 전체가 만들어지는 방식을 택한 것에는 분명 이유가 있을 것이다. 일단 단백질 전체가 발현되면 중화 항체가 다량 생성될 가능성이 높다는 장점을 꼽을 수 있다. 또한 코로나19 바이러스에서 위험천만한 변종이 나올 경우 스파이크 단백질 전체가 만들어지는 버전의 보호 효과가 더 확실히 발휘될 확률이 높았다. 스파이크 단백질 전체가 만들어지는 백신이 접종 시 유발하는 인체 반응도 더

과학은 어떻게 세상을 구했는가

약하다는 사실은 코로나19 백신이 나오더라도 접종을 망설이는 사람들이 많다는 점에서 중요한 고려 사항이었다.

회의 시간이 얼마 안 남았을 때 돌스텐은 불라에게 이런 우려를 밝혔다. 불라 역시 다른 생각을 하던 참이었다. 몇 년 전 화이자는 심리학자이자 경제학자인 대니얼 카너먼Daniel Kahneman을 초청하여 최고위급 경영진을 위한 강연을 열었다. 의사 결정에 관한 연구로 유명한 카너먼은 이 강연에서 다른 사람들이 좋아한다는 이유만으로 어떤 선택을 하는 것을 '편승 효과'라고 하며, 이는 위험한 일이라고 설명했다. 이날 카너먼은 의사 결정 권한을 가진 사람이 일단 선택하고 나면 모래에 얼굴을 묻어 버리는 타조처럼 그 선택을 재고하지 않고 새로 나온 데이터도 보려고 하지 않는 '타조 편향'에 관해서도 설명했다.

돌스텐과 불라는 두 회사의 과학자들이 카너먼이 피해야 한다고 경고한 바로 그 실수를 저지르고 있는지도 모른다고 우려했다. 개발팀이 스파이크 단백질 중 일부만 만드는 백신을 오래전부터 선호했다고 해서 그것이 반드시 최상의 선택이 되리라는 보장은 없었다.

돌스텐은 불라에게 수용체 결합 도메인을 활용하는 쪽에 "다들 너무 큰 애정을 쏟고 있다"고 말했고 불라도 동의했다.

그날 회의에서 불라와 돌스텐은 사힌과 다른 사람들에게 스파이크 단백질 전체가 발현되는 백신을 선택하자고 설득했다. 카트린 얀센과 일부 참석자는 계속 의논을 해 보자고 했고 사힌은 다른 백신 후보도 충분히 가능성이 있고 아직 비교 중이라고 말했지만, 불라는 이제 선택을 해야 한다는 입장을 밝혔다. 불라는 최종 후보로 떠오른

두 가지 백신 모두 시험을 계속 진행하겠다고 밝혔지만, 맥더멋에게 스파이크 단백질이 전부 발현되는 백신의 생산량을 늘려도 좋다는 신호를 보냈다.

회의가 끝나고 며칠 동안 돌스텐은 백신 후보를 바꾸자고 강력히 주장한 것이 실수는 아니었을까 하고 염려하느라 밤잠을 설쳤다. 바꾸자고 주장했지만 그 후보를 확신할 수 있는 근거 데이터는 거의 없었다. 돌스텐은 스파이크 단백질 전체가 암호화된 백신의 시험 결과를 얼른 확인하고 싶어서 얀센을 쫓아다니며 확인하고 또 확인했다.

마침내 7월 22일, 얀센은 그에게 결과를 전했다. 스파이크 단백질 전체가 암호화된 백신은 그 단백질의 일부만 발현되도록 설계된 백신과 비슷하게 강력한 면역 반응을 일으키는 것으로 나타났다. 게다가 발열, 오한 같은 이상 반응이 나타난 사례는 더 적었다. 원래 선택하려던 백신보다 내약성이 더 우수하다는 의미였다.

돌스텐과 얀센은 몇 주 만에 처음으로 마음을 놓을 수 있었다. 화이자와 바이오엔텍은 미국 식품의약국에 어떤 백신을 만들 것인지 알렸다. 이제 두 회사는 효능을 검증하는 중대한 절차인 3상 시험을 시작할 수 있게 되었다.

✦✿✦

댄 바로치와 존슨앤존슨의 연구에도 진전이 있었다.

1월에 바로치의 팀은 존슨앤존슨 연구진과 함께 Ad26를 토대로 한 신종 코로나바이러스 백신을 설계하고 시험했다. 보건 당국의 승인을 받은 후 백신을 생산하고 유통하는 일은 존슨앤존슨의 대규모 팀이 맡기로 했다.

하지만 먼저 백신의 강도부터 정해야 했다. 연구팀은 몇 달 동안 존슨앤존슨에서 바이러스 백신 글로벌 백신사업부 대표인 한네케 스하위테마커Hanneke Schuitemaker가 선호하는 방식대로 체내에 항체가 다량 생성되도록 유도하는 백신을 시험했다. 스하위테마커와 바로치는 서로 공통점이 많아서 파트너십이 수월하게 형성됐다. 에이즈 전문가인 스하위테마커는 학자로 일하다가 기업의 간부가 된 사람이다. 그가 맨 처음 일한 회사는 바로치가 존슨앤존슨과 손잡고 승승장구하기 전 Ad26 기술 개발 단계에서 협력했던 네덜란드의 생명공학 회사 크루셀이다.

그곳에서 일하는 동안, 스하위테마커는 크루셀의 백신을 누구보다 큰 소리로 응원하고 홍보했다.

"치료제는 생명을 구합니다. 하지만 백신은 모든 사람을 구합니다." 네덜란드 레이던의 크루셀 사무실에서는 동료들에게 이렇게 말하곤 했다.

그러나 초봄에 신종 코로나바이러스 위기가 심각한 수준에 이르자 존슨앤존슨의 선임 경영진 중 일부는 효능이 강력한 백신을 써야 한다는 스하위테마커의 의견을 재고하기 시작했다. 존슨앤존슨 경영진은 연이어 줌 화상회의를 열었고, 회사의 과학 부문 최고 책임자인 폴 스토펠스는 강도가 더 약한 백신도 충분한 보호 효과를 발휘할 수 있으며 이상 반응이 발생할 확률이 적고 발생하더라도 증상이 경미하다는 최신 데이터를 제시했다. 그것이 최상의 선택이라는 데 동의하는 경영진도 있었다.

논쟁은 가열되기만 하는데 시간은 자꾸 흐르자 스하위테마커는 점점 기운이 빠지는 기분이었다. 사람들이 왜 백신 물질이 적게 함유된 백신에 끌리는지 그 이유는 잘 알고 있었다. 코로나19 백신이 나오더라도 접종을 주저하는 사람들은 혹시라도 너무 힘든 부작용을 겪거나 심지어 건강에 해가 될 수도 있다고 두려워하는 경우가 많다. 하지만 백신 강도를 바꿔서 새로 백신을 만들려면 전체 일정이 최소 3주는 늦어질 텐데, 스하위테마커는 그걸 전부 감수할 만한 가치는 없다고 주장했다.

화상회의에서는 불만스러운 심정을 드러내지 않으려고 애썼지만, 백신의 강도를 의논하기 위한 회의가 연이어 잡힐수록 마음은 초조해졌다. 시간이 더 흐르자 혈압이 오르는 기분이었다. 코로나19 대유행으로 사람들이 목숨을 잃고 있는 마당에, 라이벌 회사들은 백신 개발에 속도를 내고 있는데 존슨앤존슨은 강도가 더 낮은 백신을 새로 만드느라 제 발로 속도를 늦출 생각을 하고 있었다. 스하위테마커는 이건 말도 안 되는 일이라고 생각했다.

'제발 그냥 진행하자고요.' 이런 심정이었다.

결국 존슨앤존슨은 백신 강도를 낮춰서 생산하기로 결정했다. 옥스퍼드/아스트라제네카 백신이 훌쩍 앞서가고 화이자/바이오엔텍과 모더나 백신이 그 뒤를 바짝 쫓고 있는데, 존슨앤존슨은 앞선 주자들이 일으킨 먼지 속에 덜렁 남겨진 것 같았다. 하지만 회사 경영진은 그런 건 별로 신경 쓰지 않는 눈치였다. 존슨앤존슨의 백신은 딱 한 번만 접종하면 되고 mRNA 백신과 달리 초저온에서 보관하지 않아도 된다는 특별하고 매력적인 장점이 있으므로 경영진은 이런 특징이 분명 승부수가 될 것이라 확신했다.

7월에 존슨앤존슨은 바로치 연구진과 합동으로 Ad26 기반 백신을 붉은털원숭이 6마리에 단회 투여한 결과 신종 코로나바이러스 감염을 막거나 거의 막는 효과가 나타났다는 시험 결과를 공개했다. 실험동물의 수는 적었지만 전망은 밝았다. 네덜란드의 얀센 연구진은 임상시험에 사용할 백신을 만들기 시작했다. 7월 내로 백신의 안전성과 면역 반응을 확인하는 임상시험을 시작하고, 9월에는 총 6000명을 대상으로 백신 효능을 증명하는 임상시험을 시작할 계획이었다.

바로치와 존슨앤존슨은 코로나19 백신을 사상 최초로 개발하지는 못하더라도 보호 효과가 가장 우수하고 가장 편리한 백신이 나올 것이라 기대했다.

❖⋈❖

코로나바이러스가 번지자, 전 세계에서 수천 명의 과학자가 현대 사회의 새로운 전염병으로 여겨지기 시작한 이 사태로부터 사람들을 지킬 수 있는 백신 개발 경쟁에 뛰어들었다. 이 대유행병을 뿌리 뽑으려면 여러 가지 다양한 백신이 필요하다는 사실을 모두가 알고 있었다. 2020년 여름에는 100곳이 넘는 연구진이 코로나19 백신 개발에 참여했다. 그중에는 실제 바이러스의 기능을 약화해 백신을 만드는 전통적인 방법을 택한 곳도 있었고 DNA 백신처럼 전통적인 방식보다 불분명한 기술을 택한 곳도 있었다.

노바백스의 게일 스미스와 동료들은 이 경쟁과 그다지 관련이 없어 보였다. 2020년 초까지 메릴랜드의 이 작은 연구진은 백신을 개발해서 승인을 받은 경험이 전혀 없었고 고작 몇 개월이면 돈이 바닥나 회사 직원 대다수가 직장을 잃을 처지에 놓여 있었다. 노바백스가 일어설 마지막 기회인 독감 백신의 3상 시험이 진행 중이었으므로 경영진 모두 다른 일에 관심을 분산할 여력이 없음을 잘 알고 있었다.

그 즈음에 스미스와 함께 일하던 연구진은 열두어 명 정도에 불과했다. 화이자나 다른 대형 제약사는 유능한 과학자가 수천 명씩 일하는 데다 대부분 스미스 연구진 구성원보다 더 많은 로비스트가 워싱턴 D.C.에서 활약하고 있었다. 이런 상황에도 스미스는 중국 우한에서 확산하기 시작한 문제의 바이러스에 관심을 끊을 수가 없었다. 지난 수년간 특정 바이러스의 단백질 '소단위'를 만들어서 인체에 투여하는 기술을 연구해 왔고, 무엇보다 스미스와 동료들은 사스코로나바이러스, 메르스코로나바이러스 등 최근 등장해서 심각한 영향을 준 코로나바이러스의 백신 개발에 힘을 보탠 적이 있었다. 스파이크 단백질을 표적으로 삼는 백신 기술에도 익숙했다. 스미스는 자신과 동료들이 신종 코로나바이러스를 표적으로 삼는 효과적인 백신을 개발할 수 없는 이유를 한 가지도 떠올릴 수가 없었다.

스미스는 회사 윗선에 사업 방향을 틀자고 설득했다. 몇 주간 의견을 나눈 끝에 스탠리 어크와 그레고리 글렌은 스미스의 손을 들어주었다. 사스 백신을 개발할 때도 가능성을 믿었었고, 노바백스의 미래가 정말로 위태로워질 수도 있지만 그냥 놓치기엔 너무나 큰 기회였다.

"우리는 이 일을 해야만 합니다." 글렌은 어크에게 말했다.

그러나 노바백스 연구진은 출발부터 발이 걸려 넘어지는 소동을 겪었다. 중국 상하이의 어느 공급업체에 신종 코로나바이러스 스파이크 단백질 유전자를 주문했는데, 감염이 확산하자 중국에서 출발하는 항공편도 발이 묶여 받을 수가 없게 된 것이다. 다행히 미국 뉴저지에 있는 지사에서 다른 버전의 유전자를 제공하기로 하면서 문제가 해결됐다. 빨간 뚜껑이 달린 유리병은 밤새 달려온 차량에 실려 마침내 노바백스에 전달됐다.

스미스 팀은 본격적인 작업에 착수했다. 먼저 바이러스 스파이크 단백질의 유전 정보가 암호화된 DNA를 곤충 바이러스의 DNA에 삽입했다. 그리고 이 바큘로바이러스를 밤나방유충이라는 곤충 세포에 감염시켰다. 이어 6000리터 용량의 대형 생물 반응기로 바이러스에 감염된 이 곤충 세포를 배양하여 스파이크 단백질을 대량으로 만들어 냈다. 단백질 항원을 분리하고 정제한 다음 지질나노입자를 입히고 면역증강물질과 섞고 나면 짜잔, 백신이 된다.

어크는 노바백스 투자자들과 비영리단체에 코로나19 백신을 개발 중이라는 소식을 공개했다. 그리고 이 소식이 백신 개발에 필요한 자금을 모으는 데 어느 정도 도움이 될 수 있으리라 믿었다. 노바백스는 아주 작고 검증되지 않은 회사였지만 단백질 소단위체를 활용하는 기술은 백신 개발 경쟁에서 우위를 달리는 주자들이 택한 신규 기술보다는 역사가 오래된 기술이었다. 몇몇 자선 재단 등이 힘을 보태겠다고 나섰다. 노바백스의 백신은 모더나와 바이오엔텍의 mRNA 백신처럼 체내에서 스파이크 단백질이 만들어지도록 유도하는 방식과 차이가 있고 존슨앤존슨, 옥스퍼드 연구진의 백신과도 달랐다. 어크는 노바백스의 백신은 mRNA 백신처럼 초저온에서 보관하지 않아도 되므로 냉동 설비가 갖춰지지 않은 병원, 의원, 약국에서 더 편리하게 이용할 수 있고 특히 개발도상국에서 사용하기 좋다는 점을 강조했다.

노바백스 백신은 제이슨 맥렐란이 개발한 기술, 즉 프롤린 두 개를 활용해서 단백질의 안정성을 유지하는 변형된 버전의 합성 스파이크 단백질을 사용한다. 백신을 투여하면 인체 면역계는 백신에 포함된 단백질을 외부에서 침입한 물질로 인식하므로, 나중에 진짜 바이러스의 스파이크 단백질과 맞닥뜨리면 공격을 가하게 된다. 노바백스가 동일한 기술로 대상포진과 B형 간염에 효과적인 백신을 개발한 적이 있다는 점도 후원자들을 설득하는 근거가 되었다.

하지만 코로나19 백신 개발에는 너무나 많은 돈이 필요했다. 또한 기술 특성상 추가되는 생산 단계가 있는 만큼 mRNA 백신이나 유전학적 지시를 세포 내로 전달하는 바이러스 벡터 백신보다 속도가 더 늦어질 수밖에 없었다.

3월에 방셀, 돌스텐 등과 함께 트럼프와 만나기 위해 백악관을 방문한 어크는 제약업계 경영진들이 둘러앉은 기다란 테이블에서 대통령과는 멀찍이 떨어진 끄트머리에 앉았다. 제약 분야의 핵심 인사들과 한자리에 있다는 사실만으로 너무 기뻤다. 발언 기회가 오자, 에크는 자존심을 삼키고 도움을 요청했다.

과학은 어떻게 세상을 구했는가

"솔직히 말씀드리자면, 저희는 돈이 필요합니다." 어크는 트럼프에게 말했다. "우리 회사는 생명공학 업체이고 규모가 큰 제약회사가 아닙니다. 그래서 스케일을 키우려면 돈이 있어야 합니다."

트럼프도 그날 회의를 준비하면서 대놓고 돈을 간청하는 말을 듣게 되리라곤 예상치 못했을 것이다. 백신을 만들 경영진들을 한자리에 모아 놓고 몇 달 내로 백신을 내놓겠다는 약속을 받아내는 것이 그가 회의를 계획한 이유였다. 그러나 어크는 내숭을 떨 여유가 없었다. 이후에도 그는 두 달 동안 미국 정부의 초고속 작전 팀에도 지원을 요청하고 노르웨이에 기반을 둔 전염병 예방 혁신연합Coalition for Epidemic Preparedness Innovations을 비롯한 여러 단체에도 연락했다. 노바백스의 전 경영진 중에 이러한 기관과 단체에 몸 담고 있는 사람도 있으니 좀 더 수월하게 문을 두드릴 수 있을 것이라는 기대도 있었다. 알에이 캐피털 매니지먼트RA Capital Management라는 보스턴의 의료보건 분야 헤지펀드 사에도 연락해서 노바백스의 코로나19 백신 사업에 관해 소개했다.

한편 글렌에게는 다른 도움이 필요했다. 3월이 되자 메릴랜드 주 시골 지역에서 그가 다니던 장로교 교회도 세계 곳곳의 다른 대부분 교회와 종교 단체처럼 대면 모임을 중단했다. 주일에는 줌 화상회의로 교인들과 만나야 했다.

교회 내에서 글렌과 동료들이 백신을 개발하고 있다는 소식이 퍼지자 이웃들, 친구들을 포함한 많은 사람이 응원하고 격려했다. 이렇게 힘든 상황에서 자신의 건강을 희생하면서까지 매일 일을 하고 있는 글렌과 팀원들에게 감사하다고 말하는 사람들도 많았다. 노바백스는 문손잡이며 창문, 책상, 연구실 표면을 하루에도 몇 번씩 닦고 소독했지만 연구자들은 불안에 떨었다.

"여러분을 위해서 기도할게요." 글렌은 교회 사람들로부터 이런 말을 들었다.

기운 나는 말이었지만, 글렌은 교회 사람들이 불안해한다는 것도 느낄 수 있었다. 어느 회사에서든 효과적이고 안전한 백신을 정말로 완성할 것인지, 그런 백신이 나오려면 얼마나 기다려야 하는지 확실히 알 수 있는 건 아무것도 없었다. 코로나19 바이러스의 확산과 피해로 모두 잔뜩 겁을 먹었다.

글렌은 신이 자신에게 이 새로운 전염병을 막을 수 있는 능력을 주셨다고 느꼈다. 하지만 자신감 대신 책임감을 느끼게 하셨고 그 막중한 책임감에 온몸이 으스러지는 기분이었다. 봄이 끝날 무렵 대유행 상황이 더 악화하고 앤서니 파우치가 조만간 미국에서 신규 확진자가 하루 10만 명씩 나올 수 있다고 경고하자 전문가들은 노바백스든 누구든 효과적인 백신을 만들 수나 있는지 모르겠다는 회의적인 견해를 내놓았다.

"빠른 시일 내에 백신이 나올 것 같지는 않다." 캘리포니아대학교 샌프란시스코 캠퍼스 산하 정량적 생명과학 연구소 소장이자 분자생물학자로 100여 곳의 연구소와 일해 온 네반 크로간Nevan Krogan은 말했다.[11]

글렌은 신에게서 확신을 얻고 신이 인도하는 방향을 따르고 싶었다. 목사는 그에게 시편 91장 14절부터 16절을 제시했다.

과학은 어떻게 세상을 구했는가

그가 내 이름을 아니 내가 그를 건지리라.

그가 내게 간구하리니, 내가 그에게 응답하리라.

6월까지 어크는 노바백스의 코로나19 백신 개발에 활용할 수 있는 자금을 20억 달러 이상 확보했다. 글렌은 오클라호마대학교와 접촉하여 의학 연구 목적으로 특별히 사육된 개코원숭이 15마리에 백신 시험을 요청했다. 이어 다른 동물을 대상으로 실시된 실험과 초기 임상시험에서 노바백스 백신 투여 시 중화 항체가 놀라운 양으로 생성된다는 사실이 입증됐다. 이 사실이 알려지자 2020년 새해가 시작됐을 때만 해도 주당 약 4달러에 불과하던 노바백스 주가는 170달러로 급등했다.[12] 전년도에 어쩔 수 없이 생산 시설을 매각한 바람에 백신을 직접 생산할 수 없게 된 노바백스는 이머전트 바이오솔루션 Emergent Biosolutions과 생산 계약을 체결했다. 임상시험 초기에 사용한 백신도 볼티모어 인근에 자리한 이 업체의 시설에서 생산됐다.

그때 어크에게 청천벽력 같은 소식이 전해졌다. 몬세프 슬로위가 이끄는 미국 초고속 작전 팀이 노바백스에 이머전트 바이오솔루션의 생산 시설을 비우라고 통보한 것이다. 노바백스 백신은 생산까지 아직 해야 할 일이 많았던 반면 존슨앤존슨과 옥스퍼드/아스트라제네카 백신 개발은 빠른 속도로 진행되고 있으므로 이 덩치 큰 라이벌들이 쓸 수 있도록 자리를 내놓으라는 요구였다. 초고속 작전 팀은 대신 후지필름 다이오신스 바이오테크놀로지Fujifilm Diosynth Biotechnologies를 확보하고 노바백스의 백신은 노스캐롤라이나와 텍사스에 있는 이 회사의 시설에서 생산하라고 했다. 그러나 어크도 글렌도 생산 시설이 변경될 경우 전체 일정이 짧아도 몇 주, 어쩌면 몇 달이 지연될 수 있다는 사실을 잘 알고 있었다. 두 사람은 슬로위가 마음을 바꾸도록 열심히 설득했지만 소용없었다.

회사에는 음울한 분위기가 감돌았다. 남아프리카, 영국, 멕시코, 미국에서 대규모 임상시험을 시작하고 백신의 효능을 입증할 참이었는데, 이제 와서 후지필름 시설에 기술을 이전하고 모든 공정을 처음부터 다시 시작해야 할 판이었다. 게다가 다른 백신 경쟁사들은 계획대로 시험을 진행할 것이다. 노바백스가 결승선이 눈에 보이는 지점까지 왔을 때 정부가 갑자기 나타나 발을 걸어 넘어뜨린 기분이었다.

어크는 회사 복도를 돌아다니며 동료들에게 과거에도 늘 그랬듯이 이번에도 다시 일어날 길이 있을 거라고 말했다. 글렌은 계속해서 일요일마다 줌 화상회의로 예배를 보았고, 친구들과 다른 신도들은 그가 기운 내길 바라는 마음으로 골프며 축구, 아이들 이야기를 나누었다.

다들 노바백스 백신에 관한 이야기는 일절 거론하지 않는 정도의 눈치는 있었다.

과학은 어떻게 세상을 구했는가

18장

2020년 여름 - 가을

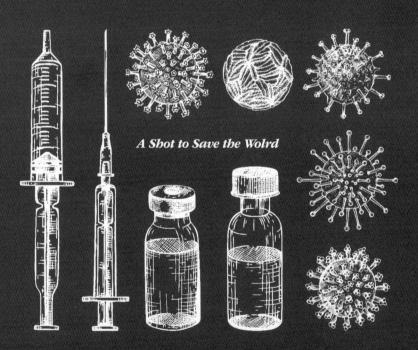

A Shot to Save the Wolrd

후안 안드레스는 다시 초조해졌다.

마드리드 출신 모더나 경영진인 그가 2020년 초에 새롭게 나타난 바이러스를 두려워하자 가족들은 크게 비웃었다. 집 안에는 안드레스가 사재기한 휴지와 여러 생필품이 산더미처럼 쌓였고 봉쇄 조치가 내려진 후 식품을 저장하려면 꼭 필요하다는 그의 고집으로 세 번째 냉장고도 구입했다. 여름이 되어 미국에도 코로나19가 확산하기 시작하고 초반에는 영향을 받지 않던 미국 남부와 서부 지역까지 번지자 누구도 안드레스를 비웃지 못했다.

그즈음부터 안드레스는 코로나19 바이러스 감염 위험성을 낮추기 위한 모더나의 백신 생산 업무를 보스턴 교외에 있는 집 식탁에서 대부분 처리하고 가끔 생산 시설을 둘러보기 위해 집과 가까운 매사추세츠 주 노우드로 출장을 다녀왔다. 집 2층에 사무실이 마련되어 있었지만 잔뜩 쌓아 둔 각종 상자와 물건을 치울 시간이 없어서 집에 있을 때는 대부분 식탁에서 일했다. 가족들에게는 썩 즐거운 일이 아니었다. 다들 안드레스가 일할 때면 집안 곳곳으로 뿔뿔이 흩어졌다.

"저는 하루에 열여덟 시간씩 일했습니다. 식구들은 일하는 소리를 듣고 있어야 했으니 아마도 지겨웠을 겁니다." 안드레스가 말했다.

안드레스의 팀은 2020년 첫 몇 달 동안 200회분 분량의 백신을 생산했다. 모더나가 임상시험 초기 단계를 마칠 수 있는 양이었다. 5

18장

월에는 주식 매각으로 생긴 13억 달러로 백신을 대량 생산할 준비를 시작했다. 그러나 생산량을 늘리는 것이 얼마나 어려운 일인지 곧 깨달았다. 모더나가 설립 후 10여 년간 생산한 백신을 전부 합해도 10만 회분 정도인데, 2020년 한여름부터 안드레스 팀은 수억 회분의 백신을 생산할 방법을 찾아야 했다. 백신 한 회분을 만들려면 필터, 커넥터, 라벨, 유리병, 마개 등 약 600가지 재료가 필요한 데다 미국 전역에서 백신 생산에 필요한 장비와 원료의 물량이 점점 부족해지는 상황에서 이 모든 준비를 해야 했다.

생산되어 병에 담긴 백신은 전부 똑같아야 한다. 강도, 안정성, 그 밖의 모든 특징이 동일해야 하므로, 안드레스 팀은 정확히 같은 방식으로, 즉 동일한 온도 범위에서 같은 장비와 같은 원료를 써서 백신을 생산해야 했다.

그리고 생산 과정은 신속히 진행되어야 했다. 모더나는 가을에 백신을 출시할 계획을 세웠고, 이 목표에 맞추려면 안드레스 팀이 서둘러야 했다. 고급 레스토랑의 일류 요리를 기존에 쓰던 주방에서 수천 명이 먹을 수 있는 양으로, 그것도 하루 동안 다 만들어야 하는 요리사와 비슷한 기분이었을 것이다.

안드레스는 팀원들 앞에서 자신감을 드러내며 다들 힘낼 수 있도록 여러 가지 좋은 말을 해 가며 격려했다.

"두려우면 지는 거다."

"인류 전체를 도울 수 있는 기회다."

레알 마드리드 축구팀의 열성 팬이기도 한 그는 모두 힘을 모아야 한다는 것을 강조하기 위해 축구에서 많이 쓰는 표현을 언급하기도 했다.

"각자 자리를 지키고 동료를 믿어라."

그의 전략은 꽤 효과가 있었던 모양이다. 안드레스의 팀원들은 주말에도 자진해서 일했고 허투루 버리는 시간이 생기지 않도록 알아서 교대 근무를 했다. 모더나의 백신이 정말로 효과가 있을지는 확신할 수 없는 단계였고 다른 회사들이 효과적인 백신을 줄줄이 만들어 내면 모더나 백신은 쓰이지 않을지도 모른다는 우려가 있었지만, 그래도 코로나19라는 파괴적인 병으로부터 사람들을 구할 수 있는 일인 만큼 모두 온 힘을 다해 최선을 다했다. 안드레스의 팀원 중에는 4기 암 판정을 받은 환자도 있었다. 팀 전체에 떨어진 미션의 의미에 큰 감동을 받은 이 직원은 극히 힘든 치료를 받으면서도 계속 일하겠다고 고집을 부렸다.

안드레스는 혹시라도 생산 공정에서 생길지 모를 문제를 걱정했고 정말 이 일을 성공적으로 해낼 수 있을까 하는 두려움에 밤을 꼬박 새우는 날이 많았다. 하지만 그런 사실을 팀원들에게는 밝히지 않았다.

'이게 정말 가능한 일일까?'

◈¤◈

옥스퍼드/아스트라제네카 팀은 백신 경쟁에서 몇 달 만에 선두 자리를 빼앗겼다.

2020년 5월에 미국 정부의 초고속 작전 팀은 백신 3억 회분을 공급받는 조건으로 이들이 백신 시험을 진행하고 생산하는 데 필요한 12억 달러를 제공했다. 그로부터 한 달 뒤에 일은 본격적으로 진행됐다. 2상 시험과 3상 시험을 하나로 합하기로 결정하고, 한여름까지 총 10만 명의 참가자를 모집해서 최종 효능 데이터를 얻은 다음 9월에는 규제 기관의 승인을 받는다는 계획이었다.

그러나 미국 정부 기관에서 우려를 보이기 시작했다. 사라 길버트, 에이드리언 힐, 임상시험 전문가인 앤드류 폴라드 등 옥스퍼드 팀의 일부 구성원과 아스트라제네카 연구진의 소통이 원활하지 않다는 사실을 초고속 작전 팀에서 알아챈 것이다. 또한 백신의 생산 배치별 세부 정보를 비롯해 중요한 임상시험 데이터가 미국의 정부 기관에 제출되는 데 몇 주씩 걸릴 때도 있었다. 다른 백신 업체들은 하룻밤이면 준비해서 제출하는 자료였다.

미국의 연방 보건기관은 옥스퍼드/아스트라제네카 팀을 비롯해 코로나19 백신을 개발 중인 다른 업체에 3만 명 이상을 대상으로 실시한 3상 시험 데이터를 제출해야 FDA가 백신의 승인 여부를 판단할 수 있다고 밝혔다. 그러나 초여름이 될 때까지 아스트라제네카가 영국과 브라질에서 실시한 임상시험의 참가자 수는 턱없이 부족했다. 미국에서 그보다 큰 규모로 임상시험을 시작한 것도 아니었으므로 최소한 미국에서 이들의 백신이 단시간 내에 승인받을 가능성은 없어 보였다.

그런데 여름에 힐과 동료들에게 더 반갑지 않은 소식이 전해졌다. 임상시험에 자원한 참가자 두 명이 백신 투여 후 신경학적 증상을 보여 관리 당국이 옥스퍼드/아스트라제네카 백신의 이상 반응이 위험한 수준인지 파악하기 위한 평가에 들어갔고, 그 바람에 임상시험이 몇 주간 강제로 중단된 것이다. 임상시험이 이러한 이유로 진행 중 중단되는 건 그리 이례적인 일이 아니었다. 그러나 FDA는 임상시험에서 신경학적 증상을 보이는 참가자가 생겼다는 사실이나 이로 인해 시험이 중단됐다는 사실을 정부 당국자 중에 전혀 몰랐던 사람들도 있다는 점을 우려했다. 이러한 소통 문제로 옥스퍼드/아스트라제네카가 과연 제대로 협력하고 있는지를 두고 또다시 의문이 제기됐다.[1]

✧☒✧

모더나와 미국 정부 기관 사이에도 긴장감이 감돌았다.

2020년 초여름에 경영진이 7월 첫째 주에 시작될 3상 시험에 큰 기대를 걸 때만 해도 분위기는 점점 고조됐다. 이제 백신의 효능을 입증하는 마지막 단계만 남았고 화이자가 진행할 3상 시험보다 몇 주 먼저 시작하게 되어 모더나가 코로나19 백신을 사상 최초로 개발할 가능성이 더 높아졌으니 더더욱 기쁜 일이었다.

그러나 6월 초의 어느 이른 아침, 모더나 대표 스티븐 호지가 초고속 작전 팀의 총지휘자 몬세프 슬로위의 전화를 받은 순간부터 분위기는 급변했다. 슬로위는 안 좋은 소식을 전했다. 곧 시작될 3상 시험에서 모더나가 원래 계획한 것보다 더 많은 데이터를 수집해야 한다는 내용이었다. 미국 전역의 과학자들이 임상시험에 참가한 사람들에게서 나온 데이터를 제각기 분석하고 연구해야 하며 이 연구에 필요한 데이터를 반드시 확보해야 한다는 것이었다. 구체적으로는 임상시험 참가자가 코로나19 확진을 받을 경우에 대비하여 이 참가자의 감염 수준을 추적할 수 있도록 최대 28일간 매일 모더나가 준비한 면봉으로 검체를 채취해서 검사를 실시하라는 요구였다. 임상시험에서는 전체 참가자 중 일부는 백신을 접종하고 일부는 위약을 접종하는데, 이 요건에 맞추려면 이 두 가지 투여 약물과 별도로 참가자의 코로나19 감염 여부를 확인하기 위한 정기 검사가 진행될 수 있도록 필요한 물품이 함께 포함된 키트를 준비해야 했다.

호지는 도저히 믿을 수 없었다. 추가로 수집하라는 이 데이터는 모더나가 만든 백신이나 백신의 잠재적 효능과는 무관했다. 코로나19라는 질병과 발병 시 지속 기간에 관한 과학계의 이해를 넓히기 위해, 어쩌면 치료제 개발에도 도움이 될지 모르는 자료이니 모더나에서 수집해 달라는 소리였다. 물론 유익한 자료가 되겠지만, 대유행병으로 사람이 목숨을 잃고 있는 마당에 이 요건에 맞추려면 모더나 백신의 효능 평가를 위한 최종 단계는 지연될 것이다. 문제는 그뿐만이 아니었다. 초고속 작전 팀의 지원을 받지 않은 화이자는 정부의 요구 사항을 들어 줄 의무가 없으므로 이 데이터를 수집할 필요가 없었다.

"키트를 다시 만들려면 몇 주는 걸립니다!" 호지는 슬로위에게 말했다. "꼭 필요한 일은 아니라고 생각하는데요."

하지만 슬로위도 과학계와 다른 곳에서 가해지는 압박을 겪고 있었고, 달리 해결 방법이 없다고 말했다. 슬로위의 말은 사실이었다. 초고속 작전 팀은 모더나 백신 1억 회분을 구입하기로 했다. 1회 분량의 가격이 16달러이므로 금액으로는 약 15억 달러 규모였다. 또한

과학은 어떻게 세상을 구했는가

모더나는 앤서니 파우치, 바니 그레이엄 등 정부 기관 과학자들과 계속 면밀히 협력해 왔다. 정부로부터 이 모든 도움을 받고도 요청을 거부한다면 여론이 분명 나빠질 것이다.

"받아들이셔야 합니다." 슬로위는 호지에게 말했다. "영향을 최소화할 수 있는 방법을 찾아보세요."

결국 모더나는 시험 참가자의 정기 검사를 실시하고 정보가 축적될 수 있도록 키트를 다시 마련했다. 나중에는 별로 유용한 자료가 아닌 것으로 드러났지만, 이 추가 요건 때문에 모더나의 임상시험 마지막 단계는 일정이 몇 주 지연됐다. 미국에서 실시한 3상 시험 참가자의 팔에 백신이 주사되기 시작한 날짜는 7월 27일이었다. 코로나 19 바이러스에 노출될 가능성이 높은 참가자 3만 명이 임상시험에 참가했고 모더나 연구진은 백신의 감염률과 발병률 감소 효과를 확인하기 위해 이들 중 일부에게는 백신을, 일부에게는 위약을 투여했다. 같은 날 바이오엔텍과 화이자도 미국과 브라질, 다른 몇몇 국가에서 비슷한 3상 시험을 시작했다. 화이자/바이오엔텍을 앞지르려던 모더나의 계획은 물거품이 되었다.

한 달쯤 지나 미국 정부가 또다시 모더나의 임상시험에 제동을 걸었다. 이번에는 3상 시험에 소수집단 참가자를 더 많이 포함시켜야 한다는 이유였다. 이번에는 모더나도 앞선 요구보다 쉽게 납득했다. 화이자에도 동일한 요건이 부과되었다. 그러나 소수집단 참가자 수천 명을 새로 모집하는 과정에서 모더나는 화이자보다 더 큰 난항을 겪었고, 백신 경쟁의 선두 자리는 화이자/바이오엔텍이 차지했다.

2020년 여름에 바이오엔텍 직원들의 절망감은 커져만 갔다.

백신 개발은 잘 되고 있었지만 회사 경영진은 화이자에 모든 이목이 집중되고 있다는 사실에 불만을 품기 시작했다. 수년간 mRNA 기술을 완벽하게 발전시킨 곳은 화이자가 아니라 바이오엔텍이고, 백신을 개발한 사람도 사힌과 그의 팀이다. 그런데 국제 사회의 관심은 대부분 미국의 이 대형 기업에 쏠렸다. 화이자 경영진이 언론에 마치 자신들이 백신을 만든 것 같은 인상을 풍기자 바이오엔텍 직원들은 하나둘 불만을 터뜨렸다.

"지금 우리는 언론 관리에 도가 튼 화이자와 상대하고 있는 겁니다." 바이오엔텍의 한 경영진은 동료에게 회사가 곤경에 처했다는 사실을 언급했다.

그러나 우구르 사힌은 너무 바빠서 화를 낼 틈도 없었다. 화이자/바이오엔텍 코로나19 백신의 임상시험 초기 단계가 진행 중이라 생산 공정에 발생하는 문제를 해결하고 여러 국가에 백신을 공급하기 위한 협상도 이끌어야 했다.

하지만 여름이 막바지에 이를 때쯤 중요한 3상 시험 결과를 기다리던 사힌은 부쩍 불안해졌다. 효과적인 백신이 나온다면 코로나19 대유행을 끝내는 데 도움이 될 것이고, 향후 바이오엔텍이 치료제와 다른 백신을 만들 수 있는 최상의 기회가 될 것이다. 반대로 효능이 입증되지 않는다면 코로나19 대유행이 더 오래 지속되고 전 세계가 앞으로도 더 오래 절망 속에서 살아야 한다. 중국과 러시아 연구진이 먼저 개발한 코로나19 백신이 두 나라 국민과 다른 나라 사람들에게도 투여됐지만 아직 데이터가 충분히 확보되지 않아 효과를 평가할 수 없었다.

바이오엔텍을 든든히 지원해 준 억만장자 토마스 슈트륑만은 사힌과 자주 연락하며 지냈기에 그가 지칠 대로 지쳤다는 사실을 감지하고 정신을 잠시 딴 곳으로 돌릴 필요가 있다고 판단했다. 그래서 어느 일요일 저녁에 전화를 걸어 책, 영화 등 코로나19와 백신을 제외한 가벼운 주제로 사힌과 수다를 떨었다. 사힌은 기분이 한결 가벼워졌다.

모더나의 방셀과 동료들도 3상 시험을 앞두고 긴장되는 마음을 가라앉힐 방법이 필요했다. 방셀, 호지, 안드레스, 그 외 회사 경영진은 여름 내내 매일 영상 통화를 했고 그날그날 필요한 논의를 끝내고 나면 긴장을 풀고 함께 술을 마셨다. 화면 너머로 와인을 마시는 사람, 맥주를 마시는 사람 등 각양각색이었다.

"제정신을 유지하려고 애를 쓴 겁니다." 안드레스의 말이다.

하지만 몇 주 후 다들 저녁마다 술을 마시다가 문제가 생길 수 있다는 사실을 깨닫고 다시 술 없는 회의로 돌아갔다. 방셀은 긴장을 풀면서 건강에도 더 유익한 다른 방법을 찾았다. 회사 초창기부터 함께한 회사 직원들과는 잘 지내지 못했지만 오랜 친구들을 비롯해 인생에서 개인적으로 소중한 사람들에게는 다정한 면모를 보였다. 늘 직접 쓴 편지를 보내기도 하면서 우정을 얼마나 소중하게 여기는지 표현하기도 했다.

너무나 중요한 3상 시험 결과를 기다리던 그때도 방셀은 가까운

18장

친구들과 수시로 줌 영상통화를 했다. 굉장히 지친 모습으로 화면에 나타났고, 어느 날은 전날 세 시간밖에 못 자고 통화를 한 적도 있다. 하지만 점점 고조되기만 하는 긴장감 속에서 잠시나마 마음이 편안해지는 이 시간만큼은 꼭 붙들고 싶은지 아무리 피곤해도 친구들과 대화를 나누는 시간은 포기하지 않으려고 했다.

❖✣❖

11월 첫 번째 주말, 도널드 트럼프와 조 바이든이 출마한 미국 대통령 선거가 끝난 직후 화이자와 바이오엔텍 경영진은 백신 3상 시험의 초기 결과가 나올 예정이라는 소식을 접했다. 4만 4000명이라는 엄청난 수의 피험자를 대상으로 실시한 3상 시험의 중간 분석 결과였다. 11월 초까지 피험자 중 94명이 코로나19 감염 증상을 보임에 따라 백신의 효능을 일차적으로 파악하기에 충분하다는 판단이 내려졌다. 이 감염자 중 화이자/바이오엔텍의 백신을 접종한 사람이 훨씬 많다면 백신 개발은 참패로 끝날 것이고, 위약을 접종한 사람이 대부분이라면 백신의 보호 효과가 입증될 것이다. 데이터 및 안전성 모니터링 위원회로 알려진 독자적인 외부 전문가단은 이 중요한 결과를 공개할 준비를 마쳤다.

11월 8일 일요일 오전 11시, 위원회 구성원들은 화상회의를 시작하고 결과를 논의했다. 화이자와 바이오엔텍을 대표하여 결과를 전달받을 사람으로는 화이자의 선임 과학자 카트린 얀센과 임상시험 운영자 빌 그루버Bill Gruber가 선정됐다. 얀센은 결과를 듣는 대로 코

474
과학은 어떻게 세상을 구했는가

네티컷 주 코스콥의 화이자 연구소 회의실에 모여 함께 결과를 기다리기로 한 화이자 최고경영자 앨버트 불라와 수석 과학자 미카엘 돌스텐, 다른 선임 경영진 세 명에게 곧장 전달하기로 했다. 회의실 나무 테이블에 둘러앉은 이들은 모두 "과학이 승리할 것이다"라고 적힌 검은색 마스크를 착용했고 대부분 밤잠을 설친 바람에 눈도 제대로 뜨지 못했다.

정오쯤 샐러드와 샌드위치로 구성된 점심이 나왔지만 다들 손도 대지 않았다. 그저 누런 종이컵에 담긴 커피만 홀짝일 뿐이었다.

모두가 팽팽하게 긴장한 채로 대기했다. 화이자와 바이오엔텍의 백신이 코로나19로부터 사람들을 지키는 데 도움이 안 된다는 실망스러운 결과가 나올 수도 있다. 그리고 두 회사의 임상시험이 실패한다면, 다른 백신도 실패할 가능성이 컸다. 코로나바이러스의 스파이크 단백질을 표적으로 삼는 것을 비롯해 다른 백신도 화이자/바이오엔텍의 백신 전략과 일치하는 부분이 많기 때문이다.

화이자에는 개인적인 이유로 반드시 좋은 결과가 나오기를 절실히 기도해야만 하는 사람들도 있었다. 얀센과 함께 바이오엔텍과 화이자가 처음 협력하도록 힘을 보탠 필립 도르미트제는 3월부터 아내와 어린 자녀들을 만나지도 못하고 너무나 긴 8개월의 시간을 보냈다. 몇 년 전에 폐렴으로 거의 죽다 살아난 아내는 코로나19에 감염되거나 아이들이 감염될까 봐 겁이 나서 남편에게 우선 백신 연구에 집중하고 화이자 동료들과도 만나야 하니, 효과가 입증된 백신이 나오면 그때 다시 만나자고 했다.[2]

전문가단 회의가 계속되던 그 시각에 얀센은 뉴욕 허드슨 강변에 있는 집에서 결과를 기다렸다. 시간이 갈수록 코네티컷 회의실에도 긴장감이 짙어졌다. 불라와 돌스텐은 목 빠지게 기다리는 소식을 최대한 피해서 가벼운 수다를 떨려고 애썼지만 역시나 마음대로 되지 않았다. 백신 생각 외에 다른 건 도저히 생각할 수가 없었다.

"결과가 어떻게 나올까요?" 불라가 물었다.

돌스텐은 어떤 대답을 해야 할지 망설였다. 일단 불라는 회사 상사 아닌가. 효능이 확실하게 입증될 거라고 말했다가 그런 결과가 나오지 않는다면 불라는 실망할 것이다. 반대로 잘 안 될 것 같다고 말하면 백신을 못 믿는다는 뜻으로 비칠 수 있었다. 그런 비관적인 전망은 회의실에 모인 불라와 모든 사람이 가장 듣고 싶지 않은 말이었다.

"75퍼센트로 예상합니다." 돌스텐이 대답했다.

불라는 별로 만족스럽지 않은 눈치였다.

"그 이상은 아니고요?" 불라가 말했다.

괜히 장난스럽게 따져 묻는 척하는 것 같은 기색이었지만, 돌스텐은 불라의 반응이 정확히 무엇인지 확신이 서지 않았다. 그 순간에는 회의실에 앉아 있는 누구도 생각을 명료하게 할 수 없는 상태였다.

시간은 더디게 흘렀다. 한 시간이 지나고, 90분이 경과했다. 오후 1시가 되자 불라와 모여 있는 사람들 모두 크게 걱정하기 시작했다. 그리고 다들 얀센에게 문자를 보냈다.

'무슨 일이죠?'

'언제 전화 주실 겁니까?'

과학은 어떻게 세상을 구했는가

얀센은 전문가단이 아직 회의 중이라고 전했다.

"그러니 기다리세요." 얀센의 문자였다.

불라, 돌스텐, 다른 사람들 모두 얀센의 메시지에 당황했다.

'기다리라고? 좋은 소식이라는 걸까, 나쁜 소식이라는 걸까?'

오후 1시를 조금 넘긴 시각에, 마침내 전문가단은 얀센에게 결과를 전달했다. 얀센과 그루버는 전문가단 구성원들과 45분 정도 다소 형식적인 대화를 마치고 마침내 코네티컷 회의실 벽에 걸린 대형 스크린에 나타났다. 둘 중 누구라도 어서 입을 열기를 모두가 초조하게 기다렸다.

얀센은 잠시 숨을 가다듬었다. 그리고 무표정하게 사람들을 응시하고는 말을 시작했다.

"좋은 소식이에요. 우리가 해냈습니다……. 이겼어요."

회의실 전체에 커다란 환호가 울려 퍼졌다. 불라는 허공에 주먹을 날렸고 돌스텐은 좋아서 펄쩍펄쩍 뛰었다.

중간 평가 결과, 화이자/바이오엔텍 백신의 효과는 90퍼센트 이상으로 나타났다.

"오 세상에!" 돌스텐이 고함을 질렀다. "믿을 수가 없어요. 믿기 힘든 결과예요!"

"모두 사랑합니다!" 불라는 동료들을 향해 외쳤다.

코네티컷 회의실에 모인 사람들은 다들 얼싸안고 잔에 샴페인을 따랐다.

임상시험 참가자 중 코로나19에 감염된 사람 거의 대부분이 위약군으로 밝혀졌다. 백신의 안전성도 추가로 입증됐다. 2주 정도가 지나고 더 많은 데이터를 분석한 결과 화이자/바이오엔텍 백신의 효과는 95퍼센트였다. 화이자는 2020년 연말이 오기 전에 백신을 유통할 수 있도록 관리 당국에 비상 승인을 얻기 위한 계획을 수립했다.

잠시 후에 불라는 사힌과 튀레지에게도 이 반가운 소식을 전했다. 부부는 백신의 효능이 80퍼센트 정도 되리라 내심 기대했는데, 둘 다 기겁할 만한 수치가 나왔다. 부부는 격한 마음에 좋아서 마구 뛰며 서로를 꼭 끌어안았다. 그리고 새로 내린 차를 마시며 함께 축하했다.

바이오엔텍 선임 경영진 다섯 명에게도 곧 영상 통화로 결과가 전해졌다. 독일 시각으로는 밤 10시였다. 경영진 중 한 명인 션 매럿은 집에서 자고 있는 아이들을 깨우지 않으려고 지하실에서 영상 통화를 받았다. 하루 종일 결과를 기다리며 집 안을 초조하게 서성이다가 아이들 장난감, 운동 기구가 여기저기 흩어진 지하실 소파에 앉아 기다리는 동안 결과가 어떻게 나올까 하는 걱정에 양손에 땀이 다 날 지경이었다.

"결과가 나왔습니다." 사힌은 영상 통화에 모인 사람들에게 먼저 이렇게 전했다.

숨죽인 정적이 이어졌다. 결과를 듣고 모두 깜짝 놀랐다. 매럿은 큰 소리로 웃기 시작했다. 잠시 뒤에는 모두가 터져 나온 웃음을 참지 못하고 시원하게 웃었다. 몇 분이 지나도 웃음을 멈출 수가 없었다. 뭐라고 말을 할 수도 없었다. 그저 웃음만 나왔다.

몇 달 동안 짓누르던 두려움, 압박감, 긴장감이 한순간에 전부 날아갔다.

✼✾✼

11월 15일, 데이터 및 안전성 모니터링 위원회는 모더나 백신의 3상 시험 중간 결과를 검토하고 전달할 준비를 마쳤다. 호지가 모더나 대표자로 영상 통화를 받기로 했다. 내심 겁이 났다. 화이자 백신의 임상시험 결과가 너무 좋아서 그에 견줄 만한 수치가 나오지 않으면 어쩌나 걱정이 됐다. 비슷한 수치가 나오지 않는다면? 최악의 시나리오가 모조리 떠오르는 동시에 기대감은 점점 커져만 갔다.

'80퍼센트 정도일 거야.' 호지는 생각했다.

전문가단 회의는 오전 10시에 시작됐다. 정오쯤 호지와 모더나 백신 개발에 참여한 정부 연구진의 대표자인 앤서니 파우치에게 회의가 끝났다는 소식이 전해졌다.

영상 통화가 연결되자마자 호지는 전문가단의 얼굴부터 살폈다.

'저분은 웃고 있는데? 아니야, 또 저분은 침울한 표정이야. 무슨 의미일까?!'

호지는 대부분 그저 따분한 표정이라는 사실을 서서히 깨달았다. 두 시간 넘게 모더나의 임상시험 데이터를 검토했으니 결과가 전달되는 동안 좀 쉬고 싶었던 것이다. 개인 이메일을 열고 확인하는 사람도 있었다. 인류 역사에 크게 남을 대유행병에 엄청난 전환점이 될지 모르는 순간이고 지난 3일 동안 잠도 못 자고 밤을 꼴딱 새울 만큼 모더나의 역사, 호지의 커리어에도 가장 중대한 순간인데 이렇게 흥분감이나 들뜬 모습이라곤 전혀 보이지 않을 수가 있나? 호지는 결과가 그만큼 끔찍한가 보다고 추측했다. 다시 한 번 전문가단의 얼굴을 뜯어보며 뭐라도 실마리를 찾으려고 애를 썼다.

'좀 웃어요! 누구든, 한 명이라도!'

모니터링 위원회 대표가 발표를 시작했다. 먼저 모더나의 임상시험이 실시된 이유와 목표를 밝혔다. 더없이 건조하고 지루한 설명이었다.

'목표?! 이것 봐요. 대유행을 중단시키려고 하는 거잖아요. 그게 목표라고요!'

호지는 잠시 농담을 던질까 생각했지만 집 안의 사무 공간에서 영상 통화에 참석한 파우치는 전문가단처럼 냉정한 모습이라 그런 생각은 접었다. 발표 중인 위원장의 팔에 큰 멍이 들어 있고 검은색과 흰색으로 된 보호대까지 착용하고 있다는 사실을 발견한 호지는 어쩌다 다치셨냐고 묻고 싶었지만 그 질문도 참기로 했다.

위원장에 이어 수석 통계학자가 발표를 시작했다. 위원장보다 더 무미건조하게 말하는 사람들만 일부러 골라서 위원회를 꾸린 것 아닌가 하는 생각마저 들었다. 통계학자는 이제 곧 공개할 결과가 수학적으로 어떤 값이 사용되었는지 설명했다. 임상시험 참가자 수를 비롯해 호지와 다른 사람들 모두 너무나 잘 알고 있는 다른 내용도 열거했다. 영상 통화에 참여한 사람들 모두가 집중해서 듣는 모습이었다. 3분가량 이어진 통계학자의 발표가 호지에게는 3시간처럼 느껴졌다.

그 사이 방셀과 모더나의 다른 경영진이 포함된 단체 채팅방에 메시지가 올라왔다.

'어떻게 되고 있습니까?!'

과학은 어떻게 세상을 구했는가

호지는 아무 말도 할 수 없었다.

마침내 수치가 공개됐다. 임상시험 참가자 3만 명 중에 95명이 코로나19에 감염되어 증상을 보였고, 이 감염자 중 90명이 위약군이었다. 모더나 백신을 맞고 감염된 사람은 5명뿐이었다.

호지는 결과를 다 듣고도 믿을 수가 없었다. 머릿속으로 효능을 계산하느라 1, 2분의 시간이 걸렸다. 그러다 곧 모더나가 투자자들에게 공개해야 하는 몇 가지 중요한 정보를 자신이 제대로 안 듣고 있다는 사실을 깨닫고 당황했다. 정신없이 종이에 휘갈겨 받아 적으면서 다시 정신 차리고 귀를 기울였다.

좋은 소식은 또 있었다. 감염자 95명 중 중증 감염자는 11명이었는데 전부 위약군으로 확인됐다. 모더나 백신을 맞고 크게 앓은 사람이 없다는 것은 효능을 입증하는 또 다른 근거였다.

호지는 잠시 틈이 났을 때 회사 단체 채팅방에 소식을 전했다.

홈런이에요.

홈런

94.5%

파우치의 목소리가 들렸다. "이건 정말 놀라운…… 이럴 수가…… 지금 전 할 말을 잃었습니다."

모니터링 위원회는 호지에게도 하고 싶은 말이 있느냐고 물었다. 너무 기쁜 나머지 정신이 아찔한 상태인 데다 미리 준비해 온 말도

없었지만, 호지는 얼른 정신을 차리고 위원회에 이렇게 시간을 내줘
서 감사하다고 인사했다.

방셀은 보스턴의 집에서 아내와 부둥켜안았다. 열여덟 살 딸은 2
층 방에서, 열여섯 살 딸은 지하실에서 얼른 달려왔다.

"넷이서 부둥켜안고 울었습니다." 방셀의 말이다.[3]

모더나 백신이 코로나19로부터 사람들을 보호할 확률은 94.5퍼
센트로 입증됐다. 화이자/바이오엔텍과 비슷한 결과였다. 모더나
백신은 냉장 온도에서 30일까지 안정적으로 보관할 수 있으므로 훨
씬 낮은 온도에 보관해야 하는 화이자 백신보다 배송과 보관이 수
월했다.

앞서 화이자/바이오엔텍 백신의 시험 결과도 모더나에 전달된 결
과도 모두 예비 결과였고, 시간이 더 지나서 나온 결과에서 두 백신
은 효능이 비슷한 것으로 나타났다. 이제 세상은 지독한 바이러스에
맞서 인체를 보호할 수 있는 두 가지 백신을 갖게 되었다. 소식이 전
해지자 다우존스산업평균지수가 급등하고 소셜미디어마다 백신 소
식에 떠들썩해졌다. 그리고 전 세계 수백만 명이 깊은 안도의 한숨을
내쉬었다. 거의 8개월 만에 처음으로, 사람들은 일상생활로 돌아갈
수 있을지 모른다는 기대를 갖게 되었다.

✧ ✠ ✧

에이드리언 힐, 사라 길버트를 비롯한 옥스퍼드 연구진도 3상 시
험 결과를 기다렸다. 백신 경쟁에서 맨 앞을 달리다 선두를 놓친 일

이나 이들이 임상시험 결과를 어떻게 처리하는지 알 수 없다는 의문이 제기된 일 모두 연구진에게 시련이 되었지만 그래도 사람들은 옥스퍼드/아스트라제네카 백신을 기다렸다. 신종 코로나바이러스 감염으로 사망한 사람이 전 세계에서 130만 명에 이르렀을 때 아스트라제네카는 2021년 말까지 여러 저소득 국가를 비롯한 전 세계에 백신 30억 회분을 공급하겠다고 약속했다.[4]

영국과 브라질에서 실시된 3상 시험의 중간 결과는 힐과 길버트, 동료들이 힘든 시간을 딛고 새롭게 나아가는 기회가 될 것으로 여겨졌다. 결과가 좋으면 신속 승인 절차를 밟을 수 있고 연말 전에는 전 세계인의 팔에 접종을 시작할 수 있을지도 모른다. 화이자/바이오엔텍 백신과 모더나 백신의 3상 시험 결과가 나오고 얼마 지나지 않은 11월 22일, 옥스퍼드 연구진과 아스트라제네카 경영진은 마침내 임상시험 결과를 전달받았다. 괜찮은 결과였지만 다소 혼란스러운 부분이 있었다.

여러 피험자 그룹 중 규모가 가장 큰 9000여 명으로 구성된 그룹에서 백신의 효능은 62퍼센트로 나타났다. 해당 그룹의 피험자는 모두 몇 주 간격을 두고 백신의 강도가 완전히 발휘될 수 있는 용량을 총 2회 접종했다. 대유행병이 발생한 상황이 아니라면 충분히 기뻐할 만한 수치지만 옥스퍼드와 아스트라제네카 과학자들 모두 화이자/바이오엔텍 그리고 모더나 백신에서 나온 결과에 미치지 못한다는 사실을 잘 알고 있었다.

하지만 옥스퍼드 연구진은 데이터를 분석한 결과 반가운 사실을 발견했다. 피험자 2741명으로 구성된 그보다 작은 피험자 그룹은 백신 강도의 절반이 발휘되는 용량을 1차로 접종하고 12주 후에 백신 강도가 모두 발휘되는 분량을 2차로 접종했는데, 이들에게서 백신의 효능이 90퍼센트로 나온 것이다. 옥스퍼드 연구진은 왜 이 그룹의 1차 접종에 용량이 다르게 투여되었는지 알고 있었다. 이탈리아의 한 제조업체에 임상시험에 쓸 백신 중 상당량의 생산을 맡겼는데, 생산된 백신을 받아서 옥스퍼드 연구진의 방식대로 분석해 보니 백신 강도가 처음 정한 기준보다 높았다. 그러나 이탈리아 업체는 그럴 리 없다며 정상적으로 잘 만들었다고 주장했다. 이에 옥스퍼드 연구진은 백신의 강도가 부정확하게 측정됐을 가능성이 있으므로 투여 용량을 낮추기로 했다. 백신의 강도가 너무 과해지지 않도록 용량을 낮춘 것이다. 그리 심각한 문제는 아니었다. 실험실마다 측정법이 다른 건 흔한 일이고, 백신의 절반 용량을 임상시험에서 투여하는 계획도 몇 달 전에 규제 기관의 승인을 받아 둔 터였다.

하지만 옥스퍼드와 아스트라제네카 연구진은 임상시험에서 왜 피험자 그룹별로 백신 효능이 이토록 큰 차이가 나는지 설명해야 했다. 그러지 않아도 투명성 문제가 도마 위에 올라 혹독한 비난을 받았는데, 또다시 매서운 여론에 시달리고 싶지는 않았다. 그러면서도 연구진은 효능이 90퍼센트라는 사실에 크게 기뻐했다. 내심 화이자/바이오엔텍 백신이나 모더나 백신과 비슷한 결과가 나오기를 고대했던 연구자도 많았다. 이들은 이 자랑스러운 백신의 효과를 얼른 세상에 알리고 싶었다.

11월 23일 오전에 옥스퍼드대학교와 아스트라제네카는 동시에 임상시험 결과를 발표했다. 옥스퍼드는 보도자료에서 "획기적인 성과"라고 밝혔고 아스트라제네카는 별도로 낸 보도자료에서 자사 백신이 "코로나19 예방에 매우 효과적"이라고 설명했다. 아스트라제네카는 먼저 효능이 가장 높은 90퍼센트가 나온 시험 결과부터 언급한 다음 62퍼센트의 효능이 나타난 시험 결과를 제시하고 결과를 종합하면 "평균 효능은 70퍼센트"라고 밝혔다.

결과가 나오자 여러 언론이 수치가 더 높은 결과를 중점적으로 보도했다.

〈월스트리트저널〉은 헤드라인으로 이 소식을 전했다. "아스트라제네카-옥스퍼드 코로나19 백신, 임상 최종 단계에서 효능 최대 90%로 확인."[5]

그러나 얼마 지나지 않아 옥스퍼드/아스트라제네카 팀은 연이어 비난을 받았다. 효능 결과 중에 수치가 높은 것은 임상시험 전체 참가자 중 일부로 구성된 소집단에서 나온 결과이므로 연구진이 유리한 결과를 선별해서 보여 주는, 과학에서 해서는 안 되는 일을 했다는 지적이 나왔다. 또한 어떻게 평균 효능이 70퍼센트인지도 명확하지 않았다. 옥스퍼드와 아스트라제네카는 왜 투여량을 절반으로 줄였을 때 더 강력한 보호 효과가 나타났는지, 어떤 과정을 거쳐서 그런 결과를 얻었는지 확실하게 설명하지 않았다.

"투여량을 반으로 줄여서 나온 결과는 우연히 나온 것입니다." 아스트라제네카에서 비종양 부문의 연구개발을 지휘해 온 메네 팡갈로스Mene Pangalos는 로이터와의 인터뷰에서 말했다. "맞습니다. 실수였어요."[6]

하지만 팡갈로스의 상관인 파스칼 소리오Pascal Soriot는 "그건 실수가 아니다"라고 언급했다. 길버트와 힐도 소리오와 같은 입장을 단호히 밝혔다.

"투여량을 혼동해서 생긴 일이 아닙니다." 길버트는 〈파이낸셜타임스〉에 설명했다.[7]

슬로위는 임상시험 결과에서 또 한 가지 실망스러운 사실을 발견했다. 결과가 발표된 날, 그는 백신 투여량이 절반인 시험군 참가자가 전부 55세 미만이라는 점에 주목했다. 코로나19에 가장 취약한 노년층에게도 이 백신이 효과가 있을지 새로운 의문이 제기될 수 있는 결과였다.[8] 나중에 옥스퍼드와 아스트라제네카의 백신을 절반 용량으로 투여해서 나타난 효과는 1차 접종과 2차 접종 간격이 매우 길었기 때문일 가능성이 높은 것으로 밝혀졌다. 접종 간격을 더 길게 늘리면 효능이 높아진다는 것은 이전에도 밝혀진 사실이다. 그러나 비난 여론은 쌓여 갔다.

"온 세상이 이 백신을 고대했습니다." 미국 샌디에이고 스크립스 연구소의 유명한 임상시험 전문가 에릭 토폴Eric Topol의 말이다. "정말 실망스러운 일입니다. (……) 처음부터 안전성, 효능, 투여용량, 모든 걸 솔직하게 밝혔다면 그쪽 입장도 지금보다는 나았을 겁니다. 하지만 이제 신뢰는 무너졌어요. 잃어버린 신뢰를 어떻게 되찾을 수 있을지 모르겠군요."[9]

힐은 과학자로 일하는 내내 동료 연구자를 호되게 비판했다. 그랬던 그와 힐의 동료들은 이제 전 세계 과학자들과 수많은 사람들로부터 맹렬한 공격을 받았다.

"옥스퍼드와 아스트라제네카는 임상시험 전체 참가자 중 규모가

과학은 어떻게 세상을 구했는가

상대적으로 작은 소집단에서 나온 90퍼센트 효능을 강조하며 시험 결과를 번듯하게 꾸미려고 했습니다." 투자사인 SVB 리링크$_{SVB\ Leerink}$의 연구 분석가 제프리 포지스$_{Geoffrey\ Porges}$의 말이다. "백신 개발자가 소집단에 시동 용량을 줄여서 투여했더니 최상의 효능이 나타났다고 말한다면, 그 백신의 신빙성은 떨어질 뿐입니다."

힐은 격노했다. 부당한 비난이라고 생각했다. 그는 사람들에게 연구팀이 소통과 분석 능력을 더 키워야 할 필요는 있지만 대유행병의 확산을 잡으려고 발 빠르게 움직였다는 점을 강조했다. 자신들이 만든 백신이 완벽하지 않고 가장 뛰어나다고 할 수는 없더라도 효과가 있고 사람의 생명을 구할 수 있는 백신인 건 사실이라고 말했다. 왜 다들 그런 사실은 인정하지 않을까?

2020년 말에 힐은 동료 과학자와 통화하면서 좌절감을 토로했다.

"다들 자신이 지금 무슨 말들을 하고 있는지도 모를 겁니다." 힐은 과학계, 언론, 그리고 옥스퍼드/아스트라제네카의 노력을 비난한 거의 모든 사람들을 가리켜 말했다.

자신의 입장을 계속 옹호하느라 힐의 목소리는 점점 고조됐다.

"당장 쓸 수 있는 백신이 있다고요. 바이러스가 사람들을 죽이고 있는데!"

19장

2020년 겨울 - 2021년 여름

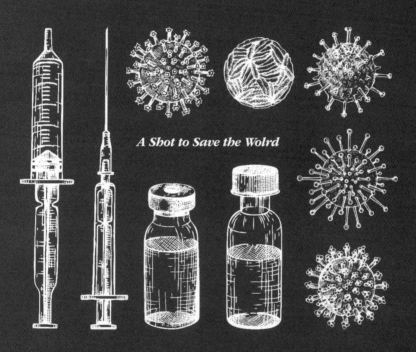

A Shot to Save the Wolrd

.
.
.

이토록 많은 사람이 이만큼 적은 사람에게
이렇게 큰 빚을 진 적은 없었다.

윈스턴 처칠[1]

.
.
.

2020년 12월 13일 월요일 오전 9시를 막 지난 시각에 샌드라 린지Sandra Lindsay는 임상시험을 제외하고 미국인 최초로 코로나19 백신을 접종한 사람이 되었다. 뉴욕 주 퀸스에 자리한 롱아일랜드 유대인 의료센터에서 중환자실 간호사로 일하는 린지도 코로나19로 가족을 잃었다. 화이자/바이오엔텍 백신을 접종한 후, 린지는 예전에 맞은 다른 백신과 차이점을 못 느꼈다고 전하면서 사람들에게 백신을 맞으라고 독려했다. 특히 자신과 같은 서인도제도 사람 중 일부가 코로나19 백신이 나온 초기에 경계심을 드러낸 사실을 염두에 두면서 이들에게도 백신을 맞으라는 메시지를 전했다.[2]

일주일 뒤에는 모더나 백신도 미국 정부로부터 화이자/바이오엔텍 백신과 같이 18세 이상에 접종해도 좋다는 승인을 받았다. 곧 이두 종류의 백신이 의사, 간호사, 그 외 일선에서 싸우는 보건 분야 근로자들의 팔에 접종됐다. 요양원 거주자와 코로나19로 중증 질환을 앓을 위험성이 가장 높은 사람들에게도 투여됐다. 이어서 다른 국민들에게도 두 회사의 백신이 제공됐다.

그러나 백신으로는 대유행병을 진압할 수 없었다. 겨울 동안 미국과 전 세계의 코로나19 감염자는 대폭 늘어나 지난봄과 여름보다 상황이 더 악화됐다. 2020년 12월에 미국의 코로나19 사망자 수는 35만여 명에 육박했고 병원마다 환자로 넘쳐나는 위태로운 상황이 지속됐다. 일일 감염자 수는 거의 30만 명이라는 기록적인 수준에 이르렀다.[3] 감염자가 크게 증가하자 유럽과 세계 곳곳의 많은 나라가 크리스마스 연휴를 앞두고 엄격한 통제 조치를 시행했다.

더 효과적인 백신이 절실하던 그때, 노바백스 연구개발 사업을 운영하면서 메릴랜드 주 시골에서 닭을 키우던 그레고리 글렌도 도움이 절실했다. 글렌의 나이는 예순다섯이었고, 노바백스 최고경영자 스탠리 어크는 일흔하나였다. 게일 스미스는 어크와 동갑이었다. 이 세 사람은 지난 10년이 넘는 세월 동안 효과적인 백신을 만들기 위해 노력한 끝에 마침내 백신 하나가 결승선 가까이에 도달했다. 어떤 면에서 노바백스의 코로나19 백신은 다른 어떤 백신보다 인체 면역계를 활성화하는 효과가 우수한 것으로 나타났다. 최소한 초기 임상시험 결과는 그랬다. 즉 노바백스 백신은 코로나19 바이러스와 맞서는 기능이 가장 뛰어나다고 알려진 중화 항체가 충분히 생성되고 동시에 T세포 반응도 강력히 이끌어 내는 것으로 확인됐다.[4]

하지만 백신의 효과를 명확히 뒷받침하는 근거가 필요했다. 글렌, 어크, 스미스는 2021년 1월 내내 임상시험 마지막 단계 결과가 나오기만을 기다렸다. 어크는 불안감을 느끼면서도 낙관적인 결과를 예상했지만 그와 가까운 사람들은 극히 예민해졌다. 어크의 아내 사라 프레흐Sarah Frech 박사는 서아프리카 부두교 인형 앞에 촛불을 밝히고 인형을 문지르며 남편의 회사가 긴 세월 갈망해 온 행운이 따르기를 빌었다.

1월 말, 글렌과 어크는 영국에서 진행한 노바백스 백신의 임상시험 결과를 함께 기다리기 위해 사우스캐롤라이나에 있는 어크의 집

과학은 어떻게 세상을 구했는가

으로 찾아갔다. 회사에서 결과를 듣고 싶지는 않았다. 또 실패한다면 너무 큰 절망에 도저히 마음을 수습할 수 없을 것 같았기 때문이다. 그래서 오랜 친구들끼리 좀 더 편한 곳에서 함께 결과를 기다리기로 했다.

다들 야외에 내놓은 피크닉 테이블 근처를 서성이고 있을 때 글렌의 전화벨이 울렸다. 노바백스의 통계학자 조익성의 전화였다.

"줌 회의로 말씀드릴게요."

글렌과 어크는 컴퓨터를 켜고 다른 몇몇 사람들과 함께 화상회의를 시작했다. 조익성은 전달할 데이터가 있다고 말했다. 희망이 꺾이고 기대가 산산이 부서졌던 일들을 함께 겪은 글렌과 어크는 어떤 결과일지 아무것도 예상할 수 없었다.

조익성은 회의에 모인 사람들에게 몇 가지 수치를 공개했다. 일순간 침묵이 내려앉았다. 글렌과 어크가 둘 다 머리가 희끗해지고 돋보기가 필요한 나이가 된 것은 맞지만 아무리 그래도 그렇지 화면에 뜬 숫자가 너무 작아서 제대로 읽을 수가 없었다. 글렌은 모니터 가까이로 다가가서 눈을 찡그리고 숫자를 다시 읽었다.

'89.3 퍼센트가 맞아?'

그랬다. 영국에서 진행된 3상 시험에서 노바백스의 코로나19 백신은 코로나19 감염으로부터 인체를 보호하는 효과가 89.3 퍼센트로 나타났다. 글렌은 숫자를 보고도 믿을 수 없었다. 숨이 턱 막혀서 말도 나오지 않았다. 노바백스 백신이 정말로 효과를 발휘한 것이다. 그 오랜 시간을 거쳐, 글렌과 동료들은 마침내 성공적인 결과를 얻었다.

게다가 임상시험이 진행된 때는 영국은 코로나바이러스의 변종이 확산되어 우려가 커지던 시기라 89.3퍼센트는 더 놀라운 수치였다. 또 다른 종류의 위험한 변종이 확산되던 남아프리카 공화국에서 진행된 임상시험 중간 결과에서는 효능이 훨씬 더 낮은 것으로 확인되었으나, 대부분 분석가는 모더나, 화이자/바이오엔텍 백신의 임상시험 결과와 비슷한 수준이라고 보았다.

2021년 6월에는 미국과 멕시코에서 진행된 노바백스 백신의 3상 시험 결과가 나왔다. 성인의 90.4퍼센트에서 증상이 동반되는 코로나19 예방에 효과가 있다는 결과였다. 게일 스미스와 동료들이 개발한 백신이 신종 코로나바이러스에 큰 효과를 발휘한다는 사실을 뒷받침한 새로운 증거였다. 그러나 생산 공정이 규제 기관이 정한 요건을 모두 충족하지 못해서 최종 승인을 받으려면 아직 몇 개월 더 걸릴 것으로 전망됐다. 서구 지역에서 화이자/바이오엔텍과 모더나가 차지한 코로나19 백신 초기 시장 점유율을 노바백스가 곧바로 가져오지 못한다는 의미였다. 그래도 노바백스는 전 세계에 총 11억 회분의 백신을 공급하기로 했고, 아프리카 등 백신이 절박한 여러 지역과 세계 곳곳의 접종률 증가에 노바백스 백신이 중요한 역할을 할 것이라는 전망이 나왔다. 서구 지역과 다른 곳에서 진행될 추가 접종에 필요한 물량을 확보하는 데도 노바백스 백신이 도움이 될 것이라고 보는 사람들도 있었다. 과학자인 힐다 바스티안Hilda Bastian은 〈애틀랜틱The Atlantic〉과의 인터뷰에서 노바백스 백신은 mRNA 백신과 효능은 거의 비슷하면서도 이상 반응 발생률이 낮고 이상 반응이 생기더라도 증상이 더 경미하다고 밝혔다.[5]

"노바백스 백신의 성공 소식은 헤드라인감이에요. (……) 현시점에서 우리가 이용할 수 있는 가장 우수한 코로나19 백신입니다." 바스티안은 설명했다.

이 작은 회사가 마침내 거둔 성취였다.

스미스는 기분이 한껏 고조됐다. 얼굴에 웃음이 떠나지 않을 정도였다. 오랜 세월 곤충 바이러스와 세포로 백신을 개발할 수 있는 방법을 연구했고, 마이크로제네시스에서 프랭크 볼보비츠와 함께 시도한 에이즈 백신은 비참한 실패로 끝났다. 이후 노바백스에서 16년간 여섯 가지 백신 개발에 매진했지만 매번 실패를 거듭됐다.

그리고 지금, 인류 역사에 길이 남을 대유행병의 뿌리를 뽑는 데 도움이 될 성과를 얻은 것이다. 스미스 연구진은 코로나바이러스와 인플루엔자 감염 예방 효과를 동시에 얻을 수 있는 백신도 개발 중이었는데 그 일에도 자신감이 붙었다. 코로나19 백신 개발로 회사는 수익이 생기고 주가도 급등해 200달러를 넘어섰다. 스미스가 이끄는 연구개발팀도 덕분에 구성원이 두 배로 늘어나 이제 마흔 명 가까운 인원이 함께 일하게 되었다. 스미스는 무엇보다 새해가 되면 일흔두 살이 되는 자신이 아직 회사에 일할 자리가 있고 곤충 바이러스 기술을 더 발전시킬 기회를 얻었다는 사실에 감사했다.

미국에서 진행된 임상시험 결과가 공개된 그날 저녁, 스미스는 아내와 함께 차로 30분 거리에 있는 리틀 워싱턴의 '더 인The Inn'에서 식사를 했다. 블루리지 산맥의 산자락이 훤히 보이는 그곳에서 부부는 여덟 가지 음식이 나오는 풀코스를 주문했고 하나하나 천천히 음미했다.

"변화를 일으킬 수 있는 기회를 얻고 싶다는 마음으로 살아 왔습니다." 스미스의 말이다. "저는 영향력을 발휘할 힘이 남아 있다는 사실에 그저 감사할 따름입니다."

❖✞❖

옥스퍼드대학교의 에이드리언 힐 팀에도 오래 기다렸던 희소식이 찾아왔다. 2020년 12월 30일, 영국에서 백신이 승인된 것이다. 옥스퍼드/아스트라제네카 백신은 승인이 떨어지자마자 유통되어 영국에서 다시 시작된 코로나19 확산을 가라앉히는 데 힘을 보탰다. 1월 말에는 유럽에서도 승인이 떨어졌다. 힐과 동료들 모두에게 기쁜 일이었다. 수십 년의 연구로 마침내 사람들의 팔에 투여할 수 있는 백신이 생겼다.

그러나 2021년 2월에 심각한 문제가 발생했다. 접종 전까지 건강했던 여성들이 코로나19 백신을 맞고 혈전이 생긴 사례가 나타났고, 그중 일부는 뇌정맥동혈전증CVST이라는 중증 질환으로 이어졌다. 유럽 의약품청은 이 같은 문제가 발생할 확률이 옥스퍼드/아스트라제네카 백신을 투여한 사람 10만 명당 겨우 한 명 정도라고 판단했지만 힐에게는 또 한 번 중대한 걸림돌이 되었다. 2021년에 옥스퍼드/아스트라제네카 백신은 노년층의 백신 효과에 관한 의혹이 제기되었고 새롭게 나타난 코로나바이러스 변종을 막을 수 없다는 우려가 나오는 등 계속해서 문제를 겪었다.

미국과 칠레, 페루에서 3만 2000명을 대상으로 실시한 대규모 최종 임상시험 결과도 오래 기다린 끝에 마침내 나왔지만 이 역시 논란

과학은 어떻게 세상을 구했는가

을 피하지 못했다. 2021년 3월 말, 아스트라제네카가 백신의 효과가 79퍼센트라는 임상시험 예비 결과를 발표한 직후 연구 모니터링을 실시하는 외부 단체 한 곳이 그 데이터는 유효성이 없고 터무니없는 결과라는 입장을 밝혔다. 여론의 항의가 거세지자 미국 국립보건원 NIAID도 우려를 표명했다.

힐은 엄청난 좌절감을 느꼈다. 어떻게 정부 기관이 자신과 동료들이 만든 백신에 의문을 제기할 수 있는지 이해할 수 없었다. 하루에 수천 명이 목숨을 잃고 있는데 어떻게 이토록 많은 사람이 백신에 시비를 걸 근거를 찾으려고 하는지도 납득할 수 없었다.

"사람들이 백신에 확신을 갖도록 할 만한 이야기나 좀 해 보세요." 모니터링 단체가 공개적인 비판의 수위를 높이자 힐은 〈워싱턴 포스트〉 기자에게 이메일로 이렇게 말했다. "지금 이게 다 무슨 일입니까?!"[6]

얼마 후 옥스퍼드/아스트라제네카는 자사 백신은 증상이 동반되는 코로나19를 예방하는 효과가 76퍼센트이며 연령대, 인종과 상관없이 중증 질환과 입원 치료를 예방하는 효과가 100퍼센트라는 새로운 데이터를 공개했다. 그러나 실수와 절망은 이들의 백신 개발 사업에 이미 깊은 자국을 남겼다. 대부분 불필요하고 예상치 못한 실수였다. 많은 사람이 힐과 동료들을 뛰어난 실력을 보유하고도 도무지 설명하기 힘든 끔찍한 자살골을 넣어 버린 프리미어리그 축구팀처럼 여겼다.

일부 언론은 따끔하게 비판했다.

"틱톡에 올라오는 베이비부머 세대의 댄스 영상을 볼 때처럼, 아스트라제네카의 코로나 백신 개발 과정을 보고 있자면 의혹과 역겨움을 동시에 느끼지 않을 수가 없다." 〈STAT〉의 애덤 포이어스타인Adam Feuerstein은 이렇게 말했다. "단계 하나를 지날 때마다 문제가 생겼고 대부분 자초한 일이다."

2021년 여름까지도 미국에는 옥스퍼드와 아스트라제네카의 코로나19 백신 승인 신청서도 제출되지 않았다. 그래도 이 백신은 전세계 70개국 이상에서 승인을 받고 수많은 지역에서 가장 많이 접종된 백신이 되었다. 옥스퍼드/아스트라제네카 백신이 사람의 목숨을 구하는 효과가 뛰어나다는 사실도 입증됐다.[7] 다양한 코로나19 백신 중에서 가장 저렴하고 운송과 보관이 가장 용이하며 일반 냉장고에서도 6개월 이상 보관할 수 있다는 점은 큰 인기를 얻은 중요한 이유가 되었다. 2021년 여름까지 세계 곳곳에서 2억 명 이상이 옥스퍼드/아스트라제네카 백신을 접종했다. 아스트라제네카는 2021년 말까지 빈곤국과 경제적 수준이 중간 수준인 국가에 사는 수억 명에게 접종할 분량을 포함하여 백신을 최대 30억 회분까지 공급할 계획이라고 발표했다.[8]

힐과 길버트는 세간의 조롱이나 이미 엎질러 버린 실수를 잘 넘긴 것 같았다. 동료들과 대화를 나눌 때면 비판 여론에 얼마나 힘들었는지 이야기하면서도 전 세계적으로 수많은 사람을 보호할 수 있는 안전하고 효과적인 백신을 개발했다는 사실에 자부심을 드러냈다. 4월에 힐과 길버트는 코로나19 백신의 지식재산권을 보유한 백시텍Vaccitech이라는 스타트업을 설립했고 주식 공모를 실시했다. 두 사람이 소유한 백시텍의 지분은 약 10퍼센트로, 약 5억 달러의 가치

과학은 어떻게 세상을 구했는가

에 해당한다.[9]

그즈음부터 힐은 다시 원래 하던 말라리아 연구로 돌아갔다. 그가 개발한 R21이라는 말라리아 백신의 3상 시험은 이미 시작되어 2021년 초에 효능이 77퍼센트로 입증됐다. 기존 말라리아 백신보다 훨씬 뛰어난 수준이었다. 힐의 연구진은 2023년까지 저렴한 말라리아 백신을 만들고 접종을 시작해 해마다 사하라사막 이남 아프리카 지역에서 어린아이들을 중심으로 약 40만 명의 목숨을 앗아가는 이 질병을 퇴치할 수 있기를 바란다는 뜻을 밝혔다.[10]

"올해 아프리카에서는 코로나19로 목숨을 잃는 사람보다 말라리아로 세상을 떠나는 사람이 훨씬 많을 겁니다." 힐은 한 기자에게 설명했다. "두 배 정도 많은 걸 가지고 훨씬 많다고 표현하진 않아요. 아마도 10배는 더 많을 겁니다."[11]

6월에 힐은 영국 엘리자베스 여왕으로부터 명예기사 작위를 수여받았다. 사라 길버트도 여성에게 주어지는 기사급 작위를 수여 받았다. 두 과학자의 커리어에 더없이 명예로운 일이었다. 기사 작위를 받은 날 저녁에 힐은 옥스퍼드에서 몇몇 동료와 함께 바비큐를 즐겼다. 사람들로부터 박수도 받고 모두 함께 샴페인 잔을 부딪쳤다. 재혼을 기념하며 지브롤터로 여행을 다녀온 지 얼마 안 된 그날 힐은 쾌활하고 낙천적이면서 자부심이 넘치는 모습이었다.

✧¤✧

댄 바로치도 축하할 일이 생겼다.

2021년 2월 27일, 존슨앤존슨의 코로나19 백신은 미국 식품의약국으로부터 미국의 18세 이상 성인에게 접종할 수 있다는 승인을 받았다. 미국에서는 세 번째로 승인받은 백신이 된 것이다. 18세 이상 자원자 약 4만 4000명을 대상으로 실시한 임상시험에서 존슨앤존슨 백신은 코로나19로부터 인체를 보호하는 효과가 66.1퍼센트로 입증됐고, 이 결과를 토대로 내려진 결정이었다. 임상시험이 실시된 지역 중에는 신종 코로나바이러스의 위험한 변종이 나타난 지역도 포함되어 있었다. 미국에서 나온 결과만 추리면 효능은 72퍼센트였다.[12]

화이자/바이오엔텍 백신이나 모더나 백신에서 확인된 효능과는 차이가 있지만, 존슨앤존슨의 백신은 중증 코로나19를 막는 효과가 85.4퍼센트인 것으로 확인됐다. 〈월스트리트저널〉은 "정체를 파악하기 힘든 새로운 변종이 급속도로 번지기 전에 접종률을 끌어올리려는 (각국 정부 기관의) 절박한 노력에 보탬이 될 새로운 백신"이라고 소개했다.[13]

존슨앤존슨 백신은 일반 냉장고 온도에서 운반하고 보관할 수 있는 '냉장 보관이 가능한' 백신이다. 이 특징 덕분에 저소득 국가, 그리고 화이자/바이오엔텍 백신처럼 극저온에서 장기간 보관해야 하는 백신을 쓰려면 반드시 갖추어야 하는 값비싼 냉동고가 없는 다른 여러 국가에도 코로나19 백신을 보다 쉽게 제공할 수 있었다. mRNA 백신은 시동 용량을 1차로 접종한 후 추가로 다시 접종을 해야 하는 반면, 존슨앤존슨 백신은 단일 투여 백신이라는 점에서 1차 접종 후 3주에서 4주 뒤에 다시 백신을 맞아야 한다는 사실에 거부감을 느끼거나 그러한 일정을 맞출 수 없는 사람에게 큰 장점이었다. 부작용도 상당히 약한 수준이었다.

코로나19 신규 확진자와 입원 환자, 사망자가 줄어들 기미가 보이지 않던 상황에서 존슨앤존슨이 2021년 6월 말까지 미국에 백신 1억 회분을 공급하고 유럽연합 국가들과 다른 곳에도 추가 물량을 공급할 것이며 대유행 기간에는 전량 수익을 남기지 않고 제공한다고 발표하자 정치계와 사회 리더들 모두 크게 환영했다.

바로치는 존슨앤존슨의 의약품 부문인 얀센에서 일하며 이 백신의 개발과 시험을 지원했다. 존슨앤존슨의 코로나19 백신은 바로치의 Ad26 기술을 토대로 개발되었으므로 이 백신 개발 사업의 대표적인 인물로 텔레비전에도 소개되고 언론 인터뷰도 진행됐다. 연구실 근처 보스턴 거리를 걸을 때면 처음 보는 사람들이 다가와서 노고에 감사하다는 인사를 건네기도 했다. 이메일이나 편지로 고마운 마음을 전한 사람들도 있었다.

바로치의 열세 살 딸 수잔나가 다니는 중학교는 코로나19 대유행기간에 온라인과 현장 수업을 병행하기로 했다. 코로나19 검사 결과 음성이 나온 사람만 등교해서 수업을 받을 수 있고, 나머지는 집에서 생중계되는 수업을 들었다. 수잔나의 담임선생님은 감염될 수 있다는 두려움에 2020-2021년 학기에는 원격 수업을 하기로 했다. 중년인 이 선생님도 존슨앤존슨 백신을 접종했는데, 바로치에게 이메일을 보내 접종을 받고 난 다음 너무 기쁘고 안심이 되어 눈물을 흘렸다고 전해 왔다. 2주 후에 선생님은 바로치의 딸과 대유행 이후 처음으로 직접 만났다. 온 가족의 가슴이 뭉클해진 일이었다.

출시 후 첫 6주 동안 680만 회분이 투여된 것으로 존슨앤존슨 백신의 인기는 확실하게 입증됐다. 정부 당국은 취약계층과 고립되어 지내는 사람들, 의료보건 시설 이용에 제한이 있는 사람들에게 이 백신을 공급했다. 대학생들 그리고 뉴욕 양키즈를 비롯한 스포츠팀도 한 번만 접종하면 된다는 점에서 존슨앤존슨 백신을 선호했다.

그러나 4월 13일 화요일에 모든 것이 바뀌고 말았다.

그날도 바로치는 하루를 일찍 시작했고 특별한 일은 없었다. 늘 해오던 대로 새벽 5시에 일어나 7시부터는 매사추세츠 뉴튼에 있는 집 거실 아래층에서 딸들과 바이올린 연습을 했다. 먼저 열 살이던 둘째 딸 나탈리와 연습을 하고, 이어서 수잔나와 연주를 하려는데 아내가 급한 일이라며 문자메시지를 보냈다. 안과의사인 아내 피나는 출근길에 차에서 뉴스를 듣다가 그에게 연락을 한 것이다.

아내의 메시지에는 신문기사 링크가 첨부되어 있었다. 바로치는 그 링크를 열자마자 청천벽력 같은 소식을 접했다. 미국 보건 당국이 존슨앤존슨이 만든 코로나19 백신의 사용 중단을 권고했다는 내용이었다. 이 백신을 접종한 여성 6명에서 혈전이 발생한 데 따른 조치였다. 모두 18세에서 48세 사이고, 한 명은 사망했으며, 나머지는 중환자실에서 치료를 받았거나 지금도 받고 있는 것으로 알려졌다. 혈전이 존슨앤존슨 백신과 관련 있는지는 명확하지 않았지만 식품의약국과 질병통제예방센터는 원인을 조사하는 동안 존슨앤존슨 백신의 투여를 중단하기로 했다.

바로치에게는 기습 공격이나 다름없는 일이었다. 혈전이 생긴 사례가 그만큼 많다는 건 전혀 몰랐다. 백신 접종을 중단한다는 정부의 공식 발표가 나오기 20분 전까지 백신 제조사인 존슨앤존슨은 그런

과학은 어떻게 세상을 구했는가

사실을 알지 못했다. 바로치는 사태를 파악하기 위해 〈뉴욕타임스〉, 〈월스트리트저널〉, NPR 웹사이트를 뒤지기 시작했다. 이런 일이 벌어졌다는 걸 도저히 믿을 수가 없었다.

그는 아데노바이러스로 유전학적 메시지를 체내로 전달하는 방식이 안전하고 효과적이라고 10년 넘게 주장했다. 머크가 같은 바이러스로 HIV 백신을 개발하다가 겪은 끔찍한 일을 지적하는 반대 의견이 나와도 바로치는 같은 입장을 고수했다. 에이즈와 다른 질병의 아데노바이러스 백신도 개발 중이었다. 그런데 머크의 HIV 백신처럼 존슨앤존슨 백신도 해가 될 수 있다는 가능성이 제기된 것이다.

곧 미국 정부의 조치가 과연 현명한지 모르겠다는 목소리가 나오며 새로운 논쟁이 일어났다. 정부의 결정을 비판하는 사람들은 코로나19 대유행이 계속되고 있는데 백신 접종을 꺼리는 사람들이 그렇지 않아도 많은 상황에서 이번 일로 백신을 맞지 않으려는 사람들이 더 늘어날 수 있다고 주장했다. 코로나19 백신보다 피임약으로 혈전이 생길 확률이 훨씬 높다고 설명하는 사람들도 있었다.

"열네 살 여자아이들이 피임약을 먹기 시작하면 다들 혈전 문제를 우려하지 않았나요." 한 여성은 트위터에 이런 글을 남겼다.[14]

그러나 과학계와 의료보건 분야에서 일하는 바로치의 동료들은 대체로 정부의 결정을 지지했다. 다른 회사의 코로나19 백신도 있고, 아직 정부가 파악하지 못한 다른 혈전 사례가 더 있을 수도 있다. 또한 혈전이 발생하면 보통 헤파린이라는 약을 투여하는데 이 약도 여성에게는 해로울 수 있으므로 정부가 개입할 필요가 있다고 보았다.

바로치는 크게 상심했다. "첫째, 해를 가하지 말라"는 히포크라테스 선서가 계속 떠올랐다. 백신이 사람들을 해칠 수 있었다면? 다른 부작용 사례도 있을까? 얼마나 안 좋은 상황인지, 자신이 추구해 온 방식이 이제 신뢰를 얻지 못하게 될 것인지 알고 싶었다.

바로치는 정부 과학자들과 친구들에게 전화로, 문자메시지로 존 슨앤존슨 백신의 접종 중단 후 상황은 어떤지 물었다. 정부 조사는 어떻게 진행되고 어떤 결론이 나올지도 궁금했다.

"절차가 어떻게 되죠?" 바로치는 월터 리드 군 연구소의 선임 과학자 넬슨 마이클에게 물었다. "이제 어떻게 되는 겁니까?"

바로치의 목소리는 걱정을 넘어 흥분한 기색마저 느껴졌다. 마이클은 오랜 친구를 안심시키고 싶었지만 조사에서 어떤 결론이 나올지는 아무것도 모른다고 말했다. "그동안 과학자로 훌륭하게 살아왔 잖아요, 댄. 희망을 잃지 말아요."

하지만 바로치는 가만히 기다릴 수가 없었다. 통화한 그날 오후에 그는 다시 마이클에게 전화를 걸어 뭐라도 새로운 정보가 있는지 물었다.

접종 중단이 발표되고 10일 뒤인 4월 23일, 미국 보건 당국은 존 슨앤존슨 백신 접종을 재개할 것이며 위험성보다 백신으로 얻는 이 득이 더 크다고 밝혔다. 혈전이 생긴 사례는 100만 명당 약 1.9건이 며 18세부터 49세 여성을 기준으로 하면 100만 명당 7명의 비율이라 고 판단했다.

미국에서는 존슨앤존슨 백신의 인기가 회복되지 않았다. 2021년 여름까지 미국에서 코로나19 백신을 접종한 전체 인구의 약 8퍼센 트인 1280만 명 정도가 존슨앤존슨 백신을 맞았다. 노바백스가 강제

과학은 어떻게 세상을 구했는가

로 비워 줘야 했던 볼티모어의 이머전트 바이오솔루션에서 생산한 수천만 회 분량의 존슨앤존슨 백신에 오염 가능성이 제기되어 폐기된 일이나, 백신 부작용으로 길랑바레 증후군이라는 희귀질환이 발생할 수 있다는 보고가 나온 것도 인기를 되살리는 데 걸림돌이 되었다. 2021년 야구 시즌이 시작된 후 존슨앤존슨 백신을 맞은 뉴욕 양키즈 선수들이 잇따라 코로나19 바이러스에 감염됐다는 소식은 또 다른 재앙이 되었다.

그렇다고 백신의 운명을 속단하기에는 일렀다. 존슨앤존슨은 혈전이 생길 위험성을 줄이거나 아예 없애기 위한 성분 조정을 시작했다.[15] 남아프리카 지역에서는 여전히 수요가 많았다. 빈곤국에 코로나19 백신을 공급하기 위한 전 세계적인 노력의 중심인 세계보건기구의 세계 백신 공동분배 프로젝트Covax에도 5억 회분을 공급했다. 한 연구에서는 신종 코로나바이러스 중 델타 변이종을 막는 효과는 존슨앤존슨 백신이 가장 큰 것으로 나타났다.

2021년 여름에 바로치는 에이즈 백신 연구의 최신 결과를 확인하기 위해 실험실로 돌아왔다. 그가 평생 추진해 온 연구였다.

"HIV 백신은 여전히 필요합니다. 우리 세대의 큰 숙제 중 하나로 남아 있습니다."

✧Ⅺ✧

2021년 여름, 로런스 가버즈도 전 세계 모든 사람과 마찬가지로 신종 코로나바이러스와 맞서고 있었다. 코로나19 최초 감염자 중 한 명이었던 가버즈는 1년이 지나도록 뉴욕의 병원에서 사투를 벌였다. 치료를 받는 동안 코로나19의 영향을 파악하기 위한 대여섯 건의 연구에도 기꺼이 참여했다. 모두 이 질병을 더 깊이 이해하기 위한 연구였다. 자신을 도와준 의료보건기관 사람들에게 조금이나마 도움이 되기를 바라며 혈액도 여러 번 제공했다.

코로나19에서 얼른 벗어나고 싶었던 가버즈는 어쩌다 감염자가 됐을까 하는 생각은 너무 깊이 하지 않으려고 노력했다.

"내가 누구에게 전염됐는지 알아내려는 시도는 아주 오래전에 그만두었습니다." 가버즈의 말이다.

1년여간 투병 생활을 하는 동안 가버즈는 같은 지역에 사는 사람들 중에 자신과 비슷한 시기에 코로나19 확진을 받고 병원에서 치료를 받았다고 이야기하는 사람들을 많이 만났다. 신종 코로나바이러스 감염이 처음 확산할 때 가버즈는 뉴욕 지역의 대표적인 감염자로 얼굴이 알려졌지만, 그런 사람들과 이야기를 나누면서 어쩌면 자신이 이 지역의 최초 감염자가 아닐 가능성이 크다는 사실을 알 수 있었다.

"제게 주어진 역할을 깨달았습니다." 가버즈가 말했다. "제가 광산의 카나리아 같다는 생각이 들었어요. 다음에 이런 일이 다시 생긴다면 사람들은 또 다른 카나리아를 찾겠죠."

화이자/바이오엔텍 백신을 두 차례 접종한 그는 접종을 받을 때마다 거의 하루 종일 극심한 고열에 시달리는 부작용을 겪었다. 그나 가족 모두 감염 초기에 힘들었던 시기가 떠올라 크게 걱정했다. 코로나19 감염이 처음 확산할 때 감염된 여러 사람들과 마찬가지로 가버

과학은 어떻게 세상을 구했는가

즈도 감염의 여파를 1년이 지난 뒤에도 느꼈다. 금세 피로해지고, 폐에 몇 가지 문제가 생겼고, 신경통도 생겼다. '만성 코로나'를 겪는 사람들에게 나타나는 증상 중 상당수를 겪고 있다는 건 결코 기분 좋은 일이 아니었다.

"언젠가는 다 해결되면 좋겠어요."

◇ ¤ ◇

제사민 스미스는 투지가 더 강했다.

매사추세츠 서부 지역에서 교수로 일하다 2020년 3월에 코로나19 확진을 받은 그는 1년 가까이 감염 증상에 시달렸다. 과연 건강이 예전처럼 회복될까 하는 의구심도 들었다.

2021년 2월 말에 스미스도 화이자/바이오엔텍 백신을 접종했다. 일주일이 지나기도 전에 늘 시달리던 증상이 나아졌고 2차 접종을 한 후에는 거의 1년 만에 처음으로 몸이 완전히 회복된 기분이었다.

"그냥 다 나았어요." 스미스의 말이다.

곧 수영도 다시 시작했고, 8주 만에 예전과 비슷한 기록이 나올 만큼 기량을 되찾았다. 하지만 지금도 밤이면 증상이 또 시작되면 어쩌나 하고 고민하곤 한다.

"만성 코로나는 그런 흔적을 남기는 것 같아요." 스미스는 말했다. "며칠은 컨디션이 괜찮아서 이제 다 나았구나, 생각하지만 다시 온 세상이 불타 없어지는 것처럼 힘들어지거든요."

가끔 경미한 증상을 겪는 것 외에는 이제 전에 겪던 문제는 거의 사라졌다. 코로나19로 장기간 여러 문제를 겪던 사람 중에는 백신을 맞은 후 면역계가 재조정된 것처럼 호전되는 경우가 있는데, 스미스도 그런 것 같았다. 인체 면역계가 마침내 신종 코로나바이러스와 좀 더 확실히 맞설 수 있게 된 것인지도 모른다.

"저는 이제 너무 잘 지내고 있습니다. 수영장에서나 야외에서도 수영을 하고(호수에서도요), 자전거도 타고, 책도 끝까지 다 읽을 수 있어요. 정말 오랜만에 몸에 에너지가 생기고, 집중력이 좋아지고, 전체적으로 힘찬 기분입니다." 스미스는 말했다.

"얼마나 안심이 되는지 몰라요!"

◈※◈

2021년 1월 3일 아침에 스테판 방셀과 아내 브렌다는 매사추세츠주 노우드에 있는 모더나 백신 생산 시설로 향했다. 부부가 도착하니 직원들에게 백신을 접종하느라 분주한 간호사들이 보였다. 방셀과 아내도 차례를 기다렸다가 편안한 의자에 나란히 앉아 윗옷 소매를 걷어 올리고는 서로의 손을 맞잡았다. 간호사가 두 사람의 팔에 모더나가 개발한 코로나19 백신을 접종했다.

팔에 바늘이 꽂힐 때 방셀은 지금까지 걸어온 기나긴 여정과 모더나의 백신으로 구할 수 있었던 많은 생명, 앞으로 몇 개월 동안 구하게 될 더 많은 생명을 떠올렸다. 팀 모두가 한 해 동안 힘든 시간을 보냈고 마침내 백신 개발에 성공했으니 좀 쉴 수 있으면 좋겠다는 마음도 들었다.

과학은 어떻게 세상을 구했는가

그러나 쉴 틈이 없었다. 2021년에 신종 코로나바이러스의 여러 위험한 변종이 새로 나타날 때마다 방셀과 동료들은 서둘러 백신 성분을 조정하고 새로 나타난 변종에 대처하기 위해 추가 접종이 필요해질 경우 사용할 백신을 개발하느라 여념이 없었다. 청소년과 어린이를 대상으로 한 백신 시험도 진행해야 했다. 생산량을 늘리고 전세계 여러 나라로 백신을 공급하는 일도 계속됐다. 단거리 경주인 줄 알았던 일이 결승선이 보이지 않는 마라톤으로 바뀌었고 대부분 아무 준비 없이 이 일에 붙들려 있었다.

2021년 여름에 방셀은 억만장자가 되었다. 모더나 주가가 크게 올라 회사 가치가 1600억 달러를 넘어선 것이다. 스티븐 호지, 후안 안드레스를 포함한 여러 최고위급 경영진도 엄청난 부를 거머쥐었다. 회사 직원들은 케리 베네나토와 동료들이 일군 혁신적인 성과를 토대로 모더나가 1회 투여량마다 mRNA 100마이크로그램이 포함된 백신을 만들어 냈다는 사실을 특히 자랑스럽게 여겼다. 화이자/바이오엔텍 백신의 1회 투여량에는 mRNA가 30마이크로그램 들어 있으므로, 모더나 백신이 잠재적으로 이 라이벌 백신보다 효과가 더 우수할 수 있다는 의미였다.

그러나 직원들의 상태는 엉망이었다. 지난 한 해 동안 다들 신체적으로 정서적으로 크게 고생했다. 2020년이 시작될 때만 해도 모더나는 화이자나 다른 거대 제약회사에 비하면 작은 회사였다. 미국 정부로부터 받은 지원도 백신 개발과 초기 임상시험에 들어가는 비용이었을 뿐, 백신 생산과 유통을 위한 지원은 아니었으므로 모더나 직원들은 1년 내내 꼬박 쉴 새 없이 일하며 백신 개발과 시험, 생산을 해내야 한다는 엄청난 압박에 시달렸다. 2021년에는 여러 직원에게서 그 여파가 나타나기 시작했다.

정서적인 롤러코스터에 시달린 직원들 중에는 생산 책임자인 후안 안드레스도 포함되어 있었다. 2020년 하반기부터 그는 미국 정부의 초고속 작전에서 미국의 백신 대응 상황을 관리하던 4성 육군 장군 구스타브 퍼나와 끈끈한 파트너가 되었다. 두 사람은 모더나 백신이 무사히 생산되고 배송될 수 있도록 여러 가지 물류 문제를 함께 해결했다. 12월에 모더나 백신이 처음으로 미국 전역에 배포되기 시작되자, 안드레스는 집 거실에서 주체할 수 없는 눈물을 쏟아냈다. 고령층 가족들도 이제 지켜 낼 수 있다는 안도감이 밀려왔다.

"이제 희망이 생겼어." 그는 아내를 꼭 끌어안으며 말했다.

모더나는 2021년 3월까지 1억 회분의 백신을 가까스로 생산해 냈다. 2021년 한 해 동안 생산 속도를 더 높여서 10억 회분을 생산해야 했다. 그러나 안드레스는 더 해낼 수 있는 일은 없는지 계속 생각했다. 모더나가 백신을 목표보다 더 많이 만들 수 있다면 더 많은 생명을 지킬 수 있으리라는 확신이 들었다.

이런 이야기를 나누던 방셀은 안드레스에게 마음을 좀 내려놓으라고 말했다. 코로나19 대유행 상황에서 지금까지 해 온 것도 굉장히 큰 도움이 되었다는 사실을 상기시켰다.

"자학하려는 건 아닙니다." 안드레스의 말이다. "하지만 무엇을 달성하든 충분하다는 생각이 들지 않아요……. 더 잘할 수 있습니다……. 사람들이 죽어 가고 있잖아요."

2021년 여름이 되자 여러 모더나 경영진이 밤잠을 설치거나 허

과학은 어떻게 세상을 구했는가

리 통증에 시달리는 등 갖가지 병을 앓았다. 다들 지칠 대로 지친 상태였다. 건강을 유지하려고 공격적인 조치를 감행한 사람들도 있었다. 방셀과 호지, 안드레스도 간헐적 단식에 들어갔다. 안드레스는 책상 앞에 러닝머신을 설치하고 매일 2만 5000보씩 걷는다는 목표를 세웠다.

호지는 백신이나 운동과는 무관한 나름의 목표를 세웠다. 직원들의 정서적 건강이 회복되도록 돕는 일이었다.

"무너진 사람들이 많아요." 호지의 말이다. "에베레스트 정상에 도착하긴 했지만 하산하다가 죽어도 상관없다는 식으로 올라온 기분입니다."

무엇보다 방셀과 호지, 다른 경영진은 신종 코로나바이러스와의 싸움이 더 길어지고 더 어려워질 것이라 전망하며 대비 태세에 들어갔다.

"아주 긴 여정이 될 겁니다. 지금까지 해 온 것과 동일한 수준으로 계속 노력해야 합니다." 호지가 말했다. "득의양양하고 있을 틈이 없어요. 하루를 허투루 보내면 그만큼 목숨을 잃는 사람이 생깁니다."

❖✄❖

우구르 사힌은 2021년의 상당 시간을 화이자/바이오엔텍 코로나19 백신이 전 세계 사람들에게 닿도록 하는 일에 힘쓰며 보냈다. 봄에는 중국으로 가서 상하이 푸싱제약과 50 대 50으로 합작 투자하여 중국에 1억 회분의 백신을 공급하기로 한 사업에 관해 중국 관리 당국과 협의했다. 중국에서 개발한 백신은 효과가 있는 것으로 나타났지만 서구 사회에서 만들어진 다른 여러 백신보다 보호 효과가 떨어지는 것으로 입증됐다. 사힌의 백신은 이를 보완할 수 있을 것이다.

어느 오후에는 사힌이 중국의 공항에 도착해서 정부 관료들과 만나기로 한 장소로 걸어가고 있는데 엄청나게 큰 여행 가방을 든 중국인이 다가와 말을 걸었다.

"실례합니다. 당신이 만든 백신은 언제쯤 맞을 수 있나요?" 여행객으로 보이는 그 사람은 이렇게 물었다.

국제사회에서 사힌이 유명인사가 되고 그의 회사가 코로나19 백신을 성공적으로 개발했다는 사실은 여러 면에서 예상 밖의 일이자 믿기 힘들 만큼 놀라운 일이었다. 30년 넘게 커리어를 쌓는 동안 사힌이 백신으로 사람들의 목숨을 구하게 되리라는 건 누구도 예상하지 못했다. 특히 감염성이 있는 바이러스를 물리치는 백신이라는 점에서 더욱 그랬다. 그는 암 연구를 하던 사람이고, 사힌 자신도 암 연구로 세상에 영향을 줄 수 있기를 기대했다.

그와 바이오엔텍은 인류가 다시 일상으로 돌아가는 데 도움이 되는 일을 해냈다. 이제 그는 이 예상치 못한 성취와 회사의 성공으로 따라온 뜻밖의 이익을 토대로 원래 이루려던 목표를 향해 나아가기로 결심했다. 코로나19 대유행이 시작되기 전 30달러를 조금 넘었던 바이오엔텍의 주가는 2021년 여름이 되자 400달러 가까이로 치솟았다. 회사 가치는 약 900억 달러에 이르렀다. 코로나19 백신 판매로 회사는 그야말로 돈방석에 앉은 상황이었다. 2021년에 바이오엔텍이 백신 판매로 벌어들일 수익은 약 190억 달러로 예상됐다. 독일의

과학은 어떻게 세상을 구했는가

연간 국내총생산이 0.5퍼센트 늘어날 정도로 큰 규모다.[16]

동료들이 보기에 사힌은 새로운 힘을 얻은 것 같았다. 늘어난 자금으로 연구개발 업무에 매진할 직원을 600명으로 늘릴 수 있게 되었으므로 기존에 하던 연구에 속도가 붙고 야심 찬 새로운 연구도 시작할 수 있을 것이다.

"이제는 우리의 꿈이 실현될 수 있는 확실한 길이 생겼습니다." 사힌이 바이오엔텍의 한 연구자에게 한 말이다.

사힌은 연구팀과 함께 암 면역요법 백신을 더 발전시키고 감염질환, 그리고 다발성 경화증 같은 자가면역 질환의 보다 발전된 치료법을 찾기 위한 연구에 박차를 가했다. 결핵, 에이즈 같은 훨씬 까다로운 질병에도 관심을 갖기 시작했다. 신종 코로나바이러스로 초래된 두려움이 인류에 가장 잔혹한 피해를 준 몇몇 질병을 뿌리 뽑는 데 간접적으로 도움이 될 수 있을지 모른다는 생각에 사힌은 더 큰 야망을 품게 되었다.

사힌은 여전히 자전거로 출퇴근하고, 연구에도 동료들 모두 입을 떡 벌릴 만큼 누구보다 열심히 임했다. 매일 연구에 쓰는 시간을 조금이라도 더 만들기 위해 새로운 방법까지 개발했다. 하루를 30분 단위로 나누고 휴식 시간 없이 일정을 짜서 전보다 더 효율적으로 시간을 쓰는 방법이다. 주말이면 그보다는 덜 촘촘한 60분 단위로 생활하고 휴식 시간도 가졌다. 동료나 주변 사람들은 그에게 연락할 일이 있으면 주말을 활용하는 편이 낫다는 것을 깨닫게 되었다.

2021년 여름, 바이오엔텍이 코로나19 백신의 효과가 입증된 새로운 데이터를 공개한 후 사힌과 튀레지는 또 한 건 해냈으니 보상이 필요하다고 말했다. 두 사람이 말한 보상은 주변 사람들을 놀라게 했다. 30분짜리 산책이었다.

산책을 마치고 다시 사무실로 돌아온 두 사람은 한결 기분이 가벼워진 것 같았다.

"이건 시작일 뿐이니까요." 사힌은 동료에게 웃으며 말했다.

과학은 어떻게 세상을 구했는가

───────── ◦━◦━◦ ─────────

2021년 여름에 코로나19는 다시 맹렬한 기세로 확산했다.

백신이 생기면 서구 지역의 감염률이 감소하고 많은 사람이 대유행병이 찾아오기 전의 일상생활로 돌아갈 수 있으리라 기대하던 그때, 델타 변이로 알려진 신종 코로나바이러스 B.1.617.2가 나타났다. 전염성이 매우 강한 것으로 밝혀진 이 새로운 변종은 인도 전역을 휩쓴 뒤 곳곳에서 감염을 확산시키며 코로나19가 세상에 일으킨 테러가 아직 다 끝나지 않았음을 상기시켰다.

대부분의 사람은 코로나19 백신 덕분에 이 변이 바이러스의 가장 위험한 영향을 피할 수 있었다. 그러나 세계 전체 인구로 보면 아직 백신을 접종해야 하는 사람들이 대거 남아 있다. 아프리카 대륙의 경우 인구의 99퍼센트가 아직 백신을 맞지 않았다. 질병통제예방센터에 따르면 미국도 백신을 접종한 인구가 50퍼센트 정도에 불과하다. 바이러스는 인구 집단 내에서 많이 확산할수록 돌연변이가 생겨 더 위험한 병원성을 가질 확률이 높아지고 백신이 소용없는 변종이 생길 수 있다. 아직 더 큰 위험이 찾아올 가능성이 남아 있다는 의미다.

"코로나19 바이러스는 사라지지 않습니다." 모더나 대표인 스티븐 호지의 말이다.

신종 코로나바이러스가 인류가 완전히 없애는 데 성공한 천연두나 다른 여러 감염질환과 같은 운명이 될 가능성은 거의 없다. 박쥐나 다른 동물을 통해 계속 확산하다가 독감처럼 계절 변화에 따라 확산하는 풍토병을 일으킬 수도 있고 더 띄엄띄엄 확산하면서 더 큰 고통을 안겨 줄 수도 있다. 인류는 이 바이러스와 공존하면서 아직 백신을 맞지 않은 사람들이 소매를 걷고 주사를 맞도록 독려할 참신한 방법을 찾아야 할 것이다.

바이러스가 기발한 방법을 터득해서 계속 확산한다 하더라도 과학자들은 최소한 그에 맞먹는 독창성을 발휘해 이 신종 코로나바이러스에 반격을 가할 수 있는 방법을 찾아낼 수 있음을 증명해 보이고 있다. 그뿐만 아니라 불가피하게 발생할 다른 병원체에도 대비하고 인류를 보호하기 위한 노력에 매진하며 미래는 더 안전해질 것이라는 희망을 키우고 있다.

2021년 여름에 화이자와 모더나, 그 외 다른 백신 생산 업체들이 신종 코로나바이러스의 위험한 변종을 진압할 수 있는 2세대 코로나19 백신 개발에 서둘러 돌입한 것도 그러한 노력이라 할 수 있다. 정부 과학자들도 이미 개발된 백신을 합쳐서 보호 효과가 지속되는 기간을 늘려 위험한 변종에 대처할 방법을 찾고 있다. 미국 월터 리드 군 연구소의 감염질환 연구센터 대표인 넬슨 마이클은 아침에 코코아 퍼프Cocoa Puff 시리얼과 트릭스Trix 시리얼을 섞어서 먹는 아이들처럼 정부가 비슷한 혼합 실험을 하고 있다고 설명했다.

"이미 보유하고 있는 백신을 가져다가 이것 조금 저것 조금 섞어 보는 것이죠. 아이들이 시리얼을 섞는 것과 비슷해요."

mRNA 연구를 선도한 드류 와이즈먼은 한 단계 더 나아가 여러 종류의 코로나바이러스를 전부 막아낼 수 있는 일체형 백신을 시험

516

과학은 어떻게 세상을 구했는가

하고 있다. 아직 완전히 해결되지 않은 사스와 메르스 코로나바이러스도 그 대상에 포함된다. 월터 리드 군 연구소에서는 신종 코로나바이러스 변종을 비롯한 광범위한 병원체를 한꺼번에 막을 수 있을 만큼 인체 면역력을 활성화하는 슈퍼 백신을 시험하고 있다. 이들은 강력한 면역 반응을 일으켜서 다양한 바이러스와 질환을 막아 내는 백신을 만드는 일이 가능하다고 생각한다.

"새로운 대유행병은 전혀 다른 병원체로부터 시작될 것입니다." 슈퍼 백신의 공동 개발자이자 바니 그레이엄의 수제자인 케이본 모자라드Kayvon Modjarrad의 설명이다. "대비를 해야 합니다."

✧✠✧

신종 코로나바이러스의 위기 속에서 터져 나온 논쟁 중에 우익, 좌익, 그 중간 어디쯤에 속한 사람들 모두가 공감하는 한 가지 문제는 바이러스의 출처에 관한 것이다. 정치적 성향과 상관없이 상당수가 신종 코로나바이러스는 동물에서 옮겨온 것이 아니라 실험실에서 유출됐다고 의심한다.

이 바이러스가 자연에서 발생했다는 것에 사람들이 의구심을 갖게 된 이유는 몇 가지가 있다. 이번 사태가 우한에서도 우한 바이러스학 연구소와 멀지 않은 곳에서 시작됐다는 점이 그중 하나다. 2019년에 그곳에서는 코로나바이러스와 관련된 연구가 진행 중이었다. 또한 과거에 이 연구소에서 안전 문제가 발생한 적이 있었다. 신종 코로나바이러스가 처음에는 야생에서 진화했고 연구 목적으로

맺음말

우한의 연구소로 유입됐다가 연구자의 부주의로 유출됐을 가능성이 제기되는 이유다.

중국 정부는 사태가 시작된 초창기부터 확산이 어디서부터 시작됐는지 찾아내려는 전 세계의 노력에 제대로 협력하지 않았고 그러한 우려는 더욱 커졌다. 2021년 여름까지도 과학계는 자연에 존재하는 바이러스 중에서 신종 코로나바이러스의 전구체가 된 바이러스를 찾아내지 못했다.

"코로나19 바이러스의 기원에 관한 논란은 앞으로도 수년 동안 이어질 겁니다." 파리 파스퇴르 연구소의 미생물학자 사이먼 웨인-홉슨Simon Wain-Hobson의 말이다. "중국에 소식통이 있다, 중국 공산당은 권위적이다, 하는 말들을 하죠. 우한 바이러스학 연구소가 박쥐에 감염되는 코로나바이러스의 기능 획득 연구를 수행하고 있었다는 점도 완벽한 배경이고요. 이언 플레밍Ian Fleming('007' 시리즈로 유명한 영국의 작가—옮긴이)의 소설에도 이렇게 완벽한 설정은 나오지 않습니다."

그러나 신종 코로나바이러스는 동물에서 처음 등장한 후 사람에게 직접 전파됐거나 중간에 다른 동물 숙주를 거친 다음에 전파됐을 가능성이 훨씬 높다. 이러한 현상을 동물원성 감염이라고 하며, 꽤 흔히 일어나는 일이다. 해마다 6만여 명이 목숨을 잃는 광견병이나 사스코로나바이러스도 그런 예고, 그 밖에도 최근 수십 년 사이에 여러 동물 바이러스가 인체에 감염질환을 일으켰다.

동물 중에는 코로나바이러스에 유독 취약한 종류가 있다. 우한 시장에서 유통되던 너구리, 사향고양이도 그러한 동물에 포함된다. 2019년 말에 중국에서는 돼지 수백만 마리가 코로나바이러스 감염

과학은 어떻게 세상을 구했는가

으로 폐사하여 어쩔 수 없이 식재료로 돼지가 다량 활용됐다.

HIV가 처음 등장했을 때도 미국 중앙정보부CIA나 러시아 국가안보위원회KGB 혹은 다른 기관이 의도적으로 또는 비의도적으로 만든 바이러스라는 의혹이 제기됐다. HIV 역시 모체가 된 바이러스가 명확히 밝혀지지 않았다.

그러나 HIV가 처음 발견되고 10년 이상 지난 1990년에 침팬지에서 HIV와 가까운 사촌쯤 되는 바이러스가 발견됐다. 중앙아프리카에 서식하는 원숭이와 유인원에서도 HIV와 비슷한 수많은 바이러스가 발견되면서 논란은 끝이 났다.

신종 코로나바이러스의 기원이 자연에서 발견되려면 그보다 더 오랜 시간이 걸릴 수도 있다.

"바이러스 학자에게는 시간이 필요합니다." 웨인-홉슨의 말이다.

위기와 재난이 의학적인 혁신으로 이어지는 경우가 많다. 구급차와 마취제, 더 발전된 부상자 분류법, 재건 수술, 장티푸스 백신은 제1차 세계대전 시기에 나왔다. 그리고 항생제와 말라리아 치료제, 페니실린은 제2차 세계대전 때 나왔다. 정맥으로 수액을 투여해서 의식을 회복시키는 방법은 베트남전쟁 때 개발되어 나중에는 일반 환자들에게도 적용되기 시작했다.

"대체로 사회에서는 필요가 동력이 되어 발전이 만들어집니다." 웰컴 트러스트 대표 제러미 파라의 말이다.

신종 코로나바이러스 위기가 가져온 이로운 결과는 이미 나타나고 있다. 많은 사람들이 일과 사적인 삶의 균형을 더 건강한 방향으로 맞추고 가족의 소중함을 새삼 깨달았다. 이러한 변화가 부디 오래 지속되기를 바란다. 의학 분야에서는 단계적 절차를 순서대로 밟지 않고 여러 단계가 동시에 진행되어도 과학적 발전이 가능하다는 사실이 드러났다. 더 효율적인 의약품 제조와 유통 방법, 치료제와 백신에 적용할 수 있고 여러 치료제의 가격을 낮출 수 있는 효율적인 기술도 발전했다.

코로나19 대유행으로 과학계는 mRNA를 활용할 수 있는 기술을 완성하고 그 효과를 입증해야 하는 상황에 처했고, 그 결과로 기존에 진행 중이던 연구들에도 속도가 붙었다. mRNA 연구를 꾸준히 추진한 몇몇 사람들이 수십억 달러의 수익을 얻었으니 이제 이 분야에도 분명 더 많은 재능과 경제적 지원이 몰리고 더욱 발전할 것이다.

그러나 mRNA가 광범위한 치료제에 쓰일 수 있는지는 아직 불분명하다. 모더나 공동 창립자로서 현재 스웨덴 카롤린스카 연구소에 재직 중인 케네스 치엔 교수는 인체 특정 조직을 표적으로 삼아 mRNA 치료제를 반복 투여해서 효과가 나타나도록 하려면 차세대 기술이 필요할 가능성이 높다고 주장한다. 인체가 특정 항체를 만들어 내도록 유전학적 지시를 전달하는 기술의 가능성은 분명 매력적이다. 제러미 파라는 암 백신과 치매 치료법이 발전할 것이며 더 나아가 암성 세포나 그 밖의 초기 항원이 발생했을 때부터 인체가 면역 기능을 발휘할 수 있게 될 가능성도 있다고 예견했다.

"의학계 전체에 새로운 영역이 열렸습니다." 파라의 설명이다. "코로나19의 공포를 벗어나는 과정에서 엄청난 발전이 찾아올 것입니다."

의료보건 정책 담당 기관의 대유행병 경고는 오랫동안 무시되거나 심지어 조롱거리가 되기도 했다. 2020년 코로나19 위기가 최악으로 치달았을 때 앤서니 파우치는 살해 협박까지 받았다. 일부 정치인은 의사들이 병원비를 올리려고 코로나19 사망자수를 일부러 부풀렸다고 주장했다.

공중보건 기관이 제시하는 권고와 지침에 진지하게 귀 기울여야 하는 때가 분명 다시 올 것이다. 아주 빠른 시일 내에 그렇게 될 수 있다. 수년 내로 신종 코로나바이러스보다 훨씬 위험한 병원체가 나타나 새로운 대유행병이 일어날 가능성에 주목해야 할 근거가 존재한다. 지구온난화는 계속될 것이고, 여행은 확대되고 인류는 자연에 더 깊숙이 침투할 것이다. 그만큼 동물 질병이 종을 넘어 인류에게 계속 영향을 줄 가능성이 높다. 대응과 공중보건 사업에 최우선적인 투자가 필요한 이유다.

✧¤✧

랍비인 조너선 색스Jonathan Sacks 경은 2020년 가을에 세상을 떠나기 몇 달 전에 신종 코로나바이러스 사태로 가장 큰 고통을 겪은 곳이자 자유를 가장 중시하는 나라로 잘 알려진 미국과 영국이 개인주의에 큰 가치를 두고 심지어 이를 숭상한다는 사실에 주목했다. 〈월스트리트저널〉에서 일하는 내게도 코로나19 사태로 마스크 착용이 의무화되자 반발하는 사람, 그 외 다른 조치에 대해서도 인권 침해라 지적하며 화를 쏟는 독자들의 이메일이 여러 통 도착했다.

반면 한국, 대만, 뉴질랜드처럼 공동의 이익을 더 강조하는 국가들은 코로나19 대유행을 겪으면서도 최악의 상황을 어느 정도 피할 수 있었다. 정부의 마스크 착용 의무화 조치에 기꺼이 따르고, 사생활과 그 밖의 권리를 어느 정도 희생하여 감염자 추적 시스템을 비롯한 여러 조치가 원활히 시행될 수 있었기 때문인지도 모른다.

서구 사회에서 자유의지가 소중하게 여겨지는 것은 올바른 일이며 건강한 사회라면 모두 개인주의가 크게 중시되고 귀중한 역할을 하는 것도 사실이다. 자신의 이익을 챙기는 것도 마찬가지다. 코로나19 백신 개발에 앞장섰던 연구자 중에는 명예와 돈을 얻고 싶은 욕구가 유일한 동기는 아닐지 몰라도 아주 큰 동기가 되었을 가능성이 크다. 개인적인 목표를 추구해도 광범위한 이익이 생길 수 있다는 의미다. 그럼에도 이번 코로나 사태로 공동체 관계의 중요성이 부각되었고 우리는 다른 사람을 위해 기꺼이 희생하는 사람들이 얼마나 고마운지를 새삼 깨닫게 되었다.

"미래의 인류학자들은 우리가 자기계발 분야나 자아실현, 자긍심을 키우는 방법에 관한 책을 읽었다는 사실에 주목할 것이다." 색스경은 이렇게 주장했다. "올바른 사람이 되기 위한 도덕에 관해, 개인의 권리를 위한 정치에 관해 우리가 어떤 이야기를 했는지도 살펴볼 것이다. 내 생각에 미래의 인류학자들은 우리가 '나'와 '나 자신'을 숭배했다는 결론을 내릴 것 같다. 이걸 벗어나려면 어떻게 해야 할까? 다시금 '우리'를 강조해야 한다."

과학은 어떻게 세상을 구했는가

감사의 말

효과적인 코로나19 백신 개발에는 헌신적으로 노력한 사람들이 한 팀이 되어 큰 몫을 했다. 나 역시 그만큼 헌신적으로 도와준 팀 덕분에 이 책을 완성할 수 있었다.

과학 선생님이자 자문가로 힘써 준 로렌 셔먼 도버만Lauren Sherman Doberman은 내게 구세주였다. mRNA를 세포 내부로 전달하는 일은 그 모든 과정을 나 같은 사람에게 설명하고 이해시키는 일에 비하면 누워서 떡 먹기일 것이다. (우리의 수업 시간은 대부분 미국 드라마 〈오피스〉에 나오는 대사처럼 진행됐다. "그냥 다섯 살 꼬마를 가르친다고 생각하고 설명해 주세요.")

내 원고를 읽고, 오류를 찾고, 통찰력을 불어 넣어준 피터 크렐Peter Krell과 제이슨 맥렐란Jason McLellan에게도 진심으로 감사드린다. 나는 이 두 사람만큼 날카로운 눈을 가진 사람을 본 적이 없다.

이 책을 쓴 첫날부터 큰 열정을 보이며 나를 격려해 주고 유익한 의견을 제시해 준 발행인 아드리안 자크하임Adrian Zackheim과 편집자 메리 선Merry Sun의 꾸준한 도움에 고맙다는 인사를 전한다. 펭귄 출판사의 제시카 리전Jessica Regione, 메건 맥코맥Megan McCormack, 메건 게리티Megan Gerrity, 린다 프리드너Linda Friedner, 니콜 첼리Nicole Celli, 제인 캐볼리나Jane Cavolina, 메이건 캐버노Meighan Cavanaugh와 마이크 브라운Mike Brown까지 팀 모두에게 감사드린다. 마케팅 전문가 마고 스타마스Margot Stamas와 수전 윌리엄스Suzanne Williams, 조사 과정에서 귀중한 도움을 주신 아나스타샤 글리아드코프스카야Anastassia Gliadkovskaya와 이선 맥앤드류스Ethan McAndrews에게도 감사드린다. 진짜 전문가다운 편집 솜씨를 발휘해 준 코너 가이Connor Guy에게도 감사 인사를 전한다.

나는 고등학교를 졸업하면서 이제 생물학과는 영원히 볼 일이 없으리라 생각했지만 내가 잘못 생각한 것 같다. 그래서 켄 치엔Ken Chien, 엘리 길보아Eli Gilboa, 스미타 네어Smita Nair, 데이비드 보츠코프스키David Boczkowski, 존 시버John Shiver, 카탈린 울프Katalin Wolff, 패트릭 레밍턴Patrick Remington, 짐 해그스트롬Jim Hagstrom, 클리프 레인Cliff Lane, 대니 두엑Danny Douek, 헨리 마수어Henry Masur, 얍 고즈미트Jaap Goudsmit, 넬슨 마이클Nelson Michael, 한스 헹가트너Hans Hengartner, 수전 와이스Susan Weiss, 캐슬린 홈스Kathryn Holmes에게 의존해야 했다. 과학계에 종사하는 이분들은 나의 끝없는 질문에 놀라운 인내력을 발휘하며 답을 해 주었다. 특히 마이클 킨치Michael Kinch와 래리 피트코프스키Larry Pitkowsky는 내 원고를 읽고 소중한 의견을 제시해 주었다.

〈월스트리트저널〉의 편집장 맷 머레이Matt Murray와 경제부장 찰스 포렐Charles Forelle, 금융사업 부문 편집자 켄 브라운Ken Brown에게도 감사드린다.

마음과 함께 대문도 활짝 열어 준 제리Jerry, 알리샤Alisha, 한나Hannah, 에이든 블루그린드Aiden Blugrind도 빼놓을 수 없다. 에이든, 캠프 갔을 때 책상 잘 썼어. 사랑과 지지를 보내 준 토바Tova와 아비바Aviva, 늘 곁에 있어 준 모니카 아랜다Monica Aranda, 응원해 준 이스라엘 블루그린드Israel Blugrind, 유용한 생각을 공유해 준 새라 푹스Sara Fuchs에게도 감사드린다. 꾸준히 격려해 주고 지지해 준 모세Moshe와 르네 글릭Renee Glick에게 특별한 감사 인사를 전한다. 보물과도 같은 내 친구들이다.

에즈라 주커만 시반Ezra Zuckerman Sivan, 잭 시반Jack Sivan, 샤라 셰트리트Shara Shetrit, 애덤 브라울러Adam Browler, 하워드 시맨스키Howard Simansky, 마크 토빈Marc Tobin, 스투 슈레이더Stu Schrader, 제임스 라이히만James Reichman, 할 룩스Hal Lux, 조슈아 마커스Joshua Marcus, 데이비드 체르나와 샤리 체르나David and Shari Cherna, 수잔 로리와 스티븐 로리Suzanne and Stephen Loughrey, 유다 골드샤이더와 애비게일 골드샤이더Judah and Avigaiyil Goldscheider, 캐럴 부흐만-크루티안스키Carol Buchman-Krutiansky, 커스텐 그린드Kirsten Grind, 데이비드 엔리치David Enrich, 알렉스 앤젤Alex Engel까지, 나를 응원해 준 모든 친구와 동료, 가족들에게 감사드린다.

레이크뷰 미나님, 스웨이지 미나님Lakeview and Swayze minyanim과 함께한 시간들, AABJ&D 교회의 일요일 프로그램은 힘든 1년을 보내는 동안 큰 힘이 되었다. 밤늦은 시간까지 내게 힘을 준 안드레아 술탄과 로니 술탄Andrea and Ronny Sultan, 에드 주가프트Ed Zughaft, 엘리저 츠비클러Elizer Zwickler. 스티브 포버트Steve Forbert, 밥 말리Bob Marley, 요하네스 브람스Johannes Brahms, 마일스 데이비스Miles Davis, 루터 반드로스Luther Vandross에게 감사 인사를 전한다.

이 책을 쓰면서 어머니 로베르타 주커만Roberta Zuckerman, 그리고 인슐린 유사 성장인자IGF 연구로 유명한 게리 스타인만Gary Steinman과 많은 시간을 보냈다. 두 분께 진심으로 감사드린다. 돌아가신 아버지 앨런 주커만Alan Zuckerman께 배운 글쓰기와 조사 방법은 지금도 내 마음속에 생생히 남아 있다. 아버지의 가르침을 앞으로도 계속 기억할 것이다.

코로나19 대유행으로 느낀 몇 안 되는 좋은 점 중 하나는 쉴 새 없이 큰 기쁨을 주는 우리 아들 가브리엘 벤저민Gabriel Benjamin, 그리고 엘리야 셰인Elijah Shane과 집에 갇혀서 지낸 시간일 것이다.

마지막으로 말하고 싶은 사람, 내게 가장 중요한 사람 미셸 주커만Michelle Zuckerman은 내가 흔들릴 때 힘을 주고 내가 축 처질 때면 웃음을 주고 내가 막혀 있을 때면 조언을 해 준 바위 같은 사람이다. 당신의 사랑에 감사드립니다.

과학은 어떻게 세상을 구했는가

주

서문

1 World Health Organization, "WHO Coronavirus (COVID-19) Dashboard," July 29, 2021, https://covid19.who.int/.

2 Julie Bosman, "A Ripple Effect of Loss: U.S. Covid Deaths Approach 500,000," *New York Times*, February 21, 2021, https://www.nytimes.com/2021/02/21/us/coronavirus-deaths-us-half-a-million.html.

3 Thalia Beaty, Eugene Garcia, and Lisa Marie Pane, "U.S. Tops 4,000 Daily Deaths from Coronavirus for 1st Time," Associated Press, January 8, 2021, https://apnews.com/article/us-coronavirus-death-4000-daily-16c1f136921c7e98ec83289942322ee4.

4 Carl Zimmer, "The Secret Life of a Coronavirus," New York Times, February 26, 2021, https://www.nytimes.com/2021/02/26/opinion/sunday/coronavirus-alive-dead.html.

5 Alison Galvani, Seyed M. Moghadas, and Eric C. Schneider, "Deaths and Hospitalizations Averted by Rapid U.S. Vaccination Rollout," Commonwealth Fund, July 7, 2021, https://www.commonwealthfund.org/publications/issue-briefs/2021/jul/deaths-and-hospitalizations-averted-rapid-us-vaccination-rollout.

1장

1 Randy Shilts, *And the Band Played On: Politics, People, and the AIDS Epidemic* (New York: St. Martin's Press, 1987).

2   Jon Cohen, *Shots in the Dark: The Wayward Search for an AIDS Vaccine* (New York: W. W. Norton, 2001).

3   Michael Kinch, *Between Hope and Fear: A History of Vaccines and Human Immunity* (New York: Pegasus Books, 2018).

4   Cohen, *Shots in the Dark.*

5   Faye Flam, "Flossie Wong-Staal, Who Unlocked Mystery of H.I.V., Dies at 73," *New York Times*, July 17, 2020, https://www.nytimes.com/2020/07/17/science/flossie-wong-staal-who-unlocked-mystery-of-hiv-dies-at-73.html.

2장

1   Peter Coy, "Microgenesys Triumph Good for Sufferers, Unsettling for Investors with AM-AIDS-Microgenesys," Associated Press, August 20, 1987, https://apnews.com/article/785a7c18905797e3fa4f878cbb007c83.

2   Coy, "Microgenesys Triumph."

3   Lyn Bixby and Frank Spencer-Molloy, "The Struggle for Money to Fuel a Research Mission," *Hartford Courant*, February 8, 1993, https://www.courant.com/news/connecticut/hc-xpm-1993-02-08-0000106194-story.html.

4   William Hathaway, "Parasite Links Men in Daring Venture," *Hartford Courant*, October 6, 1996, https://www.courant.com/news/connecticut/hc-xpm-1996-10-06-9610060087-story.html.

5   Bixby and Spencer-Molloy, "The Struggle for Money."

6   Lyn Bixby and Frank Spencer-Molloy, "State Entrepreneur's Quest Stirs National Controversy," *Hartford Courant*, February 7, 1993, https://www.courant.com/news/connecticut/hc-xpm-1993-02-07-0000106224-story.html.

7 Hathaway, "Parasite Links Men."

<h2 style="text-align:center">3장</h2>

"Hilleman Isolates Mumps Virus," The History of Vaccines, https://www. historyof vaccines.org/content/hilleman-isolates-mumps-virus; Laura Newman, "Maurice Hilleman," *British Medical Journal* 330, 7498 (April 2005): 1028.

2 Jon Cohen, *Shots in the Dark: The Wayward Search for an AIDS Vaccine* (New York: W. W. Norton, 2001).

3 Donald G. McNeil Jr., "Trial Vaccine Made Some More Vulnerable to H.I.V., Study Confirms," *New York Times*, May 18, 2012, https://www. nytimes.com/2012/05/18/health/research/trial-vaccine-made-some-more-vulnerable-to-hiv-study-confirms.html.

4 McNeil Jr., "Trial Vaccine."

5 Rebecca Ng, "Sarah C. Gilbert Interview," Immunopaedia, https://www. immunopaedia.org.za/interviews/immunologist-of-the-month-2018/sarah-c-gilbert-interview.

6 David D. Kirkpatrick, "In Race for a Coronavirus Vaccine, an Oxford Group Leaps Ahead," *New York Times*, April 27, 2020, https://www. nytimes.com/2020/04/27/world/europe/coronavirus-vaccine-update-oxford.html; Meera Senthilingam, "Does This Doctor Hold the Secret to Ending Malaria?," CNN, June 2, 2016, https://www.cnn.com/2016/06/01/health/cnn-frontiers-adrian-hill-malaria-vaccine/index.html.

<h2 style="text-align:center">4장</h2>

1 Andrew Kilpatrick, *Of Permanent Value: The Story of Warren Buffett*

529

주

(self-pub., Andy Kilpatrick Publishing Empire, 2007).

2   Matthew Cobb, "Who Discovered Messenger RNA?," *Current Biology* 25, no. 13 (June 2015): R526–R532, https://doi.org/10.1016/j.cub.2015.05.032.

5장

1   Daniel Victor and Katherine J. Wu, "Nobel Prize in Medicine Awarded to Scientists Who Discovered Hepatitis C Virus," *New York Times*, October 5, 2020, https://www.nytimes.com/2020/10/05/health/nobel-prize-medicine-hepatitis-c.html.

2   Gina Kolata, "Kati Kariko Helped Shield the World from the Coronavirus," *New York Times*, April 8, 2021, https://www.nytimes.com/2021/04/08/health/coronavirus-mrna-kariko.html#click=https://t.co/zsCgQ1uADw.

3   Kolata, "Kati Kariko."

6장

1   Bill DeMain, "The Story Behind the Song: Space Oddity by David Bowie," *Classic Rock*, February 13, 2019, https://www.loudersound.com/ features/story-behind-the-song-space-oddity-david-bowie.

2   Wallace Ravven, "The Stem-Cell Revolution Is Coming—Slowly," *New York Times*, January 16, 2017, https://www.nytimes.com/2017/01/16/science/shinya-yamanaka-stem-cells.html.

3   William Broad and Nicholas Wade, *Betrayers of the Truth* (New York: Simon & Schuster, 1982).

4   Catherine Elton, "Does Moderna Therapeutics Have the NEXT Next

과학은 어떻게 세상을 구했는가

Big Thing?," *Boston Magazine*, February 26, 2013, https://www.bostonmagazine.com/health/2013/02/26/moderna-therapeutics-new-medical-technology/3/.

7장

1 Stéphane Bancel, "The Other Side Speaker Series w/ Stéphane Bancel," interview by Jodi Goldstein, Harvard Innovation Labs, April 19, 2016, YouTube video, https://www.youtube.com/watch?v=-P53wVGfvjw.

2 Damian Garde, "Ego, Ambition, and Turmoil: Inside One of Biotech's Most Secretive Startups," STAT News, September 13, 2016, https://www.statnews.com/2016/09/13/moderna-therapeutics-biotech-mrna.

3. James D. Watson, *The Double Helix: A Personal Account of the Discovery of the Structure of DNA* (New York: Simon & Schuster, 2001).

4 Catherine Elton, "Does Moderna Therapeutics Have the NEXT Next Big Thing?," *Boston Magazine*, February 26, 2013, https://www.bostonmagazine.com/health/2013/02/26/moderna-therapeutics-new-medical-technology/3/.

5 Tim Loh, "The Vaccine Revolution Is Coming Inside Tiny Bubbles of Fat," *Bloomberg*, March 3, 2021, https://www.bloomberg.com/news/articles/2021-03-04/the-vaccine-revolution-is-coming-inside-tiny-bubbles-of-fat.

8장

1 "Structural Biology," NIH Intramural Research Program, https://irp.nih.gov/our-research/scientific-focus-areas/structural-biology.

2 Rafael Lozano et al., "Global and Regional Mortality from 235

Causes of Death for 20 Age Groups in 1990 and 2010: A Systematic Analysis for the Global Burden of Disease Study 2010," *Lancet* 380, no. 9859 (December 2012): 2095–2128, https://doi.org/10.1016/S0140-6736(12)61728-0.

3 Michael Blanding, "Shot in the Arm: Groundbreaking COVID-19 Vaccine Research by Alumnus Dr. Barney Graham Began at Vanderbilt Decades Ago," Vanderbilt University, March 17, 2021, https://news.vanderbilt.edu/2021/03/17/shot-in-the-arm-groundbreaking-covid-19-vaccine-research-by-alumnus-dr-barney-graham-began-at-vanderbilt-decades-ago.

4 Lawrence Wright, "The Plague Year," *New Yorker*, December 28, 2020, https://www.newyorker.com/magazine/2021/01/04/the-plague-year.

5 Ryan Cross, "The Tiny Tweak Behind Covid-19 Vaccines," *Chemical & Engineering News*, September 29, 2020, https://cen.acs.org/pharmaceuticals/vaccines/tiny-tweak-behind-COVID-19/98/i38.

6 Elisabeth Mahase, "Covid-19: First Coronavirus Was Described in the BMJ in 1965," *British Medical Journal* 369, no. 8242 (April 2020): m1547, https://doi.org/10.1136/bmj.m1547.

7 Ivan Oransky, "David Tyrrell," *Lancet* 365, no. 9477 (June 2005): 2084, https://doi.org/10.1016/S0140-6736(05)66722-0; Mahase, "Covid-19: First Coronavirus."

8 Oransky, "David Tyrrell."

9 Yanzhong Huang, "The SARS Epidemic and Its Aftermath in China: A Political Perspective," in *Learning from SARS: Preparing for the Next Disease Outbreak* (Washington, D.C.: National Academies Press, 2004), 116–36.

10 Jon Cohen, *Shots in the Dark: The Wayward Search for an AIDS Vaccine* (New York: W. W. Norton, 2001).

9장

1 "Research Not Fit to Print," *Nature Biotechnology* 34, no. 2 (February 2016): 115, https://doi.org/10.1038/nbt.3488.

2 Damian Garde, "Ego, Ambition, and Turmoil: Inside One of Biotech's Most Secretive Startups," STAT News, September 13, 2016, https://www.statnews.com/2016/09/13/moderna-therapeutics-biotech-mrna.

10장

1 "Uğur ŞaShin ve Özlem Türeci'nin baba ocağında gurur var!" [There is pride in Uğur Şahin and Özlem Türeci's paternal hearth!], A Haber, November 13, 2020, https://www.ahaber.com.tr/gundem/2020/11/13/ugur-sahin-ve-ozlem-turecinin-baba-ocaginda-gurur-var.

2 Uğur Şahin and Özlem Türeci, "BioNTech Founders Türeci and Şahin on the Battle Against COVID-19," interview by Steffen Klusmann and Thomas Schulz, *Der Spiegel*, January 4, 2021, https://www.spiegel.de/international/world/biontech-founders-tuereci-and-sahin-on-the-battle-against-covid-19-to-see-people-finally-benefitting-from-our-work-is-really-moving-a-41ce9633-5b27-4b9c-b1d7-1bf94c29aa43.

3 Joe Miller, "Inside the Hunt for a Covid-19 Vaccine: How BioNTech Made the Breakthrough," *Financial Times*, November 13, 2020, https://www.ft.com/content/c4ca8496-a215-44b1-a7eb-f88568fc9de9.

4 "Uğur Şahin ve Özlem Türeci'nin baba ocağında gurur var!"

11장

1 Sheila Weller, "'I Have HIV': This Researcher Is Fighting the Disease—and the Stigma Attached to It," Johnson & Johnson, November 29, 2018,

https://www.jnj.com/personal-stories/im-a-researcher-living-with-hiv-and-fighting-the-disease-and-stigma.

2   Alan Cowell, "Ebola Death Toll in West Africa Tops 1,200," *New York Times*, August 19, 2014, https://www.nytimes.com/2014/08/20/world/africa/ebola-outbreak.html.

3   Brian Blackstone, Reed Johnson, and Betsy McKay, "Zika Virus Is Spreading 'Explosively,' WHO Chief Says," *Wall Street Journal*, January 28, 2016, https://www.wsj.com/articles/who-to-decide-if-zika-virus-is-a-global-health-emergency-1453989411.

4   Siddhartha Mukherjee, "The Race for a Zika Vaccine," *New Yorker*, August 15, 2016, https://www.newyorker.com/magazine/2016/08/22/the-race-for-a-zika-vaccine.

5   Dara Mohammadi, "Adrian Hill: Accelerating the Pace of Ebola Vaccine Research," *Lancet* 384, no. 9955 (November 2014): 1660, https://doi.org/10.1016/S0140-6736 (14)61738-4.

12장

1   Jeff Clabaugh, "Novavax Replaces CEO," Washington Business Journal, April 19, 2011, https://www.bizjournals.com/washington/news/2011/04/19/novavax-replaces-ceo.html.

2   Rahul Singhvi, "Trial by Fire," University of Maryland Ventures, December 5, 2017, https://www.umventures.org/news/trial-fire.

3   Natalie Grover, "Novavax Hopes to Crack Elusive Vaccine for Common Respiratory Virus," Reuters, August 10, 2015, https://www.reuters.com/article/us-novavax-vaccine/novavax-hopes-to-crack-elusive-vaccine-for-common-respiratory-virus-idUSKCN0QF0CA20150810.

13장

1 Damian Garde, "Here's the Slide Deck Moderna Uses to Defend Its $7.5 Billion Valuation," STAT News, March 27, 2018, https://www.statnews.com/2018/03/27/moderna-slide-deck/.

2 Ryan Knutson and Kate Linebaugh, "Novavax's Long Road to a Covid-19 Vaccine," March 1, 2021, *The Journal* (podcast), produced by *Wall Street Journal*, podcast audio, https://www.wsj.com/podcasts/the-journal/novavax-long-road-to-a-covid-19-vaccine/6c0098ff-8479-4bc1-8f52-50f47ff8db59.

3 Knutson and Linebaugh, "Novavax's Long Road."

14장

1 Dina Fine Maron, "'Wet Markets' Likely Launched the Coronavirus. Here's What You Need to Know," *National Geographic*, April 15, 2020, https://www.nationalgeographic.com/animals/article/coronavirus-linked-to-chinese-wet-markets.

2 Drew Hinshaw, Betsy McKay, and Jeremy Page, "Over 47,000 Wild Animals Sold in Wuhan Markets Before Covid Outbreak, Study Shows," *Wall Street Journal*, June 8, 2021, https://www.wsj.com/articles/live-wildlife-sold-in-wuhan-markets-before-covid-19-outbreak-study-shows-11623175415.

3 Rui-Heng Xu et al., "Epidemiologic Clues to SARS Origin in China," Emerging Infectious Diseases 10, no. 6 (June 2004): 1030–37, 10.3201/eid1006.030852.

4 Natasha Khan, Fanfan Wang, and Rachel Yeo, "Health Officials Work to Solve China's Mystery Virus Outbreak," *Wall Street Journal*, January 6, 2020, https://www.wsj.com/articles/health-officials-work-to-solve-

chinas-mystery-virus-outbreak-11578308757.

5   Jeremy Page and Lingling Wei, "China's CDC, Built to Stop Pandemics Like Covid, Stumbled When It Mattered Most," Wall Street Journal, August 17, 2020, https://www.wsj.com/articles/chinas-cdc-built-to-stop-pandemics-stumbled-when-it-mattered-most-11597675108.

6   Fanfan Wang and Stephanie Yang, "SARS Experience Guides China's Effort to Contain New Virus," *Wall Street Journal*, January 10, 2020, https://www.wsj.com/articles/sars-experience-guides-chinas-effort-to-contain-new-virus-11578681205.

7   Jasper Fuk-Woo Chan et al., "A Familial Cluster of Pneumonia Associated with the 2019 Novel Coronavirus Indicating Person-to-Person Transmission: A Study of a Family Cluster," *Lancet* 395, no. 10223 (February 2020), 514–23, https://doi.org/10.1016/S0140-6736(20)30154-9.

8   Page and Wei, "China's CDC, Built to Stop Pandemics."

9   Charlie Campbell, "Exclusive: The Chinese Scientist Who Sequenced the First COVID-19 Genome Speaks Out About the Controversies Surrounding His Work," *Time*, August 24, 2020, https://time.com/5882918/zhang-yongzhen-interview-china-coronavirus-genome.

10 Natasha Khan, "New Virus Discovered by Chinese Scientists Investigating Pneumonia Outbreak," *Wall Street Journal*, January 8, 2020, https://www.wsj.com/articles/new-virus-discovered-by-chinese-scientists-investigating-pneumonia-outbreak-11578485668?mod=article_inline.

11 Ryan Knutson and Kate Linebaugh, "mRNA Vaccines Are Taking on Covid," *The Journal* (podcast), produced by Wall Street Journal, podcast audio, April 19, 2021, https://www.wsj.com/podcasts/the-journal/mrna-vaccines-are-taking-on-covid-what-else-can-they-do/a8ca75b4-0b53-

과학은 어떻게 세상을 구했는가

45b1-828e-8afee95310f1.

12 Dr. Sabine L. van Elsland and Kate Wighton, "Two Thirds of COVID-19 Cases Exported from Mainland China May Be Undetected," Imperial College London, February 22, 2020, https://www.imperial.ac.uk/news/195564/two-thirds-covid-19-cases-exported-from-mainland.

13 Brianna Abbott and Stephanie Armour, "CDC Warns It Expects Coronovirus to Spread in U.S.," *Wall Street Journal*, February 25, 2020, https://www.wsj.com/articles/cdc-warns-it-expects-coronavirus-to-spread-in-u-s-11582653829.

14 Brianna Abbott, "Test Kits for Novel Coronavirus Hit a Snag in the U.S.," *Wall Street Journal*, February 13, 2020, https://www.wsj.com/articles/test-kits-for-novel-coronavirus-hit-a-snag-in-the-u-s-11581565817.

15 Mike Esterl, "Flu Pandemic Is Declared—First Time in 41 Years," *Wall Street Journal*, June 12, 2009, https://www.wsj.com/articles/SB124471165680705709; Jeremy Brown, "What Past Crises Tell Us About the Coronavirus," Wall Street Journal, January 31, 2020, https://www.wsj.com/articles/what-past-crises-tell-us-about-the-coronavirus-11580403056.

15장

1 Leslie Brody, "Covid-19's 'Patient Zero' in New York: What Life Is Like for the New Rochelle Lawyer," *Wall Street Journal*, March 5, 2021, https://www.wsj.com/articles/covid-19s-patient-zero-what-life-is-like-for-the-new-york-lawyer-11614686401.

2 Gina Kolata, "How the Coronavirus Short-Circuits the Immune System," *New York Times*, June 26, 2020, https://www.nytimes.com/2020/06/26/health/coronavirus-immune-system.html.

3 Pam Belluck, "What Does the Coronavirus Do to the Body?" *New York Times*, March 26, 2020, https://www.nytimes.com/article/coronavirus-body-symptoms.html.

4 Jennifer Levitz, "'She Is Going to Make It, Damn It': One Doctor's Quest to Save Her Patient from Covid-19," *Wall Street Journal*, June 26, 2020, https://www.wsj.com/articles/young-coronavirus-spike-boston-hospital-icu-doctors-patient-covid-19-11593171722.

5 Antonio Regalado, "A Coronavirus Vaccine Will Take at Least 18 Months—If It Works at All," *MIT Technology Review*, March 10, 2020, https://www.technologyreview.com/2020/03/10/916678/a-coronavirus-vaccine-will-take-at-least-18-monthsif-it-works-at-all/.

6 Robert Kuznia, "The Timetable for a Coronavirus Vaccine Is 18 Months. Experts Say That's Risky," CNN, last modified April 1, 2020, https://www.cnn.com/2020/03/31/us/coronavirus-vaccine-timetable-concerns-experts-invs/index.html.

16장

1 Stephanie Baker, "Covid Vaccine Front-Runner Is Months Ahead of Her Competition," *Bloomberg Businessweek*, July 15, 2020, https://www.bloomberg.com/news/features/2020-07-15/oxford-s-covid-19-vaccine-is-the-coronavirus-front-runner.

2 Pedro M Folegatti et al., "Safety and Immunogenicity of a Candidate Middle East Respiratory Syndrome Coronavirus Viral-Vectored Vaccine: A Dose-Escalation, Open-Label, Non-Randomised, Uncontrolled, Phase 1 Trial," *Lancet* 20, no. 7 (July 2020): 816–26, https://doi.org/10.1016/S1473-3099(20)30160-2; Baker, "Covid Vaccine Front-Runner."

3 Nathan Vardi, "Ugur Sahin Becomes a Billionaire on Hopes for

과학은 어떻게 세상을 구했는가

Technology Behind COVID-19 Vaccine," *Forbes*, June 1, 2020, https://www.forbes.com/sites/nathanvardi/2020/06/01/ugur-sahin-becomes-a-billionaire-on-hopes-for-technology-behind-covid-19-vaccine/?sh=7b901fb433fb.

4 "Mission Possible: The Race for a Vaccine," National Geographic/ Pfizer, April 6, 2021, YouTube video, https://www.youtube.com/ watch?v=jbZUZ9JYNBE.

5 "Mission Possible: The Race for a Vaccine."

17장

1 Chris Smyth et al., "Coronavirus Vaccine Could Be Ready by September," *Times* (London), April 11, 2020, https://www.thetimes.co.uk/ article/coronavirus-vaccine-could-be-ready-by-september-flmwl257x.

2 Stephanie Baker, "Covid Vaccine Front-Runner Is Months Ahead of Her Competition," *Bloomberg Businessweek*, July 15, 2020, https://www. bloomberg.com/news/features/2020-07-15/oxford-s-covid-19-vaccine-is-the-coronavirus-front-runner.

3 David D. Kirkpatrick, "In Race for a Coronavirus Vaccine, an Oxford Group Leaps Ahead," *New York Times*, April 27, 2020, https:// www.nytimes.com/2020/04/27/world/europe/coronavirus-vaccine-update-oxford.html; "Oxford University Is Leading in the Vaccine Race," Economist, July 2, 2020, https://www.economist.com/ britain/2020/07/02/oxford-university-is-leading-in-the-vaccine-race.

4 Ludwig Burger et al., "Special Report—How a British COVID-19 Vaccine Went from Pole Position to Troubled Start," Reuters, December 24, 2020, https://www.reuters.com/article/us-health-coronavirus-britain-vaccine-sp-idUKKBN28Y0XU.

5   Baker, "Covid Vaccine Front-Runner."

6   Sarah Gilbert, "If This Doesn't Work, I'm Not Sure Anything Will," interview with Tom Ireland, *Biologist*, July 2020, https://thebiologist.rsb. org.uk/biologist-covid-19/if-this-doesn-t-work-i-m-not-sure-anything-will.

7   David E. Sanger, "Trump Seeks Push to Speed Vaccine, Despite Safety Concerns," *New York Times*, April 29, 2020, https://www.nytimes. com/2020/04/29/us/politics/trump-coronavirus-vaccine-operation-warp-speed.html.

8   Helen Branswell, "Vaccine Experts Say Moderna Didn't Produce Data Critical to Assessing Covid-19 Vaccine," STAT News, May 19, 2020, https://www.statnews.com/2020/05/19/vaccine-experts-say-moderna-didnt-produce-data-critical-to-assessing-covid-19-vaccine/.

9   Matt Levine, "Money Stuff: It's a Good Time to Raise Vaccine Money," *Bloomberg*, May 19, 2020, https://www.bloomberg.com/news/ newsletters/ 2020-05-19/money-stuff-it-s-a-good-time-to-raise-vaccine-money.

10   Jared S. Hopkins, "How Pfizer Delivered a Covid Vaccine in Record Time: Crazy Deadlines, a Pushy CEO," *Wall Street Journal*, December 11, 2020, https://www.wsj.com/articles/how-pfizer-delivered-a-covid-vaccine-in-record-time-crazy-deadlines-a-pushy-ceo-11607740483.

11   Peter Fimrite, "Studies Show Coronavirus Antibodies May Fade Fast, Raising Questions About Vaccines," *San Francisco Chronicle*, July 17, 2020, https://www.sfchronicle.com/health/article/With-coronavirus-antibodies-fading-fast-focus-15414533.php.

12   Peter Loftus and Gregory Zuckerman, "Novavax Nears Covid-19 Vaccine Game Changer—After Years of Failure," *Wall Street Journal*, February 23, 2021, https://www.wsj.com/articles/novavax-nears-covid-19-vaccine-game-changerafter-years-of-failure-11614096579.

1   Sharon LaFraniere et al., "Blunders Eroded U.S. Confidence in Early Vaccine Front-Runner," *New York Times*, December 8, 2020, https://www.nytimes.com/2020/12/08/business/covid-vaccine-oxford-astrazeneca.html.

2   Pfizer, "Mission Possible: The Race for a Vaccine," YouTube video, 44:12, April 6, 2021, https://www.youtube.com/watch?v=jbZUZ9JYNBE.

3   Sharon LaFraniere et al., "Politics, Science and the Remarkable Race for a Corona-virus Vaccine," *New York Times*, November 21, 2020, https://www.nytimes.com/2020/11/21/us/politics/coronavirus-vaccine.html.

4   "Pushing Boundaries to Deliver COVID-19 Vaccine Across the Globe," AstraZeneca, February 2021, https://www.astrazeneca.com/what-science-can-do/topics/technologies/pushing-boundaries-to-deliver-covid-19-vaccine-accross-the-globe.html.

5   Jenny Strasburg and Joseph Walker, "Astra-Zeneca-Oxford Covid-19 Vaccine Up to 90% Effective in Late-Stage Trials," *Wall Street Journal*, November 23, 2020, https://www.wsj.com/articles/astrazeneca-oxford-covid-19-vaccine-up-to-90-effective-in-late-stage-trials-11606116047.

6   Ludwig Burger, Kate Kelland, and Alistair Smout, "Decades of Work, and Half a Dose of Fortune, Drove Oxford Vaccine Success," Reuters, November 23, 2020, https://www.reuters.com/article/us-health-coronavirus-astrazeneca-oxford/decades-of-work-and-half-a-dose-of-fortune-drove-oxford-vaccine-success-idUKKBN2832NC?edition-redirect=uk.

7   Clive Cookson et al., "How AstraZeneca and Oxford Found Their Vaccine Under Fire," *Financial Times*, November 27, 2020, https://www.ft.com/content/cc78aa2f-1b10-446a-88d9-86a78c5ce461.

8   LaFraniere et al., "Blunders Eroded U.S. Confidence."

9   LaFraniere et al., "Blunders Eroded U.S. Confidence."

19장

1   Peter Curry, "The Few: Winston Churchill's Speech About the Battle of Britain," History Hit, October 31, 2018, https://www.historyhit.com/the-few-winston-churchills-speech-about-the-battle-of-the-britain/.

2   Melanie Grayce West, "New York City Kicks Off Covid-19 Vaccine Drive," *Wall Street Journal*, December 14, 2020, https://www.wsj.com/articles/queens-nurse-gets-first-vaccine-shot-in-new-york-city-11607958012?mod=article_inline.

3   Paulina Villegas, Antonia Noori Farzan, Erin Cunningham, Kim Bellware, Siobhán O'Grady, Taylor Telford and Lateshia Beachum, "U.S. surpasses 300,000 daily coronavirus cases, the second alarming record this week," The Washington Post, January 8, 2021, https://www.washingtonpost.com/nation/2021/01/08/coronavirus-covid-live-updates-us/.

4   Peter Loftus, "Novavax Covid-19 Vaccine Produces Positive Results in First-Stage Study," *Wall Street Journal*, August 4, 2020, https://www.wsj.com/articles/novavax-covid-19-vaccine-produces-positive-results-in-first-stage-study-11596571200.

5   Hilda Bastian, "The mRNA Vaccines Are Extraordinary, but Novavax Is Even Better," *Atlantic*, June 24, 2021, https://www.theatlantic.com/health/archive/2021/06/novavax-now-best-covid-19-vaccine/619276/.

6   William Booth, Carolyn Y. Johnson, and Laurie McGinley, "AstraZeneca Used 'Outdated and Potentially Misleading Data' That Overstated the Effectiveness of Its Vaccine, Independent Panel Says," *Washington Post*,

과학은 어떻게 세상을 구했는가

March 23, 2021, https://www.washingtonpost.com/world/astrazeneca-oxford-vaccine-concerns/2021/03/23/2f931d34-8bc3-11eb-a33e-da28941cb9ac_story.html.

7   Jenny Strasburg, "AstraZeneca's Covid-19 Vaccine Is Safe, 79% Effective in Late-Stage U.S. Trials," *Wall Street Journal*, March 22, 2021, https://www.wsj.com/articles/astrazeneca-covid-19-vaccine-is-79-effective-in-late-stage-u-s-trials-11616397735.

8   Nick Triggle, "Covid: Under-30s Offered Alternative to Oxford-AstraZeneca Jab," BBC, April 7, 2021, https://www.bbc.com/news/health-56665517; "Pushing Boundaries to Deliver COVID-19 Vaccine Across the Globe," AstraZeneca, February 2021, https://www.astrazeneca.com/what-science-can-do/topics/technologies/pushing-boundaries-to-deliver-covid-19-vaccine-accross-the-globe.html.

9   Jenny Strasburg, "If Oxford's Covid-19 Vaccine Succeeds, Layers of Private Inves-tors Could Profit," *Wall Street Journal*, August 2, 2020, https://www.wsj.com/articles/if-oxfords-covid-19-vaccine-succeeds-layers-of-private-investors-could-profit-11596373722.

10 "Promising Malaria Vaccine Enters Final Stage of Clinical Testing in West Africa," University of Oxford, May 7, 2021, https://www.ox.ac.uk/news/2021-05-07-promising-malaria-vaccine-enters-final-stage-clinical-testing-west-africa.

11 Francis Elliot and Tom Whipple, "Malaria Vaccine Another Success Story for Jenner Institute Team Behind Covid Jab," *Times (London)*, December 5, 2020, https://www.thetimes.co.uk/article/malaria-vaccine-another-success-story-for-jenner-institute-team-behind-covid-jab-9r55m7jj3.

12 Thomas M. Burton and Peter Loftus, "J& J Covid-19 Vaccine Authorized for Use in U.S.," *Wall Street Journal*, February 27, 2021,

https://www.wsj.com/articles/j-j-covid-19-vaccine-authorized-for-use-in-u-s-11614467922.

13 Ibid.

14 @sigh__oh, Twitter post, April 13, 2021, 8:35 a.m., https://twitter.com/ sigh__oh/status/1381949214574448640?lang=en.

15 Parmy Olson and Jenny Strasburg, "J& J, AstraZeneca Explore Covid-19 Vaccine Modification in Response to Rare Blood Clots," Wall Street Journal, July 13, 2021, https://www.wsj.com/articles/j-j-astrazeneca-explore-covid-19-vaccine-modification-in-response-to-rare-blood-clots-11626173015.

16 Carolynn Look, "BioNTech Vaccine to Give German Economy Extraordinary Boost," Bloomberg, August 10, 2021, https://www. bloomberg.com/news/articles/2021-08-10/biontech-vaccine-to-give-german-economy-extraordinary-boost?cmpid=BBD081621_ CORONAVIRUS&utm_medium=email&utm_source=newsletter&utm _term=210816&utm_campaign=coronaviru